普通高等教育“十一五”国家级规划教材
新世纪课程改革设计专业系列教材

环境艺术设计 01
室内设计

曹瑞林 主编

河南大学出版社

图书在版编目（CIP）数据

室内设计/曹瑞林主编.—开封：河南大学出版社，2011.5

（环境艺术设计）

ISBN 978-7-5649-0379-4

Ⅰ.①室… Ⅱ.①曹… Ⅲ.①室内设计 Ⅳ.①TU238

中国版本图书馆CIP数据核字（2011）第034778号

责任编辑 阮林要
责任校对 高丽燕
封面设计 信 璟

出版发行 河南大学出版社
地 址 河南省开封市明伦街85号 邮 编 475001
电 话 0378-2864669（办公室） 0378-2825001（营销部）
网 址 www.hupress.com
经 销 河南省新华书店
制 版 郑州市今日文教印制有限公司
印 刷 河南新华印刷集团有限公司
版 次 2011年5月第1版
印 次 2011年5月第1次印刷
开 本 890mm×1240mm 1/16
印 张 18
字 数 581千字
印 数 1-2000册
定 价 39.00元

前　言

环境艺术设计专业在20世纪80年代后期被正式列入中国高等教育专业目录之中，并率先由清华大学美术学院（原中央工艺美术学院）成立环境艺术设计系，至今已走过了20多个年头。这一时期，正是我国改革后经济和城市化建设的快速发展阶段，解决城市发展过程中出现的种种问题，创建美好、和谐、符合科学生态观的理想生存环境，成为建筑师、室内设计师、美术学家们关注、研究、探索的重大问题。加拿大著名建筑师阿瑟·埃里克提出：环境意识就是一种现代意识。可以说，这是在世界范围内对于环境设计、景观设计的普遍认同。环境艺术设计专业就是在人类环境意识觉醒这样一种深刻的思想背景下产生的新兴专业，它与人类的生活密切相关，同时也为改善人类的生存环境、提高人类的生活质量提供了有效途径。

环境艺术设计是一个包容性很强的专业设计系统，涉及城市规划设计、建筑设计、园林绿化设计、装饰艺术设计等专业，在城市环境建设中起着一种协调、连续、完善并使之整体和谐的作用，所以也有人把环境艺术称之为关系的艺术、对话的艺术。环境艺术设计具有艺术创作中的视觉审美特征和工程技术中系统、严谨、实施性的特征，具有其他专业不可替代的作用。

本书在修订的过程中，以原有的环境艺术设计教材为基础，对内容进行了扩充和完善，分为室内设计和景观设计两部教程，内容编写注重理论性和实用性相结合，力求反映现代环境艺术设计领域的研究成果和新发展，尽量做到系统、简明、实用，同时章节的编排遵循了学科的系统性和课程单元的独立性。本书可以作为环境艺术设计专业的教学用书，也可以作为设计人员和自学者的参考用书。

本书在编写和修订的过程中，得到了河南大学出版社和王四朋先生的大力支持，编者在此表示衷心的感谢。由于环境艺术设计是一门全新且起步较晚的专业，学科理论体系需要在发展中不断深化和完善，书中难免有不足之处，敬请有关专家和读者批评指正。

编　者

2010年7月

contents 目录

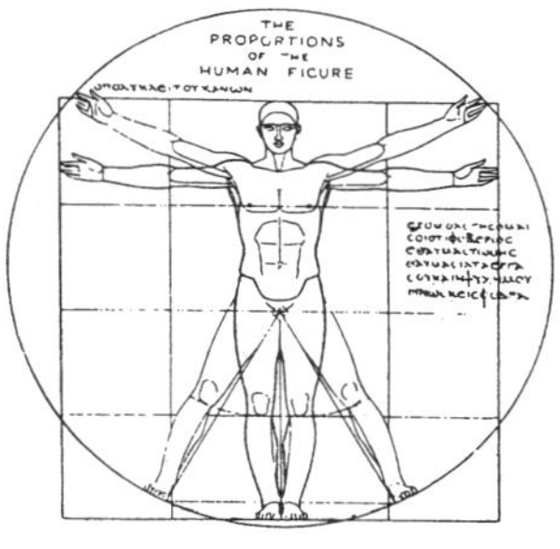

第 1 章

概论

第一节　环境艺术设计的含义和基本观点

一、环境艺术设计的含义

“环境”(Environment)一词广义上指围绕主体的周边事物和周围的区域，尤其是人或生物的周围，包括具有相互影响作用的外界。“环境”的涵义十分广泛，依据构成因素的性质分类，可以把环境分为自然环境、人工环境、社会环境三个组成部分。

自然环境是由山川、河流、森林、土地植被等自然形式构成的系统；人工环境是由人主观创造的实体环境，包括城市、建筑物、道路、桥梁等人类生存、生活的系统；社会环境是由人组成的非实体环境，包括社会结构、生活方式、历史传统等所构成的社会文化系统。我们所生存的环境是由以上三种系统共同作用所构成的。随着人类社会的不断发展和环境意识的加强，保持自然环境、人工环境、社会环境的可持续性协调发展，已经成为时代的需求。在此基础上，对我们生存的环境进行艺术化设计是提高人们生存质量、创造理想生活的一种有效手段。

环境艺术设计(Environmental art design)是一门新兴的建立在现代环境科学研究基础之上的边缘性学科，也是一门尚在发展中的学科。关于环境艺术的定义，当代环境艺术理论家多伯(Richard P.Dober)有精彩的论述，他说：“作为一种艺术，它比建筑更巨大，比规划更广泛，比工程更富有感情。这是一种爱管闲事的艺术，无所不包的艺术，早已被传统所瞩目的艺术，环境艺术的实践与人影响环境的能力，赋予环境视觉上秩序的能力，以及提高人类居住环境质量和装饰水平的能力是紧密地联系在一起的。”著名环境艺术设计师彼德·沃尔克认为，环境艺术不同于建筑、雕塑和绘画，它更像音乐，没有内部的独特秩序、没有旋律，它就会是无形的而淹没在自然景观的连续之中，自然景观就很可能是杂乱无章的，那样将不为人所知。当人们认识到环境艺术的时候，它不能仅仅使人们有适度的愉悦，还需要引起人们的兴趣和欣赏，这就要具备一种设计力量，使设计概念有力度并能物化出来让人们注意到。另外它必须得到认同，特别是艺术范畴之外的认同。要让人们看到好的购物环境有更高的销售额；好的工作环境能够留住人才，能有更高的产值；好的居住环境房地产会升值。

环境艺术设计是通过艺术设计的方式对室内外环境进行规划设计的一门专业。对于环境艺术设计专业概念的界定，清华大学美术学院环境艺术设计系有比较详实的说明：“环境艺术设计是时间与空间艺术的综合，设计的对象涉及自然生态环境与人文社会环境的各个领域。”从广义上讲，环境艺术设计如同一把大伞，涵盖了当代几乎所有的艺术与设计，它强调环境的人文性、科学性、整体性和主体性，是集生态学、设计学、社会学、心理学、美学等多学科于一体，以优化为目的的艺术设计的综合系统。从狭义上讲，环境艺术设计的专业内容是以建筑的内外空间环境来界定的，其中以室内、家具、陈设诸要素进行的空间综合设计，称之为内部环境艺术设计；以建筑、雕塑、绿化诸要素进行的空间组合设计，称之为外部环境艺术设计。前者冠以室内设计的专业名称，后者冠以景观设计的专业名称，两者成为当代环境艺术设计发展最为迅速的两翼。

根据以上定义和说明，我们可以将环境艺术进一步理解为：环境艺术是综合各种艺术手段和工程技术手段，在人与其生存的环境之中创造出符合生态原则及人的行为需求，具有一定空间特征和氛围、意境及文化内涵，并保持与周围环境形成有机整体性的综合艺术。

二、环境艺术设计的基本观点

环境艺术设计是随着人们环境意识的觉醒而诞生的新兴专业。对环境艺术设计的研究是以系统论为基础，从系统的整体性出发，打破传统的单体设计，把建设项目中的规划、建筑、室内设计、景观与环境设施、视觉传达等专业设计进行统一的科学性的系统“整合”，把功能系统、环境景观系统、生态系统、人文系统等子系统进行集合设计，注重系统中各部分之间内在联系和相互作用，精确处理部分与整体的辩证关系，科学地把握系统，树立生态设计、人性化、地域化、结合科学与艺术的设计理念，达到各个系统的整体优化，从而使环境艺术设计的发展更理性化，更具有创新性。现代环境艺术设计应确定以下几个基本理念。

1. 树立生态价值观和绿色设计理念

一个多世纪以来，现代科学和工业革命给人类带来了前所未有的进步，产生了巨大的社会财富并使人类生活方式发生了全方位的改变。然而工业化进程又导致了资源的过度消耗、环境恶化、污染日趋严重，人类赖以生存的自然环境和生态平衡遭到严重破坏。森林植被、生物物种、清洁的淡水和空气、可耕种的土地，这些人类生存的基本物质保障在急剧减少，地球上的非再生资源日见枯竭。如果按过去的工业发展模式不加节制地发展下去，地球将不再是人类的乐园。据有关资料统计，在建筑业对环境造成的污染中，有相当大的比例是因为装修材料的生产、施工与更新造成的。目前，用于室内外装修的投资在工程总投资中所占比例很高，以室内设计为主的室内设计工程对资源和能源的高消耗越发严重，这些都应引起设计师的高度重视和认真思考。

首先，设计师要实现观念的转变。从维护和提高人类生存环境质量的层面来看待室内设计，它已不仅仅是装饰和装修的问题，而应把它看做一个复杂的系统工程。在这个系统工程中，除了人文社会科学和自然科学的参与外，生态学和绿色设计观念将成为整个设计思维过程中的主要因素。要用与自然和谐的整体观念去构思和策划项目，进行工程设计，以生态学思想和生态价值观为主要原则，充分考虑人类居住环境可持续发展的要求，提倡绿色设计的概念，贯彻高效能、高品位、高文化、低消耗的设计思想。生态设计是一个整体性设计，需要设计师和建筑师以及相关专业的工程师之间协调配合，提供专业的咨询和帮助。

目前，我国的生态建筑尚在试验阶段，室内设计工作可以从两个方面考虑。首先，设计师要建立环境保护意识。掌握好装饰对人的无害化和对环境的无害化原则，在设计中使用环保材料；解决好对自然能源的利用，如阳光、自然风、土地、植被、水资源等，同时考虑减少对能源和资源的消耗，减少有害气体、固体垃圾的排放，减少对自然环境的负面影响；在设计中要更多地注重外部环境的因素，结合地区气候日照特点，尽可能多地利用自然光、自然通风、太阳能等可再生资源；减少对人工照明和空调等高能耗设备的过分依赖。其次，在技术条件许可的情况下，设计师要积极地创造生态化环境。在室内环境方面，通过在设计中引入自然要素和户外景致，形成绿色自然景观，使人与自然相融合，并成为自然生态系统的有机组成部分。比如时下流行的“景观办公室”，根据交通流线、工程流程、工作关系等自由布置办公家具，室内空间充满绿化，有效地改善了环境的小气候，营造出更加融洽轻松、友好互助的氛围。这无疑减少了工作中的疲劳，大大提高了工作效率，激发了员工们积极乐观的工作态度。室外环境方面，针对中国城市化进程中存在的生态环境恶化和城市文化特色消失等问题，根据联合国计划倡导的国际城市发展模式，许多城市提出了建设“生态城市”的目标，

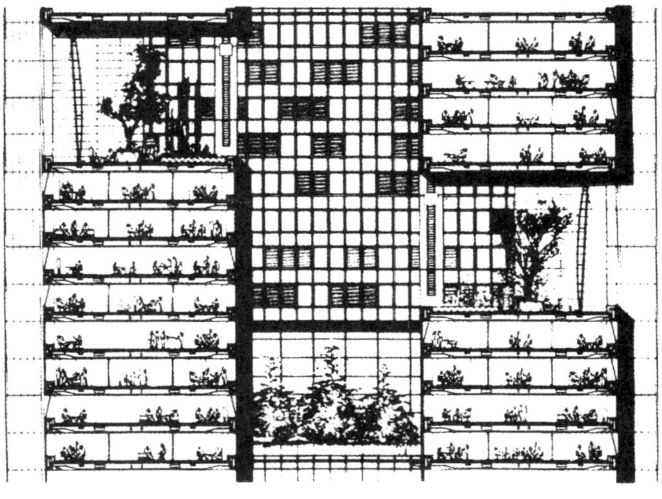

图1—1 法兰克福商业银行总部大厦剖面图

用生态学的原理来进行城市规划和城市景观设计。按照生态美学的要求，基于人与自然的关系，对城市及其周围区域的各组成要素包括城市广场、城市居住区环境、城市园林和城市森林等进行空间、形体、环境方面的设计。在设计中树立保护自然生态系统和文化生态系统的原则。战略性的保护好城市自然和文化生态景观，对于维护生物、生态自然美和文化的多样性，对于陶冶城市居民的高尚情操和加强精神文明建设，具有十分重要的意义。(图1-1)

综上所述，设计师在设计当中必须要有环境的整体观，以环境为设计立意、设计之源，着眼于室内外环境整体，在设计上应充分重视生态平衡、环境保护，考虑资源循环以及人与自然、人与环境相协调与和谐的意境。有环境整体意识和可持续发展观念，是现代设计师最根本的专业素质。

2. 树立人性化的环境艺术设计理念

环境艺术设计的目的是通过创造室内外环境来提高人的生活品质，并始终把人对环境的需求，即物质和精神两方面的需求放在设计的首位。树立人性化的设计理念，就是在环境设计中充分考虑人的安全与健康、人际交往等多项关系，满足人们的生理和心理需要，满足人和人际活动的行为模式和使用功能，创造人们需要的环境氛围和心理感受，让使用者的意志得到体现，情感得到关怀。在此基础上，综合解决使用功能、经济效益、舒适美观、环境氛围等方面的问题。

美国建筑师芭芭拉·克里斯普说："随着研究的不断深入，揭示出我们的环境的确能潜移默化地影响我们的行为，塑造我们的思想和情感，我们正在逐渐地理解意识与建筑世界的联系。这使得设计行业要以全新的角度去认识设计、建筑和生存，重新构筑精神与肉体之间的联系，营造时空感和好心情。"

现代环境艺术设计特别重视对人体工程学、环境心理学、审美心理学等方面的研究，用以科学地、深入地了解人们的生理特点、行为心理和环境体验等方面对室内外环境的设计要求。在设计中细微地体查和理解人体和建筑空间之间的关系，尊重人对不同空间和文化氛围的内心感悟和体验，突出人在空间环境中的作用，而不是强调表现场所或设计本身。成功的设计往往以人的行为需求为核心，把环境中的人作为设计关爱的对象。

根据不同的人和使用对象，相应地应该考虑对环境的不同要求，关注儿童、老年人、残疾人等社会的弱势群体，在设计中予以深入细致的考虑。比如，为了设计好老龄人群的室内居住环境，就需要研究老龄人群的住宅空间居住行为特征，对老年人的基本居住状况、在室内空间中的生活规律、使用室内空间的主观感受和心理倾向进行细致调查，通过对调查数据的科学分析，才能得出不同老龄人群对住宅空间的行为的普遍特征和需求特点。在对老年人的居室环境设计中，可以通过很多细节设计为老年人提供方便：如尽量减少踏步、坡道和台阶；电梯的尺寸要考虑轮椅出入方便；楼梯踏步及人行坡道都应安装扶手栏杆，楼梯扶手要连续，不应在拐弯处中断；休息平台上要设椅子，供老人中途休息；浴室、卫生间和卧室的地面不能用光滑的材料，洁具和浴缸处墙壁上要安装扶手，等等。一些公共建筑应顾及残疾人的通行和活动，在室内外高差、垂直交通、厕所盥洗等方面应作无障碍设计，给残疾人提供方便。

在进行室外环境的景观设计时，同样需要把人的活动、人与人之间的交流、人在环境中的体验作为核心来考虑。

室内环境和景观设计除了应综合考虑周围环境、地形和植被、气候、地方文化历史外，使用者的参与因素也是不容忽视的。因为环境和景观不仅仅是强调美的形式，而是供人使用，让人成为其中一部分，环境和景观离开了人的使用便失去了本质的意义。

在室内外空间的组织、色彩和照明的选用等方面，更需要研究人的行为心理、视觉感受及环境的舒适度等方面的要求，充分运用物质技术手段和相应的经济条件，创造出更加人性化的室内外环境。人性化的室内设计应该是实用的、经济的、方便宜人的，符合人体尺度和比例的，符合美的规律的，令人感觉亲切和愉悦的。

3. 注重时代感、民族性和地域文化

优秀的建筑和室内外环境，映射着当代社会文化艺术的特征，铭刻着时代的印记。现代室内设计更注重运用现代设计观念与本民族的地域文化相结合，在设计中体现出了时代精神和深厚的文化内涵。

在人类历史的发展进程中，物质技术和精神文化都有着历史的延续性。近十几年以来，由于世界经济一体化的快速发展，国际交往日益增多，人类文明与环境保护更加受到重视。在国际合作规划开发的设计项目中，民族风格和地域风格的文化往往以能显示不同民族的特

色而受到青睐。多元化设计观念的兴起，使地方风格鲜明的设计作品更加受到尊重。中国有悠久的历史和灿烂的文化，应该从本民族丰富的地方文化中吸取精华，并融入与国际接轨的前卫的设计观念，探索和创作出个性鲜明的设计作品。这里所说的民族性和地域文化，并不能只从形式上简单地去理解，而应从创作思想、平面布局和空间类型，以及更深层次涉及设计哲学等方面广义地去理解。

华裔建筑师贝聿铭设计的苏州博物馆，就吸取了园林建筑和民居的概念，使中国式的地方风格与国际化语汇交融，在国内开创了现代建筑与民族文化结合的典范。贝氏设计的"北京中国银行"室内在四季厅的大空间中运用竹林、山石、流水结合庭园绿化，在一个现代风格的建筑室内环境中再现中国传统文化的丰富内涵。这都是在设计中注重时代感并与民族和地域风格相结合的成功范例。(图1-2)

4. 注重科学与艺术相结合

环境艺术设计是建立在现代环境科学研究基础之上的边缘性学科，在创造室内外环境时要高度重视科学性，也要高度重视艺术性，更要重视二者的有机结合。随着社会的发展和科学技术的进步，人们审美观和价值观的改变，设计师更加重视在设计中充分运用当代科学技术成果，如新型材料、新的结构、新的技术以及新的设备等。环境艺术设计除了需要设计师在观念上确立科学与艺术并重的价值观外，在设计思维和表现手段上也需要予以重视，比如设计方法的科学化，用科学的方法评价和分析室内外环境的质量，包括视觉环境、物理环境和心理环境以及对于舒适性、健康性方面的研究等。

工程设计时，会遇到各种不同类型和功能特点的室内外环境，如商业环境、办公环境、娱乐环境等。在具体处理上对于艺术和科技的成分可能有所侧重，但从整体的设计观念出发，仍需要将两者很好的结合，才能设计出高品质和不同性格特征的空间环境，如新建的机场、体育馆等高技派建筑，设计师就很重视将最新的技术和材料运用到自己的设计之中，重视构件细部、节点大样的推敲和设计，表现出一种理性的结构美，扩展了建筑美学的概念，带来新的建筑理论和新的空间表现形式。设计师要善于和建筑师、工程师合作，共同创新，在设计中充分注重科学性、运用技术手段的同时，又要充分重视艺术性，重视运用美学原理，重视视觉的愉悦感和文化内涵，以满足人的精神和心理需求。

图1-2 北京中国银行大厦

第二节 室内设计概述

一、室内设计的含义

室内设计是为满足人们物质和精神生活需要，运用物质技术手段和建筑美学原理，依据人们对建筑物的使用要求和建筑物所处环境，对建筑物进行的二次创造。其目的是创造一种环境使之既具有使用价值，满足相应的功能要求，同时也能反映历史文化、建筑风格、环境气氛等精神因素。

之所以明确地把“创造满足人们物质和精神生活需要的室内环境”作为室内设计的目的，就是为了创造功能合理、舒适优美的室内环境。不难发现，在室内设计中，要从整体上把握设计对象，把握设计的几个制约因素。

1．人的因素

人的因素的影响主要来自两个方面：使用者和设计师。既然室内空间是为人服务的，使用者的文化修养、审美情趣、年龄职业等方面，必须作为重要的内容考虑到设计中来，同时，又要综合社会群体的文化取向及社会流行时尚。

设计师是完成设计的主创人员，他的知识体系、文化素质、综合能力，将决定其是否能够完整、准确地表达出设计的理念。在这一过程中，设计师和使用者是互动的。

2．环境因素

环境因素主要是指建筑物和室内空间的周围环境状况。人造环境和自然环境的有机结合，是设计中的最高追求。

3．经济、技术因素

设计构思时，需要运用物质技术手段，即各类装饰材料和设施设备等，更需要综合考虑使用功能、结构施工、材料设备、造价标准等多种因素，经济的基础性地位和支持对室内设计的影响是显而易见的。高质量的设计和高质量的内容，需要科学合理的、高质量的技术来表现，除了水、木、土的施工中离不开技术外，声、光、电、热的施工更需要技术的保证。

美国前室内设计师协会主席亚当指出，室内设计涉及的工作要比单纯的装饰广泛得多，他们关心的范围已扩展到生活的每一方面，如住宅、办公、旅馆、餐厅的设计，提高劳动生产率，无障碍设计，编制防火规范和节能指标，提高医院、图书馆、学校和其他公共设施的使用效率。总之一句话，给予各种处在室内环境中的人以舒适和安全。由于人们长时间地生活在室内，因此现代室内设计，或称室内环境设计，相对地是环境设计系列中和人们关系最为密切的环节。室内设计的总体表现形式，包括艺术风格，“往往能从一个侧面反映相应时期社会物质和精神生活的特征”。

室内设计不是简单的装饰、装修和装潢，它不仅包括了装饰、装修和装潢，而且还包含了对工程技术、生活方式、工艺设计、视觉艺术等综合的工程设计。室内设计水平的高低、质量的优劣，与设计者的专业素质和文化艺术素养等联系在一起。每一个单项设计实施后的最终成果，其品位又和该项工程具体的施工技术、用材质量、设施配置情况，以及与使用者（即业主）的协调关系密切相关，即设计是具有决定意义的关键环节和前提，但最终成果的质量有赖于由设计到施工、用材（包括设施）及与业主关系的整体协调。

室内设计是对建筑空间的第二次设计，是为最大限度地满足人们对安全、健康、舒适的生活环境的追求而进行的建筑室内空间环境的再创造。

室内设计是对人的生存环境的系统设计，通过对社会环境、自然环境、物理环境、生理环境、心理环境、文化环境等多层面的统筹设计，最终为人们创造一个可持续发展的生活环境。

二、对室内设计的认识

随着社会发展而不断发展的历代室内设计，无不留有时代的烙印。这是由于室内设计从设计构思、施工工艺、装饰材料到内部设施，必然和社会当时的物质生产水平、社会文化和精神生活状况联系在一起。

室内设计能够体现社会经济技术发展的状况。工业革命之前的室内设计，以民间的室内设计为例，受经济技术水平的制约，装饰材料的有限性使得室内设计从设计到装修，都显得朴实无华。而工业革命后，钢、玻璃、混凝土、批量生产的纺织品和其他工业产品，以及后来出现的大批量生产的人工合成材料，给设计师带来了更多的可能性。

室内设计一定程度地反映出整个社会精神追求的趋向。早期的室内设计大多在宗教礼拜、供奉偶像、祭奠先人的纪念性空间里，漠视人性、崇拜神灵是当时室内设计的精神追求。欧洲文艺复兴之后，社会财富的占有者在室内设计的追求上，表现出炫耀财富、攀比富贵、追求奢华的倾向。

室内设计展现了社会伦理道德和艺术情趣，室内空间组织、平面布局和装饰处理等方面，也和当时的哲学思想、美学观点、社会经济、民俗民风等密切相关。现代室内设计就更多地体现出对民族风格和地方文化的推崇。

三、现代室内设计的特征

新材料及其相应的构造技术极大地丰富了室内设计的内容。现代室内空间艺术的设计理论，随着实践活动的开展日益完善。经过不断实践与探索，人们终于认识到良好的室内空间是一种高品质的物质环境，是艺术与技术结合的产物。生产力的发展，物质产品的相对丰富及社会文化水平的提高，必然会影响室内环境设计的观念变化，同时也给室内设计带来更丰富的材料和更先进的技术手段。人们对室内环境的要求也更加多样化和个性化。

回顾室内设计的发展历程，我们可以将现代室内设计的主要特征归纳为：

①对人的生活行为和室内环境因素考虑更为周密、细致。

②追求高技术与高情感的结合，使空间更富于特色和感染力，具有较高的科技含量和文化内涵。

③增强空间的适应性，融入动态的可持续发展思想。

四、室内设计的分类

室内设计的分类有多种，按照属性可以分为私人住宅设计和公共性建筑设计，按照人的行为模式可以分为居住空间设计、工作空间设计、公共空间设计等。从室内设计的科学程序出发，按照建筑类型、室内空间的使用功能和审美等概念进行分类更接近专业特点。

事实上，每一个有着明确使用功能的空间，其建筑平面的划分又因人的行为特点表现为“动”和“静”两种基本类型。人以行走为主要行动特征出入特定空间的行为体现为“动”，这种以“动”为主的功能空间，在建筑平面上就是交通面积；以站、坐、卧的动作特征停留在特定空间的行为体现为“静”，这种功能空间在建筑平面上就是使用面积。划分空间动静位置的工作，就成为室内功能设计的主要内容，称为室内设计的功能分区。功能分区的设计是构成室内空间形态的基础。

1．按照空间使用类型分类

按照空间使用类型可以分为居住空间、工作空间、公共空间三大类，每一类中又包含多种形式。居住空间在建筑类型上又分为单体平房、平房组合庭院、单体楼房、楼房组合庭院，以及综合群组等样式；在使用类型上有单间住宅、单元住宅、成套公寓、景园别墅、成组庄园等形式。工作空间的建筑类型可以分为适合白领阶层工作的写字楼、适合蓝领阶层工作的厂房车间。公共空间是内容最为丰富的一类，建筑形式变化多样，使用类型复杂多元，如商场、饭店、体育馆、展览馆、影剧院，等等。

2．按照生活行为方式分类

所有的室内空间都是为满足人的各种需求设置的，按照人的生活行为方式，室内空间可以分为餐饮空间、休闲空间、会谈空间、购物空间、工作空间、运动空间，等等。

3．按照空间构成方式分类

无论何种空间均是由不同形态的界面围合而成，围合形态的差异造就了空间内容的变化。室内空间的方式受其形态的影响制约呈现出三种基本形式：静态封闭空间、动态开敞空间、虚拟流动空间。不同的空间构成，又有不同的特征，在三种基本形式下，其空间内容依据结构、尺度、材料及界面几何形体的变化，演化出千姿百态的样式。

五、室内设计的要求

室内设计的要求如下：

①合理的室内空间组织和平面布局，符合要求的室内声、光、热效应，满足室内环境物质功能的需要。

②富于特色及功能性格的室内空间氛围，宜人的光照、色彩和材质的配置，满足室内环境精神功能的需要。

③采用合理的装修构造、设备设施和技术措施，使室内设计有较好的经济性。

④符合安全疏散、防火、卫生等设计规范的要求。

⑤重视节能、节俭材料，防止污染等，使室内设计与“可持续发展理念”相符合。

六、现代室内环境质量评估

现代室内设计对室内环境因素的考虑更为周密，要求创造适宜人们生存和行为习惯的健康、舒适、安全的室内空间环境，维护室内的生态平衡，也就是要有室内设计的可持续发展观。室内环境的生态设计已成为现代室内设计的主要特征，室内设计也逐渐成为生态技术的一个重要组成部分。

室内环境的“生态”涉及很多方面，国内外分别具体制定了相关的评估体系，我国已出版《中国生态住宅技术评估手册》，内容主要有三个主题：①节约资源、减少污染；②创造健康舒适的居住环境；③与周围自然环境相融合。

室内环境包括室内声、光、热环境和空气品质。

①室内环境质量。

②室内空气质量（室内空气质量设计标准表摘录如表1－1）。

③室内热环境主要包括室内自然通风，空调和采暖设计。

④室内光环境包括室内日照与采光，室内照明质量。

⑤室内声环境包括室内的噪声限制、建筑设计的隔声减噪。

室内设计要以生态学思想和生态价值观为主要原则，充分考虑人居环境的可持续性，提倡绿色设计，树立高效能、高品位、高文化、低消耗的设计思想。

表1－1 室内空气质量设计标准表

（Ⅰ级10分，Ⅱ级7分，Ⅲ、Ⅳ、Ⅴ级0分）

名　称	编　号	居室空气质量标准
室内空气中二氧化碳标准	GB/T 17094－1997	标准值≤0.10%（2000mg/m^3）
室内空气中臭氧卫生标准	GB/T 18202－2000	（时间平均浓度）1h平均最高容许度0.1mg/m^3
居室空气中甲醛卫生标准	GB/T 16127－1995	标准值0.08mg/m^3
室内空气中二氧化氮标准	GB/T 17097－1997	日平均最高容许浓度值0.15mg/m^3
室内空气中氮氧化物卫生标准	GB/T 17096－1997	日平均最高容许浓度值0.10mg/m^3
住房内氡浓度控制标准	GB/T 16146－1995	已建住房内平衡当量氡浓度平均值≤200Bq·m^{-3}
		新建住房内平衡当量氡浓度平均值≤100Bq·m^{-3}
室内空气中细菌总数	GB/T 17093－1997	室内空气中细菌总数（撞击法）≤400cfu/m^3,沉降法≤45cfu/m^3
室内空气中溶血性链球菌卫生标准	GB/T 19203－2000	最高容许限量值（撞击法）≤36cfu/m^3

第三节 室内设计师的专业素质和工作程序

室内设计是艺术与工程技术、社会科学与自然科学相交叉的边缘学科，也是发展中的新兴学科。随着社会的进步和现代科学技术的发展，人们对自己赖以生存的环境质量提出了更高的要求，同时学科的拓展也不断赋予室内设计专业以新的内涵。这就要求设计师具有较高的专业技术水平、较宽的知识面，并掌握一套科学的工作程序，在实践中不断地学习、总结、提高，才能更好地胜任这项工作。

一、对设计师基本素质的要求

对设计师基本素质的要求如下：

①正式接受过系统的专业教育，能掌握建筑室内外环境设计原理，熟悉了解相关的建筑工程技术规范，熟悉材料的性质和施工工艺特点，以及声、光、热等建筑物理常识。

②具备良好的专业表现技能和方案构思能力，能快速并清晰地表现出所构想的空间形态，具有良好的空间意识和尺度概念。

③有良好的艺术修养，能掌握不同建筑环境中空间组合的设计手法。

④注重相关门类学科的学习，能将所学知识综合运用于设计实践。

⑤具备与相关工种协调配合并能综合业主、设计单位、施工现场各方意见的能力。

二、对设计师综合分析能力的要求

1．工程背景分析

结合设计任务书分析和研究所必需的设计条件、工程的隶属关系、使用功能特点、资金投入和造价标准以及甲方提及的一些使用性、专业性等特殊要求，甲方对材料、设备的意见等。

2．建筑环境条件综合分析

熟悉建筑图纸及所在地域的周围环境、建筑物、设施设备等条件，对该地区的气候特点、光照、温湿度、交通、人员流动等条件给予综合分析评定，汇总成设计资料依据。

3．设计定位分析

通过调查、分析、收集相关信息资料后，对接受的设计任务，从功能特点、艺术风格、造价标准等方面做出定位。

三、室内设计的工作程序：

室内设计的程序一般可以分为设计准备、方案设计、施工图设计和设计实施这四个阶段。

1．设计准备阶段

设计准备阶段主要是接受委托设计任务书或根据标书进行投标，包括通过与业主的广泛交流，了解业主对设计的要求，亦可直接根据设计任务书签订设计合同。

在此阶段，应明确工程性质、功能特点、设计规模、投资等级标准、工程总造价以及根据工程的使用性质所需要创造的环境氛围、文化内涵、艺术风格等，同时也应对现场进行调查，收集必要的资料和信息，查阅有关的规范和定额，并参观调研相关类型的实例工程。

2．方案设计阶段

方案设计阶段是在设计准备阶段的基础上，综合运用收集到的与设计任务有关的资料信息构思立意，进行初步方案设计。一个成功的作品，方案设计是第一位的，设计师无不为此倾注大量心血。

完整的方案设计通常包括平面图、天花图、主要部位立面图、透视图、装饰材料实物样板。另外，附有设计意图说明和造价概算。

一般的建筑装饰和环境设计工程，方案设计经甲方认定后，可进入施工图设计阶段。比较复杂的大型工程，方案设计阶段后应增加初步设计阶段。

3．施工图设计阶段

施工图设计文件应按已批准的方案设计或初步设计进行编制，内容以图纸为主，应包括封面、图纸目录、设计与施工说明、图纸等。

施工图一般以按层或功能分区为编排单位，各专业图纸分别编排与装订。

4．设计实施阶段

设计实施阶段虽然大部分设计工作已经完成，项目开始施工，但设计师仍须高度重视，注意解决现场问题。在施工前，设计师应向施工单位进行设计意图说明和图纸的技术交底，需要核对图纸与现场施工实际情况不一致的地方，并修改变更图纸或补充图纸。设计师还需配合业主进行装饰材料和灯具的选样工作，施工结束时，会同质检部门和建设单位进行质量验收。

为了保证设计意图的实施，设计师必须抓好实施设计的各个环节，重视与其他专业（建筑、水、电、空调等）设计的衔接配合，重视与业主、材料供应厂家、施工人员的充分合作，以期达到预期的理想效果。

第2章

中外室内设计简史

第一节　中外室内装饰简史

一、古代时期建筑及室内装饰

远古时期的建筑是人类文明开始的见证，从原始社会的树巢、洞穴，到以最简单的方式制造出栖息之所，人类的建筑史就诞生了。尽管对于原始社会的室内装饰我们已无从考证了，但是，装饰和人的精神追求是密不可分的，就像祖先们对“图腾”的崇拜、对洞窟岩画和贝壳等装饰品的追求一样，都足以说明对美的追求自始至终都没有停止过，对于建筑的装饰也是一样，从古代时期开始，人类的建筑装饰史也开始了形式多样的发展。而古代时期的建筑也给人类的发展史添上了光辉的一笔。

1．古埃及

位于非洲东北部尼罗河两岸的埃及，凭借着尼罗河的恩赐，土地肥沃、知识技术发达，是最早步入文明的古国之一，它的领土包括上、下埃及两个部分。古埃及的历史被分为早期王国、古王国、中王国、新王国和后期王国几个时期。在其社会结构、国家制度、生产力水平和思想文化的影响下，形成了较高的文明体系，尤其是建筑成就对后世的影响深远。其中主要表现在陵墓、神庙、纪念物的装饰以及绘画和雕刻上，没有哪一种文明能够将建筑与艺术、宗教及社会生活结合成如此完美的表现。

图2—1　古埃及底比斯·帕谢杜法老墓

埃及地区气候炎热、树木稀少、石材资源丰富，而且石材加工和装饰的技术水平精良，又善于组织大规模施工，因此，至今仍能见到最早的建筑设计实例。受当时宗教信仰影响，建筑形式以陵墓和神庙居多，都表现出雄伟、庄严恢弘的特色，建筑雕刻也十分精美，柱子大多以当地植物为摹本。

埃及在建筑和雕刻方面有着伟大的成就，当然在室内装饰方面也很发达（图2—1）。在古王国时代的贵族墓里就发现了大量的装饰壁画，其色彩以蓝、红、黄为主，人物形式也一直保持永久不变的“正面律”，脸部都是侧面的，眼睛却是正面的；肢体是侧面的，肩膀却是正面的，这种独特的表现形式丝毫没有影响人像表现的正确性。正是有了这种表现手法，才有了这么好的建筑装饰艺术，这也是埃及最具代表性的建筑装饰风格。内容除了叙事也就是对人、动物、植物和花草的描绘，但作为几千年前的艺术来说，其内容、形式及色彩能达到如此境地，仍令人为之赞叹不已。虽然古埃及日常生活的室内布置没能保存下来，但是从一些陵墓里发现的小样模型和少量家具中也能使我们对当时人们的日常生活环境多少有些了解。图2—2中，家具轻便简单，大部分可折叠便于携带，且比例适中、大小匀称，而且雕刻装饰比较适度，细部色彩鲜明，十分典雅。勤劳智慧的古埃及人，在建筑及建筑装饰艺术上自原始社会以后达到了最高时期，对未来现代主义及后现代主义建筑装饰艺术有着深远的影响。

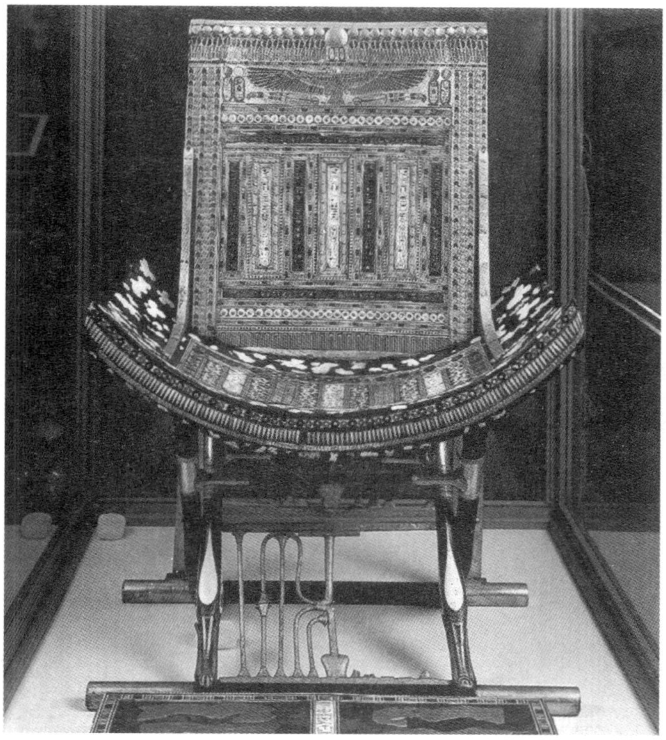

图2–2 古埃及土坦克哈曼幕出土的礼仪宝座

2．古西亚

古西亚的文明发源于两河流域，两河流域是指幼法拉底河和底格里斯河域之间的肥沃平原，是人类文明的另一个发祥地，在历史上称为美索不达米亚。这片土地是十分富饶的冲击三角洲，人们曾经以“富饶的新月”来形容，圣经中称其为圣地。公元前4000年，这里建立了许多小国；公元前19世纪初至公元前330年，地区掌权者及民族的交替非常频繁，各个帝国虽然创造了灿烂的文明，但是也如昙花一现，不复存在。但是，它们留给后世的影响却是巨大的。也就在这个时期，智慧的人们用沥青作为粘结材料，采用了穹窿与拱券结构，特别是后来创造了用作墙面装饰的彩色琉璃砖，在建筑装饰方面做出了重大的贡献。正如公元前7世纪后半叶～公元前6世纪后半叶的新巴比伦王国，这是两河下游文化最灿烂的时期，由于商业发达，促进了多文化的交流，使得建筑装饰方面的成就不仅影响到东方，还西传到小亚细亚、欧洲及北非，对以后的拜占庭和伊斯兰建筑也有很大影响。闻名世界的“空中花园”就诞生在这里。著名的伊什塔尔城门保存完整（图2–3），高达12m左右的建筑门塔，外壁均以色彩浮雕琉璃砖装饰，其外表壮丽无比。

古西亚艺术长卷的最后也是最辉煌一页的是波斯波利斯的艺术。公元前6世纪，波斯王朝成为横跨欧、亚、

图2–3 巴比伦·伊什塔尔城门

非三洲的大帝国。他们尊重不同民族的风俗习惯，并将亚述及新巴比伦的传统艺术和希腊及埃及等远方的文化习俗融为独特的波斯文化。波斯人的宫殿极为豪华壮丽，室内空间宽敞，结构轻巧。典型的特点是大厅、起居室及中庭石柱林立，壁面有着极富特征的浮雕，或者墙面画满壁画，题材常为人物，有些木柱子外面抹层白灰，再绘红、蓝、白三色的图案，柱础和柱头雕刻得尤为精致，极富装饰效果，艺术价值很高。

3．古希腊建筑与室内装饰

古希腊位于欧洲南部、地中海的东北部，包括希腊半岛、爱琴海诸岛，今日土耳其西南岸、意大利南部和西西里东岸，都属于古希腊范围。在这种海洋性的地理条件中，气温介于冬夏之间，处于适中状态。在这种适宜的气候中，人们更多地把精力投入到艺术创造上来，包括建筑艺术。

公元前2000年至公元前1100年，希腊处于爱琴文明时代，这使得希腊成为世界五大文明发祥地之一。到公元前500年，希腊人已发明了爱奥尼式建筑、多立克式建筑。公元前500年至公元前300年，希腊进入了它的黄金时期，在建筑艺术上取得了伟大的成就，主要建筑类型有卫城、神庙、露天剧场、广场等，并形成了一种新的科林斯柱式。公元前1世纪末，希腊被罗马征服。但是希腊建筑不仅影响了罗马建筑，也影响了整个欧洲的建筑。

①雅典卫城与神庙。每个城市都有中心，同时也有它的保护神。希腊的雅典就是以其保护神雅典娜而得名。雅典卫城原意是“城顶”，或者是“城市最高处”。卫城建筑群的一个重要革新是突破小小成邦国家

和地域的局限性，综合了多立克艺术和爱奥尼艺术。卫城山门，建于公元前437年至公元前432年，是由建筑师穆尼西克里设计建造的。山前后各有六根多立克式柱子。门的西半部，沿中央的两侧，有三对爱奥尼式柱子。朝圣者经山门进神殿时，会感到山门非常美观。山门右边的城堡上立着一座尼克 · 爱普台若斯神庙（胜利神庙）。进入卫城这个圣地时，最醒目的是帕提农神庙。而帕提农神庙是卫城最重要的神庙，位于卫城的最高处，是供奉雅典娜的神庙。神庙是古希腊最辉煌的建筑，建筑神庙是希腊宗教发展的重要标志。到了公元前5世纪和公元前4世纪，希腊的神庙建筑达到登峰造极的地步。古希腊神庙建筑贯穿于每个时期，最初的希腊神庙是非常简陋的，后来神庙从砖木结构转向石结构，到了公元前6世纪逐渐定型为围廊式，最著名的就是帕提农神庙。

②帕提农神庙（Parthenon）。原意为“处女宫”，始建于公元前447年，主要是由伊克蒂诺斯设计的，它是卫城的主体性建筑。神庙长69.5m，宽30.89m，由60多根多立克柱式构成柱廊。神庙设有前殿、正殿和后殿。它是卫城唯一的围廊式庙宇，形式最隆重。无数现代建筑大师都奉帕提农神庙为最高建筑典范。（图2-4）

图2-4 古希腊帕提农神庙

③希腊建筑的风格。古希腊建筑最主要的特点是柱式。希腊人发明了多立克柱式、爱奥尼柱式和科林斯柱式。古罗马的建筑师维特鲁威认为多立克柱式显示了人体的比例、力量和优美，是一个完美的男性范本，爱奥尼柱式表现了女性纤弱的特性，科林斯柱式模仿了女孩子瘦小的身材。因此，从总体上说，古希腊建筑是欧洲建筑的开拓者，或者说对于欧洲后来的建筑产生了巨大的影响。（图2-5）

图2-5 希腊柱式

4．古罗马建筑与室内装饰

意大利是伸入地中海的一只形如大靴的半岛。罗马本是意大利半岛中部西岸的第伯河上的一个小城邦，与古希腊的海上开拓不同，古罗马人主要以农耕方式生存。

古罗马的建筑分为三个时期：公元前8世纪至公元前2世纪的伊特鲁里亚时期，在拱券结构方面形成了特色；公元前2世纪至公元前30年的罗马共和国兴盛期，建设成主要的城市街道与引水渠等方面；公元前146年征服希腊后，吸收希腊的建筑成果，建造了剧场、竞技场、浴池、巴西利卡、角斗场等。

古罗马的建筑艺术是古希腊建筑艺术的继承和发展。这种“继承”不仅是从时间先后来说的，而且是从建筑艺术的根本风格来说的。这种根本风格的内容就是人的意识与人的尺度。不过，这种人的意识与人的尺度，在古罗马建筑中又有了新的含义，正是这种新的含义，推动了古罗马建筑艺术在古希腊建筑艺术的基础上的大踏步前进。古罗马的建筑不仅借助更为先进的技术手段，发展了古希腊艺术的辉煌成就，而且也将古希腊建筑艺术风格的和谐、完美、崇高的特点，在新的社会文化背景下，从“神殿”转入世俗，赋予这种风格以崭新的美学趣味和相应的形式特点。

古罗马的建筑理论家维特鲁威在其《建筑十书》中曾经指出，建筑的基本原则应当是“须讲求规则、配置、匀称、均衡、合宜以及经济”。这可以说是对古罗马建筑特点及其艺术风格的一种理论总结。

古希腊最杰出的建筑艺术都与神有关，而神庙的辉煌更集中反映了这一特点。古罗马的建筑最辉煌、最有艺术价值的则是为经济服务或为人的生活（物质、精神）服务的建筑，如广场、道路、桥梁、高架输水道、隧道、剧场、竞技场、浴场、住宅和别墅等。这些建筑几乎全是直接为人的物质生活或精神享受服务的。在艺术风格方面，它们也追求和谐、追求完美、追求崇高，但已不是一种“神圣”的和谐、完美、崇高了，而是现实人生的一种“合宜”，是经济繁荣、和平安定和追求现实刺激的“崇高”。至于另一些世俗的建筑，如卡拉卡拉浴场，它那和谐、完美而又雄伟的风格，也主要来自于世俗的情感，而不是来自理想主义的神圣意识。

在具体建筑的造型风格方面，古罗马的建筑也是既继承了古希腊建筑的造型风格，又革新、发展了它。如古罗马大斗兽场的外部立面，特别是高4层的外部立面，就是古希腊柱式构图的复写，它的底层是多立克柱式，第二层是爱奥尼克柱式，第三层则是科林斯柱式，在顶层则围绕着壁柱。但是，古希腊的这种柱式，在古罗马的这座杰作中已蜕变成了一种单纯的装饰，真正起结构作用的部件是隐藏于墙壁之中的结构体（图2−6）。同时，在屋顶造型方面，古罗马人更是极大地革新了古希腊建筑的造型方式，将古希腊常用的梁柱结构，代之以一种更为有效的拱券支撑方法，从而在屋顶造型方面，出现了在古希腊建筑中很难见到的“穹拱”屋顶。正是这种“穹拱”屋顶，成为古罗马建筑，特别是房屋类建

图2−6 罗马建筑的拱券

筑与古希腊房屋类建筑最明显的区别。这种拱券结构因经济、实用，且审美效果也很好，故不仅应用于神庙、宫殿等特殊建筑，而且扩展到日常生活的一切领域，如道路、桥梁、输水道、港口、剧场、住宅、仓库和下水道等。同时，古罗马的建筑又在造型方面有意识地借鉴和继承了古希腊建筑造型的一般特点，特别是柱廊的使用，常常鲜明地表现出古罗马建筑与古希腊建筑的继承关系。例如，古罗马的潘泰翁神庙（又称万神庙），它的主体部分是一个带穹顶的巨大的混凝土圆桶，这种以“圆”为主的风格，是典型的古罗马建筑的特点。而在它的大门入口处，又靠着一个典型的古希腊的柱廊，柱廊由八根科林斯柱式组成，它的上面则是一处三角形的山尖。整个建筑活脱脱地显示着古罗马建筑继承与创新的形象。确实，从建筑艺术上来说，罗马的建筑是完全可以和希腊媲美的。(图2−7)

图2−7 万神庙的室内

二、中世纪时期建筑及室内装饰

中世纪的欧洲，文化落后、思想愚昧、战事频繁、政权腐败、经济倒退、反奴隶制斗争迭起，历史上往往将这段时期称为“黑暗时代”。然而实际上，这段时期

是欧洲近代国家和民族语言文化形成的时期。公元476年，西罗马的灭亡标志着封建制度的形成，当时的欧洲虽然没有统一的国家，但却有了统一的宗教——基督教，它成为当时最具凝聚力的统治力量，它的影响渗透到了当时社会生活的各个方面，建筑设计及室内装饰也不例外，这一时期的建筑设计及室内装饰的主要成就就体现在宗教类建筑之中，在继承古典文化的基础上创造了属于自己时代的建筑设计及室内装饰形式。

1. 拜占庭

“拜占庭”原是古希腊的一个城堡，公元395年，显赫一时的罗马帝国分裂为东、西两个国家，西罗马的首都仍在当时的罗马，而东罗马则将首都迁至拜占庭，其国家也就顺其迁移被称为拜占庭帝国。在这里，诞生出一种独具风格的基督教艺术，这种艺术虽然必须以基督教的形式和题材为主导，但却是较为广泛地和古代希腊、罗马的艺术传统以及东方文化相联系着。拜占庭建筑在继承古罗马建筑文化的基础上，主要是在教堂建筑中发展成熟的。

拜占庭建筑的主要成就是创造了把穹顶支承在四个或更多的独立支柱上的结构方法和相应的集中式建筑形式。拜占庭建筑的特点还包括屋顶造型，普遍使用“穹窿顶”。几乎所有的公共建筑和宗教性建筑都用穹窿顶，另外一个特征是整体造型中心突出。在一般的拜占庭建筑中，建筑构图的中心，往往十分突出，围绕这一中心部件，周围又常常有序地设置一些与之协调的小部件。

此外，拜占庭教堂建筑的外部看起来都很朴素，而室内的装饰却极尽华丽灿烂，把细碎的彩色大理石、珐琅和琉璃的镶嵌发挥到了极高的境界。在教堂内部界面装饰上，墙面常常贴彩色大理石板，拱券和穹窿的表面不便于贴大理石板，则使用马赛克贴面、马赛克镶嵌画和粉画装饰，地面也常铺马赛克装饰。镶嵌画和粉画题材大都是宗教性的，它们的大面积使用，使教堂室内色彩斑斓，高大的空间与绚丽的色彩融为一体，使建筑内部空间显得灿烂夺目。另外，室内采光是自然光，光线是通过穹顶地脚的窗子照射进来，在幽暗朦胧中，射入的光线使整个室内充满神圣感，增加了特有的宗教气氛。这里的圆柱也和拉芬纳一样顶着垫状柱头，常雕有精致的叶形花纹（图2–8）。这种特有的建筑形式与镶嵌装饰相结合的风格构成了拜占庭建筑及室内装饰的主要特征。

拜占庭建筑最光辉的代表是圣索菲亚大教堂（图

图2–8 圣魏塔莱教堂拜占庭柱头

图2–9 拜占庭圣索菲亚大教堂

2-9）。这座教堂的整个平面是个巨大的长方形。从外部造型看，它是一个典型的以穹顶大厅为中心的集中式建筑。从结构来看，它有既复杂，又条理分明的结构受力系统。从内部空间看，这座教堂通过排列于大圆穹顶下部的一圈40个小窗洞将天然光线引入教堂，使整个空间变得飘忽、轻盈而又神奇，增加宗教气氛。大厅的门窗玻璃是彩色的，柱墩和内墙面用白、绿、黑、红等彩色大理石拼成，柱子用绿色，柱头用白色，某些地方镶金，圆穹顶内都贴着蓝色和金色相间的玻璃马赛克。这些缤纷的色彩交相辉映，既丰富多彩、富于变化，又和谐相处，统一于一个总体的意境，神圣、高贵、富有，从而有力地显示了拜占庭建筑充分利用建筑的色彩语言构造艺术意境的魅力。这座建筑也就当然地成为了中世纪乃至人类建筑史上璀璨夺目的杰作。

2. 罗马风

罗马风建筑是中世纪的早期风格，公元11世纪始，欧洲的封建制度日趋完善，经济开始发展，而此后商业的逐渐发达促进各国之间的交流，也动摇了基督教所固有的宗教教条，于是艺术开始有了繁荣趋势和生机，渐渐形成了颇具特色的基督教文化，这就是所谓的“罗马风艺术”。它们在形式上仿效罗马时代（实际上还受拜占庭及东方风格的影响），然而由于历史原因，这种“古罗马的复兴”转瞬即逝。尽管称为罗马风建筑，然而与古罗马建筑之间并没有多大的联系。保存至今的多为教堂、修道院和城堡等石头建筑，它们具有典型中世纪特征的最后和最时兴的建筑风格。其规模远不及古罗马建筑，设计施工也较粗糙，但建筑材料大多来自古罗马废墟，建筑艺术上继承了古罗马的半圆形拱券结构，形式上又略有古罗马的风格，故称为罗马风建筑。它所创造的扶壁、肋骨拱与束柱在结构与形式上都对后来的建筑影响很大。

罗马风建筑的主要类型仍是教堂，这些教堂都采用十字或拉丁十字平面。在功能上常常加进一定数量的小礼拜室、钟塔等，纵横两厅交叉处上方屋顶上往往布置采光塔。中厅常采用筒形拱来抵挡。至于墙壁，则增加厚度以支撑拱顶，柱子加粗以增加稳固性。而为了维持墙壁的强度，窗子也没能开得很大，只在拱脚处加了扶壁。如此便有了较为广阔的壁面，也因此产生了在涂了灰泥的墙上绘制壁画的可能。外壁上则装饰并列的拱顶，即所谓的连环拱廊。这就使罗马风建筑在形式上给人以坚定、安静、沉重而朴实的感觉。意大利西海岸的比萨大教堂就是当时最华丽同时也是最具代表性的建筑。

这些建筑崇尚简单朴素，它既是宗教信仰的产物，同时也是为了实用，因此，在除教堂外还建造了无数牧师会礼堂、修道院和室内环境极其优美的寝宫。它们强调空间结构，把装饰降到最低；室内陈设方面，家具种类很少，代表性的只有简单的搁板桌、长凳和椅子、可拆卸携带的床以及直筒式的储物箱。这与当时的舒适标准有关，也与当时人类经常迁徙的历史背景有关。

早期的教堂的建筑者主要是修道士，教堂不事装饰，也不讲求比例，反对偶像崇拜，连耶稣基督的雕像都没有。墙垣和支柱十分厚重，砖筑很粗糙，沉重封闭，毫无生机。临近罗马风建筑时代的末期，由于人们观念的改变，一些规模大的教堂开始注重较为精细的装饰，室内装饰仍受拜占庭的影响，仍以镶嵌艺术为主，加入了雕饰和脚线，并有湿壁画产生。教堂建筑采用扶壁拱顶结构等，其风格朝着哥特式方向转变。（图2-10）

图2-10 亚琛大教堂

3. 哥特式建筑及室内装饰

哥特式建筑是一种宇宙观的反应。在人们看来，中世纪是一个黑暗的时期，但在建筑方面却有着很高的美学价值。哥特，原为参加覆灭古罗马帝国的一个日耳曼民族，其称谓含有粗俗、野蛮的意思。随着历史的发展，这一称谓也就失去了它的褒贬性，而成了一种专有名词，在习惯上人们将与中世纪的这种主要建筑风格一致的建筑，均称为“哥特式建筑”。最有影响的哥特式建筑，大多是教堂建筑。这与当时占统治地位的意识有关，中世纪占统治地位的意识是宗教意识，特别是基督教意识，与此同时，它也与当时较为发达的技术水平有关。因此，这两个方面的影响，也就内在地决定了哥特式建筑的风格特点。确实，一说起哥特式的建筑，建筑家们就会说到尖拱、装饰性的窗格、相互交叉的拱肋制成的拱顶和飞扶壁等。哥特式建筑的总体风格特点是：空灵、纤瘦、高耸、尖峭。它们直接反映了中世纪新的结构技术和浓厚的宗教意识。尖峭的形式，是尖券、尖拱技术的结晶；高耸的墙体，则包含着斜撑技术、扶壁技术的功绩；而那空灵的意境和垂直向上的形态，则是基督教精神内涵的最确切的表述。高而直、空灵、虚幻的形象，似乎直指上苍，启示人们脱离这个充满苦难的、罪恶的世界，而奔赴“天国乐土”。

对于哥特式建筑我们可以从两个方面具体地感受到。首先是外部造型，哥特式建筑，特别是教堂，外观的基本特征是高而直，其典型构图是一对高耸的尖塔，中间夹着中厅的山墙，在山墙檐头的栏杆、大门洞上设置了一列布有雕像的凹龛，把整个立面横联系起来，在中央的栏杆和凹龛之间是象征天堂的圆形玫瑰窗。西立面作为教堂的入口，有三座门洞，门洞内都有几层线脚，线脚上刻着成串的圣像。所有墙体上均由垂直线条统贯，一切造型部位和装饰细部都以尖拱、尖券、尖顶为合成要素，所有的拱券都是尖尖的，所有门洞上的山花、凹龛上的华盖、扶壁上的脊边都是尖耸的，所有的塔、扶壁和墙垣上端都冠以直刺苍穹的小尖顶。与此同时，建筑的立面越往上划分越为细巧，形体和装饰越见玲珑。这一切，都使整个教堂充满了一种超俗脱凡、腾跃迁升的动感与气势。这种气势将基督教的“天国理想”表现得生动、具体，也显示出中世纪高超的建筑技术。其次，从内部空间的特点来看，在哥特式教堂中，尖券与小拱的大量使用，赋予了空间与结构以极大的灵活性，同时也为教堂的艺术风格带来了新奇的格局。哥特式建筑非常重视装饰。整个一座哥特式建筑风格的大教堂，都是以尖顶拱券和垂直线为主，除了门窗几乎没有墙壁，高耸、轻盈、富丽、精致。置身于教堂内部，高大明亮，涂满金色的柱子间镶有彩色玻璃大窗，显得辉煌而神秘。每当阳光从布满窗棂间的彩色玻璃照射进来时，整个教堂的空间便弥漫着迷离与幽幻，教堂仿佛就是天堂。此种气氛已尽显了基督教的精神，信奉基督教的信徒没有见过天堂，但是可以通过哥特式教堂的彩色玻璃感受到天堂的存在。而这种气氛的形成，又无疑得益于尖券、尖拱及空间结构等技术。正是这些特征使它成为在以希腊、罗马为代表的古典艺术之外的又一个建筑传统。就像希腊神庙和罗马神庙一样，哥特式的教堂是中世纪基督徒信仰宗教的必要基础。

在哥特式教堂建筑中，享有崇高声誉的教堂比比皆是。其中，法国的巴黎圣母院、意大利的米兰大教堂、德国的科隆大教堂都是代表。它们的外部造型、细部装饰及内部空间的结构，都既充分地反映了哥特式建筑的一般风格特点，又个性鲜明。所以，人们谈起哥特式建筑，往往都要以它们为例。（图2—11）

图2—11 圣德尼修道院教堂 巴黎

三、文艺复兴时期建筑及室内装饰

文艺复兴建筑是欧洲建筑史上继哥特式建筑之后出现的一种建筑风格。15世纪产生于意大利，后来又渐渐传播到了欧洲其他国家，形成带有各自特点的各国文艺复兴建筑。文艺复兴，Renaissance，意思是“再生”，它意味着经过漫长的中世纪黑暗后古代艺术和文学价值的苏醒。文艺复兴建筑风格在16世纪达到了顶峰。文艺复兴运动持续了近300年，其重大历史意义在于它不仅创造了光辉灿烂的新文化，尤为重要的是它改变了人们的观念，解放了人们的思想。文艺复兴建筑最明显的特征是摒弃中世纪时期的哥特式建筑风格，而在宗教和世俗建筑上重新采用古希腊罗马时期的柱式构图要素。文艺复兴时期的建筑师和艺术家们认为，哥特式建筑是基督教神权统治的象征，而古代希腊和罗马的建筑是非基督教的。他们认为这种古典建筑，特别是古典柱式构图体现着和谐与理性，并且同人体美有相通之处。这些正符合文艺复兴运动的人文主义观念。

这一时期建筑装饰的最大特点是，雕塑与壁画相映生辉，雕塑和壁画的场面之大、水平之高是任何时代都不可比拟的。人们熟知的圣彼得大教堂是当时最有代表性的建筑，它的装饰规模及豪华程度，也是教堂中绝无仅有的。墙壁、天花板的彩绘和雕刻富丽奔放，给人一种金碧辉煌之感。这个时期也涌现了许多才华横溢的建筑大师和绘画装饰大师，其中最典型的有米开朗基罗、达·芬奇和拉菲尔。他们共同促成了建筑、装饰、绘画的大融合，开创了一个辉煌的装饰时代。

意大利文艺复兴建筑在文艺复兴建筑中占有最重要的位置。早期的文艺复兴首先在佛罗伦萨开始。15世纪，佛罗伦萨大教堂的建成标志着文艺复兴运动在建筑领域中的形成。它的设计和建造过程、技术和艺术成就，都体现出新时代的人文主义精神。在这一时期的室内装饰方面，除了原封不动保留中世纪设计传统的同时，还开始增加了建筑和府邸的装饰线脚，如门、门框和其他借鉴与古罗马建筑的细部。室内其他方面较为平淡，由结构线条组成的精致的方形图案天花（平顶镶板装饰）、全新绘制的墙壁和天花板装饰以及古典装饰线条，成了空间主要的装饰要素。绘画也常出现在天花板上，这些绘画或许还是当时重要画家的作品，雕刻板饰或一种特殊格律的诗行此时也作为一种装饰在墙上使用。充满雕刻装饰的工艺精致的壁炉架已开始融入在古典风格之中。到了文艺复兴盛期，这些装饰已经变得丰富多彩且装饰豪华。建筑理论家帕拉迪奥和维尼奥拉对文艺复兴时期的建筑理论和近似标准化的建筑实践作了系统的总结和阐述，使该时期的建筑设计手法得到了地理上的延伸。帕拉迪奥的室内设计在理性意识和忠实于建筑整体古典风格方面得到了发展。教堂用古罗马风格的装饰，像壁柱、檐口线脚和门窗边饰，通常采用灰白色的大理石材料，同一般的白色墙壁和天花板平面形成对比，从而使其显得特别引人注目。帕拉迪奥设计的位于马塞的巴巴罗别墅有一个十字形的中央起居大厅，大厅将平面一分为二，在四个角有四个房间。从建筑上来讲，这些空间很单调，但是四周墙壁却装饰得富丽堂皇。墙上面有委罗内塞绘制的足以乱真的壁画，画中含有建筑构件（拱门、栏杆、门廊），同室内环境中的建筑细部又组成新的背景。帕拉迪奥的设计和著作，充分展示了文艺复兴盛期的建筑设计成就。另外，还有别的一些建筑师和建筑理论家像米开朗琪罗、阿尔伯蒂等，他们一方面采用古典柱式，一方面又灵活变通，大胆创新，甚至将各个地区的建筑风格同古典柱式融合在一起。他们还将文艺复兴时期的许多科学技术上的成果，如力学上的成就、绘画中的透视规律、新的施工机具等，运用到建筑创作实践中去。（图2-12）

图2-12 圣彼得大教堂

在文艺复兴时期，建筑类型、建筑形制、建筑形式都比以前增多了。建筑师在创作中既体现统一的时代风格，又十分重视表现自己的艺术个性，各自创立学派和个人的独特风格。总之，文艺复兴建筑，特别是意大利文艺复兴建筑，呈现空前繁荣的景象，是世界建筑史上一个大发展和大提高的时期。意大利以外地区的文艺复兴建筑的形成和延续呈现着复杂、曲折和参差不一的状况，像法国、英国等，建筑史学界对意大利以外欧洲各国文艺复兴建筑的性质和延续时间并无一致的见解。尽管如此，建筑史学界仍然公认以意大利为中心的文艺复兴建筑对以后几百年欧洲及其他许多地区的建筑风格产生了广泛的、持久的影响。

四、17、18世纪的欧洲室内装饰

17世纪的欧洲，是一个大动荡的时代，资产阶级民族、民主革命的运动在蓬勃发展，1640年英国爆发的资产阶级大革命，标志着欧洲封建统治的结束。法国则爆发了宗教大战，王权逐渐强大，这为法国古典主义的发展提供了前提条件。而此时的意大利，由于商路的转移，城市手工业的萎缩，反宗教改革势力抬头，教皇拥有最高的权利。17世纪的欧洲，尽管社会经历了许多风云变化，但是在政治和文化上，却是一个朝气蓬勃的时代，在文化史上，一般把17世纪称为“巴洛克”时代。

18世纪的欧洲，尽管有些国家仍处于分散状态，但是，资产阶级革命以后，资本主义的突起，为文化艺术的发展奠定了良好的基础，再加上过去一个世纪的滋养，室内装饰方面在欧洲已有所发展。但是法国的形势与其他国家相比有所不同，17世纪末法国各方面的发展都达到了高点，但并非能够一直持续下去，路易十五统治时期，王室贵族和新兴的资产阶级似乎厌倦了过去的王权生活，转而去追求更新奇、更有意味的艺术样式，贵族宫廷里到处弥漫着荒淫萎靡的生活风气，这就大大促进了洛可可室内装饰风格的出现。

1．古典主义

古典主义建筑继意大利文艺复兴之后成为欧洲建筑发展的主流。它始于17、18世纪绝对君权时期的法国宫廷，主要是运用古希腊罗马建筑和意大利文艺复兴建筑样式及古典柱式的建筑，建筑造型严谨，内部装饰丰富多彩。法国古典主义建筑的代表作是规模巨大、造型雄伟的宫廷建筑和纪念性的广场建筑群。这一时期法国王室和权臣建造的离宫别馆和园林，为西班牙、俄罗斯等国家所仿效。

法国古典主义建筑主要体现在宫殿建筑上，宫殿不同于教堂，它要满足的需要包括更多样更可变的因素，功能性这一问题就显得尤为重要。宫殿有一个非常重要的功能，就是礼仪的需要。所以宫廷建筑规模宏大富有节奏感，室内空间宽敞，装饰华丽、精致，处处体现王权的尊贵，使之成为一种与宫廷生活极为协调的建筑风格。代表作品有巴黎卢浮宫、凡尔赛宫（图2−13和图2−14）。尤其是凡尔赛宫与其花园最为奢华。这不仅在法国，甚至在全欧洲也是最具代表性的建筑，它将建筑与装饰及各种艺术融为一体，成为当时充满贵族格调与权威的宫廷生活的舞台。它不仅创立了宫殿的新形式，而且在规划设计和造园艺术上都为当时欧洲各国所效法。

图2−13 凡尔赛宫镜厅

荣誉军人院，是路易十四时期军队的纪念碑，也是17世纪法国典型的古典主义建筑。新教堂接在旧的巴西利卡式教堂南端，平面呈正方形，中央顶部覆盖着有三层壳体的穹窿，外观呈抛物线状，略微向上抬高，顶上还加了一个文艺复兴时期惯用的采光亭。穹窿顶下的空间是由等长的四臂形成的希腊十字，四角上是四个圆形的祈祷室。新教堂立面紧凑，是整座建筑的中心，方方正正的教堂本身看来像是穹窿顶的基座，更增加了建筑的庄严气氛。

在18世纪上半叶和中叶，国家性的、纪念性的大型建筑比17世纪显著减少。代之而起的是大量舒适安谧的城市住宅和小巧精致的乡村别墅。在这些住宅中，美奂的沙龙和舒适的起居室取代了豪华的大厅。在建筑外形上，虽然巴洛克教堂式样很快为其他建筑物所效法，但这时期1671年设置的巴黎建筑学院仍是古典主义的大本

图2—14 凡尔赛宫礼拜堂

营。学院派有关建筑师的职业技巧和建筑构图艺术等观念，统治西欧的建筑事业达200多年之久。

2. 巴洛克建筑的风格

巴洛克，是产生于文艺复兴高潮过后的一种文化艺术风格。它的外文为Baroque，意为变形的珍珠，其艺术特点就是怪诞、扭曲、不规整。巴洛克建筑风格，是巴洛克文化艺术风格的一个组成部分，它起源于17世纪的意大利，其特点是一反文艺复兴盛期的严肃、含蓄、平衡，倾向于豪华、浮夸。善于运用矫揉造作的手法来产生特殊效果，常采用不对称的构图、不规则的曲线，强调动感，表现过于想象、故作庄严和狂妄的热烈情调。

就艺术而言，巴洛克是非常华丽的绘画、雕塑、室内设计和音乐风格。从历史沿革来说，巴洛克建筑风格是对文艺复兴建筑风格的一种反驳；而从艺术发展来看，它的出现，又是对包括文艺复兴在内的欧洲传统建筑风格的一次大革命，冲破并打碎了古典建筑业已建立起来的种种规则，对严格、理性、秩序、对称、均衡等建筑风格与原则来了一次大反叛，开创了一代建筑新风。因此，从欧洲建筑艺术的发展历史来看，它是继哥特式建筑之后，欧洲建筑风格的又一次飞跃，尽管在这种风格中，存在着显而易见的迎合贵族阶级享乐、奢华、炫耀财富心态的世俗化倾向，但是，它的艺术创造的勇气及其对后世（如西方后现代主义）的影响，却是值得我们特别注意的。

巴洛克风格室内装饰的基调是富丽堂皇而又新奇欢畅，大多以宗教为题材，具有强烈的世俗享乐的味道。它常常大量用贵重的材料、精细的加工、刻意的装饰，以显示其富有与高贵。因此，巴洛克室内总是富丽堂皇、珠光宝气，装饰琳琅满目，色彩艳丽夺目。不囿于结构逻辑，常常采用一些非理性组合手法，从而产生反常与惊奇的特殊效果。室内装饰充满欢乐的气氛。这一点，它承续了文艺复兴的传统，提倡世俗化，反对神化，提倡人权，反对神权的结果是人性的解放，这种人性的光芒照耀着艺术，给文艺复兴的艺术印上了欢快的色彩。（图2—15）

巴洛克建筑风格最显著的特征是标新立异、追求新奇。它突破了传统建筑的构图法则和一般形式，它摒弃了正方形和圆形的固定形状，改用旋转而灵活的形状——S弧形或波浪形的建筑正面，还有以椭圆形为基

图2—15 意大利古典建筑巴洛克室内风格

础的平面，使建筑形象产生动态感；又或者把建筑和雕刻二者混合，以求新奇感；又或者用高低错落及形式构件之间的某种不协调，引起刺激感。著名的巴洛克大师波洛米尼设计的圣卡罗教堂是全面体现巴洛克建筑风格特征的代表作。这座教堂彻底摒弃了文艺复兴及其以前建筑惯用的界线严格的几何构图，室内外几乎没有直角，线条全为曲线，线脚繁多，装饰图案复杂，并使用了大量的雕刻和壁画，五彩缤纷，富丽堂皇。教堂外立面也极尽曲折变换，宛如起伏的波浪。这间教堂小巧精致，虽然被塞在一块很狭小的地方，其平面和波浪起伏的正面都成为未来巴洛克式教堂试验的典范。这种豪华得令观赏者瞠目结舌的巴洛克风格不仅仅表现在教堂和宫殿建筑和内部装潢上，还表现在家具和室内陈设方面，壁面常饰以壁柱、波浪性曲面、壁画、挂毯等，屋顶则以屋顶画与重复花纹构成，而地板是彩色大理石。但是，它只注重装饰性，夸张了形式却不管其功能，主要是为了显示王公贵族的社会地位及品位，所以，成为17世纪欧洲各国教会和宫廷中广为流行的贵族艺术形式。巴洛克是一定时期的产物，当发展到极致必将被新的艺术形式所代替。

3．洛可可

洛可可风格出现于18世纪法国古典主义后期，流行于法、德、奥地利等国。洛可可这个名称来自rocaille这个字，意思是岩石和贝壳，暗示出这种装饰的自然造型：枝叶造型和海洋造型。洛可可除了在建筑上的表现外，还涉及室内装饰以及家具、丝织品、瓷器、漆器等工艺品方面，尤其是在室内装饰方面的表现更为让人惊叹。它是在反对法国古典主义艺术的逻辑性、易明性、理性的前提下出现的柔媚、细腻和纤巧的建筑风格。

相对于巴洛克风格的庄重与动感，洛可可风格表现出一种少有的轻快与优雅，它的主要特点是一切围绕柔媚顺和来构图，特别喜爱使用曲线和圆形，尽可能避免方角，并常常在各种转角处用装饰线脚软化方角，用多变的曲线代替僵硬的水平线。在装饰题材上，常常喜用各种草叶及蚌壳、蔷薇和棕榈。这些题材不但用在墙面和天花板上，也用在撑架、壁炉架、镜框、门窗框、家具腿和其他建筑部件上，并且极尽模仿植物的自然状态。

在装饰材料上，洛可可风格的建筑常以质感温软的木材取代过去常常使用的大理石，墙面上不再出现古典形式，而代之以线脚繁复的镶板和数量特多的玻璃镜面。在色彩上，为了柔媚顺和，洛可可风格的建筑喜用娇嫩的色彩，如白色、金色、粉红色、嫩绿色、淡黄色，尽量避免强烈的对比。此外还喜欢张挂绸缎的幔帐和晶体玻璃吊灯，陈设瓷器古玩，力图从装饰到小品，到室内物件的设置，显出豪华的高雅之趣。然而，它的格调却因装饰手法的过于刻意，往往是脂粉之气过浓，高洁之意不足；堆砌、柔媚有余，自然韵雅不足。所以，洛可可风格历来被认为是格调不高、奢靡颓废的建筑风格。

但是从现在看来，由于洛可可时代的室内装饰去除了往日注重格式与夸耀权威的特质，贵族们为了营造沙龙式的愉悦生活，便开始注重必要的设施与美感的追求。他们注重功能，注重人的切身需要的一面，比起古典主义建筑来，人性以及人情味更浓，所构成的建筑室内空间气氛更亲切宜人，所以，洛可可风格一经产生，便很快风靡欧洲，到了德国，则更变成了超级洛可可，亚玛连堡阁是慕尼黑郊外宁芬堡宫庭院里四座洛可可馆阁中最著名的一座（图2−16）。这座别具一格的欢乐阁，外观虽然让人以为平滑简单，却有着迷人的细部装饰，优雅十足。室内是一间圆形中央大厅，淡蓝色的墙壁上布满了椭圆形的镜子，镜子和门窗交错排列并稍稍倾斜，以加强种种装饰所呈现的夏日轻快。柏林夏洛登堡的“金廊”和波茨坦新宫的阿波罗大厅也可以说是其登峰造极的代表作品。不仅如此，由于洛可可创造了更多新颖别致、精细工巧的片断，创造了许多生动活泼的手法，特别是一些洛可可风格的客厅和卧室，非常亲切温雅，比起古典主义和巴洛克建筑来更宜于日常生活的需要，所以绵延、影响至今。

图2−16 亚玛连堡阁·宁芬堡宫 慕尼黑

五、其他亚洲国家建筑及室内装饰

1．古印度建筑及室内装饰

印度是具有悠久文化历史和佛教盛行的国家，它的古典传统风格样式反映在佛教建筑遗址中，石窟寺庙中多种多样的室内空间组合、精雕细刻的装饰和多波折圆拱形列柱来分隔空间。壁面上常饰有姿态丰满、生动的浮雕、圆雕以及壁画。印度装饰风格华丽浓重、造型生动、色彩绚丽，其图案变形及设色具有极高的水平。用于民间民居的室内装饰生动活泼，造型及色彩都富有情趣。传统的室内陈设艺术以低床榻坐卧样式为主，在居室的各个部分装点陈设艺术品，印度的民间艺术品、装饰织物种类繁多，手工工艺技艺高超，色质华丽，用以装饰室内更增添其富丽的效果。

2．古日本建筑及室内装饰

日本的古代文化受到中国文化全面、深刻的影响，因此它们的古代建筑同中国建筑有共同的特点，室内也是一样，无论在平面布局、结构、造型或装饰细节方面，尤其是到了唐朝更是达到顶峰。所以，日本的建筑及室内设计保存着比较浓厚的中国唐代设计风格特征。日本的建筑和室内传统样式有寝殿造样式、书院造样式和数寄屋样式等。室内样式的最主要特点是适合使用榻榻米席地而坐和夜间席地而卧的空间形式。

3．伊斯兰建筑及室内装饰

伊斯兰建筑主要散布在阿拉伯地区以及伊斯兰教影响所及的地区，包括印度和中亚的建筑。最主要的是宗教建筑。由于伊斯兰教做礼拜时要面向圣地麦加，故建筑空间多横向划分。宗教建筑的代表就是清真寺（图2−17）。其室内装饰也有着独特的风格，采用多种花式拱券和与之相适应的各式穹顶，具有强烈的装饰效果。内墙往往采用大面积的表面装饰。

在伊斯兰建筑室内装饰中纺织品占有很重要的位置，室内多用华丽的壁毯和地毯，爱好大面积色彩装饰。图案多以花卉为主，曲线匀整，结合几何图案，其内或点缀以《古兰经》中的经文，装饰图案以其形色的纤丽为特征，具有艳丽、舒展、悠闲的效果。此外，人们还大量使用锦缎，制作帷幕挂饰和坐垫，其中丝织拜垫是宗教生活中非常重要的用品。

图2−17 哥尔多瓦大清真寺内部 西班牙

六、中国建筑及室内装饰

1．中国古代建筑装饰特征

在世界建筑史上，中国古代建筑具有卓越的成就和独特的风格，以其鲜明的特点而自成体系，与西方建筑、伊斯兰建筑一起被称为世界三大建筑体系。中国古代建筑不同于其他建筑体系都以砖石为主，而是以独特的木构架体系著称于世。其在结构方面尽木材应用之能事，创造出独特的木结构形式。木构架结构（图2−18），即采用木柱、木梁构成房屋的框架，屋顶与屋檐的重量通过梁架传递到立柱上，墙体只起隔断作用，而不是承担房屋重量的结构部分，既达到实际功能要求，同时又创造出优美的建筑形体，以及相应的建筑风格。木构架建筑体系，在汉代已基本形成，到唐代已达到成熟阶段。中国古代木构架有抬梁、穿斗、井干三种不同的结构方式，其中抬梁式的使用范围较广，位于三者之首。木构架体系自身，在基本构筑形态的共同性基础上，也带有地域性和民族性的差异，但木构架体系始终是我国古建筑的正统，有着极强的生命力、适应性、包容性和独特性。这些特性主要表现在：创造了与木构架相适应的建筑平面和立面形式；多以单座建筑组成院落或建筑群体，不论是皇宫还是其他建筑形式都无不如此；中国古代建筑虽然构架形式相似，但形象各异，从建筑组群的整体外观到建筑各部位的造型以及色彩处理都各具特色。

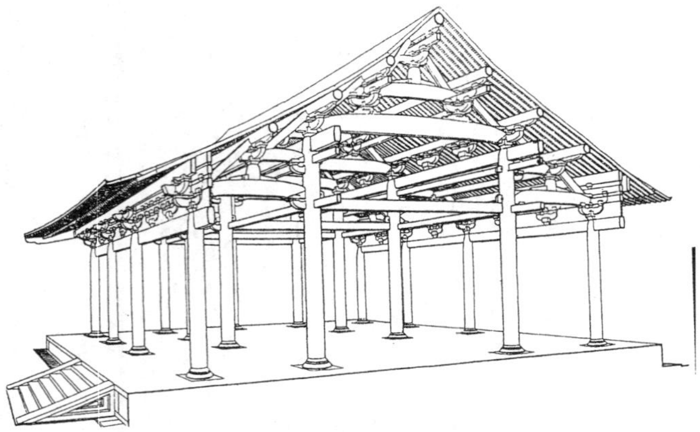

图2-18 木构架结构

2. 原始至秦汉时期

原始至秦汉时期是中国建筑逐步形成和发展的时期。从原始住民巢居与穴居时期，到新石器时代的干阑式建筑和木骨泥墙房屋（图2-19），人类建筑及装饰活动就开始拉开了序幕，随着社会的不断发展完善，成为世界建筑及装饰发展史中最绚丽的一朵奇葩。中国历史上第一个朝代——夏朝的建立，标志着奴隶制国家的诞生。经过商、周、春秋、战国至秦汉，中国古代建筑作为一个独特的体系已基本形成。

商周是中国建筑的一个大发展时期。商朝已普遍使用青铜器，其制铜业已很发达。随着生产工具的进步及大量奴隶劳动力的集中，使建筑技术水平有了明显的提高。从甲骨文和现存的青铜器上可推知当时室内铺满地席，人们席地而坐，家具有床、案、俎和置酒器的“禁”，并且人们已经知道用油漆涂抹家具，初步掌握了漆器工艺，开始用雕刻来美化家具。到西周时已经出现了瓦，从而使建筑脱离了“茅茨土阶”的简陋形态，进入比较高级的阶段。在凤雏的建筑遗址中还发现了在夯土或土坯墙上用三合土做的抹面（白灰+沙+黄泥），使表面平整光洁。从青铜器上留有的柱头和坐斗的形象，说明当时的木构架技术已有较大进步。

春秋时期由于战争的需要，夯土筑城成为当时必不可少的一项国防工程。据文献记载，春秋战国时期已在抬梁式的构架建筑上施彩画，并且反映出在用色方面的严格等级制度。春秋战国时期的屋面已大量使用瓦覆盖，无疑屋檐处的瓦当仍然是人们进行建筑装饰的重点，其上的花纹比东周时期的还要复杂，立体感更强。

秦汉时期是我国古代建筑史上的第一个高潮。秦汉时期的住宅，根据明器、陶屋、画像石、画像砖（图2-20）及文献记载，规模较小的住宅，平面一般为正方形或长方形，房门开在中央或一边。规模较大的住宅，都是以墙垣构成一个院落，也有两进院落的，形成“日”形布局，其中央的建筑较周围的高大，整体错落有致，变化丰富。（图2-21）住宅内部的家具在这一时期已相当丰富，床榻是当时室内的主要家具，尤其是汉

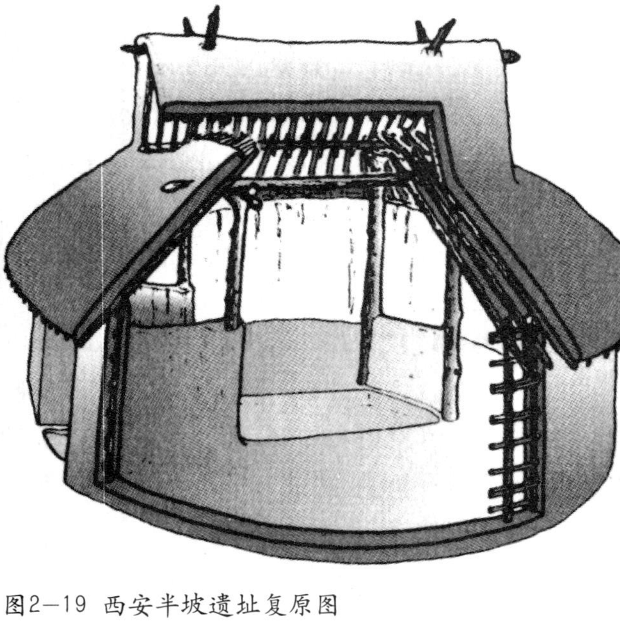

图2-19 西安半坡遗址复原图

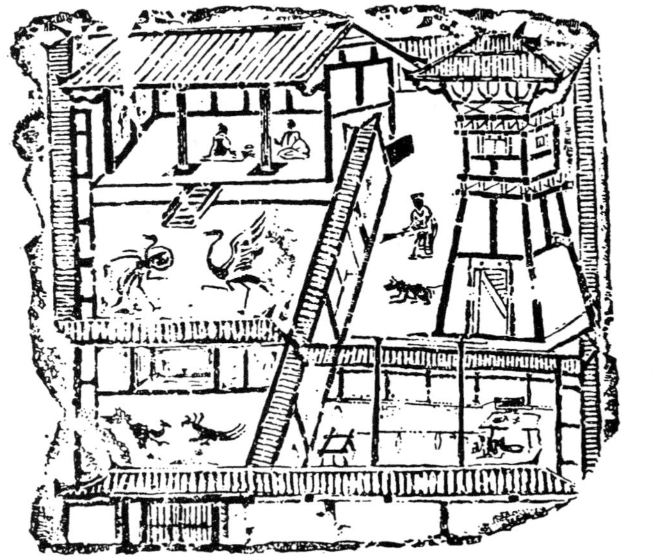

图2-20 汉代画像砖中的院落形式

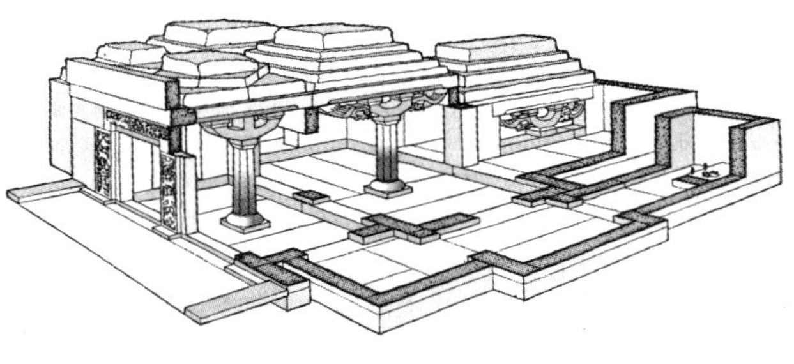

图2—21 山东沂南古画像石墓剖面图

代的床用途最为广泛，人们在上面睡眠、用餐和会客。屏风也被普遍采用，一般有钱有地位的人家都有屏风。其主要的功能是挡风和遮蔽，是当时室内最具有装饰和美化作用的陈设。

3. 三国、两晋、南北朝和隋唐时期

魏晋南北朝时期是我国历史上政治不稳定，战事破坏严重，长期处于分裂状态的一个阶段，也是我国历史上一次民族大融合的时期。这个时期的建筑基本上是沿用汉代的建筑和装饰成就。由于佛教的传入和统治者的大力提倡，大批佛寺、佛塔、石窟等佛教建筑被兴建起来，南北朝时期达到了极盛。它带来了印度、中亚一带的雕刻艺术，对我国的建筑装饰有一定的影响，使我国的木构架建筑的风格特点更加鲜明，更加成熟。北魏和东魏时期贵族住宅的正门往往用庑殿式屋顶，正脊两端有兽吻作装饰，围墙内有围绕着庭院的走廊，墙上有成排的直棂窗。一般贵族官僚的宅院都很大，由若干的厅堂，庭院回廊组成。因为民族大融合的结果，室内家具也发生了巨大变化。家具普遍升高，虽然仍保留席坐的习惯，但高座具如椅子、方凳、圆凳已由胡人传入。床已增高，下部用壶门作装饰，屏风也由几褶发展为多牒式。这些新的家具对当时人们的起居习惯与室内的空间处理产生了一定的影响。

隋唐时期是中国古代建筑及室内装饰发展的成熟时期。隋朝时期，在建筑上主要是兴建都城——大兴城和东都洛阳，修建大规模的宫殿、苑囿，开通南北运河，修筑长城。在建筑设计上，隋代已采用图纸和模型相结合的办法。唐代初期已经以“材”作为建筑设计的模数，从而使构件的比例形式逐渐趋向定型化，此时还出现了专门掌握绳墨绘图和施工的配料。唐都长安是在隋代规划兴建的大兴城的基础上扩建而成的，规划严整，分区明确，街道整齐，是当时世界上最宏大繁荣的城市。这时候的宫殿与陵墓建筑加强了纵轴方向、衬托突出主体建筑的组合布局，直到明清仍沿用此法。唐代殿堂、陵墓、寺院、住宅等建筑的装饰纹样丰富多彩，最常见的除莲瓣外，窄长花边上常用卷草构成带状花纹，或在卷草纹内杂以人物。这些花纹不但构图饱满，线条也很流畅挺秀。此外还常用回纹、连珠纹、流苏纹、火焰文及飞仙等富丽饱满的装饰图案。隋唐时期的住宅没有实物留下来，根据文献和绘画所知，当时的建筑已有严格的等级差别，一般贵族宅第的大门有些采用乌头门形式，院内有两座主要房屋，之间用直棂窗和回廊连接成为四合院，也有采用房屋不对称，用回廊连接成庭院。乡村住宅中，一般不采用回廊，而是以房屋直接围绕成四合院，也有木篱茅屋的简单三合院。

佛教在隋唐时期盛极一时，佛教建筑也逐渐成为一个主要的建筑类型。留存至今的唐朝佛教殿堂中较为完整的有两处：五台山的南禅寺正殿和佛光寺正殿。这两座大殿的内部空间设计同外观形象一样，其风格虽有汉代的痕迹，但却透出一种圆熟的古朴和凝重，而不是单纯的粗放，既富有大气又不乏细腻。

4. 两宋和明清时期

北宋建立统一政权，采取一系列措施使农业和手工业发展起来，建筑水平也达到了新的高度。首先是都市布局、结构起了根本变化。打破了汉、唐以来的里坊制度。其次木构架建筑采用了古典的模数制。

在建筑装饰方面，屋顶上或全部覆以琉璃瓦，或琉璃瓦与青瓦相配合成为剪边式屋顶。在室内装饰上也有新的变化和发展。宋代将唐代以前普遍使用的有小方格组成的天花，发展成大方格的平素与强调主体空间的藻井，在内部空间分割上已采用格子门。宋代住宅形象资料多源自绘画，其形式多样。北宋时期的贵族府邸外部还多建乌头门或建门屋，门屋中间一间往往用断砌造，以便车马出入。为增加面积用廊屋替代唐代的回廊，组成四合院。在功能上，还沿用汉以来的前堂后寝的传统原则，但在接待宾客和日常起居的厅堂与后部卧室之间，用穿廊连成丁字形、工字形或王字形平面。在家具方面，垂足而坐的起居方式已完全普及民间，完全改变了商周以来的跪坐习惯及家具形式。普遍采用高桌椅，内部空间也相应有所变化。一般在厅堂的屏风前面正中放置椅子，两侧各有四对，或仅在屏风前放两张圆凳，供宾客对坐，在书房或卧室的家具一般采用不对称布局。而且当时已出现了成套的精美家具。（图2—22）

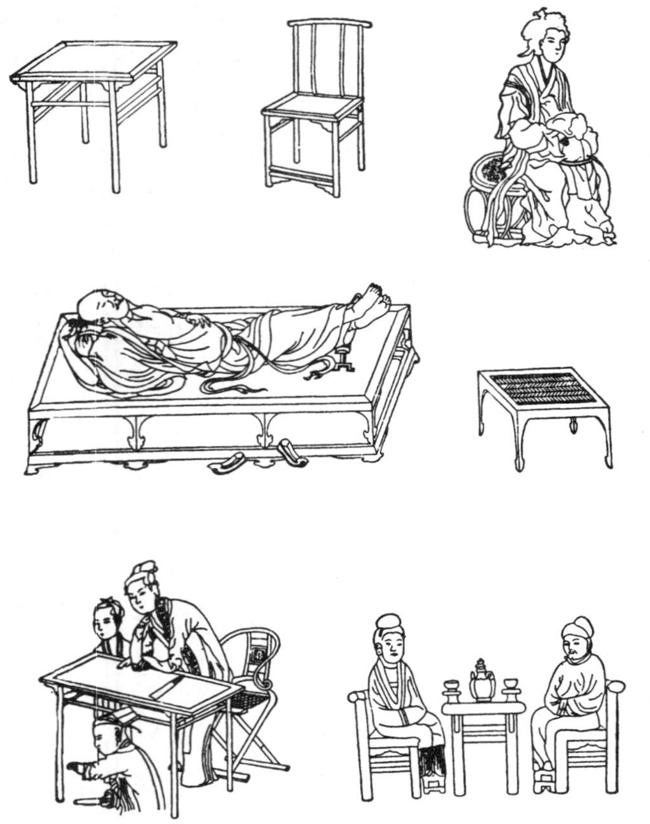

图2—22 宋代家具造型

明清时期是中国封建社会由恢复、停滞，以至崩溃的时期。其建筑沿着中国古代建筑的传统道路继续向前发展，获得了不少成就，成为中国古代建筑的最后一个高峰。在宫殿、坛庙、宗教建筑和园林设计等方面的成就尤其突出。我国的建筑发展到元、明、清时期，已经高度成熟，建筑装修都已定形化，出现了一整套高度成熟的模式。明清时期的北京城是一座典型的封建王朝都城，它是在继承历代都城建设经验的基础上创造出来的。北京的故宫是明清两朝皇帝的宫殿，是明清两代不断营造的结果，是现存最大的古建筑群，规模宏伟，布局严正，主次分明，体现着王权至高无上的设计思想。其室内装饰与设计是其他任何朝代都无法比拟的，尤其是太和殿（图2—23）。太和殿俗称金銮殿，高28米，面积2380多平方米，是故宫最大的大殿堂。大殿正中是一个约两米高的朱漆方台，上面安放着金漆雕龙宝座，背后是雕龙屏。方台两旁有6根高大的蟠龙金柱，每根大柱上盘绕着矫健的金龙。仰望殿顶，中央藻井有一条巨大的雕金蟠龙。从龙口里垂下一颗银白色大圆珠，周围环绕着6颗小珠，龙头、宝珠正对着下面的宝座。梁枋间彩画绚丽，有双龙戏珠，单龙飞舞，有行龙、升龙、降龙，多姿多态，龙身周围还衬托着流云火焰。太和殿是举行重大典礼的地方，皇帝即位、生日、婚礼和元旦等都在这里受朝贺。每逢大典，殿外的白石台基上下跪满文武百官，中间御道两边排列着仪仗，皇帝端坐在金銮宝座上。大殿廊下，鸣钟击磬，乐声悠扬。台基上的香炉和铜龟、铜鹤里点起檀香或松柏枝，烟雾缭绕。

图2—23 故宫太和殿

明清时期的民居也很有特色，在安徽省南部徽州地区的绩溪、休宁、黟县等地，仍保存不少明代至清初的住宅建筑。这一带住宅的基本形式是平面正房3间，或单侧厢房，或两侧厢房，均为楼房，周围用高大墙垣包绕，一般庭院狭小，成为天井。安徽黟县关麓村民居（图2—24）虽然形式简单，但其内檐装饰颇为考究。大门入口临天井一面两旁的立单扇槅扇，中安掛落，横枋之上又设横条花板，隔心掛落，花板结在迴形纹上点缀花瓶、蝙蝠、蝴蝶等作为装饰。整面装修不施色彩而保持原木本色，朴素中显细巧，反映了这一地区住宅装饰的风格。

明清也是我国造园活动较活跃的时期，无论是私家园林还是皇家园林都有较大的发展。明朝的皇家园林主要是紫禁城西面的西苑，到清朝时进一步扩建。此外还在北京西北郊风景优美的地带兴建了圆明园、长春园、万春园、静明园、静宜园、清漪园等，并且在承德建了最大的行宫——避暑山庄。私家园林目前保存下来的以苏州最多，扬州次之，私家园林是为了满足官僚地主和富商的生活及享乐而建造的。著名的明清私家园林主要有苏州拙政园、留园、网师园和怡园，无锡寄畅园和上海豫园和南京瞻园等（图2—25和图2—26）。中国古代园林设计，不管是皇家园林还是私家园林，也不论早期后期，在设计上都有一些共同的特点：注重自然美，使建筑与山水自然融合，与整个园林协调；十分强调曲折多变，追求“以有限面积造无限空间”；崇尚意境，追求诗情画意境界的创造，借以寄托游园者的思乡情怀。中国的园林被誉为世界园林之母，是中国古代设计文化的杰出代表之一。

图2—24 安徽黟县关麓村民居内檐装修

图2—25 江苏苏州留园五峰仙馆内景

图2—26 南京瞻园静妙堂室内

第二节 现代室内设计简史

一、工艺美术运动、新艺术运动和装饰艺术运动

1. 工艺美术运动

在整个19世纪，对近代室内设计思想最具影响的是发生于19世纪中叶英国的工艺美术运动（Arts & Crafts），主要是针对装饰艺术、家具、室内设计、建筑等。这场运动是一批艺术家为了抵制工业化的批量生产对传统建筑、传统手工业的威胁，通过建筑和产品设计来体现民主思想而发起的一场设计改良运动。

诗人和艺术家威廉·莫里斯（William Morris，1834～1896）是这场运动的先驱。他提倡艺术化的

图2—27 红屋

手工制品，反对机器产品，认为自然是功能与美的统一。1859年，他邀请原先做哥特风格事务所的同事韦伯（Philip Webb,1831～1915）为其设计住宅——红屋（图2—27)。这个红色的清水墙住宅，体现了莫里斯的理想，融合了英国乡土风格和17世纪意大利风格，平面根据功能需要布置成L形，而不采用古典的对称格局，力图创造安逸、舒适而不是庄重、刻板的室内气氛。

“红屋”之后，这种审美情趣的逐步扩大，使工艺美术运动蓬勃发展起来。1861年，莫里斯等人成立设计事务所，专门从事手工艺染织、家具、地毯、壁纸等室内实用艺术品的设计与制作。莫里斯事务所设计的家具就采用拉斐尔前派爱用的暗绿色来代替赤褐色，壁纸织物设计成平面化的图案；室内装饰上，墙面是用木制的中楣将其划分成几个水平带，最上部有时用连续的石膏花做装饰，或是贴着镏金的日本花木图案的壁纸；室内陈设上喜爱具有东方情调的装饰品。莫里斯等人的学术思想虽然内涵深刻，然而其工艺美术运动本身由于更多地关心手工艺趣味，最后渐渐走上了唯美主义的道路。

2. 新艺术运动

受英国工艺美术运动的启示，19世纪末20世纪初，欧洲大陆出现了名为“新艺术派”的实用美术方面的新潮流。新艺术运动最初的中心在比利时首都布鲁塞尔，随后向法国、奥地利、德国、荷兰以及意大利等地区扩展。

新艺术运动在建筑领域的目的也是想解决建筑的艺术风格问题。新艺术的建筑师们极力反对历史样式，想创造出一种前所未有的、适应工业时代精神的简化装饰。他们避开了维多利亚时代折中的历史主义，主张运用高度程序化的自然元素，作为其创作灵感。新艺术建筑的特征主要表现在室内，而外形一般比较简洁，尽量减少浮饰。其装饰主题是模仿自然界繁盛的草木形态的曲线，多用于建筑物内外的墙面、栏杆、门窗以及家具等。这类装饰中大量应用了铁构件。

这一时期的主要设计团体有成立于1884年的“二十人小组”和1894年成立的“自由美学社”，它们是包括许多不同艺术行业的同仁组织。在设计方面作出杰出贡献的著名大师，首推维克托·霍尔塔（Victor Horta,1861～1947）和凡·德·费尔德(Henri Van de Velde,1863～1957)。

霍尔塔是新艺术风格的奠基人。他代表性的作品有

图2—28 塔塞尔住宅

布鲁塞尔的塔塞尔住宅（Tassel House,如图2—28）。该住宅设计外装修较节制，而室内装饰却热情奔放：铁制龙卷须把梁柱盘结在一起，天花的角落和墙面也画上卷藤的图案，从楼梯栏杆到灯具及马赛克地面，都是这一图案。

霍尔塔的设计特色还不局限于这些活泼、有张力的线型，他对近代室内空间的发展也颇有贡献。用模仿植物的线条，把空间装饰成一个整体，无疑与后来现代主义建筑中“整体空间”的概念非常相近。他设计的室内空间通敞、开放，与传统的封闭式空间截然不同。在霍尔塔晚期住宅设计中，把通常设在地下室的厨房移至首层，大厅内的焦点是直通楼上的楼梯，顶光自上而来，四壁又有镜面互相映射，使空间显得更加开敞，色彩上也轻快明亮，蕴涵了现代主义建筑的许多思想。

此外，赫克托·吉马尔德(Hector Guimard，1867～1942)设计的巴黎地铁的入口，安东尼奥·高迪(Antonio Gaudi,1852～1926)设计的巴塞罗那的米拉公寓，约瑟夫·霍夫曼(Josef Hoffmann，1870～1956)设计的布鲁塞尔的斯托克莱住宅等，也是新艺术运动时期建筑与室内设计的经典代表作。

3．装饰艺术运动

装饰艺术运动（Art Deco）是继新艺术运动之后的一场国际性的设计运动，它起源于法国巴黎，席卷了欧美的许多国家。装饰艺术运动的实践者并没有像其他风格统一的设计群落那样合作，其被认为是折中的，被各式各样的资源而影响的，侧重于手工装饰艺术的。

在装饰运动时期，机器生产的意识已经萌芽，这一时期的艺术家和设计家们虽然不像新艺术大师那样极端地排斥并抵制工业化生产，但也没有真正地迎合工业化的到来。装饰艺术运动提倡功用重于装饰的首要原则，但它在装饰上依然坚持自己的信念，这使它在本质上和新艺术运动一样，都归属于传统的设计运动，都追求唯美的艺术境界。装饰艺术运动时期的作品和新艺术运动时期的一样，往往都是手工制作，重复数量也十分有限，它强调的装饰美是当时的工业水平所无法企及的。

装饰艺术风格和新艺术风格虽然呈现出迥然对立的两面，比如新艺术运动崇尚曲线、不对称，而装饰艺术运动则偏好直线和对称的抽象构成形式，但这种对立并非反对和推翻，而是一种延伸和发展。此外，在新艺术运动和现代主义运动中，室内设计往往是服从于建筑设计的，而“装饰派艺术”则把这种关系颠倒了过来。由法国建筑师雅克·埃米尔·鲁尔曼（Jacques Emile Ruhlamann）设计的法国收藏家展览馆(Hotel Collectionneur,1925～1927,如图2—29)，就是一个装饰意味很浓的装饰运动时期的室内设计。

装饰艺术运动的标志性建筑主要限于公共及商用建筑。位于纽约市由威廉姆斯·范·艾伦（William Van Allen）设计的克莱斯勒大厦（Chrysler，1930）是装饰艺术运动中的标志性建筑。另外，20世纪20、30年代的上海滩也有很多具有装饰艺术风格的建筑。位于上海中山路的和平饭店就是举世闻名的装饰艺术建筑之一，享有远东第一楼的美誉。

图2—29 装饰艺术风格的法国收藏家展览馆

二、现代主义时期的室内设计

1．早期现代主义时期的室内设计

20世纪以来，随着工业技术的迅猛发展，新的技术、材料、工具不断地被发明与改进，极大地促进了生产力的发展，同时对社会结构和社会生活也带来了很大冲击。现代主义是所有新形式的称谓，这些新形式出现在各个艺术领域，包括建筑及室内设计。设计领域有四位人物被认为是现代主义的先驱，他们清晰明确地指明了新的方向，因而被认为是“现代运动”的发起人。四个人都是建筑师，但他们又活跃于室内设计领域。他们分别是欧洲的沃尔特·格罗皮乌斯(Walter Gropius，1883～1969)，密斯·凡·德·罗(Mies Vander Rohe，1886～1969)，勒·柯布西耶（Le Corbusier，1887～1965）和美国的弗兰克·劳埃德·赖特（Frank Lloyd Wright，1869～1959）。

20世纪初，在欧洲和美国相继出现了艺术领域的变革，这场运动影响极其深远，它完全、彻底地改变了视觉艺术的内容和形式，出现了诸如立体主义、构成主义、未来主义、超现实主义等一些反传统、富有个性的艺术风格，所有这些都对建筑及室内设计的变革产生了直接的激发作用。

现代主义建筑风格主张设计为大众服务，改变了数千年来设计只为少数人服务的立场，它的核心内容不是简单的几何形式，而是采用简洁的形式达到低造价、低成本的目的，从而使设计服务于最广泛的大众。现代主义设计的先驱之一——路斯(Adolf Loos，1870～1933)在其著作《装饰与罪恶》中系统地剖析了装饰的起源和它在现代社会中的位置，并提出了自己反装饰的原则立场。他认为重视功能、形式简单的设计作品才符合现代文明。

在第一次世界大战期间，没有受到战争干扰的荷兰发展了新的设计及理论，出现了“风格派”(Destill)，风格派的核心人物是画家蒙德里安(Piet Mondrian，1872～1944)和设计师李特维尔德(G·T·Rietveld，1888～1964)。风格派主要追求一种终极的、纯粹的实在，追求以长和方为基本母题的几何体，把色彩还原回三原色，界面变成直角、无花饰，用抽象的比例和构成代表绝对、永恒的客观实际。总之，20世纪早期设计思想和创作都异常活跃，现代主义的作品开始逐步地出现在世界各地。

（1）包豪斯

包豪斯(Bauhaus)是1919年在德国合并成立的一所设计学院，也是世界上第一所完全为发展设计教育而建立的学院。这所学院是由德国著名建筑家、设计理论家格罗皮乌斯创建的，他被称为现代建筑、现代设计教育和现代主义设计最重要的奠基人。1938年，由于法西斯主义的扼制，迫使他来到美国哈佛大学，继续推进现代设计教育和现代建筑设计的发展。

格罗皮乌斯主张艺术与技术相结合，重视形式美的创新，同时对功能因素和经济因素予以充分重视，坚决向艺术设计界保守主义思想进行论争，他的这些主张对现代设计的发展起了巨大的推动作用。1938年，包豪斯设计作品展是包豪斯首届毕业作品和教学成就的大检阅，除了师生设计的家具、灯具及各种日常工业品外，还展出了“院长办公室”、校舍的室内设计，充分展示了包豪斯学派的新风格。(图2—30)

图2—30 包豪斯校舍 门厅

后来继任包豪斯设计学院院长的密斯·凡·德·罗于1929年为巴塞罗那世界博览会设计了德国馆，这个作品充分体现密斯“少就是多”的著名理念，也凝聚了他风格的精华和原则：水平伸展的构图、清晰的结构体系、精湛的节点处理以及高贵而光滑的材料运用。另外，他所设计的范斯沃斯住宅（Farnsworth House，1945～1951，如图2—31）在建筑史上也名气不小。他采用了开敞式的起居空间概念，这座面积不到200平方米的建筑物外观像个架空的四面透明的玻璃盒子，晶莹夺目，艳丽非凡，仿若一座“水晶宫”。同时，住宅中所有的家具都由密斯亲自设计。

包豪斯对于现代主义设计来说是十分重要的一页，它的思想至今还影响着各国的设计界，而其最重要的贡献是奠定了现代工业设计教育的坚实基础。

（2）勒·柯布西耶

勒·柯布西耶是本世纪最重要的建筑师之一，是现代建筑运动的主要倡导者。他也是现代主义大师中论

图2-31 范斯沃斯住宅

述最多、理论最全面的一位，1923年出版了他的名作《走向新建筑》，书中提出了住宅是“居住的机器”。还主张把建筑美和技术美结合起来，把合目的性、合规律性作为艺术的标准，主张创造表现时代精神的建筑，同格罗皮乌斯一样，他主张建筑设计应该由内到外、外部是内部的结果。1926年，他提出了新建筑的五个特点：①房屋底层采用独立支柱；②屋顶花园；③自由平面；④横向长窗；⑤自由的立面。勒·柯布西耶的革新思想和独特见解是对学院派建筑思想的有力冲击。这个时期的代表作是萨伏伊别墅（Villa Savoye，1928～1930）、巴黎瑞士学生公寓、平台别墅等。萨伏伊别墅的内部空间比较复杂，各楼层之间采用了室内很少用的斜坡道，坡道一部分隐在室内，一部分露于室外。这样即加强了上下层的空间连续性，也加强了室内外空间的相互渗透。

（3）赖特

赖特是一位多产的建筑师，在两次世界大战期间设计了不少优秀的建筑作品，奠定了他为美国最重要建筑师的地位。在使用钢材、石头、木材和钢筋混凝土方面，他创造出一种与自然环境相结合的令人振奋的新关系，而且在空间几何平面布置与轮廓等方面也显示出他非凡的天分。1936年，他设计了著名的流水别墅（Falling Water,如图2-32和图2-33），是其为巨商考夫曼(E·J· Kawfman)家族设计的，坐落于宾夕法尼亚州的匹茨堡市郊区。在溪流的瀑布之上，赖特实现了“方山之宅”(house on the mesa)的梦想，它是所有现代建筑形式中最浪漫的例子之一。别墅采用钢筋混凝土挑台，把楼板固定在后面的山石中，使别墅的起居室悬挂在瀑布之上。外形上仍采用其惯用的水平穿插，横竖对比的手法，形体疏松开放，与地形、林木、山石、流水关系密切。主要的一层几乎是一个完整的大房间,通过空间处理而形成相互流通的各种从属空间。正面在窗台

图2-32 流水别墅 室内

图2-33 流水别墅 外观

与天棚之间，是一个有金属窗框的大玻璃，虚实对比十分强烈。室内外空间连续而不受任何因素破坏。起居室壁炉旁保留着一块天然的巨石，略为凸出地面，地面和壁炉也是用就地选用的石材砌成的。赖特对自然光线的把握也非常巧妙，光线流动于起居的东、南、西三侧，使室内空间生机盎然。另外，流水别墅里对陈设的选择、家具样式的设计与布置也都独具匠心。

赖特把自己的作品称作有机建筑。他自己解释说有机建筑是一种由内而外的建筑，追求整体性。有机是表示内在——哲学意义上的整体性。赖特的这种有机理论及与环境相联系的动态空间概念为现代主义室内设计谱写了不朽的篇章。

2. 晚期现代主义时期的室内设计

（1）“国际式”风格时期的室内设计

第二次世界大战结束后，西方国家在经济恢复时期开始进行大规模的建筑活动。各国的建筑相互影响，在条件相似的情况下，出现的一种彼此接近的风格形式。1925年，格罗皮乌斯编印过一本建筑图集，其中收集了他本人以及德国建筑师贝伦斯、法国建筑师贝瑞、勒·柯布西耶等人的作品，这本图集题名为《国际建筑》。这个书名在20世纪20年代末期转变为一种特定建筑风格的名称——“国际式”。 国际式建筑的特点是手法简练，以矩形体为主，平顶、多窗、少装饰，房间布局自由，把秩序作为设计的要素之一。同时，造型简洁、重视功能并能够大批量生产的现代主义建筑迅猛发展起来，建筑及室内观念日趋成熟，形成了一个比较多样化的局面。总的来说，1945年～20世纪70年代初是国际主义风格（International Style）逐渐占主导地位的时期。

国际主义风格运动阶段主要是以密斯的国际主义风格作为主要建筑形式的，采用“少就是多”的减少主义原则，强调简单、明确、结构突出、强化工业的特点。其室内的特征可以归纳为：室内空间开敞、内外通透，称为流动的空间；室内墙面、地面、顶棚以及家具、陈设、灯具、器皿、用品等均以简洁的造型、纯洁的质地、精细的工艺为特征；尽可能的少用装饰，取消多余的东西，强调形式更多地服务于功能；建筑及室内部件尽可能使用标准部件，门窗尺寸根据模数制设计等。

国际主义风格的缺点是千篇一律，冷漠、缺少人情味，曾遭到众多非议。但在国际主义风格的主流下，出现了各种不同风格的探索，从而以多姿多彩的形式丰富了建筑及室内设计的风格面貌，如粗野主义、典雅主义和有机功能主义等。

粗野主义又称“蛮横主义”、“粗犷主义”，是现代主义建筑的流派之一，主要流行的时间介于1953年到1967年之间，由功能主义（Functionalism）发展而来，对现代建筑思潮演变起了较大的作用。是以著名建筑师勒·柯布西耶比较粗犷的建筑风格为代表的一种设计倾向。粗野主义的建筑风格有如下特点：①同纯粹主义一样，以表现建筑自身为主，讲究建筑的形式美，认为美是通过调整构成建筑自身的平面、墙面、空间、走廊、形体、色彩、质感和比例关系而获得；②把表现与混凝土的性能及质感有关的沉重、毛糙、粗鲁作为建筑美的标准，在建筑材料上保持了自然本色；③以大刀阔斧的手法把建筑外形造成粗野的面貌，突出地表现了混凝土“塑性造型”的特征。1951年，柯布西耶设计的朗香教堂（La Chapelle de Ronnchamp）是其里程碑式的作品。

以粗壮的有机形态，用现代建筑材料和结构设计大型公共建筑空间，最突出的代表人物是美国的建筑师沙里宁（Eero Saarinen，1910～1961），他被称为是有机功能主义的主将。有机功能主义（Organic Functionalism）风格是采用有机形态和现代建筑构造结合，打破了国际主义建筑简单立方体结构的刻板面貌，增加了建筑内外的形式感。肯尼迪国际机场的美国环球航空公司候机大楼，是奠定了沙里宁有机功能主义的里程碑建筑。其中央部分是总入口和中央大厅，形式是一只展翅腾飞的鸟的形状，在上扬的翼下面，又伸出两个弯曲的翼，作为候机大楼的两个购票、候机厅。“大鸟”的背后是两个弯曲的走廊，无论是建筑的外部还是内部，基本没有几何形态，完全以有机形式作为设计的构思。同时又保持了现代建筑的功能化、现代建筑材料和非装饰化的基本特征，是突破了国际主义风格，走出有机形态道路的重要建筑。

美国最著名的斯基德莫尔、奥因斯和梅里尔事务所（简称为SOM事务所）在20世纪50年代期间所做的设计把“国际式”室内风格推向了巅峰（图2－34），是其1945年在俄亥俄州辛辛那提设计的台球广场旅馆的建筑设计和室内设计。弧形的内墙上西班牙画家琼·米罗的壁画使空间富有生气，一大片的玻璃窗为人们展示了一个开阔的视野。

图2—34 SOM事务所

（2）20世纪60年代以来的室内设计

20世纪60年代以来，现代主义设计继续占主导地位，国际主义风格发展得更加多样化。同时，环境的观念开始形成，建筑师思考的领域扩大到阳光、空气、绿地、采光照明等综合因素的内容。室内外空间的分界进一步模糊，高楼大厦内开始出现街道和大型的庭院广场，公共空间中强调休闲与娱乐等更富人性化的氛围。

美国著名现代建筑师约翰·波特曼(John Portman)以其独特的旅馆空间成为这一时期的杰出代表。他以创造一种令人振奋的旅馆中庭——共享空间（又称“波特曼空间”）而闻名。共享空间在形式上大多具有穿插、渗透、复杂变化的特点。中庭共享空间往往高达数十米，成为一个室内的主体广场。波特曼重视人对环境空间感情上的反应和回响，手法上着重空间的处理，倡导把人感官上的因素和心理因素融汇到设计中去。如采用一些运动、光线、色彩等要素，同时引进自然、水、植物等元素，以人看人的手法，创造出一种宜人的、生机盎然的新型空间形象。由波特曼设计的20层高的亚特兰大桃树中心广场旅馆的中庭就是这种典型的共享空间。中庭布置在建筑的底部6层，各层的平面部分只剩下电梯井的位置和狭窄的走廊。在中庭外围的跳台层层后退，形成了一个上大下小的空间。整个中庭通过天窗进行采光，大厅内有长30m的瀑布，宽阔的水面，水面上设置着椭圆形的咖啡厢座和圆形的树池，这些景物赋予了建筑空间丰富的活力和极强的表现力。

波特曼重视旅馆公共空间的意义，在宾馆建筑创作和设计理论上作出了巨大贡献。波特曼的这种设计思想可以归纳为三点：①空间与人结合；②统一性与多样性结合；③与地方文化结合。由于认识到建筑空间要与人结合，才会有“共享空间”的提出；强调统一性与多样性结合，才会使中庭空间在统一基础上获得极大的丰富。波特曼建筑的中庭空间曾由于存在节能等问题，一度遭到质疑而不断改进。现在看来，中庭作为一种有创造力的空间模式在旅馆建筑发展史上写下了不可磨灭的篇章。直到现在，仍然以各种不同的方式得到运用。

另外，始终坚持现代主义建筑原则的美籍华裔建筑大师贝聿铭（Pei Ieohming）所设计的华盛顿国家美术馆东馆的建筑也是这一时期最重要的作品。宽敞的中庭是由纵横交错的天桥与平台组成，富于空间变化，巨大的黑红两色活动雕塑自三角形的采光顶棚垂下，产生了动与静、光与影、实与虚的变化。中庭还散落一些树木和固定的艺术挂件。与国际主义风格时期的建筑与室内设计相比，尽管作品风格不尽相同，但都注重功能和建筑工业化的特点，反对虚伪的装饰。在室内设计方面，还具有空间自由开敞、内外通透，内部空间各截面简洁流畅，家具、陈设、灯具以及绘画雕塑等质地纯正、工艺精湛的特征。

三、后现代主义时期的室内设计

20世纪60年代末，后现代主义（Post-Modernism）应运而生并逐渐受到欢迎。它主要是针对现代主义、国际主义风格千篇一律、单调乏味的减少主义特点，主张以装饰的手法来达到视觉上的丰富。设计讲究历史文脉、引喻和装饰，追求人情味，崇尚引喻和象征的手法，大胆运用装饰和色彩，提倡多样化和多元化。1966年，美国建筑师罗伯特·文丘里（Robert Venturi）就认为形式是最主要的问题，提出要折中地使用历史风格以及波普艺术的某些特征和商业设计的细节，追求形式的复杂性与矛盾性。这种主张在拓宽设计的美学领域上有重大的意义。

戏谑的古典主义（Ironic Classicism）是后现代主义中影响最大的一种设计类型。它用折中的、戏谑的、嘲讽的表现手法来运用部分的古典主义形式或符号，同时用各种刻意制造矛盾的手段，诸如变形、断裂、错位、扭曲等把传统构件组合在新的情境中，以产生含混复杂的联想，在设计中充满一种调侃、游戏的色彩。汉斯·霍莱因（Hans Hollein）于1978年设计的奥地利旅行社被视为是后现代主义室内设计的典范作品（图2-35）。旅行社所在的营业厅是个独具风味的中庭，顶部是拱形的发光天棚，仅用一颗植根于已经断裂的古希腊柱式中的白色金属柱支撑，采用这种寓意深刻的手法体现了设计师对历史的理解。金属柱的周围散布着九棵金属制成的摩纳哥棕榈树。透过棕榈叶，可以望见具有印度风格的休息厅，这使人产生一种遐想，一种对东方文明的向往。当人们从休息厅回望时，会看到一片倾斜的大理石墙面，这使人很自然地联想到古埃及和金字塔。这些如玩具般的构件是意在象征去不同的地区旅游。所有这些历史的、现代的、不同地域、不同国家的语言符号恰如其分地体现了文丘里的“含混”、“折中”和“复杂”。

美国最有声望的后现代主义大师格雷夫斯在佛罗里达州设计的迪斯尼世界天鹅旅馆和海豚旅馆也带有明显的后现代主义痕迹。建筑的外观富有鲜明的标志性，巨大的天鹅和海豚雕塑被安置在旅馆的屋顶上。它们为格雷夫斯提供了用艳丽的色彩和古怪的形式设计室内的机会，使之同迪斯尼的“娱乐建筑”保持风格上的一致。在这里古典的设计仍然充斥其中，古典的线脚、拱券和灯具以及中世纪教堂建筑中的集束柱都和谐地存在于一个空间之中。

传统现代主义也是狭义后现代主义风格的一种类

图2-35 奥地利旅行社

图2-36 休曼纳大厦

型。与戏谑的古典主义不同，它没有明显的嘲讽，而是适当地采取古典的比例、尺度及某些符号特征作为发展设计的元素，同时更注意细节的装饰，在设计语言上更加大胆和夸张，并多采用折中主义的手法，因而设计内容也更加丰富、奢华。

格雷夫斯设计的位于肯塔基州的休曼纳（Humana）大厦，是他最为突出的现代传统主义代表作品。内部设计更堪称后现代主义经典。朴实、凝重、有力的空间感觉与外观相呼应（图2—36）。整个形象运用了现代的空间和手法，但通过引喻和暗示却给人一种浓浓的传统氛围，高雅而华贵。

后现代主义是从现代主义和国际主义风格中衍生出来的产物，对它们进行了反思、批判、修正以及超越。其基本上不涉及建筑的功能实用、技术经济等物质方面的实际问题，它所关心的只是形式、风格、艺术表现和创作的方式方法等事项，主要是在形式方面和美学观念的变化。后现代主义在发展过程中没有形成坚实的核心，也没有出现明确的风格界限，有的只是众多的立足点和各种风格特征。

四、多元主义时代的室内设计

20世纪70年代以来，随着科技和经济的飞速发展，人们的审美观念和精神需求也随之发生了变化，世界建筑和室内设计领域呈现出新的多元化格局，设计思想和表现手法更加多样。在后现代主义不断发展的同时，还有一些不同的设计流派也在持续发展，尤其是室内设计逐渐与建筑设计分离，室内设计开始获得了前所未有的充分发展。

1. 高技派

高技派（High Tech）又称“重技派”，是20世纪50年代后期兴起的一个设计流派。它反对传统的审美观，强调设计作为信息媒介和设计的交际功能。建筑造型和风格上注意表现“高度工业技术”的设计倾向。高技派理论上极力宣扬机器美学和新技术的美感，它主要表现在以下方面：①内部结构外翻，显示内部构造和管道线路，强调透明和半透明的空间效果以表现各种机械运行的过程，体现工业技术特征；②提倡采用最新的材料——高强钢、硬铝、塑料和各种化学制品，来制造体量轻、用料少、能够快速与灵活装配的建筑，探索新型的空间结构；③强调系统设计（Systematic Planning）和参数设计（Parametric Planning），主张采用与表现预制装配化标准构件，认为功能可变、结构不变，表现技术的合理性和灵活性，既能适应多功能需要又能达到机器美学效果；④强调新时代的审美观应该考虑技术的决定因素，力求使高度工业技术接近人们习惯的生活方式和传统的美学观，使人们容易接受并产生愉悦。

由英国建筑师罗杰斯（Richard Rogers）和意大利建筑师皮亚诺(Renzo Piano)共同设计的巴黎蓬皮杜国家艺术与文化中心（Center Culture Pompidov）是高技派的代表作。整个建筑以充分暴露结构为特点，外观像一个现代化的工厂，各种涂上颜色的管道裸露在外，而室内空间中所有的结构管道和线路同样也成为了空间构架的有机组成部分。另外，由诺曼·福斯特（Norman Foster）所设计的英国伊普斯威奇，威利斯—费伯—杜马斯办公室（1970～1975，如图2—37）也是高技派室内设计的经典之作。保险公司的三层办公楼有一个开敞的

图2—37 高技派室内设计风格作品

中庭，其中的自动扶梯联系着各楼层，将动态引入各个区域。屋顶层可见的天窗结构框架和形成顶棚的铝板，强调了建筑设计的技术重点，黄色墙面和绿色地面形成了明亮和多彩的气氛。

2. 解构主义

解构主义（Deconstruction）是20世纪60年代以法国哲学家德里达（J · Derrida）为代表所提出的哲学观念，是对20世纪前期欧美盛行的结构主义和理论思想传统的质疑和批判。而其作为一种设计风格，形成于20世纪80年代后期，是对具有正统原则与正统标准的现代主义和国际主义风格的继承与批判。突出表现就是颠倒、重构各种既有元素之间的联系，使之产生新的意义，虽然运用现代主义的词汇，却从逻辑上否定传统的基本设计准则，而用更加宽容的、自由的、多元的方式重新构建设计体系。用分解的观念，强调打碎、叠加、重组，把传统的功能与形式的对立统一关系转向两者叠加、交叉、并列，用分解和组合的形式表现时间的非延续性。具体的可以认为是用扭曲错位和变形的手法使建筑及室内表现出无序、失稳、突变、动态的特征。

解构主义的设计特征可以概括为：①刻意追求毫无关系的复杂性、无关联的片断与片断的叠加、重组，具有抽象的废墟般的形式和不和谐性；②设计语言晦涩，片面强调和突出设计作品的表意功能；③反对一切既有的设计规则，热衷于肢解理论，打破了过去建筑结构重视力学原理横平竖直的稳定感、坚固感和秩序感；④无中心、无场所、无约束，具有设计者因人而异的任意性。

弗兰克 · 盖里（Frank Gehry）被认为是世界上第一个解构主义建筑设计家，早在1978年就通过自己的住宅进行了解构主义的尝试。在住宅的扩建中，他大量使用了金属瓦楞板、铁丝网等工业建筑材料，表现出一种

图2—38 盖里，解构主义风格作品

支离破碎没有完工的特点。然而这种破碎的结构方式和相互对撞的形态只是停留在形式方面，而在物质方面却不可能真的解构。(图2—38)

解构主义派也像其他后现代主义流派一样反映了20世纪设计者内心的矛盾与无奈。他们的探索是大胆的，设计作品的与众不同往往给人们以意料之外的刺激感受。

3. 其他流派

随着世界经济的发展所带来的观念更新，不可避免地产生新的文化思潮，其表现形态也是多姿多彩的。这一时期室内设计领域也空前的繁荣，各种风格与流派呈现出一种令人眼花缭乱的景象。

(1) 极简主义

这种流派是对现代主义的“少就是多”纯净风格的进一步精简和抽象，发展成“少即一切”的原则。它抛弃在视觉上多余的任何元素，强调设计的空间形象及物体的单纯、抽象，采用简洁明晰的几何形式，使作品整体、秩序而有力量。极简主义的室内设计一般有如下特征：①将室内各种设计元素在视觉上精简到最少，大尺度、低限度地运用形体造型；②追求设计的几何性和秩序感；③注意材质与色彩的个性化运用，并充分考虑光与影在空间中的作用。

(2) 新古典主义

新古典主义也被称为历史主义（Neoclassism），主要是在设计中运用传统美学法则来使现代材料与结构的建筑造型和室内造型产生出规整、端庄、典雅、高贵感，反映了当代人们的怀旧情绪和传统情结，号召设计师们要“到历史中去寻找灵感”。新古典主义的特征可以归纳为：①对历史样式采用简化的手法，追求风格的神似；②用现代材料和加工技术去追求传统样式的大致轮廓特点；③注重装饰效果，往往会照搬古代设施、家具、陈设艺术品来烘托室内环境气氛。新古典主义风格的设计作品因其创造出典雅、端庄的室内环境效果而受到人们的欢迎和肯定，特别为上流社会所接受。(图2—39)

(3) 新地方主义

新地方主义（New Regionalism）又称方言派，它与现代主义的“国际式”相对立，主要强调地方特色或民俗风格的设计创作倾向，提倡因地制宜的乡土味和民族化的设计原则。在欧洲、日本和第三世界等地区比

图2—39 新古典主义风格住宅室内

较流行。新地方主义的室内设计一般有如下特征：①因地域差异而没有严格的、一成不变的规则和固定的设计模式，设计时发挥的自由度较大，以反映某个地区的风格样式和艺术特色为要旨；②设计中尽量使用地方材料和做法，注意建筑和室内与当地风土环境的融合，从传统的建筑和民居中吸取营养，由此打上了浓郁的乡土风味；③室内的艺术陈设品要强调地方特色和民俗特点。

(4) 超现实主义

在室内设计中营造一种超越现实的、充满离奇梦幻的场景，通过别出心裁的设计，力求在有限的空间中制造一种无限的空间感觉，创造“世界上不存在的世界”，甚至追求一种太空感和未来主义倾向。超现实主义室内设计手法离奇、大胆，因而产生出人意料的室内空间效果。超现实主义一般有如下特征：①内部空间设计形式奇形怪状，令人难以捉摸；②运用浓重、强烈的色彩及五光十色、变幻莫测的灯光效果；③室内安放造型奇特的家具和设施。

(5) 孟菲斯派

1981年，以索特萨斯(Ettore Sottsass Jnr)为首的设计师们在意大利米兰组成了“孟菲斯(Memphis)集团”。他们反对单调冷峻的现代主义，提倡装饰，强调

手工艺方法制作的产品，并积极从波普艺术、东方艺术、非洲及拉美的传统艺术中寻求灵感。孟菲斯派对当代世界范围设计界的影响是比较广泛的，尤其是对现代工业产品设计、商品包装、服装设计等方面都产生了很大的影响。孟菲斯派的室内设汁一般有如下特征：①室内设计空间布局不拘一格，具有任意性和展示性；②常用新型材料、明亮的色彩和新奇的图案来改造一些传统的经典家具；③在设计造型上打破横平竖直的线条，采用波形曲线、曲面和直线与平面的组合来取得意外的室内效果；④常对室内界面进行表层涂饰，具有舞台布景般的非长久性特点。

（6）白色派

白色派（The Whites）是以“纽约5人”包括埃森曼（Peter Eisenman）、格雷夫斯（Michael Graves）、格瓦斯梅（Charles Graves）、赫迪尤克（John Hedjuk）和迈耶（Richard Meier）为核心的建筑创作组织，在20世纪70年代前后最为活跃。他们的建筑作品以白色为主，具有一种超凡脱俗的气派和明显的非天然效果，被称为美国当代建筑中的“阳春白雪”。“纽约5人”与“白色派”常为互代。他们的设计思想和理论原则深受风格派和柯布西耶的影响，对纯净的建筑空间、体量和阳光下的立体主义构图、光影变化十分偏爱，故被称为早期现代主义建筑的复兴主义。迈耶设计的道格拉斯住宅（Douglas House，1971～1973）是白色派作品中较有代表性的一个。

白色派在室内设计中大量运用白色，构成了这种流派的基调。由于白色给人纯净的感觉，又能增加室内的亮度，而且在造型上又有独特的表现力，使人感到积极乐观或产生美的联想。白色派的室内设计一般有如下特征：①空间和光线是白色派室内设计的重要因素，往往予以强调；②室内墙面和顶棚一般均为白色材质，或带有一点色彩倾向的接近白色的颜色，通常在大面积白色的情况下，采用小面积的其他颜色进行对比；③地面色彩不受白色的限制，一般采用各种颜色和图案的地毯；④选用简洁、精美和能够产生色彩对比的灯具、家具等室内陈设品。

（7）银色派

银色派（The Silvers）又称为光亮派（slick style），是20世纪60年代流行于欧美的一种建筑思潮。在建筑创作中注重先进技术、综合平衡、经济效益和装修质量。其风格特征主要表现在大面积的玻璃幕墙上。室内设计上竭力追求丰富、夸张、富于戏剧性变化的气氛。强调利用现代科技的可能性，充分运用现代材料、工艺和结构，去创造一种光彩夺目、豪华绚丽、交相辉映的效果。光亮派室内设计一般有如下特点：①设计时大量使用不锈钢、铝合金、镜面玻璃、磨光石材或光滑的复合面板等装饰材料；②注重室内灯光照明效果，惯用反射光照明以增加室内空间丰富的灯光气氛；③使用色彩鲜艳的地毯和款式新颖、别致的家具及陈设艺术品。银色派的代表人物是耶鲁大学建筑学院院长佩利。1971年佩利设计了银色派的经典作品——洛杉矶太平洋设计中心。

（8）绿色派

从世界范围来看，由于自然环境和生态平衡的破坏，人与生存空间的矛盾日趋突出。20世纪70年代～80年代，人类的环境意识开始觉醒，环境设计概念崛起，由此人类提出可持续发展战略。这种回归自然的“绿色”趋势，反映在室内环境设计中可称为室内“绿色设计”。它与是城市规划设计、建筑设计一样，其总目标是人与自然的和谐共存。

以下三条设计原则所决定的设计方向可以作为室内“绿色设计”的方向：①有利于保护生态环境，主要指自然能源的有效利用和防止污染环境等；②有利于人们的身体健康，主要指人工环境中的防火、防污染等方面的问题，应通过设计引导人们健康的生活方式；③有利于使用者的精神愉悦和家庭和谐，主要指设计应加大艺术感染力度，以生态美学概念来思考设计问题。

在进行内部空间设计时应解决好自然能源的利用问题，尽可能多地利用自然元素和天然材质，装饰装修也应尽量减少能源、资源的消耗，考虑和开发资源和材料的再生利用，按“绿色建材”的概念要求，创造出自然质朴的居住与使用环境。

绿色派室内设计要求设计师应更多地重视生态设计和研究，室内自然资源的利用和自然景观的创造都能达到一个新的高度，去突破现有的室内设计套路，不搞过度装饰，不搞病态空间，不片面追求豪华虚荣，以减少视觉污染，减少人力、物力以及资源的滥用和浪费。

进入20世纪80年代以来，随着室内设计与建筑设计的逐步分离，以及追求个性与特色的商业化要求，室内设计所特有的流派及手法已日趋丰富多彩，因而极大地拓展了室内空间环境的面貌。除以上举例的流派外，还有一些诸如听觉空间派、东方情调派、文脉主义、新表现主义、超级平面美术派等风格流派也都具有一定的影响。

五、新现代主义时期的室内设计

新现代主义（Neo-Modernism）是指现代主义自20世纪初诞生以来直至20世纪70年代以后的发展阶段。尽管在20世纪末以来，世界建筑及室内设计呈现出多元化的局面，尤其是经过国际主义的垄断及后现代主义和解构主义的冲击，但现代主义仍然坚持理性和功能化。因此相对于其他流派逐渐衰退，现代主义成为20世纪末建筑及室内设计发展的主流，并逐步加以提炼完善，形成了新现代主义。

新现代主义的设计主要有以下特点：①强调空间与技术的交融，注重技术构造和新材料的应用，来增强设计的表现力；②主张建筑应包含自然生态环境，强调建筑空间与人和自然的关系；③突破了现代主义排斥装饰的极端做法，走向一个肯定装饰的多风格时期；④对人文因素和地域特征给予充分关注，侧重民族文化的表现，更注重地域民族的内在传统精神的表达；⑤讲究设计作品与历史文脉的统一性和联系性，多用古典的比例和几何形式来达到与传统环境的和谐统一。

20世纪70年代初，新现代主义是在美国逐渐开始形成的。由通常被称为新现代主义泰斗的美国著名设计师理查德·迈耶（Richard Meier）设计的亚特兰大海伊艺术博物馆（High Museum of Art），就是这种风格的代表。另外，由美籍德裔建筑师墨非·扬(Murphy Jahn)设计的美国伊利诺州联邦(State of Ulionis Center, Chicago)大厦、被称为美国第三代建筑师西萨·佩里设计的彩虹中心四季庭院，以及出生于瑞士的建筑师马里奥·博塔(Mario Botta)设计的旧金山现代艺术博物馆等，都是具有新现代主义特色的经典作品。

值得一提的是，一直用现代主义的国际式语言来表达特定的民族感受、美学意识和文化背景的日本设计师安藤忠雄（Tadao Ando）。他所设计的东京濑田川，城户崎邸（1982～1986，如图2-40）就是以简单的形

图2-40 安藤忠雄，东京濑田川，城户崎邸

式和有限制地使用家具，暗示了日本传统和国际式现代主义的交融。另外，安藤忠雄一直努力把诸如光、雨、风、雾等自然的因素引入到作品当中，并通过抽象写意的形式表达出来。他的“光的教堂”、“水的教堂”就是充分体现其特点的代表作。

总之，新现代主义在肯定现代主义功能和技术结构体系的基础上，从不同的切入点去修正、完善、发展现代主义，使新现代主义呈现出多元化的风格形式并向前发展，而非某一个单一的设计风格。正因如此，新现代主义的探索将会走上一个更高的发展层次，并且可能会在未来形成主要的设计潮流。

第 3 章

人体工程学和环境行为学与室内设计

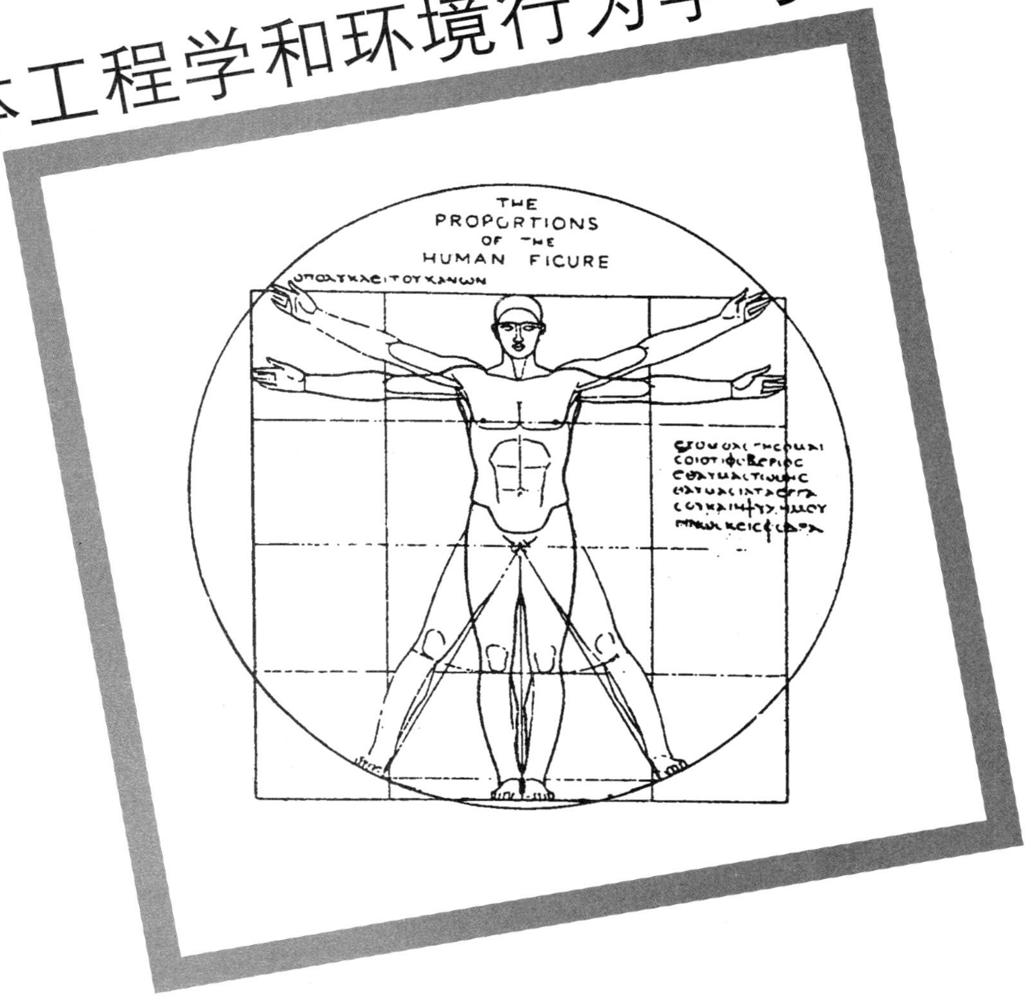

第一节　人体工程学的基本概念及发展

一、人体工程学的基本概念

人体工程学(Human Engineering)，也称人类工程学、人机工程学或工效学(Ergonomics)。工效学的概念原意就是讲工作和规律，Ergonomics一词来源于希腊文，其中Ergos是工作、劳动，nomes是规律、效果。

人体工程学从不同的角度看有不同的含义。一般而言，它是指研究人的工作能力及其限度，使工作更有效地适应人的生理和心理特征的科学。国际工效学会(International Ergonomics Association 简称IEA)的会章中把工效学定义为："这门学科是研究人在工作环境中的解剖学、生理学等诸方面的因素，研究人——机器——环境系统中的交互作用的组成部分(效率、健康、安全、舒适等)在工作条件下、在家庭中、在休假的环境里如何达到最优化的问题。"

人体工程学是一门技术科学，今天的人体工程学已广泛地应用于生活环境和工作条件的改善、安全性的确保等多方领域。我们所能涉及的绝大部分设计都是以人为出发点的，任何产品的产生和室内外环境的创造都是为人而使用的。所以，从环境艺术设计和室内设计的专业角度出发，我们可以把人体工程学理解为研究人与工程系统及其环境相关的科学。

二、人体工程学的发展

人体工程学起源于欧美，作为一个独立学科已有40多年的历史。早期的人体工程学主要研究人和工程机械的关系，即人——机关系。其内容有人体结构尺寸和功能尺寸、操纵装置、控制盘的视觉显示，涉及生理学、人体解剖学和人体测量学等。在第二次世界大战期间，人体工程学方面的研究已开始运用到军事科学技术，比如在坦克、飞机的内舱设计中，如何使人在舱内有效地操作和战斗，并尽可能在小空间中减少疲劳。第二次世界大战以后，各国把人体工程学的实践和研究成果广泛运用于许多领域，并于1961年建立了"国际人体工程学协会"。美国的研究工作首先在航天技术和军事方面得到迅速发展，继而在工业产品、建筑和室内设计方面取得成果。从研究人机关系，发展到研究人和环境的相互作用，即人与环境的关系，这又涉及心理学、环境心理学等。

人体工程学是在人类长期的生活实践中发展起来的。从人类文明诞生之日起，原始人用石器和木棒捕捉猎物，早期的生产工具的产生和应用、历代的各种器物、家具、建筑，都存在着人体工程学应用问题。在漫长岁月中，特别是经过工业革命，两次世界大战及战后的大规模建设及当今的科学技术发展，人体工程学得到了迅速发展，应用范围遍及人们的衣、食、住、行以及一切生活、生产活动之中。

人体工程学对于建筑设计、环境艺术设计、室内设计的影响非常深远，它对提高人为的环境质量，有效地利用空间，如何使人对物(家具、设备等)获得操作简便、使用合理等方面起着不可替代的作用。人体工程学运用人体计测、生理、心理计测等手段和方法，研究人体的结构功能尺寸、心理、力学等方面与室内环境之间的合理协调关系，以适合人的身心活动要求，取得最佳使用效能，从而获得安全、健康、高效和舒适的目标。

第二节　人体工程学与室内设计

学习人体工程学需要了解人体生理学、人体测量学的知识。本节只是重点介绍人体工程学与室内设计的关系，而不是人体工程学的全部，但其原理不仅适合室内设计，同样适合建筑设计、环境艺术设计、工业设计等。

一、人体生理学

人体工程学涉及人体系统的方方面面，与室内设计关系较密切的生理学基本知识有人体感觉系统、血液系统和运动系统等知识。

1. 感觉系统

人体感觉系统包括神经系统和感觉器官。神经系统是人体生命活动的调节中枢，可以分为中枢神经系统和周围神经系统。中枢神经系统包括大小脑和脊髓，属于神经系统的高级部分，使人具有思维和意识的功能。而周围神经系统是由脑干发出的12对脑神经和脊髓发出的31对脊神经构成，他们分散于人体全身各处，能感受人体内外的各种变化。

感觉系统包括人体的感觉器官，这是所有的刺激和效应发生的生理基础。比如我们的主要感官眼、耳、鼻、口、皮肤就直接产生了视觉、听觉、嗅觉、味觉和触觉，俗称“五觉”。这种效应，称为“五觉效应”。与室内设计关系较密切的则是视觉、听觉、嗅觉和触觉。知道各种知觉的特征和生理基础，才能做出适合人体需要的室内设计。

2. 血液系统

平常看来，人体的血液系统似乎和人体工程学没有什么关系，其实，人体血液循环直接受到人机环境的制约。假设我们处于一所房子内部，它的墙面地面材料的合理性、室内空气流向的组织性、家具尺度的科学性，都直接影响到我们的血液循环，乃至我们的健康。

人体的血液系统由心脏和血管组成。整个血液循环系统分体循环、肺循环和微循环三个部分，它是人体营养的输送线和“通讯网”。保证人体血液循环系统畅通无阻，是室内家具设计和建筑细部空间尺度设计的准则。如果我们使用的家具尺度不合理，如桌椅面太高，脚不着地，坐久了下肢血液循环受阻，会感觉腿脚麻木。

科学合理的设计是建立在对使用者(人体)的各种数据的分析上的。我们知道人的血液在体内始终是沿着一定的管道，按照固定的方向流动的，人体血液循环属于抗重力循环，比如说人的头和脚对于冷热感知是最快的，是人体的“散热器”。那么人处在蓄热系数较小的材质(如水泥、石材)铺设地面的房子里，对于人下体的血液循环就不利，时间久了，对于人的健康也不好。

3. 运动系统

人体运动系统由骨骼、关节和肌肉组成，由于它们的共同作用，完成了人体活动的各种动作，并造就了人体特定的空间形态，维持了人的内力和重力平衡。

人体运动系统的特点，关系到人的姿势、人的功能尺寸和人体的空间尺度，直接影响到室内外设计的方方面面。

（1）人体构造

与人体工程学关系最紧密的是运动系统中的骨骼、关节和肌肉，这三部分在神经系统支配下，使人体各部分完成一系列的运动。骨骼由颅骨、躯干骨、四肢骨三部分组成，脊柱可完成各种运动，是人体的支柱，关节起骨间连接且能活动的作用，肌肉中的骨骼肌受神经系统指挥收缩或舒张，使人体各部分协调动作。

（2）人体姿势

人体的静态姿势主要有立姿、坐姿、蹲姿、跪姿、卧姿几种形式，根据人体测量学所制定的规范，每个人静态姿势的基本形态及其结构尺寸几乎是不变的。唯独弯姿，由于人体活动的功能不同，弯姿也不定形，其空间功能尺寸也不同。当人体处于弯姿时，重力会使脊柱处受弯，如长期处于弯曲状态，则脊柱会产生变形。故我们在确定家具以及拉手、扶手等空间尺寸时，要尽可能减少人体受弯的姿势，以保障人体健康。

（3）人体动作域

人们在室内各种工作和生活活动范围的大小，即动作域，它是确定室内空间尺度的重要依据因素之一。以各种计测方法测定的人体动作域，也是人体工程学研究的基础数据。如果说人体尺度是静态的、相对固定的数据，人体动作域的尺度则为动态的，其动态尺度与活动情景状态有关。

室内设计时人体尺度具体数据尺寸的选用，应考虑在不同空间与围护的状态下，人体动作和活动的安全，以及对大多数人的适宜尺寸，并强调其中以安全为前提。

例如，对门洞高度、楼梯通行净高、栏杆扶手高度等，应取男性人体高度的上限，并适当加以人体动态时的余量进行设计；对踏步高度、上搁板或挂钩高度等，应按女性人体的平均高度进行设计。（图3-1）

（4）运动和疲劳

人的运动是靠肌肉收缩实现的，收缩就要耗费人的肌力。连续活动到一定限度之后，会引起人体的疲劳，这是一种复杂的生理和心理现象。

测量疲劳的方法有三种：一是通过心电图测量心率恢复期，研究疲劳的程度；二是通过肌电图，测量肌力的消耗，确定疲劳程度；三是通过能耗的测量，确定疲劳程度。

与室内设计相关的主要是与运动有关的局部尺寸，如楼梯的踏步高度和宽度、生产流水线各种装配件的位置等。在设计中使其距离、高度有一个适合人体运动需要的合理尺寸，以减少肌力和体能的损耗，即减少人在工作中疲劳程度，提高处于运动中人的工作效率。

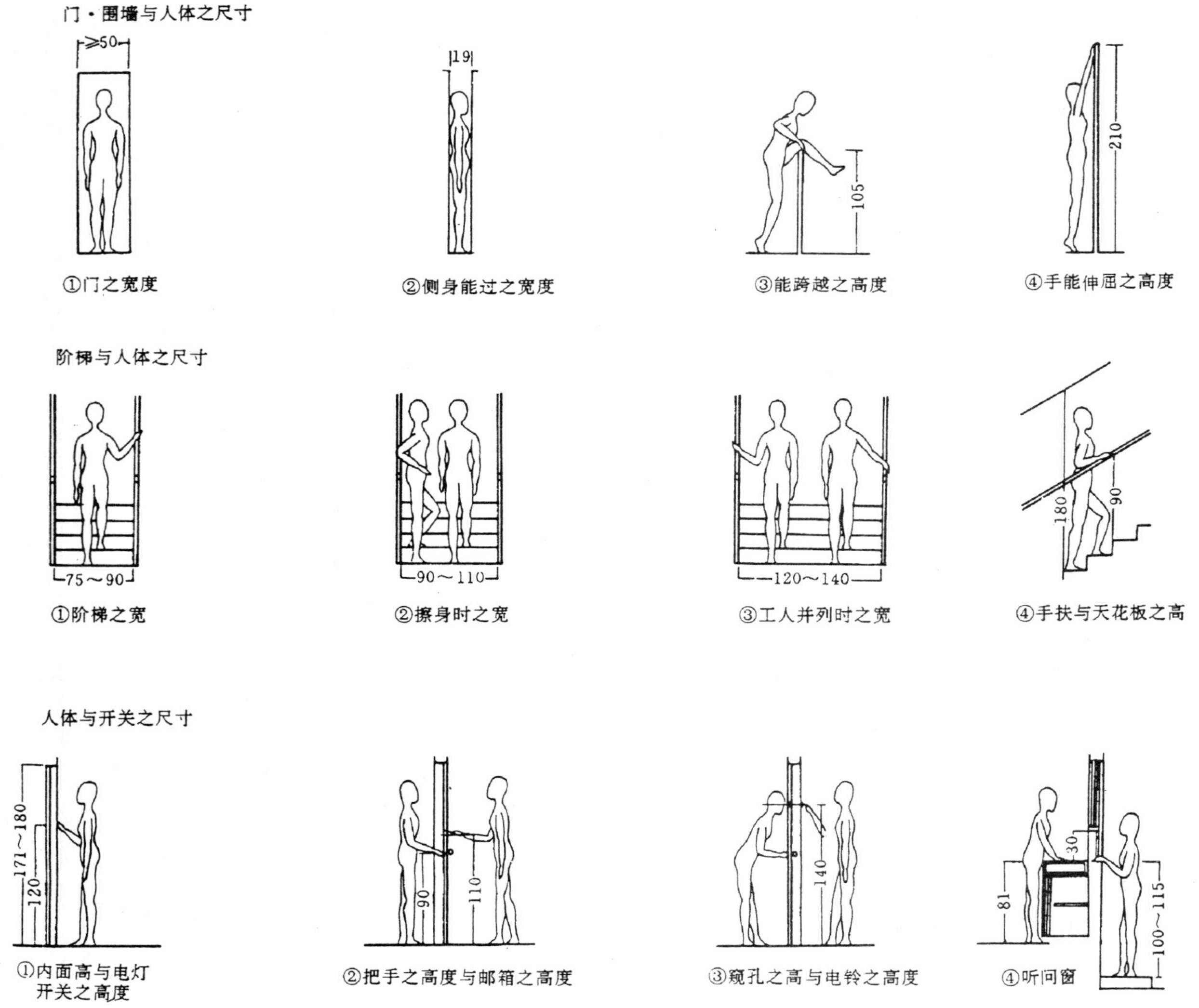

图3-1 门、围墙、阶梯、开关与人体之尺寸

二、人体测量学

1. 人体测量学的基本概念及应用

人体测量学是通过测量人体各部位尺寸来确定个人之间和群体之间在人体尺寸上的差别，进行探讨人体的类型、特征、变异和发展规律的一门科学。

人体测量学是一门新兴而又有古老渊源的科学，从公元前1世纪罗马建筑师维特鲁维素(Vitruvian)到文艺复兴时期的达·芬奇(Leonardo da vinci)，都相继对人体的尺寸比例与建筑运算中所必需的相应尺寸联系起来研究，并创作出了著名的人体比例图。至1857年，约翰·吉布森(John Gibson)和丁·邦诺米(J·Bonomi)又给出了标准男人设想图。这些艺术家和设计家开创了研究人体测量学的先河，也为人体测量学的基本参数提供了宝贵的资料。(图3–2)

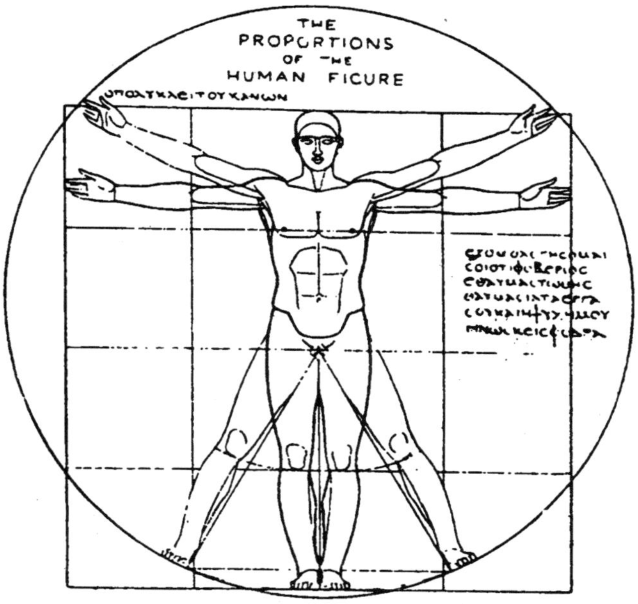

图3–2 标准男人设想图

此后，许多哲学家、数学家、艺术家、理论家对人体尺度进行了大量的研究，积累了大量的人体测量数据，但大多数是从美学角度来研究人体的比例关系，还没有考虑人体尺度对生活和工作环境的影响。到了第二次世界大战，人体测量学的成果首先应用到军事工业产品之后，逐步推广到多方面的应用，并拓宽了研究领域，主要包括以下几个方面。

（1）进化研究

对不同进化阶段的古人类化石进行测量和观察，可以找出人类进化的规律。

（2）体质变异研究

对不同种族、不同地区、不同人群进行人体测量和比较分析，可以找出他们之间的共同点和差异，找出人类体质特征变异的规律。表3–1是我国具有代表性的一些地区成年男女身体各部分的平均尺寸。图3–3是我国成年男女各部分平均尺寸。

（3）生长发育研究

对不同年龄、不同职业、不同环境的群体和个人进行人体测量，绘出生长曲线和生长速度曲线，找出人体生长发育的规律。

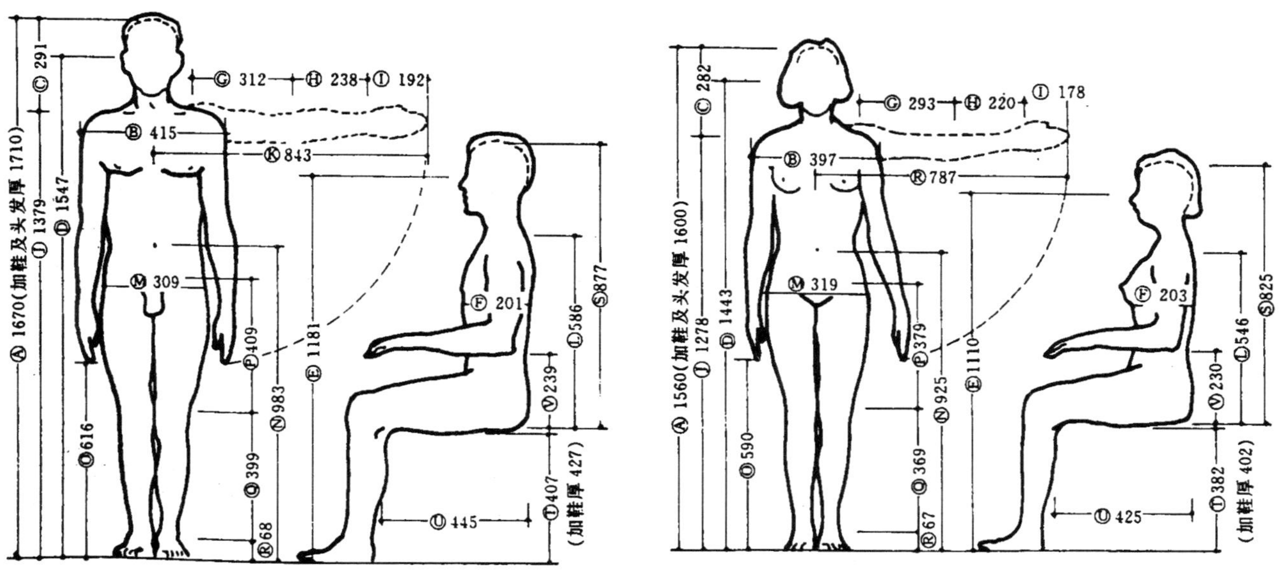

图3–3 我国成年男女各部分平均尺寸

表3-1　　我国具有代表性的一些地区成年男女身体各部分的平均尺寸

编　号	部　位	较高人体地区（冀、鲁、辽）		中等人体地区（长江三角洲）		较低人体地区（四川）	
		男	女	男	女	男	女
A	人体高度	1690	1580	1670	1560	1630	1530
B	肩宽度	420	387	415	397	414	385
C	肩峰至头顶高度	293	285	291	282	285	269
D	正立时眼的高度	1513	1474	1547	1443	1512	1420
E	正坐时眼的高度	1203	1140	1181	1110	1144	1078
F	胸廓前后径	200	200	201	203	205	220
G	上臂长度	308	291	310	293	307	289
H	前臂长度	238	220	238	220	245	220
I	手长度	196	184	192	178	190	178
J	肩峰高度	1397	1295	1379	1278	1345	1261
K	1／2上骼展开全长	869	795	843	787	848	791
L	上身高长	600	561	586	546	565	524
M	臀部宽度	307	307	309	319	311	320
N	肚脐高度	992	948	983	925	980	920
O	指尖到地面高度	633	612	616	590	606	575
P	上腿长度	415	395	409	379	403	378
Q	下腿长度	397	373	392	369	391	365
R	脚高度	68	63	68	67	67	65
S	坐　高	893	846	877	825	350	793
T	腓骨头的高度	414	390	407	328	402	382
U	大腿水平长度	450	435	445	425	443	422
V	肘下尺寸	243	240	239	230	220	216

（4）其他方面研究

在工业、国防、法医、教育、体育、建筑、环境艺术等领域有广泛的应用：人体测量数据可以应用于机器、家具、武器、车辆和飞机座舱、房屋的设计，并逐渐形成了一门应用学科——人体工程学。

2. 人体测量内容

人体测量的内容主要有四个方面：人体构造尺寸、人体功能尺寸、人体重量和人体的推拉力。

（1）人体构造尺寸

人体构造尺寸(即人体结构尺寸)主要指人体的静态尺寸。它包括头、躯干、四肢等在标准状态下测得的尺寸。

在室内设计中，应用最多的人体构造尺寸有身高、坐高、臀部——膝盖长度、臀部宽度、膝盖和膝腘高度、大腿厚度、臀部——膝腘长度、坐时两肘之间的宽度等。(图3-4)

（2）人体功能尺寸

人体功能尺寸是指人体的动态尺寸，这是人体活动时所测得的尺寸。由于行为目的不同，人体活动状态也不同，故测得的各功能尺寸也不同。要精确地测量其尺寸是比较困难的，但根据人在室内活动的范围和基本规律，也可以测得其主要功能尺寸。

（3）人体重量

测量人体重量的目的在于科学地设计人体支撑物和工作面的结构。对于室内设计来说，体重主要涉及的是地面、椅面、床垫等的结构强度。由于人体体重的差异对这些支撑物设计影响较小，故可以粗略地计算，一般分为幼儿体重和成年人体重，以此来确定人体支撑物的计算荷载。

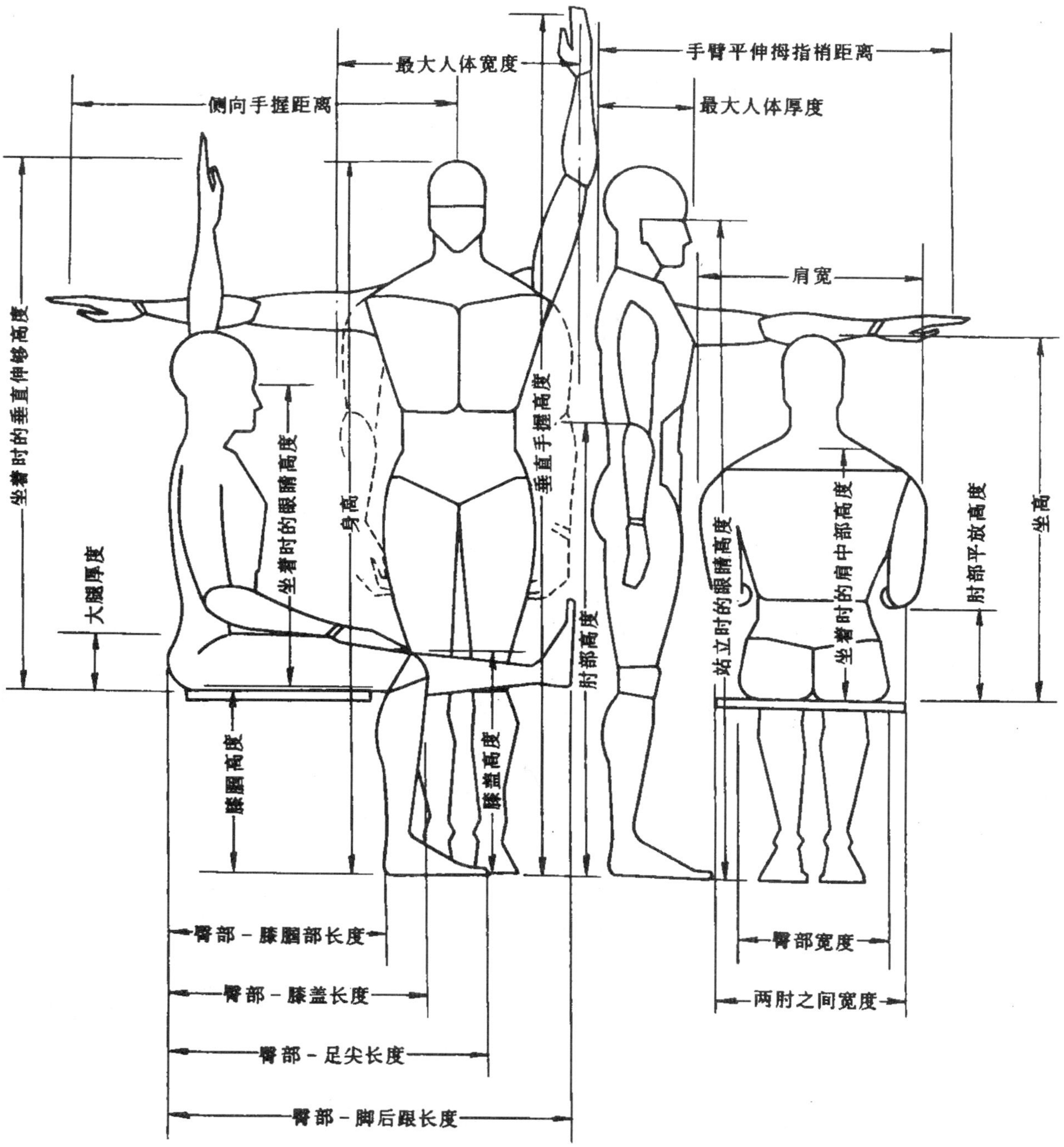

图3—4　人体构造尺寸

（4）人体的推拉力

测量人体的推拉力的目的在于合理地确定橱门的开启力和橱柜抽屉的重量，进而科学地设计家具五金的构造。

人体测量的方法有丈量法、摄像法、问卷法、自动控制或摇感测试法。

3．人体测量学与室内设计

人体测量学是工业产品设计、工作场所设计和室内空间设计的基础，这些正是室内设计的主要内容。工业产品设计广泛地应用人体尺度，如设计一个冰箱、一组沙发或椅子、一个写字台等，要使产品适用，就得了解人在开启冰箱时的弯姿的舒适尺寸和坐着休息或写字时使人保持舒适坐姿的尺寸，就得了解人的日常活动的基本尺度和范围。工作场所的设计与其内部的工业产品设计是分不开的，如家庭的炊事活动，要使洗涤盆、操作台、煤气灶的高度适合人的操作，就要懂得人在炊事活动中的姿势、活动范围和最佳功能尺寸，进一步确定洗涤盆的大小、高低、煤气灶尺寸等，才能减少家务劳动的疲劳。

人体测量学应用于室内空间设计方面主要有：

（1）确定人在室内活动所需空间的主要依据

根据人体工程学中的有关计测数据，从人的尺度、动作范围、心理空间以及人际交往的空间等，以确定空间范围。

（2）确定家具、设施的形体、尺度及其使用范围的主要依据

家具设施为人所用，因此它们的形体、尺度必须以人体尺度为主要依据。同时，人们为了使用这些家具和设施，其周围必须留有活动和使用的最小空间，这些要求都由人体测量学予以解决。

第三节　行为心理学与室内设计

一、　环境知觉与空间认知

我们首先要了解“环境”，即为“周围的境况”，它具有一定的秩序、模式和结构，可以认为环境是一系列相关的多种元素和人的关系的综合。人们既可以使外界事物产生变化，而这些变化了的事物，又会反过来对行为主体的人产生影响。例如人们设计创造了简洁、明亮、高雅、有序的办公室内环境，相应的环境也能使在这一氛围中工作的人们有良好的心理感受，能诱导人们更为文明、更为有效地进行工作，也就是说在不同环境状态下人们都有不同的行为心理学。

行为心理学就是研究环境与人的行为心理之间相互关系的学科。对室内设计来说，我们研究的基本点就是如何组织内部空间、处理界面、安排光照和色彩，营造出良好的室内环境，满足我们生活和工作的需要。

1．感觉与知觉

在日常生活中，我们看到一道光线、听到一声音响、闻到一种气味、尝到一种滋味、感到冷暖等，这类心理活动就是所谓的感觉。通过感觉，我们不仅能够知道外界事物的各种属性，如物体的颜色、气味、光滑或粗糙等，而且也能知道机体内部所发生的变化，如内脏器官的某些状况、身体的运动和位置等。

心理学把感觉具体表述为“感觉是人脑对直接作用于感觉器官的事物的个别属性的反映”。这一表述阐明了感觉的三个本质特征：第一，感觉反映的是当前直接作用感觉器官的事物，而不反映过去的、间接的事物；第二，感觉反映的是事物的个别属性，而不反映事物的整体；第三，只有在接受刺激的感觉器官健全的情况下，才能产生正常的感觉。

我们的感官器官不断接受着变动着的光、形、色、声、嗅、味、触等刺激的袭扰，这些刺激没有将我们淹没，而是让我们真切地感受到生活的多彩。它们维持着我们正常的身心机能，是我们生活的基础。第一个感觉剥夺实验是加拿大麦克吉尔大学的心理学家赫布（D.O.Hebb）、贝克斯顿（W.H.Bexton）等于1954年进行的。图3-5所示是一个典型的感觉剥夺实验。

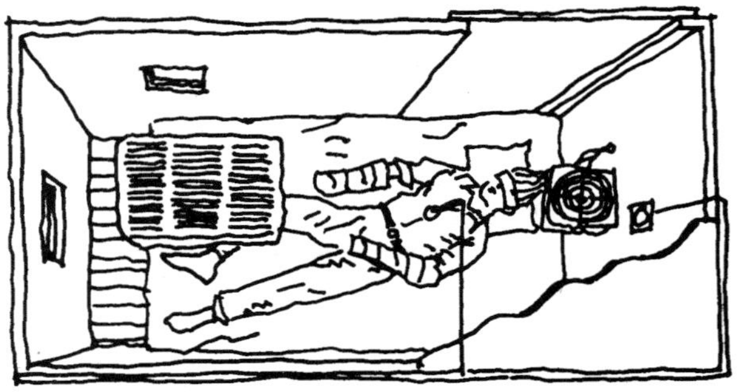

图3-5　感觉剥夺实验

在有空调的小房间里让被试者躺在一张舒适的小床上，眼睛蒙上眼罩，耳朵被堵住，手也被套上，这样就将他的感觉基本剥夺了。要求被试者在这样的条件下（除了进食与排泄）生活的时间尽可能长些。结果，很少有人愿意在这种环境中生活上一周。实验结果表明，被试者在实验期间注意力不能集中，不能进行连续而清晰的思考，有的人产生幻觉，有的人变得神经质，有的人甚至恐怖起来，他们都感到时间过得特别长而难以忍受。感觉剥夺实验的结果表明，人们在日常生活中所漫

不经心地接受的刺激以及由此而产生的感觉是多么重要。没有刺激，就没有感觉，人不仅不会产生新的认识，而且连正常的心理生活也不能维持。

人的眼睛是重要的感觉器官，接受外界80%的信息量。一个房子从毛坯状态到一个装修完成的精致空间，有着良好的界面处理和家具陈设布置。眼睛得到的景象是从恐怖、阴森到明亮、醒目的视觉焦点，从茫然到有着明确的空间定向。(图3−6)

与感觉一样，知觉也是人脑对当前客观事物的直接反映。心理学把知觉解释为“知觉是人脑对直接作用于感觉器官的事物的各种不同属性、各个不同部分及其相互关系的综合反映”。由此可见，知觉与感觉相比较，具有以下的本质特征：第一，知觉反映的是事物的意义，知觉的目的是解释作用于我们感官的事物是什么，并尝试着用词去标识它，所以知觉是一种对事物进行解释的过程；第二，知觉是对感觉属性的概括，是对不同感觉通道的信息进行综合加工的结果，所以知觉是一种概括过程；第三，知觉包含有思维的因素，知觉要根据感觉信息和个体主观状态所提供的补充经验来共同决定反映的结果。知觉是人主动地对感觉信息进行加工、推论和理解的过程。感觉是一切心理活动的基础，事物被感觉后才能在这个基础上被知觉、思维。感觉与知觉及其他一切心理活动是不可分割地联系着的。图3−6所示房间装修前后的感知变化就是感觉与知觉共同参与的结果。在现实生活中，人们大都是以知觉的形式去直接反

(a) 装修前的毛坯房

(b) 墙面粉刷后的情景

(c) 家具陈设布置后的情景

图3−6 房间装修前后的变化

(a) 素混凝土墙面

(b) 粗石墙

(c) 玻璃墙面

图3−7 材料质感

映客观事物。一个优秀室内设计作品就要调动人的各种感觉器官共同参与。装饰材料的选择是设计中的重要工作，它们的质感、观赏距离等影响着人们的心理感受。棉、木、竹、陶瓷、石材、钢铁、玻璃、水泥、塑料制品等，这些材料有的和人的肌肤关系密切，就有柔情亲切之感，有的材料表现是更多的冷峻感、理性和现代感。(图3–7)

2. 知觉的基本特征

（1）知觉的整体性

知觉是对当前事物的各种属性和各个部分的整体反映。当我们感知一个熟悉的对象时，只要感觉了它的个别属性或主要特征，就可以根据以前的经验而知道它的其他属性和特征，从而整个地知觉它。如果感知的对象是没有经验过的或不熟悉的话，知觉就更多地以感知对象的特点为转移，将它组织成具有一定结构的整体，这种现象叫做知觉的组织化、知觉的整体性。如图3–8所示，我们分别看到了白色的三角形、方形、圆形。在色觉检测、英文考试中的完形填空试题中我们都是运用了知觉的整体性特征。

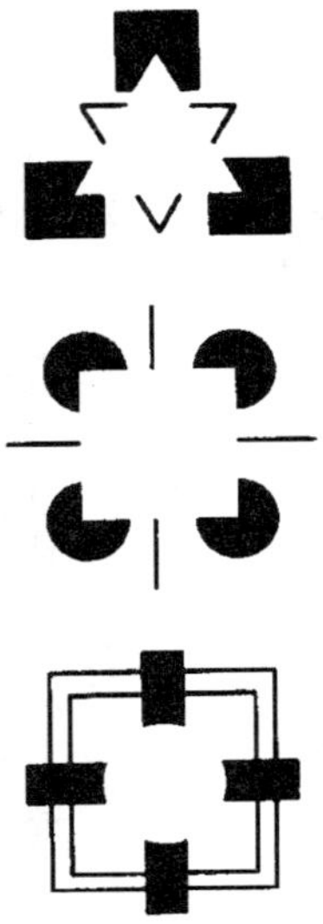

图3–8 相似法则

此种主观的选择处理历程，是有组织性的，是有系统性的，是合于逻辑的，而不是紊乱的。在众多心理学派别中，对知觉组织研究最有贡献的是完形心理学。为了对知觉组织的心理历程提出系统的理论解释，完形心理学家们经证实研究之后，归纳出很多法则，称为组织完形法则。

①相似法则。在知觉场地中有多种刺激物同时存在时，各种刺激物之间在某方面的特征（如大小、形状、颜色等）如有相似之处，在知觉上即倾向于将之归属于一类。(图3–9)

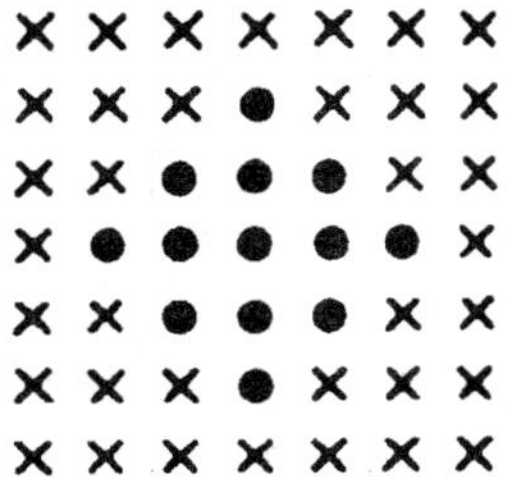

图3–9 相似法则

在方阵中，圆点与斜叉各自相似，很明显地被看成是由斜叉组成的大方阵当中另有一个由圆点组成的方阵。完形心理学家们将此种按刺激物相似特征组成知觉经验的心理倾向称为相似法则。

②接近法则。有时候，知觉场地中刺激物的特征并不十分清楚，甚至在各种刺激物之间也找不出足以辨别的特征。在此种情境之下，我们常根据以往经验，主观地寻找刺激物之间的关系，借以增加其特征，从而获得有意义的或合于逻辑的知觉经验。

以图3–10为例，左图与右图同样是由20个圆点组成的方阵，如单就各个圆点去看，它们之间不容易找出可供分类组织的特征。但如仔细观察，两图中点与点之间的间隔距离不尽相等，左图中两点之间的上下距离较其左右间隔为接近，故而看起来20个点自动组成四个纵行。右图中两点之间的左右间隔较其上下距离为接近，故而看起来是20个点自动组成四个横列。完形心理学家们将此种按图像间距关系而组成知觉经验的心理倾向称为接近法则。在室内设计时吊顶的筒灯位置、界面的处理等，我们都可以得到这样的心理体验。

图3–10 接近法则

③闭合法则。有时候知觉场地的刺激物表面看来虽各有其可供辨别的特征，但如仅凭此等特征，仍不能确定刺激物之间的关系。在此种情况之下，观察者常运用自己的经验，主动地为之补充（或减少）刺激物之间的关系，从而增加它们的特征，以便有助于获得有意义的或合于逻辑的知觉经验。(图3–11)

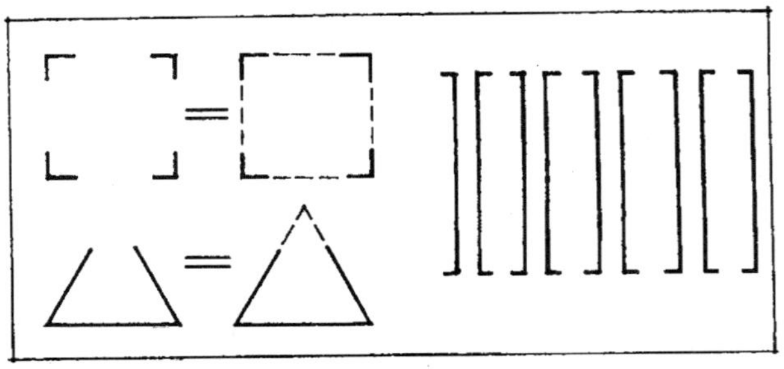

图3–11 闭合法则

图中的方形和三角形是靠主动的补充联系而形成的规则图形。右边的图形是看成一个个长方形组合而成，而不是单个的这个“[”图案组成的。

④连续法则。与上述闭合法则颇为相似的另一知觉组织的心理法则是连续法则。(图3–12)

一般人总是将它看成是一条直线与一条曲线多次相交汇而成，没有人会看成是多个不连接的弧形与一个横线构成。由此可知，知觉上的连续法则所指的“连

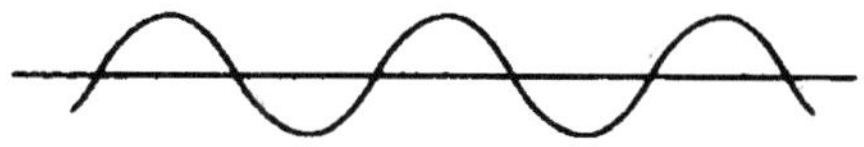
图3-12 连续法则

续”，未必是事实上的连续，而是指心理上的连续。知觉上的连续法则在绘画艺术、建筑艺术以及服装设计上早已广泛应用，以实物形象上的不连续使观察者产生心理上的连续知觉，从而形成更多线条或色彩的变化。

在知觉整体性理论的基础上又提出“场的作用力”，这一概念是物理学上的现象。完形心理学家认为知觉的组织化、整体性特征也具有物理力一样的方向、量度和作用点。相似、接近、闭合和连续的法则是在物理力的诱导下对应产生不同的心理力，即不同的心理体验。各元素刺激物位置上的远近，相应的作用力也是不一样的，各元素刺激物组合在一起，在力的影响下会形成“场”。这个“场”的概念在建筑学、城市设计和室内设计中意义重大。

（2）知觉的选择性

在日常生活中，作用于我们感觉器官的客观事物是多种多样的。但是在一定时间内，人并不感受所有的刺激，而仅仅感受能够引起注意的少数刺激。此时，被知觉的对象好像从其他事物中突出出来，出现在“前面”，而其他事物就退到“后面”去。前者是知觉的对象，后者成为知觉的背景。在一定的条件下对象和背景可以相互转换（图3-13）。它既可以被知觉为黑色背景上的白花瓶，又可以被知觉为白色背景上的两个黑色侧面人像。在一般情况下，面积小的比面积大的、被围的比包围的、垂直或水平的比倾斜的、暖色的比寒色的，以及同周围明度差别大的东西都容易被知觉为对象。例如，教师在黑板上写字时，字就是学生知觉的对象，黑板则是字的背景。这些从背景中分出对象的规律对于实践有重大的意义，如将灯塔、栏杆、路标等漆上黑白相间的条纹便可以使人们在各种环境下都容易看清楚。与此相反，军事上的伪装则是设法使人不易从背景上分出对象的运用。在设计上知觉的选择性给我们创造了丰富的图底关系。运用图底关系我们就可以设计出更有意味的作品，如太极图案、鲁宾杯。在设计中注重“图”的造型，更要留心“底”的空间处理。

图3-13 鲁宾杯

（3）知觉的理解性

知觉受个人知识和经验的影响，对事物的理解是知觉的必要条件。在一般情况下，对任何事物的知觉都是根据已有知识和过去的经验来理解和领会的。人在知觉某一事物时，通常要在内心说出它的名称，即将感知对象归入一定的范畴之内，用词来概括它，使它具有一定的意义。因此，言语的指导作用（即命名）能唤起过去的经验，理解感知对象的意义。（图3-14）

图3-14 知觉的理解受经验的影响

你从八个图形分别得到的知觉是什么？起视点不同时，所得的知觉就不相同。如果你从第一行左端顺向看起，就会觉得那是男子面孔，而后虽逐渐改变，但在你的知觉印象中，却一直保留或多或少的男子面孔。如果你从第二行右端开始倒向看起，你就会觉得那是少女坐姿，而后虽逐渐改变，却一直保留或多或少的女子身形。如果你从中间看起，你所获得的知觉经验，将受你以前经验的影响，与上述两种情形，可能又不相同。所以同一个作品，在不同人看来会有不同的诠释理解。

（4）知觉的恒常性

当知觉的条件发生一定的变化时，人们对知觉客体的映像仍然保持相对不变，这就是知觉的恒常性。在视知觉中，知觉的恒常性表现得非常明显。例如，看同样的一个人，由于距离的远近不同，投射在视网膜上的视像大小可以相差很大，但我们总是认为他的大小没有什么改变，仍按他的实际大小来知觉，这就是大小的恒常性。

在视知觉的恒常性中还有形状的恒常性、亮度的恒常性、颜色的恒常性，等等。由于知觉对象的大小、形状、亮度、颜色等特性的主观印象与对象本身的关系并不完全服从物理学的规律，而是在经验的影响下保持一定的不变性，因此，知觉往往不受观察条件，如角度、距离等的影响。这种稳定性对于人在不同的情况下始终按事物的真实面貌来反映事物，从而有效地适应环境是不可缺少的。因此在设计中我们关注本民族的、地域文化性特征，这样的作品很能得到社会的心理认同。其次在设计中使用规范的通用的标识，也方便人们的使用。

3. 室内空间认知

空间认知是个人获取日常空间环境中有关位置和现象属性的信息，然后对其进行编码、储存、回忆和解码的一系列心理过程。这些信息包括方向、距离、位置和组织等。空间认知涉及一系列空间问题的解决，如在行进中测定位置、察觉街道系统、找路（或迷路）、选择（或放弃）指路信息、定向和认知距离等其他各种空间问题的求解。

在空间认知的研究中，认知地图是重要概念。认知地图是完形心理学家托尔曼（Talman）创造的术语，他是在研究小白鼠在迷津中的寻址能力而首先使用的。而后美国建筑师林奇（Kavin Lynch）进一步研究，他在1960年出版了《城市的意象》一书。书中从视觉心理和场所的关系出发，研究使用者对城市形象认知而形成的整体印象。他通过调查，以环境的易识别性为目标，建立认知中的道路（path）、边界（edge）、区域（district）、节点（node）、标志（landmark）等五种识别元素为基础的分析方法，从而创立研究人对环境的感知和反应的新的设计思想和方法。这五种要素是城市范围内认知地图的重要组成部分，而且这五个要素是一组空间认知的取向，在不同的环境规模上都可以做不同的分析，所以我们可以借用此方法来研究室内空间问题，将室内看成缩小的城市空间。航空港、火车站、医院、购物中心、宾馆、写字楼等大型公共建筑以面积大、信息多和人流复杂为特点，不仅室内交通空间众多，而且人流流线又包含有大量的转折点，即关键性的识别点，要求人们在找

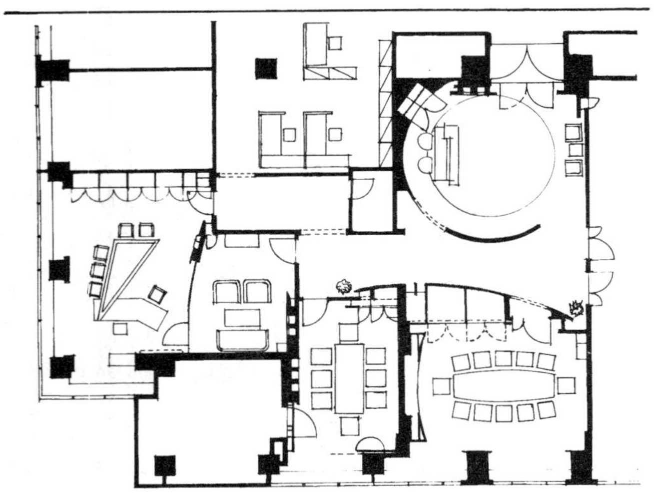

图3—15 写字楼门厅节点

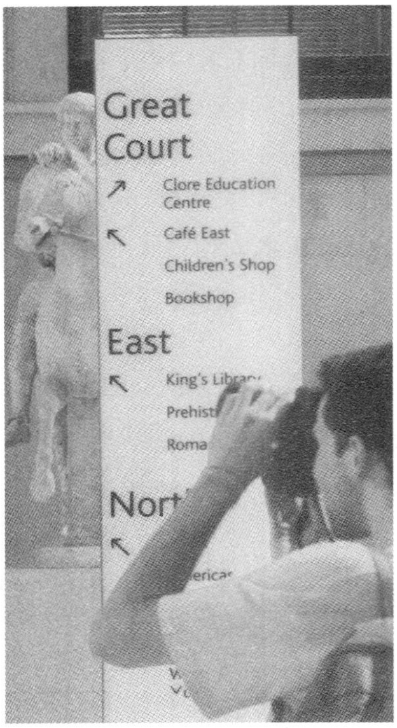

图3—17 大英博物馆

图3—16 写字楼门厅节点与标志

路和寻址时不断对空间定向做出选择。通常情况下，我们要做好导向性设计，即做好五个要素中的标志节点和标志。节点是具有战略地位的焦点，如城市里的广场、码头等集散地，在室内就是入口门厅、中庭等。一般情况下，在此处放置醒目的标志，节点和标志紧密地结合在一起。(图3−15至图3−18)

有时标志和节点分开，另寻设计途径，别开生面。在学校里为了给学生提供一套独特的定位系统，设计师把目光投向头上的天花板，文字和符号像星星一样，引导着学生找到前进的方向。(图3−19和图3−20)

图3−18 大英博物馆

图3−19 奥斯纳布吕克高等专业学校吊顶与标识结合

有时标志并非是指向性信息，而是经过精心设计的视觉景观焦点，通过给人留下深刻的视觉印象，重新组织了迷茫的空间并标明了空间方向。(图3−21)

在林奇五大要素里，区域也是重点内容，是具有共同特征的较大空间范围。观察者能够从空间布局、造型、质感、色彩等特征运用完形心理的图式组织起来。同样这个较大范围内往往具有同一种使用功能，这又同功能主义合二为一。空间的布局、造型、质感等心理暗示都可以创造出不同的区域划分，图3−22所示是以地台加强了区域空间。

很多人相信空间知识像一张地图一样储存在大脑中，这张图浮现在人们的脑海里，人们使用它就像使用一张建筑图纸，它解决空间定位和寻址能力，成为接受新环境信息的基础。但是认知地图是一种心理结构，人们的空间信息编码在此结构中，或至少解码以后整合在此结构中，此结构相当于它所代表的环境。认知地图成为空间表象的一种形式，它强调了图解的性质，是以视觉信息为主，带有直觉性和形象性的头脑加工过的记忆产物而非精确的测绘图，所以具有模糊性和片断性，又因个人差异不同使认知地图具有了人格化特征。

图3−20 奥斯纳布吕克高等专业学校男厕

图3-21 居室里的视觉景观焦点

图3-22 地台加强区域空间

在大型公共建筑中，只有了解场所之间的序列和连接（即拓扑关系，拓扑学是数学中一个重要的、基础性的分支。它最初是几何学的一个分支，主要研究几何图形在连续变形下保持不变的性质，现在已成为研究连续性现象的重要的数学分支），才有可能选择便捷的寻址路线。妥善处理建筑室内平面的拓扑复杂性，就要降低服务对象使用部分的拓扑复杂性，采用直线、辐射线、开敞环路等简单线形。方向明确，主要出入口单一，减少歧路，以主要的功能模式来组织拓扑关系。我们通常使用的序列模式关系如下：

①秩序模式，即人在环境中的行为秩序，如人在商店中购物行为：进入→购物→支付→退出。这个秩序不可颠倒，所以我们可以看到一般收银台都设在出口处，而入口处则会设有寄包的柜子。但寄包的柜子和出口也不宜太远，否则就显得非常的不方便。

②流动模式，将人的流动行为空间轨迹模式化。如通过对商场顾客在各个区的流量和停留时间，分析商品陈列是否合理，从而加以改善和调整。又如人在户内走动，哪几个房间的密切程度最高，以此我们一般把餐厅放在客厅的边上，将卫生间设在卧室的边上。

③密切程度模式，是密切、一般、很少或是没有。体现在距离上的远近以及直接、间接或隔断等关联关系。

处理好拓扑组织关系还要强化重点或中心区域。在大型公共建筑中，入口门厅是重点处理的区域，见图3-15。这些建筑中往往还有中庭，要借此布局来处理其他部分在整个系统内的逻辑关系。运用拓扑关系理性原则弥补了林奇五要素认知心理带来的片面及模糊性。许多研究者提出，应把“建筑的易识别性”作为判断建筑设计优劣的依据之一。那么对易识别性影响较大的建筑室内环境因素有：①建筑平面的形状，建筑内部的交通组织；②建筑内外熟悉的标志或提示的可见性；③建筑不同区域间有助于定向和回想的区别程度；④提供易识别或方向信息的符号和编码。我们在做设计时能够注意到这些，就是建立了室内空间的五种识别元素和复杂的逻辑拓扑关系。人先获得准确的场所之间的拓扑信息（即场所之间的线状连接图），继而才发展成更完善的认知地图，减少模糊性。

二、环境中的心理和行为

1．个人空间与人际距离

一位心理学家做过这样一个实验：在一个刚刚开门的大阅览室里，当里面只有一位读者时，心理学家就进去拿椅子坐在他（或她）的旁边。试验进行了整整80人次。结果证明，在一个只有两位读者的空旷的阅览室里，没有一个被试者能够忍受一个陌生人紧挨自己坐下。更多的人很快就默默地远离到别处坐下，有人则干脆明确表示“你想干什么？”这个实验说明了人与人之间需要保持一定的空间距离。任何一个人，都需要在自己的周围有一个自己可以把握的自我空间，它就像一个无形的“气泡”一样为自己“割据”了一定的“领域”。而当这个自我空间被人触犯，就会感到不舒服、不安全，甚至恼怒起来。(图3–23)

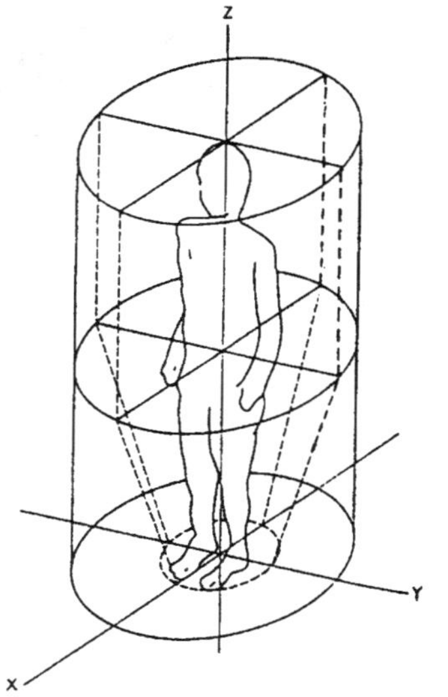

图3–23 个人空间的气泡三维模型

美国人类学家爱德华·霍尔博士划分了四种区域或距离，各种距离都与对方的关系相称。(图3–24)

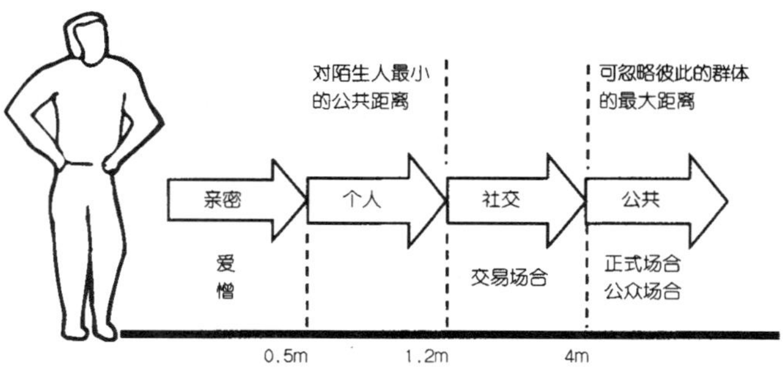

图3–24 人际距离

（1）亲密距离

这是人际交往中的最小间隔或几无间隔，即我们常说的“亲密无间”。其近范围在6英寸（约15cm）之内，彼此间可能肌肤相触、耳鬓厮磨，以至相互能感受到对方的体温、气味和气息。其远范围是6英寸至18英寸（15cm～44cm）之间，身体上的接触可能表现为挽臂执手，或促膝谈心，能体现出亲密友好的人际关系。就交往情境而言，亲密距离属于私下情境，只限于在情感上联系高度密切的人之间使用。在同性别的人之间，往往只限于贴心朋友，彼此十分熟识而随和，可以不拘小节，无话不谈。在异性之间，只限于夫妻和恋人之间。因此，在人际交往中，一个不属于这个亲密距离圈子内的人随意闯入这一空间，不管他的用心如何，都是不礼貌的，会引起对方的反感。

（2）个人距离

这是人际间隔上稍有分寸感的距离，有较少直接的身体接触。其近范围是1.5英尺至2.5英尺（46cm～76cm），正好能相互亲切握手，友好交谈。这是与熟人交往的空间，陌生人进入这个距离会构成对别人的侵犯。其远范围是2.5英尺至4英尺(76cm～122cm)。任何朋友和熟人都可以自由地进入这个空间，不过，在通常情况下，较为融洽的熟人之间交往时保持的距离更靠近远范围的近距离(2.5英尺)一端，而陌生人之间谈话则更靠近远范围的远距离(4英尺)一端。人际交往中，亲密距离与个人距离通常都是在非正式社交情境中使用，在正式社交场合则使用社交距离。

（3）社交距离

这已超出了亲密或熟人的人际关系，而是体现出一种社交性或礼节上的较正式关系。其近范围是4英尺至7英尺(1.2m～2.1m)，一般在工作环境和社交聚会上，人们都保持这种程度的距离。其远范围是7英尺至12英尺(2.1m～4m)，表现为一种更加正式的交往关系。公司的经理们常用一个大而宽阔的办公桌，并将来访者的座位放在离桌子一段距离的地方，这样与来访者谈话时就能保持一定的距离。在社交距离范围内，已经没有直接的身体接触，说话时，也要适当提高声音，需要更充分的目光接触。如果谈话者得不到对方目光的支持，他(或她)会有强烈的被忽视、被拒绝的感受。这时，相互间的目光接触已是交谈中不可缺少的感情交流形式。

（4）公众距离

这是公开演说时演说者与听众所保持的距离。其近范围为12英尺至25英尺(约4m～7.6m)，远范围在25英尺之外。这是一个几乎能容纳一切人的“门户开放”的空间，人们完全可以对处于空间的其他人“视而不见”，不予交往，因为相互之间未必发生一定联系。因此，这个空间的交往，大多是当众演讲之类，当演讲者试图与一个特定的听众谈话时，他必须走下讲台，使两个人的距离缩短为个人距离或社交距离，才能够实现有效沟通。人们在交往时，选择正确的距离是至关重要的。人际交往的空间距离不是固定不变的，它具有一定的伸缩性，这依赖具体情境、交谈双方的关系、社会地位、文化背景等。

2. 领域性与私密性

（1）领域性

领域性原是动物在环境中为取得食物、繁衍生息等的一种适应生存的行为方式。人与动物毕竟在语言表达、理性思考、意志决策与社会性等方面有本质的区别，但人在室内环境中的生活、生产活动，也总是力求其活动不被外界干扰或妨碍。不同的活动有其必需的生理和心理范围与领域，人们不希望轻易地被外来的人与物所打破。阿尔托曼对领域提出这样的定义：领域性是个人或群体为满足某种需要拥有或占有一个场所或一个区域，并对其加以人格化和防卫的行为模式。在室内设计时家具合理组织摆放会形成不被外界干扰的一个区域空间，场所感也很强，下面是两种不同办公方式创造出不同的领域感、拥有不同效果的个人空间，使办公不受访客过多的打扰（图3–25）。在室内设计中依靠地面材质的变化、地面的高差变化、吊顶及灯具的处理都可以制造出空间领域范围，加强领域的人格化特征，有助于私密性的形成和控制感的建立（图3–26）。

图3–26 一块地毯一块天空

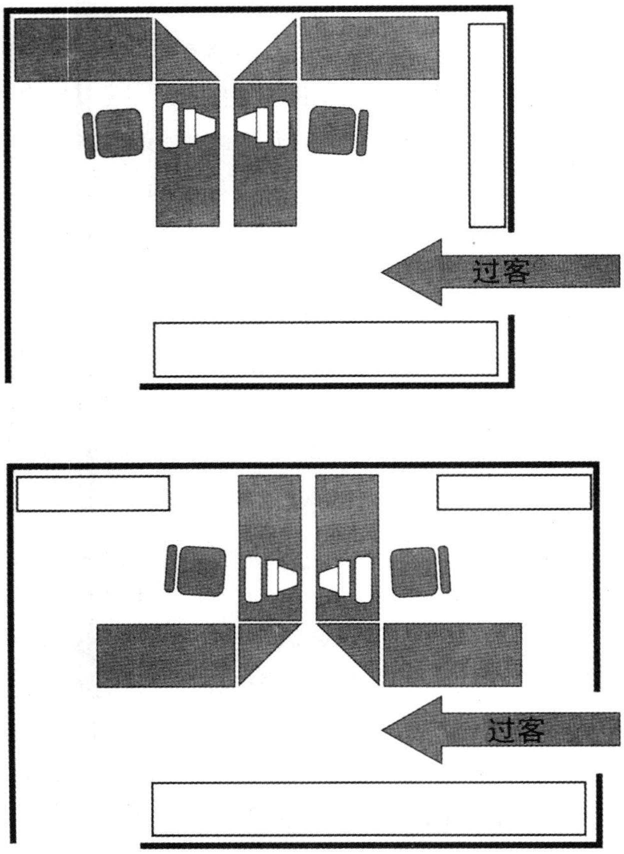

图3–25 办公室格局

（2）私密性

如果说领域性主要在于空间范围，则私密性更涉及在相应空间范围内，包括视线、声音等方面的隔绝要求。阿尔托曼给出这样的定义：对接近自己或自己所在群体的选择性控制。他将私密性的重点放在生活方式和交往方式的选择和控制上，并非是离群索居。日常生活中人们还会非常明显地观察到，集体宿舍里先进入宿舍的人，如果允许自己挑选床位，他们总愿意挑选在房间尽端的床铺，可能是由于生活、就寝时受到干扰较少。同样情况也见之于就餐人对餐厅中餐桌座位的挑选，人们最不愿意选择近门处及人流频繁通过处的座位，餐厅中靠墙卡座的设置是最受欢迎的。(图3–27)

所以在设计中要给使用者提供控制感和选择性，他可以选择绿化、屏风隔断、柱子及家具等，这些都具有控制自己的信息不被别人所了解，而使用者可以就自身情况灵活选择。私密性是领域性的强化，领域性是私密性存在的基础。

3. 人的行为习性与设计

室内的设计要考虑人类的行为习性。这些习性是人

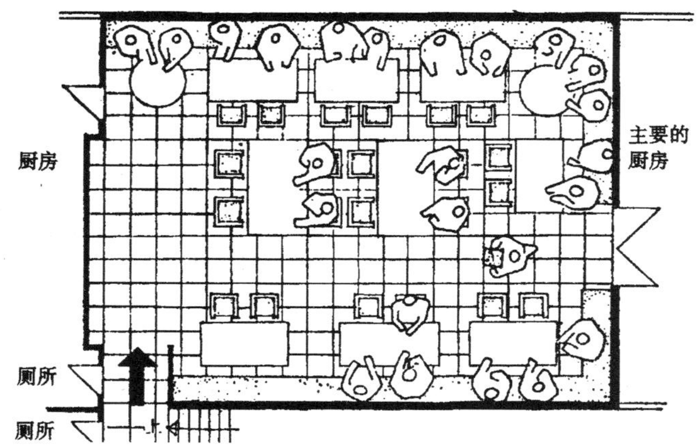

图3-27 就餐位置的选择

类在长期生活和社会发展中为了适应环境而逐步形成的许多本能。

（1）抄近路

抄近路这一习性可以说是一种泛文化的行为现象。人总是以最便捷的方式达到自己的目的地，以减少体能消耗。在这方面人们对坡道的选择使用优于台阶是同样的道理。两点间直线最短的数学公理是我们在设计中要注意的，除非有其他的行为目的，如散步、观景等。下雪后的广场空地被人们自然行走出道路，它们是最具功能性、最简单方便的组织设计。而我们从一定的角度看待它时，其空间分割也具有很强的构成性，相对于设计师来说，是人们无意识的创造，却胜过设计者千百次的推敲思考。（图3-28）

（2）依靠性

人在空间中占有的位置，从心理感受来说，并不是越开阔、越宽广越好，人们通常在大型室内空间中更愿意有所“依托”物体。人偏爱具有庇护性又具有开敞视野的地方。这些地方提供了进行观察、选择时机做出反应、如有必要可进行防卫的有利位置。依靠性反映了人对领域性和私密性在行为上的具体表现。在火车站和地铁车站的候车厅或站台上，人们并不较多地停留在最容易上车的地方，而是愿意待在柱子边，人群相对散落地汇集在厅内、站台上的柱子附近，适当地与人流通道保持距离。在柱子边人们感到有了“依托”，更具安全感。（图3-29）

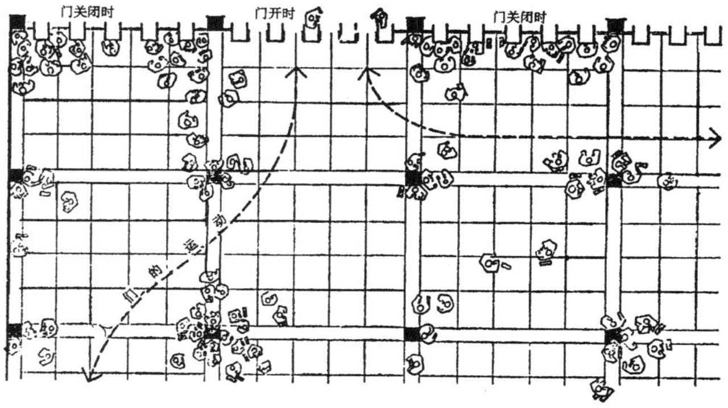

图3-29 在候车厅，人们候车的位置

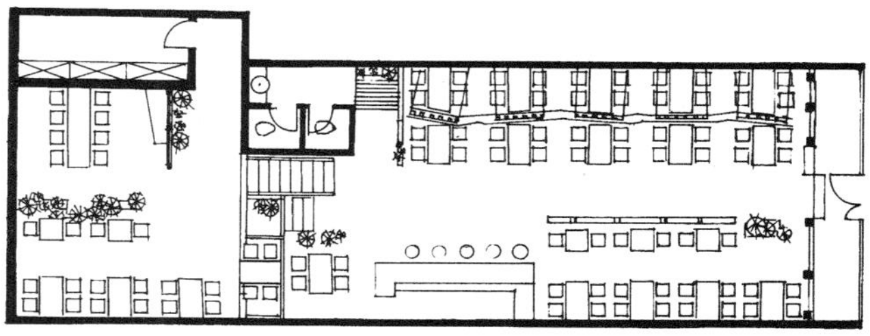

图3-30 餐厅中桌椅的布置

图3-28 下雪后的广场

餐厅室内设计中，顾客在选择座位时具有依靠心理：占据有利位置，其他顾客干扰较少。在餐厅室内设计中要合理布局桌椅以形成若干区域，恰当运用绿篱、扶手栏杆和低隔断创造可依靠空间心理。（图3—30）

（3）左转弯（逆时针转向）

棒球垒的回转方向、体育比赛跑道的回转方向、速度滑冰等，在运动中几乎都是左回转。人在转弯习惯中也多表现出左转弯。这对于大的商场和展厅设计还是具有很大的参考价值的。所以我们常见的楼梯设计中一般采用左转弯，对于安全疏散楼梯很有意义。

（4）从众习惯

人和动物一样有追随的本能。如果发生灾害和异常状况，一般情况下，人群会涌向安全出口。所以安全出口设计要宽敞，而且真正出现危险时还应该有人用声音疏导人群才好。由于人还有向光的本能，所以可在安全出口处采用闪烁照明用来吸引人们的注意。

（5）围观的聚集效应

在空间中人口密度分布不均时出现了人群聚集。这种聚集一般具有自发组织行为或有组织的聚集，有了聚集场所精神，才具有了生动性，有了活力。所以常常有大的商场采用人体模特和售货员等来加大商场的人口密度，即使停业关门的时候商场还是会因为这些模特而显得热闹。围观聚集反映了人对于信息交流、社会交往的需要和人对于复杂、新奇刺激的偏爱。

第 4 章

建筑设计基础知识

第一节　建筑的基本要素

人类对事物的追求有真、善、美的三个方面，对建筑也不例外。善对应建筑的功能方面，是人们对建筑的使用要求；美对应建筑的形式方面，是人们对建筑的精神和审美要求；真对应建筑的技术方面，是人们用以达到功能和形式的目的的物质手段。在人类对真、善、美的不懈追求中，建筑也在功能、形式、技术三方面逐渐地向前发展，下面分别从这三方面来看建筑。

图4—1 中国国家大剧院效果图（上）

图4—2 中国国家大剧院剖面图（下）

一、建筑的功能

建筑是用空间来满足社会活动的功能需要的。各类建筑由于功能需要的千差万别，反映在空间上也是千变万化的。

建筑的整体空间是由单体空间组成的。如果把建筑看做一个有机的生命体，单体空间则是其中的一个器官，负责某一方面的功能。每个单体空间的量、形、质都因有不同的使用要求而保持各自独特的形式。图4-1、图4-2所示的是法国建筑师保罗·安德鲁设计的中国国家大剧院。在这个建筑中，因为成百上千的观众在其中欣赏歌剧、戏剧等，所以作为主要功能空间的三个剧场的空间体量最大；又因为要满足剧场演员演出和人们观赏的视线和声场的要求，所以剧场空间的后台、舞台、看台的空间形状很独特；而且人们在观赏时要求有舒适的温度和空气湿度等条件，所以剧场空间的实体围合要有保温、隔热、通风等方面的设计，而且要借助必要的机械设备才能满足大量观众对空间质量方面的要求。相比而言，一间管理办公室或演员休息室的空间则要普通得多，但也要满足量、形、质方面的基本要求。

然而就一幢建筑来说，功能的合理性却不仅仅依赖于单体空间的合理程度，而且还有赖于空间之间的组合。生命体不是器官的简单相连，同样，建筑也不是单体空间的简单累加，而是空间组合的有机整体。其有机性主要反映在功能分区和功能流线两个方面。功能分区就是把相似的功能空间组织在相近的区域里，以求得社会活动的高效便捷。以影剧院为例，门厅、交通厅等空间集中在前部，办公、后勤等空间集中在后部，而剧场空间则处在中部。功能流线则是将一系列的功能空间按不同人群的活动顺序组织起来，以求得社会活动的井然有序。在剧院建筑内空间组合也要考虑观众流线、演员流线、工作人员流线等的需要，以免不同人群的活动互相产生干扰。（图4—3）

有些功能要求对空间的约束性强，比如说剧场，稍微改变剧场空间的形状就可能使剧场的声场产生影响，使之不能正常使用；而有些功能要求对空间的约束性弱，比如说交通厅，只要能满足人们基本的通行需要，空间形状变化为方、圆、自由形等都能使用。这样，同一功能类型的两幢建筑，可能在受功能约束强的方面有些相似，体现了建筑的社会实用性；但在受功能约束弱的方面可以大相径庭，完全由建筑师以自己的设计个性来把握，所以这方面体现了建筑的个人设计性。社会实用性使建筑满足基本功能要求，个人设计性使得建筑创作丰富多彩。图4－4为日本建筑师为国家大剧院做的设

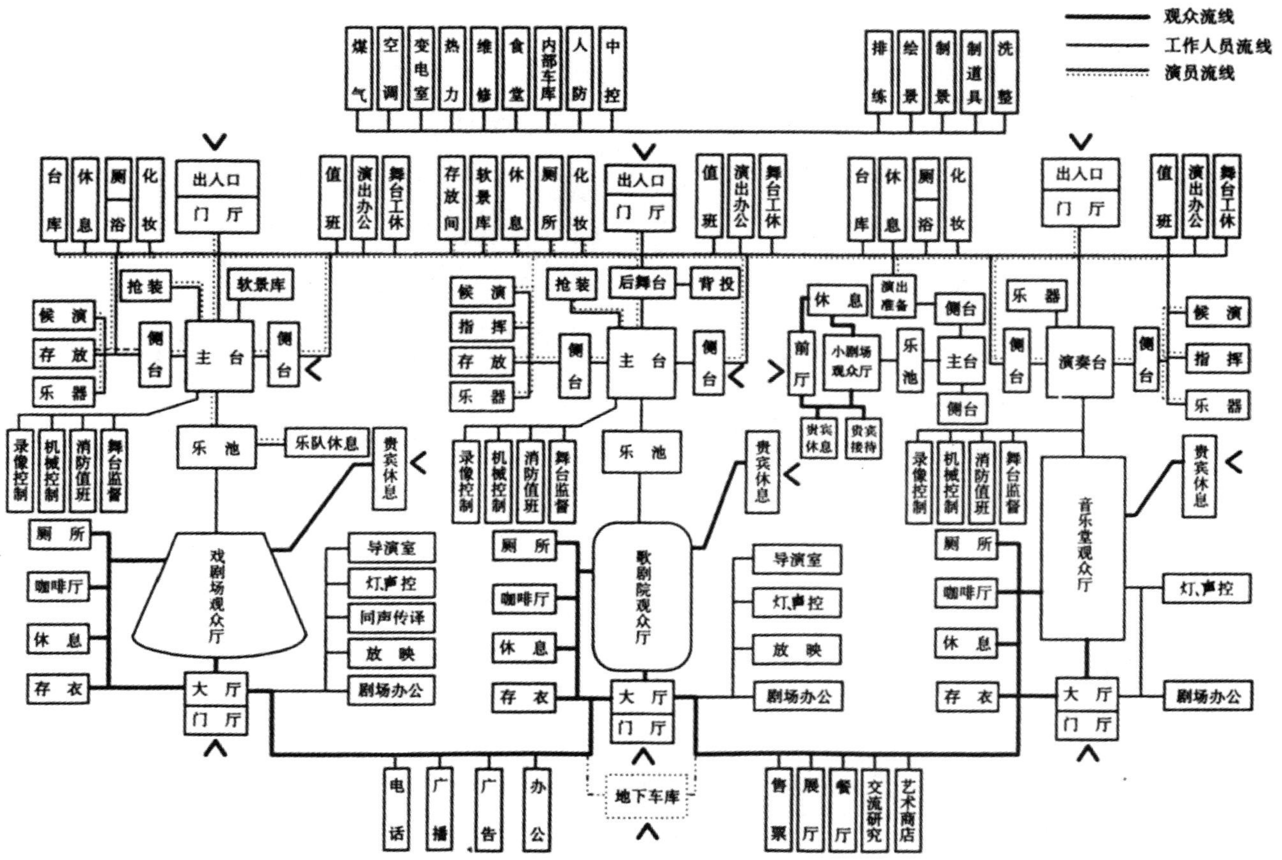

图4-3 中国国家大剧院功能流线

计方案，与前面保罗 · 安德鲁的方案相比，两幢建筑所满足的基本功能是完全一致的，内部的剧场空间设计上也基本相似，但两幢建筑的整体空间格局和外部造型却各有特点。

建筑设计的基本目的是为了满足功能要求，但这只是最低要求，建筑的意义和魅力却在于空间。对于满足功能和创新空间，两者不能重此轻彼。在不能变化的方面尽可能满足功能，在可以变化的方面尽可能创新空间，或者是两者的较好的结合点。

图4-4 日本建筑师所作的国家大剧院的设计方案

二、建筑的形式

1. 形式与风格

当人从远处观望建筑时，看到的视觉形体只是建筑的形状；再往近处走，看到了这个建筑的屋顶、墙、门窗等具体形象；当人将这种具体形象抽象为形体、空间、色彩、质感、光影等纯视觉要素，并考虑这些要素的相互关系时，就是在把握建筑的形式了。

在同一时代、同一地区的建筑的形式，往往具有某种共同特征，人们称之为建筑的风格，如中国古典建筑风格、西方现代建筑风格等。在一个大范围内的整体风格，又可分为局部的时代风格或地域风格，如西方现代建筑风格按时代和艺术思潮又分为现代、后现代、极少、高技等多种风格。而且因设计师的个人创作特点，某些建筑也表现出强烈的个人风格。图4－5所示为西班牙建筑师高迪设计的建筑，其变化莫测的有机建筑风格给人留下深刻的影响。

2. 形式美与艺术性

不同风格的建筑形式有时差别很大，但是因遵循了

图4—5 高迪设计的西班牙巴塞罗那的卡萨米拉公寓

图4—7 荷兰施罗德住宅

形式美法则，同样能引起人的美感。形式美法则是许多美好事物的形式中相似的组织原则，一般公认为多样和统一。多样使得形式丰富不单调，统一则使形式有序不杂乱。人们将其总结为更为细致的主从、对比、韵律、比例、尺度、均衡等规律，都是多样统一在某一方面的体现。设计师利用人们共同的天赋眼光，运用这些原则去创作能唤起人们形式美感的建筑。

形式美是评判建筑形式的第一个层次，即对于所有的建筑，都应满足美观这样基本的精神要求。在这样的基础上，某些建筑在有利的社会条件、经济条件下，去追求艺术性，则是更高的标准。建筑通过自身的艺术形象，表达了一定的思想内容，使人产生强烈的艺术感受和情感上的共鸣，就体现出了建筑的艺术性。当然，符合形式美的建筑物，其外观美感升华到一定层次，我们

图4—6 澳大利亚悉尼歌剧院

图4—8 抽象派画家蒙德里安的绘画作品

也称之为艺术性。图4－6所示为誉称“海上莲花”的悉尼歌剧院，其建筑外观可作为形式美原则的范本，同时体现出的建筑艺术性也可称为典范。

建筑艺术性的另一个方面表现在艺术品位上，有时建筑直接使用艺术品来向人们显示其艺术品位，有时则利用与绘画、音乐、文学等艺术形式的对应性让人感受其艺术品位。建筑被称为“凝固的音乐、石头的史诗”，即生动地体现了这一点，尤其在绘画方面，更是能看到这种直接的对应关系。图4－7所示为荷兰建筑师里特·维尔德设计的施罗德住宅，明显受到抽象派绘画作品的艺术影响（图4—8）。

建筑艺术性的再一个方面表现在艺术感染力上。一些纪念性建筑或宫殿建筑，使人身临其境时获得庄严、肃穆的感受；另一些宗教建筑，则通过异乎寻常的空间处理手法，使人领略到神秘、脱俗的空间气氛；还有一些建筑让人冥想深思，一些让人流连忘返……这些建筑散发的艺术感染力影响到人们的情绪，使人们内心产生

图4—9 印度泰姬陵

共鸣，久久不能忘怀。图4－9所示的泰姬陵为古代印度国王为爱妃建造的陵墓。虽然建筑景象明媚动人，但似乎在空气中散发着淡淡的哀思……

三、建筑的技术

前面说过，空间的功能和形式是建筑的目的，而要达到这种目的，却主要取决于建筑结构、建筑材料、建筑施工等建筑技术的发展水平。以下重点介绍建筑结构方面的内容。若建筑是个有机生命体，则结构就是它的骨架。结构的坚固程度直接影响着建筑物的安全和寿命。

在古代世界，东西方分别发展出不同的结构体系，

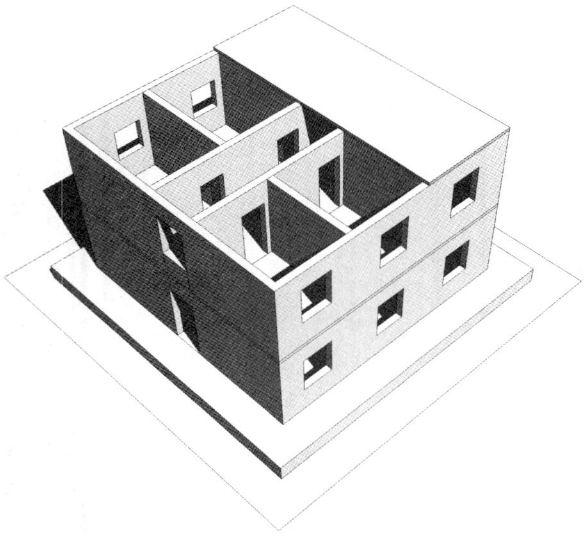

图4—10 承重墙体系

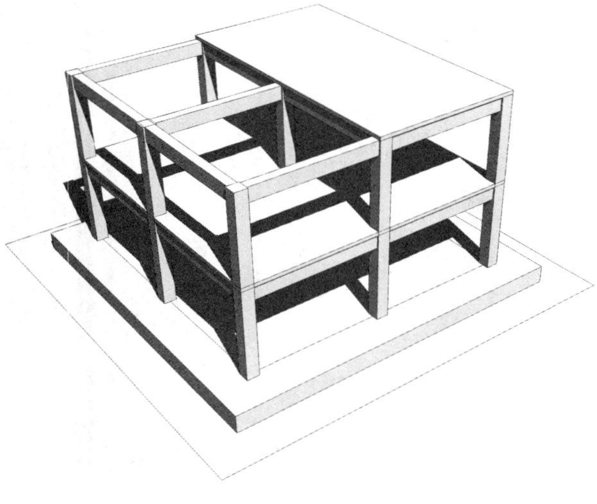

图4—11 框架体系

即中国的木构架结构和西欧的砖石结构。中国的原始居民因地制宜，伐木取材，利用榫卯技术，用木梁柱搭接而成了木构架结构的建筑物。木构架建筑在春秋战国和秦汉时期获得较大发展，在唐宋时期逐渐成熟并达到鼎盛，以后一直延续至明清时期。

中国的木构架结构建筑在封建社会保持了相当长一段时间的稳定性，而西方的砖石结构则在每个时期都有新的结构形式出现：古希腊人用大理石的梁柱结构建起了神庙；古罗马人用天然混凝土的券拱和穹隆结构建起了斗兽场等大规模公共建筑；中世纪的西欧人用尖券和骨架券等结构建起了天主教的城市主教堂；而东欧人则在古希腊、古罗马建筑技术的基础上，发展出帆拱结构，并建起了东正教教堂。

社会发展到近现代时期，人们日渐丰富的活动对建筑不断提出新的空间要求。首先是扩大空间，正是因为这种要求，出现了比古代拱券、穹隆更为有效的壳体、悬索、网架等大跨度结构形式；此外，为了打破结构对空间的局限，使室内空间能够被自由灵活分割，在许多类型的建筑中就必须抛弃古老的砖石结构，而代之以钢或钢筋混凝土框架结构体系；还有，提高层数也是近代功能对结构提出的新要求，这也是古老的砖石结构所难以胜任的，这样又进一步促进了框架结构向剪力墙、井筒等高层结构发展。

无论采用上述哪种结构形式建造房屋，最终都要把重量传给土壤。一般情况下，房屋重量的传递有两种方式，即通过墙传到基础，称为承重墙体系（图4－10）；或通过梁和柱传到基础，称为框架体系（图4－11）。在承重墙体系中，墙既起围合作用又起承重作用，所以墙体是不能随便拆除的。但在框架体系中，结构是用梁和柱组成立体支架来承受重量的，墙不起承重作用，所以墙体是可以拆除的。两种结构体系中墙的作用的差别在施工时表现比较明显：承重墙体系是先建墙体，然后在墙体上搭建楼板；而框架体系往往是在结构框架完全建成之后才砌筑墙体来分隔空间。

人类在结构方面创新的灵感，很多是源于自然的启示。在自然中的生物体上，我们能发现很多非常合理的结构，使得人类工程师自叹弗如。生物体用于保持自己形态的结构，往往既坚固又最节省材料。在这样的启示下，人类才用钢材、混凝土以及塑胶合成材料，创造出诸如壳体、折板、悬索、充气等多种新型结构。图4－12所示为2000年德国汉诺威世界博览会委内瑞拉馆，展馆

(a) 膜结构开启状态

(b) 膜结构闭合状态

图4—12 2000年世界博览会委内瑞拉馆

屋顶的膜结构可以在机械装置的控制下实现像花瓣一样的开合。

生物体的结构往往也很美，所以人类模仿自然创造的结构，也使得建筑的形式获得了扩展。新建筑结构也是美的，因为它更符合力学的规律性。它自身必须有一种内在的和谐统一性，这反映在外部形式上必然符合均衡、稳定的原则；各部分往往具有合理的形状和比例关系，各种构件的组合往往具有强烈的韵律感，这些均符合形式美的原则。而且随着建筑审美观念的发展，“高技派”逐渐登上了建筑舞台。这种风格的建筑不但在物质条件上大量应用各种新的工业技术，而且在造型上刻意将技术作为美的对象加以表现。图4－13所示为“高技派”代表建筑之一的巴黎蓬皮杜艺术中心，建筑结构、设备管线、自动扶梯等构件直接暴露在建筑外侧，强烈地体现了设计师的技术美学观念。

意大利著名建筑师和工程师奈尔维说：“一个技术上完善的作品，有可能在艺术效果上甚差；但是，无论是古代还是现代，却没有一个从美学观点上公认的杰作而在技术上不是一个优秀的作品。”可见，建筑作为艺术和技术的结合产物，其技术和艺术的关系是既相互制约又相互依存的。图4－14所示为2008奥运会中国主体育馆，其“鸟巢”状的建筑结构既体现了先进的技术手段，又成就了独特的建筑形式。

图4—13 巴黎蓬皮杜艺术中心

图4—14 北京奥运会场馆“鸟巢”

第二节 建筑设计的相关知识

一、建筑设计的内容

建筑设计的内容一般包括三方面的内容，即建筑设计、结构设计和设备设计。

1. 建筑设计

建筑设计是在总体规划的前提下，根据建设任务要求和工程技术条件进行建筑的空间组合设计和细部设计，并以施工图的形式表现出来。建筑设计一般由建筑师来完成。

2. 结构设计

结构设计的主要任务是配合建筑设计，选择可行的结构方案，进行结构构件的设计和计算，并用结构设计图表示出来。此部分由结构工程师来完成。

主要的建筑结构有：

①砖木结构建筑。建筑物的墙、柱用砖，楼板、屋架用木材。

②混合结构建筑。用砖墙、钢筋混凝土楼板、钢筋混凝土屋顶构成。

③钢筋混凝土结构建筑。梁、柱、屋架均用钢筋混凝土，墙用砖、混凝土或其他材料。

④钢结构建筑。建筑物的梁、柱、屋架等承重构件用钢材，楼板为钢筋混凝土，墙用砖或其他材料。

3. 设备设计

为了满足人们生活、工作或生产的不同需要，提供舒适而卫生的室内环境，要在建筑物内设置完善的给排水、采暖通风和电气照明等设施，这方面的设计称为设备设计。这些设计是根据建筑专业提供的设计资料，由相关工种的工程师配合建筑设计来完成，并绘制出水、暖、电等设计施工图。

以上几方面既有分工，又密切合作，形成一个设计工作整体。各专业的设计图纸、计算书、说明书和预算书构成一个建筑工程的完整文件，作为建筑工程施工的依据。

二、建筑设计的依据

进行建筑设计的主要依据是委托设计单位所提供的设计任务书，其内容包括拟建建筑的使用功能要求、基地的气候、地形地质、地震烈度、水文等条件。

拟建建筑物基地的气候条件包括温度、日照、降雨量、风向、风速等，基地的地形地质条件是指地形的平缓起伏、地质构成、土的特性、地基承载力的大小等因素，地震烈度表示地震发生后对建筑物造成的影响或破坏程度。这些因素会对建筑的空间组合、建筑形体和结构选型有一定的影响。水文条件是指基地地下水位的高度和地下暗河的情况，以便设计者决定是否可在此地建房或应采取的技术对策。

在确定建筑内部各种空间尺度时，主要设计依据是人体尺度以及人体活动所占的空间尺度。确定房间面积的依据是家具、设备的尺寸以及使用时所需的活动空间尺寸。为了保证建筑的安全和舒适，国家制定了一系列规范，如建筑防火规范、建筑采光标准等，设计时应遵守这些有关规定。

三、建筑设计的特点

建筑设计在一定意义上可以说是一种创造性的思维活动，它不同于模仿性的制图技法训练，与形态构成训练也有本质的区别。建筑设计具有以下几个特点。

1. 创造性

建筑设计的创造性是人（设计者与使用者）与建筑（设计对象）所要求的多种多样的建筑功能、千差万别的地段环境和人们对建筑形象以及建筑环境的要求，它使得建筑师一方面要能够解决具体的矛盾与问题，另一方面还要有创新意识和创造能力。

2. 综合性

建筑设计是一门综合性很强的学科，常常涉及结构、材料、设备、经济、社会、文化、心理等众多学科的内容。建筑设计人员应拓宽在行为、社会、自然科学等方面的知识面，因为这些专门的知识对于建筑师可能面临的各种各样的设计任务来说是很有帮助的，这些知识的积累会在设计者对实际问题进行考察研究和寻求可行的设计方案的过程中起到促进作用。

3. 形象性

建筑设计思维活动的突出特点是思维的形象性。在对建筑地段、环境、经济等方面进行分析时，采用逻辑思维的方式；而在构思设计时，主要运用形象思维，借助想象力与创造力把逻辑分析的结果表达成为具体的建筑语言——三维乃至四维的空间形态。建筑设计中各种矛盾的解决、设计者的设计意图最终都表现为图纸上的具体形象，建筑的美观问题，大到建筑整体的造型比例、空间关系，小到细部的线脚处理，都离不开具体的形象。对形象的观察和感受能力是学习建筑设计必不可少的条件，而这方面能力的提高则需要经过一定时间的专业训练，要多看、多想，更需要多动手去画。

4. 过程性

建筑工程的设计需要一个调研、思考、论证、设计、修改、发展、完善的艰苦过程，只有这样，才能保证设计方案的科学性、合理性与可行性。

5. 社会性

建筑是城市空间环境的一部分，有广泛的社会性。建筑师必须综合平衡社会效益、经济效益与个性特色三者之间的关系，找到可行的结合点，才能创作出尊重环境、关怀人性的建筑作品。

第三节 建筑形态构成知识

一、建筑形态构成要素

建筑形态构成要素基本可分为点、线、面三种，其中点对空间的限定感最弱，在构成中常使用线要素和面要素来限定空间。线要素以其方向和方位在空间构成中起一定的作用，垂直线比水平线的限定作用强，在建筑中典型的垂直线是柱。垂直线的不同排列，可以形成虚面限定、角限定，一系列垂直线和水平线组合在一起，可以从高度上限定空间，并改变空间划分（图4−15）。面要素是建筑空间构成中最关键的要素，它以自身的属性（形状、大小、色调、质感）和各方面的相互关系决定所构成空间的视觉质量，面要素可分为水平面（包括底面和顶面）和垂直面两类。水平面中底面的抬高与降低都可以增强空间限定感，限定感的强弱、视觉的连续程度与底面的高度变化有关（图4−16）。顶面与底面之间构成的空间形式是由顶面自身的形状、尺寸及其与底面之间的距离决定的，顶面形式、高度的变化对空间视觉和心理感受有重要影响（图4−17）。垂直面在视觉上比水平面更活跃，它限定空间并给人以围合感，是构成空间体量的重要元素。它的高度和面上的开口控制着建筑室内外空间视觉上和空间上的连续性。点、线、面三要素之间可相互转换，排列成一条直线的点具有线要素的特性，同样，排列在一起的线会有面要素的特征。点、线、面的不同组合方式对建筑空间限定感的形成有不同的影响（图4−18）。

由空间构成要素所构成空间的形状、比例、尺度、封闭与开放程度，影响所构成的空间特性和人对空间的心理感受。空间的不同形状会使人产生不同的空间感受，由于长方体空间的长、宽比例可变性强，结构稳定简单，因此是建筑空间中最常见的一种形式。长方体空

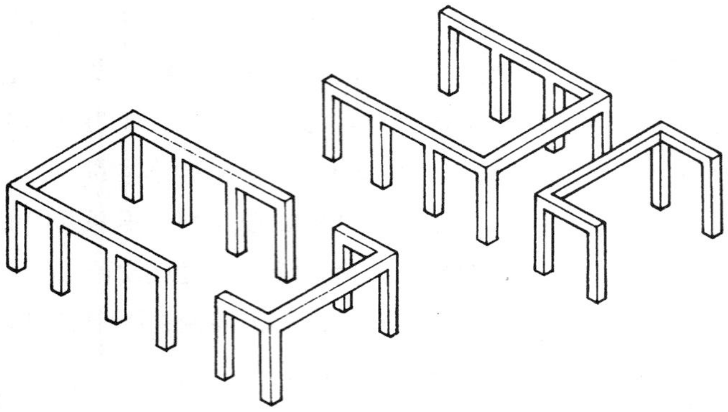

图4—15 线要素的限定

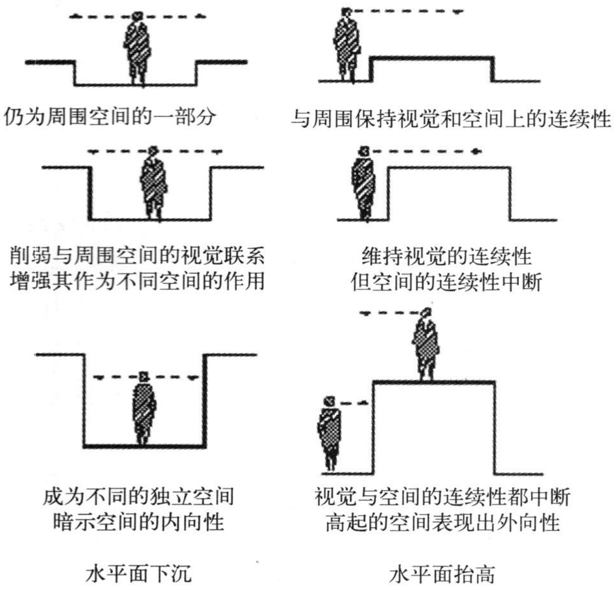

图4—16 底面变化对空间的影响

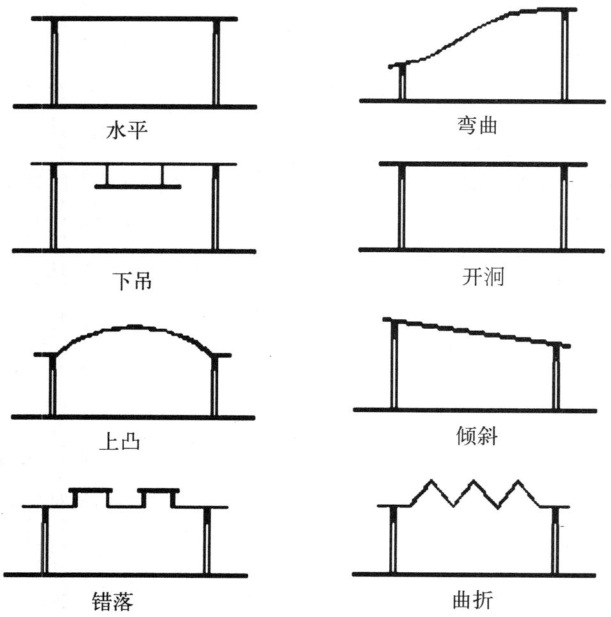

图4—17 顶面变化对空间的影响

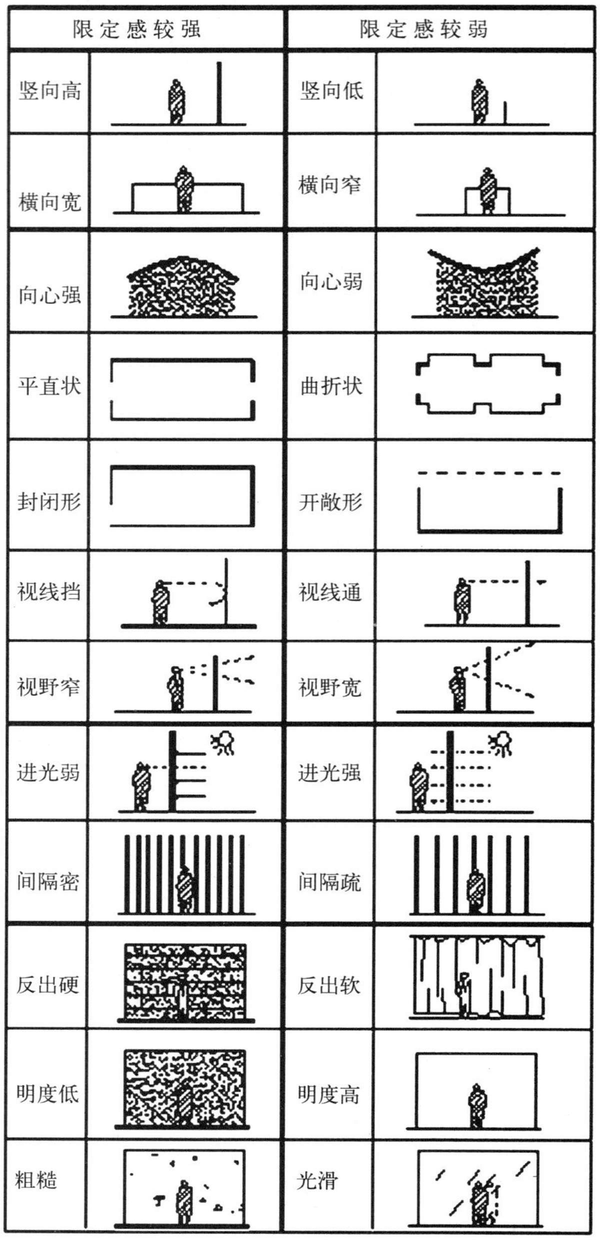

图4—18 面和线要素的不同对空间限定感的影响

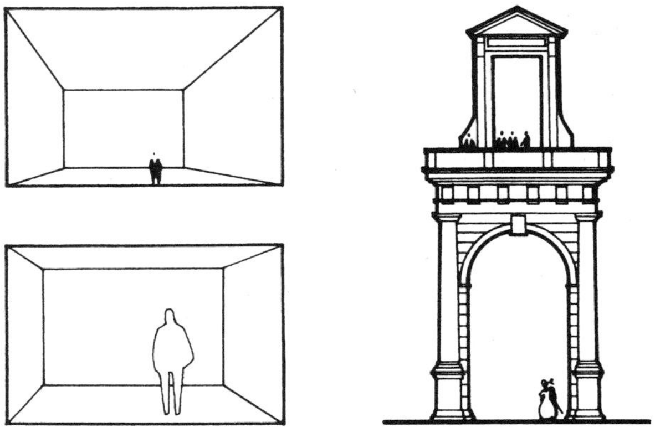

图4—19 空间的不同尺度

间有明显的方向性，水平长方体有舒展感，垂直长方体有上升感，正方体则具有庄重严谨的静态。另外，三角锥形的空间有强烈的上升感，圆柱形空间有向心性、团聚感，环形空间有明显的指向性和流动感，等等。

空间的尺度是衡量空间及其构成要素大小的主观标准，涉及空间形象给人的视觉感受是否符合其实际尺寸的问题，尺度处理是表达一定的空间效果的重要手段。在空间的三个量度中，高度对空间的尺度影响最大。建筑空间构成要考虑人体尺度和整体尺度之间的联系，两者之间的不同处理关系可使空间构成产生宏伟（大）或亲切（小）等不同的尺度感（图4－19）。所以，在设计中应寻求一个比较合适的高宽比。

二、两个空间的组合

不同建筑空间组合在一起，形成了建筑整体空间，两个独立空间的组合方式有连接、接触、包容、相交等四种。

1．连接

两个相互分离的空间由一个过渡空间连接，这个过渡空间可以与它所联系的空间大小、形状都一样，也可以与其空间形式和尺寸不同而强调自身的联系作用。过渡空间在体量上也可大于它所联系的空间而成为整体的主导空间，它的形式和位置还可完全由所联系的空间特性决定，形式灵活多变。

2．接触

相接触的两个空间之间的视觉和空间联系程度取决于分割要素的特点。两个空间可以设立实体，各空间的独立感较强；也可以用独立分割面来分离，两空间隔而不断；或用线状柱列分割，两空间则有很强的连续性；还可以通过变换地面和顶棚的标高或墙面色彩、材料等的不同处理来构成两个有区别而又连续的空间。

3．包容

大空间中包着小空间，两空间的尺寸应有明显差别，差别越大则包容感越强。中间的小空间在形状、方位上可以和大空间相同，也可以不同。

4．相交

两个空间的一部分重叠而成公共空间，其余部分还保持各自的界限和完整。中间的公共部分可以为两个空间共有，也可与其中一个合为一个完整的空间，还可以成为独立的部分，变为两空间的连接空间。

三、多空间的组织

多空间的组织形式有集中式、串联式、放射式和组团式等四种。

1．集中式

集中式一般由一定数量的小空间围绕着一个大的主导空间，主要入口按照环境条件可放在任意一个次要空间处。中央主导空间一般是规则式，统帅次要空间，也可用形态上的特异来突出其主导位置。集中式构成建筑实例有中国援建的孟加拉国议会大厦。(图4－20)

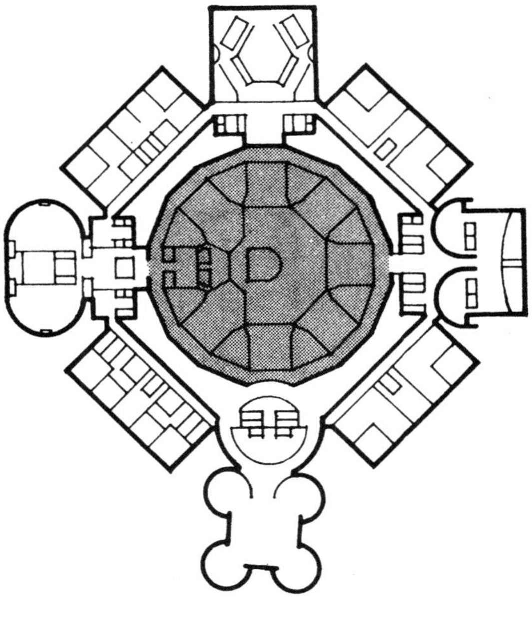

图4－20 孟加拉国议会大厦平面图

2．串联式

串联式由若干个单体空间按一定方向相连接，构成空间系列，有明显的方向性，并有运动、延伸、增长的趋势，灵活性很强，容易适应环境条件。按构成方式的不同可分为直线式、折线式、曲线式、圆环式等种类。串联式构成建筑实例如北京的昆仑饭店。

3．放射式

放射式是集中式和串联式两种构成的结合，由主导的中央空间和向外辐射扩展的线式串联空间构成。放射式构成建筑实例如伦敦塔旅馆。

4．组团式

将功能上类似的空间单元按照形状、大小或相互关系方面的共同视觉特征，构成相对集中的建筑空间，或把各个不同的建筑空间通过紧密的连接和视觉上的一些手段（如轴线）构成组团。它具有连接紧凑、灵活多变、易于增减和变换组成单元而不影响整体构成的特点。组团式构成建筑实例如镜泊湖旅游宾馆。（图4—21）

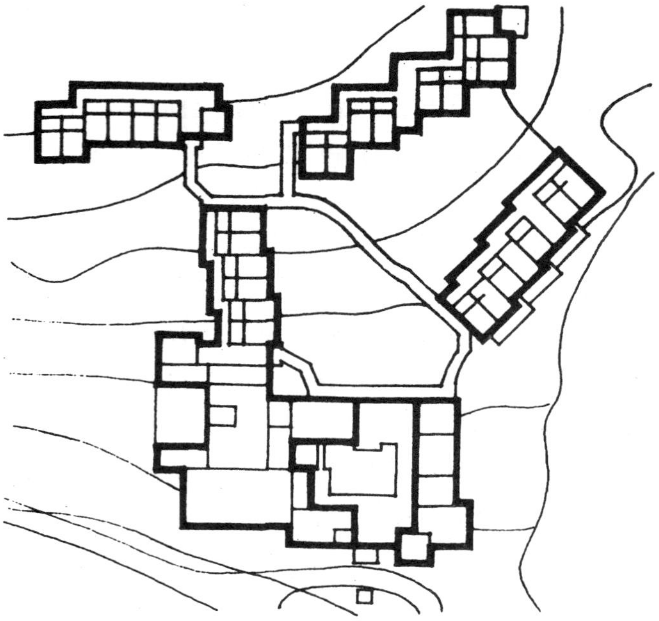

图4—21 镜泊湖旅游宾馆总平面图

第四节　建筑设计的步骤

一、建筑设计的三个阶段

一般来说，建筑设计包括方案设计、初步设计和施工图设计三个阶段。作为建筑设计的第一阶段的方案设计，其任务是确立建筑的设计思想和意图，并将其形象化，它对整个建筑设计过程起着开创性和指导性的作用。初步设计与施工图设计是在方案设计的基础上初步落实其经济、技术、材料等物质需求，是将设计意图逐步转化成真实建筑的阶段。

1．方案设计

设计者根据设计任务书的要求进行方案构思，在此阶段应考虑如下问题：建筑的平面布置、水平与垂直交通的安排、建筑外形与内部空间处理的基本意图、建筑与周围环境的整体关系、结构形式的选择和某些重大问题的初步考虑。要绘制建筑方案设计图（平面、立面、剖面），必要时还需绘制透视或鸟瞰等表现图。在多方案比较的基础上，进一步研究和完善，开始初步设计。

2．初步设计

在初步设计中，要对拟定的基本方案做进一步的推敲与改进，研究建筑的局部处理和确定具体的构造做法，与结构、水、暖、电等各工种配合，共同解决设计中的各种矛盾和具体的技术设计问题。

初步设计的图纸包括总平面图、建筑平面、立面、剖面及简要说明，结构系统说明，采暖通风、给排水、电气照明、煤气供应等系统的说明，总概算及主要材料用料，各项技术经济指标等。上述图纸绘制要有一定的深度，应满足设计审查、主要材料和设备定货、施工图设计的编制等方面的需要。

3．施工图设计

初步设计被批准后，即可进行施工图设计。施工图设计是将前阶段的成果绘制成正式的施工图纸，并编制出正式的文件说明，作为施工的依据。在此阶段，主要是将初步设计的内容进一步具体化，各专业的施工图纸和施工说明必须满足建筑材料和设备定货、施工预算和施工组织计划的编制要求，以保证施工质量和施工进度。

对于技术比较复杂的建筑工程，应在初步设计和施工图设计之间安排技术设计阶段，这一阶段的任务是在初步设计的基础上进一步解决具体的各种技术问题。要经过充分的协商，合理地解决建筑、结构、设备等专业之间在技术方面存在的矛盾，为顺利地进行施工图设计做好准备。

对于在学校学习的学生，从时间和所具备的专业知识两个方面来说，都不可能完成设计的全过程。就以上设计各个阶段的工作内容来看，方案设计更有全局性，设计的基本方案会直接影响到后两个阶段的进行，甚至决定着整个设计的成败。方案能力的提高需要一个长期反复的训练，所以，对于中、低年级的学生，应注重训练的是第一阶段，即方案设计阶段。学校设计课程的深度一般仅相当于实际工作中的方案设计，使学生有充足的时间和机会接触到由易到难、由简单到复杂的多类型建筑设计训练。在高年级或毕业设计的某些课题中，可以要求达到初步设计或施工图设计的深度，以便使学生能尽快适应以后的实际工作。一般来说，后两个阶段的学习主要通过毕业以后的建筑师业务实践来完成。

二、方案设计的任务与分析

作为建筑设计的第一阶段工作，任务分析的目的就是通过对设计要求、地段环境、经济因素和相关规范资料等重要内容的系统、全面的分析研究，为方案设计确立科学的依据。

首先，要对建筑的环境条件进行调查与分析。环境条件包括地段环境、人文环境、城市规划设计条件等三个方面，其中地段环境包括气候、地质条件、地形地貌、景观朝向、周边建筑、道路交通、城市方位、市政设施等内容，人文环境包括城市性质、规模和地方特色等方面，城市规划设计条件的内容有后退红线规定和对建筑的高度、容积率、绿化率、停车量等方面的要求。在此阶段，设计者常常通过画场地分析图来进行分析，如马来西亚吉隆坡一医院的场地分析图。（图4—22）

在相关资料的调研与搜集时，要注意实例调研和资料收集两个方面。在进行实例调研时，选择性质相同、规模相当的优秀建筑实例，对其建筑设计构思、总体布局、平面组织形式和空间造型、使用管理情况等方面进行基本了解和调查，找出该设计的成功与不足之处。调研的成果用图、文结合的形式，尽可能详尽准确地表达

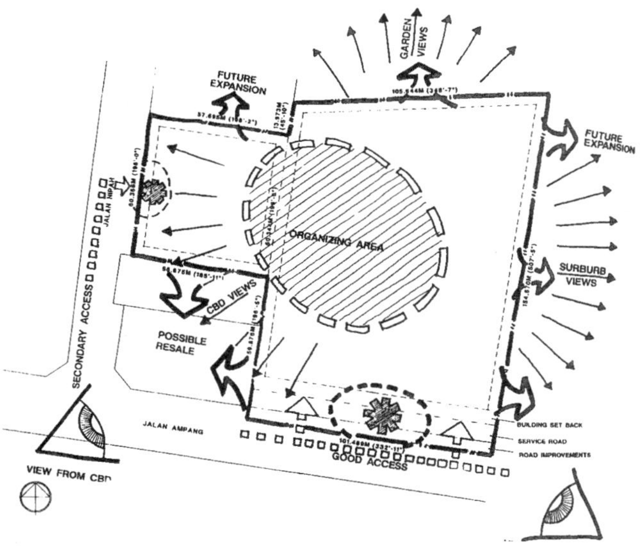

图4—22 马来西亚吉隆坡一医院场地分析图

出来。在资料搜集中，要注意相关规范性资料和优秀设计范例图文资料两个方面；在建筑设计规范中，与建筑师密切相关的有日照规范、消防规范和交通规范，在进行建筑设计时必须严格遵守相关规定。收集优秀建筑实例的平立剖图并进行分析，总结前人的实践经验，扬长避短。

另一个重要的任务是分析设计的具体要求，每个设计题目都有自己的特点和一定的针对性，设计要求包括物质要求（即功能、空间要求）和精神要求（即形式特点要求）两方面。在对功能空间要求的分析中，要准确了解设计要求，具体内容包括空间大小、空间位置（空间及空间之间的组织关系）、基本设施、外观要求、空间属性（私密或公共、封闭或开放）等。对于建筑的形式特点，则由建筑的不同种类和使用者所决定。

三、方案的构思与选择

在对设计要求、环境条件及前人的实践有了一个较为系统全面的了解与认识的基础上，可以开始建筑方案的设计。本阶段的工作包括设计方案构思和多方案比较。

1. 方案构思

这是设计过程中至关重要的环节，在这一环节中，设计者借助形象思维，把第一阶段分析研究的成果落实为具体的建筑形态。形象思维的特点决定了具体方案构

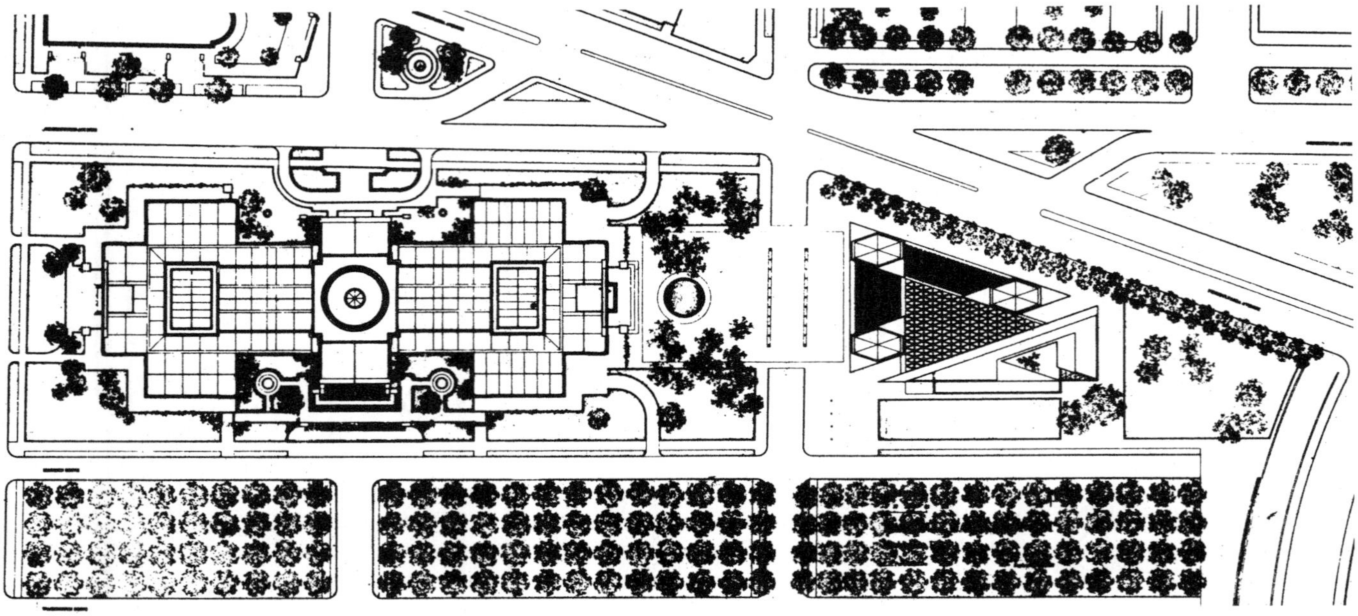

图4—23 美国华盛顿国家美术馆东馆总平面图

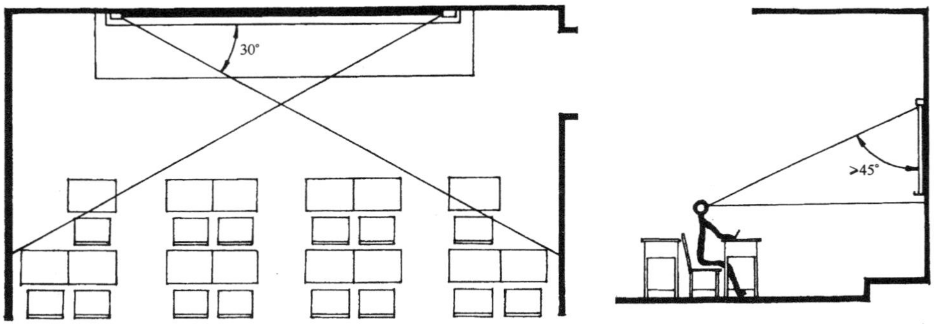

图4—24 教室视线分析图

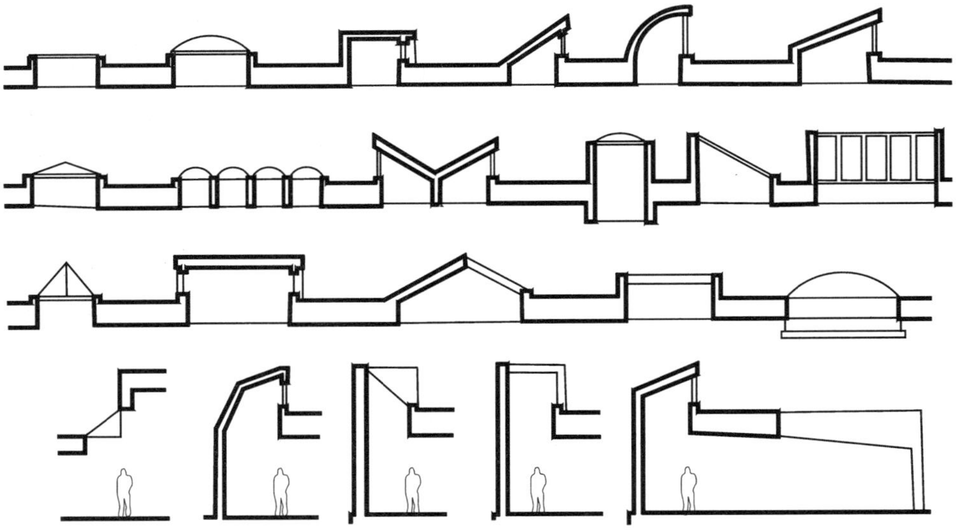

图4—25 常见天窗剖面形式

思的切入点必然是多样的，可以从功能、环境、结构及经济技术等不同方面入手，逐步发展形成一个方案的雏形。具有个性特点的环境因素常常成为方案构思的启发点和切入点，如美国华盛顿国家美术馆东馆即是一个切合环境的典型例子（图4—23），在梯形的基地上，建筑设计大师巧妙地将美术馆处理为两个三角形的组合体。

设计者也可从建筑使用功能入手，建筑设计者总是期望能更圆满、更合理、更富有创意地满足使用功能需求，因此在具体设计中，它往往是进行方案构思的突破口。

在进行具体设计时要注意建筑空间和造型两个方面的问题。

（1）单一建筑空间的设计

组成建筑总体的基本单元是房间，对于主要房间的设计，应注意面积、形状、尺寸等内容，决定这些因素的是建筑的不同使用功能。例如，在进行教学楼的设计时，教室视距、视角要求就决定了教室平面可采用矩形、方形、六边形等形状，图4－24为教室的视线分析图。

在进行房间高度的设计时，要考虑的因素有人体活动及家具设备的要求、采光和通风等卫生要求、空间的高度和比例等。

进行房门的设置时，房门的总宽度和数量根据使用人数的多少、使用要求以及相关国家规范来确定。如在我国颁布的《建筑设计防火规范》中规定，面积超过60m^2、使用人数超过50人的房间，房门需设两个，门的总宽度按每人600mm计算。

房间中窗的设置依据是房间中所进行的不同工作或活动的使用功能和要求，在国家颁布的建筑设计采光标准中，将这些不同活动分为粗糙作业、一般作业、精细作业、很精细作业和特别精细作业等五类，规定了相应的窗地面积比。窗在房间中的位置决定了光线的方向和室内采光的均匀性，窗的高度和竖向位置也直接影响室内照明的均匀度。不同的开窗形式对房间的采光效果影响不同，对室内空间也有一定的影响，如图4－25为不同的天窗形式。窗的设置除了要符合设计规范外，还应考虑建筑立面的要求，要使建筑立面整齐美观，避免杂乱无章。

（2）建筑空间组合设计

建筑空间的组合原则是功能合理紧凑、结构经济合理、设备管线布置简洁集中、体型简洁、构图完整。在进行建筑功能分析时，可以从房间使用的主次关系、联系和分离的程度、使用顺序和交通组合等几个方面来考虑和安排空间的组合形式。

几种典型的空间组合形式有上文所提到的集中、串联、放射和组团等四种。

（3）建筑体型和立面设计

建筑的体型和立面形态是人们认识建筑时首先感知的。进行立面的设计时，要在建筑内部空间及功能合理的基础上，考虑到物质技术条件和基地环境的影响，按照一定的美学原则加以处理，得到较为完美的建筑形象。

在设计时，首先要考虑到建筑形式的特点，注意把握不同类型建筑的不同特点，如纪念性建筑应给人庄重、肃穆的印象，居住性建筑则要体现亲切宜人的风格，准确地把握建筑特点，对于建筑设计是至关重要的；其次要考虑建筑使用者的个性特点，要对使用者职业、年龄以及兴趣爱好等个性特点进行必要的分析研究，如老人活动中心与青少年活动中心在形式与内容上

图4—26 河南省博物院

必然会有很大的区别，只有准确把握使用者的个性特点，才能创作出人们接受和喜爱的建筑作品。

建筑的立面设计包括建筑各个面的设计，立面和平面、剖面一样，同样有使用要求、结构构造等功能和技术方面的问题，但立面涉及的造型和构图问题较为突出，主要从以下几个方面来考虑：比例与尺度、虚实与凸凹、线条、色彩与质感、重点与细部等。

①比例与尺度。正确的尺度、协调的比例是使建筑立面完整统一的重要方面，从建筑的整体比例到各部分之间的比例都要仔细推敲，才能使建筑形象具有统一和谐的效果。对于建筑的尺度问题，一方面要注意建筑的绝对尺寸，另一方面要运用人们常见的建筑结构细部所产生的尺度相对感。尺度的不同处理会产生不同的艺术效果。

②虚实与凸凹。建筑立面的构成要素中，窗、空廊、凹进部分给人以轻巧和通透感，可以称为“虚”；墙、柱、栏板、屋顶等给人厚重封闭感，可称为“实”。立面设计时要结合建筑的功能、结构、材料等要求对虚实凸凹进行巧妙处理，加强建筑的体积感。

③线条处理。建筑立面上存在各种位置、粗细、长

图4-27 香港中国银行大厦

图4-28 上海金茂大厦

图4—29 华盛顿D.C美国国会大厦参观者中心

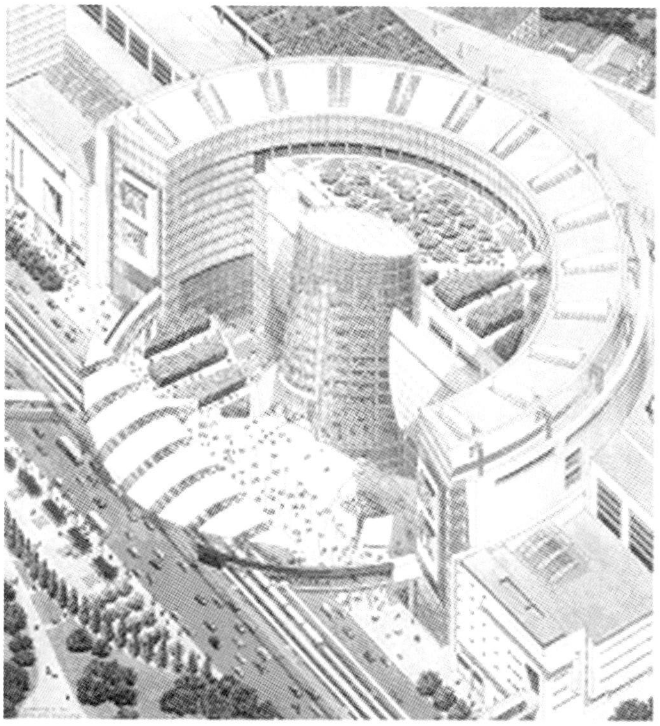

图4—30 泰国曼谷SALand运输车站和零售中心

图4—31 美国西雅图市新太平洋西北棒球场

短、方向、曲直等不同的线条，设计者应加以组织、调整，从而给人以不同的艺术感受。如水平线有舒展、平静、亲切感，竖直线有挺拔、庄重、向上的气势，曲线有优雅、流动和飘逸感，粗线显得有力，细线则精致、轻盈。

④色彩与质感。色彩与质感是材料的固有特性，不同的色彩和质感也会产生不同的艺术效果。如暖色有热烈、兴奋之感，冷色则使人感到清晰、宁静。运用不同的色彩可以表现建筑的不同性格，也可以表现建筑的地方特点和民族风格。对于立面材料的质感处理，一方面可以利用材料本身的固有特性，另一方面可以人为地创造某种质感，不同的质感可造成不同的审美效应。

⑤重点与细部。在建筑立面中，有些部位需要进行重点处理，这样会加强表现力，打破单调感。常需要重点处理的部位有建筑主要出入口、楼梯、形体转角和主要立面等，因为这些部位常常是人的视觉中心，应多运用对比的手法处理重点部分，使其与主体区分，如采用高低、大小、横竖、虚实、凸凹、色彩、质感等对比。一些风格不同的建筑实例如图4—26至图4—31所示。

2. 多方案比较

建筑设计任务书其实是向建筑师提出了该如何在一定的区域最好地解决一定的使用功能的问题，方案设计的过程就是寻求答案的过程。对于一个建筑设计者来说，认识、解决问题的角度和方式是多样的，并不存在标准答案。考虑越成熟，分析越深入，在多方面满足使用要求的方案设计就越接近解决问题的理想状态。因此，在设计过程中进行多方案的构思与比较是十分必要的。在此阶段，要学会从多角度、多方位来审视题目，可以通过有意识地变换侧重点，在整体布局、空间组织和造型设计上实现方案的多样性。

四、方案的调整和深入

调整阶段的主要任务是解决在多方案比较、分析的过程中发现的问题，弥补设计的缺点。在调整阶段结束时，方案的设计深度仅限于确定一个合理的总体布局、交通流线组织、功能空间组织和体量关系、虚实关系，还有待进一步深入。在方案深入阶段，要通过放大图纸比例（1:100或1:50）来进一步明确并量化建筑构件的位置、形状、大小，包括结构形式的选择、建筑轴线尺寸、室内外高差、墙柱宽、屋顶结构形式、门窗位置和大小、台阶踏步、道路宽度等内容；并要统计、校对方案设计的技术经济指标（建筑面积、容积率、绿化率等）是否与国家有关强制性规范相符，有出入时要作必要的调整。

在建筑外部造型处理上，要遵循形式美的基本原则，进一步注意对尺度、比例、均衡、虚实、光影、色彩等方面原理的运用，争取得到一个较为理想的建筑形象。另外，在此阶段，还要注意建筑平、立、剖图之间的对应关系。

五、设计的表达

绘制建筑平立剖图的表现手法有铅笔线、钢笔线、颜色线等多种，在方案设计的初始阶段常用徒手铅笔画草图来表达设计构思，解决空间形式、平面布置、流线组织等方面的问题；在方案的调整和深入阶段，采用工具铅笔草图的形式确定门窗定位等具体问题；在完成设计后，要画正式的方案设计图，设计图中的建筑平立剖图、总平面图、功能分析图一般用墨线来表达。建筑物主要立面的透视图的表现手法有铅笔淡彩、钢笔淡彩、水墨渲染、水彩渲染、水粉等多种形式。图4−25至图4−27是利用快速流畅的钢笔速写形式来突出表现建筑物主体，简练明确；图4−28中细腻的钢笔线条对建筑环境进行了细致刻画，着重整体气氛的渲染，清新幽雅；图4−29为工整的淡彩渲染图，明快雅致；图4−30则带有速写性质，线条快速奔放，极具感染力。此外，为了更好地说明设计意图，表达空间关系，还可以通过制作建筑模型来传达设计信息。

六、设计中应注意的问题

首先，注意在绘制正式图前要准备充分，仔细检查并修改方案草图中可能存在的问题，要在绘制正式图前完成全部的设计工作，将各图形绘出正式底稿，标题字、图名、标注、配景等均要事先安排好。其次，要注意选择合适的表现手法，对于初学者来说，应选用较为容易表现的方法；可以选择用墨线表达建筑的平立剖图，用铅笔淡彩或钢笔淡彩的形式来画建筑的透视图。再次，要注意构图，在平立剖图中，构图的原则是易于辨认和美观，在安排图的布置时要照顾到人看图的习惯。如在设计图中，平面图中的主要出入口一般都朝下，而不按照“上北下南”的方位来画。其他的如标注尺寸、门窗等均应遵循国家建筑制图统一标准。在透视图中，注意配景（道路、树木、人物）的选择要和整个画面相协调。两者都要注意画面的疏密得当、各图形的位置均衡、画面主色调协调统一和标题字位置大小合适等问题。最后，要合理安排设计进度，应尽量遵循制定好的时间表，循序渐进地进行方案的设计，不要轻易推翻考虑较为成熟的方案构思，以免影响下一步的深入设计和设计表达正式图纸的绘制。

以上仅从建筑形态构成、设计方法与表达等几个方面简单介绍了有关建筑设计的基本知识，而且所附插图也有限，读者可以进一步阅读相关的建筑设计专业书籍，并结合设计实践，提高设计水平。

附课程作业说明及教学任务书示例

小建筑设计总说明

一、教学目的

1．通过小建筑设计，了解建筑设计的基本过程和设计各阶段的内容、要求。

2．了解建筑设计的基本方法、步骤和正确的构思方法。

3．学习用徒手草图、阶段模型来表达设计构思。

4．学习从具体环境入手进行设计构思、功能分区、平面布局、空间组合的方法。

5. 学习调查研究和收集资料的方法。

6. 学习正确使用建筑图和模型来表达设计成果。

设计题目：冷饮店、小书店、商亭、鲜花店、摄影部等

二、教学要求

1. 对拟建的建筑进行功能分析。

2. 根据具体环境构思方案。

3. 通过调查研究，确定小建筑各个房间的面积及空间尺度。

4. 确定空间组织的形式，处理建筑形象。

5. 图纸要求：

（1）总平图：1∶500，标示出地段环境与建筑物的关系；进行简单的环境设计、道路和绿化等。

（2）平面图：1∶100，标示出各房间门、窗的位置、大小及各房间的组合关系。

（3）立面图：1∶100，主要出入口所在的立面、一个侧立面。

（4）剖面图：1∶100，要求剖到楼梯或门厅，需注明层高和标高。

（5）透视图：一个，2号图幅。

三、进度安排

第一阶段：

1. 讲课：讲授建筑设计基础知识和设计方法、应收集的相关资料。

2. 调研现有同类建筑，收集有关建筑实例和建筑规范。

第二阶段：

第一次草图总平面1∶500，平面1∶200。

1. 着重解决建筑物在总平面中的位置，与周围环境的关系。

2. 确定各房间的平面尺寸、高度、各房间的相互关系、主要入口的布置等。

第三阶段：

第二次草图总平面1∶500，平面、立面、剖面1∶100。

1. 确定平面布局、门窗位置、室外平台、踏步、绿化等。

2. 在剖面设计中确定室内外高差、地面高差变化、门窗高度等。

3. 推敲建筑造型和细部设计。

第四阶段：

修改第二次草图，做工具草图（即第三次草图），将立面放大到1∶50推敲比例和细部。

第五阶段：

1. 进一步完善方案，完成第三次草图；进行版面构图设计。

2. 做建筑透视图草稿，进行配景设计。

第六阶段（设计周）：

1. 绘制正式图纸中的平立剖图（两张2号图纸或一张1号图纸），注意符合建筑制图国家标准；要求图面整洁、色彩协调、字体工整。

2. 透视图的表现形式自定，宜选用钢笔淡彩或铅笔淡彩。

教学任务书

例　题目名称：商亭设计

一、课程要求

1. 初步掌握服务性商业设施建筑的要求和方法。

2. 培养一定的环境分析和建筑造型能力。

3. 了解简单的结构知识。

二、项目概述

为了方便社区群众生活和城市景观的需要，准备在市内某处建设一座商亭，其经营项目主要是烟酒、糖果、杂志等，在夏季还可视情况增加冷饮的供应。商亭内除设置必要的货架和柜台外，还应分出一部分空间作为存储和售货员休息之用。

三、基地环境和用地规模

基地环境和用地规模如图4−32所示。

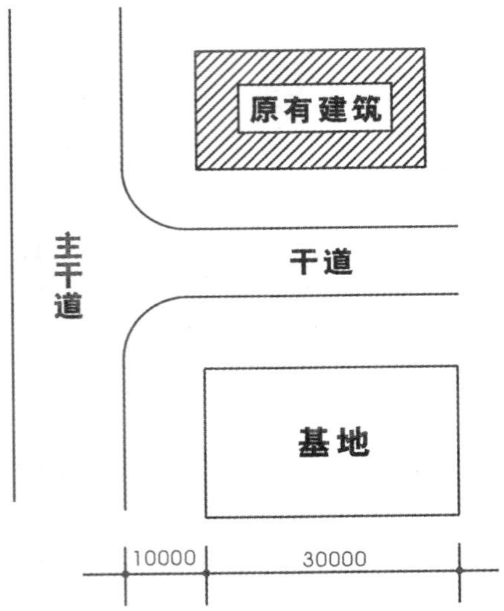

图4−32 商亭基地

四、设计要求

要充分考虑顾客使用时的需要，创造各种方便条件，如要注意展示和表现商亭的性质、货物的品种和价格，以及防风、防雨和避免拥挤等。同时也应考虑内部货架合理布置和空间的充分利用，作为食品商亭，还要特别注意保护食品，以免雨水侵袭和阳光直射的问题，并保证商亭在夏季有较好的通风条件。

商亭的外观造型设计应按照现行的建筑方针和设计原则，尽量处理得美观大方，成为点缀城市的一个建筑小品。

五、建筑面积

室内总面积不超过30m^2。

六、图纸要求

1．图纸内容：主要平、立、剖面图1∶100（平面图中标注轴线尺寸，标示出主要室内家具和设施的布置；剖面图中注出层高与标高），功能分析图，面积指标，设计说明（150字左右）。

2．表现方法：平立剖图用钢笔线条绘制，透视图表现方法不限。

3．图幅：线条图为2号图幅1张，表现图为2号图幅1张。

七、参考资料

《民用建筑设计资料集》——河南科学技术出版社。

《建筑设计资料集》——中国建筑工业出版社。

《建筑空间组合论》——中国建筑工业出版社。

《建筑：形式·空间和秩序》——[美]弗朗西斯·D·K·钦，中国建筑工业出版社。

第5章

室内环境与空间设计

第一节　室内空间的概念

一、空间的形成

茫茫宇宙无边无际，空间确实是无限的。但是在这无限的空间中，又有许多人为的、具体的空间，对它们来说，范围是明确和有限的。

建筑空间是由地面、建筑物、建筑构件、家具、设备或绿化等限定的，这些建筑物、建筑构件等构成建筑空间的界面。其中地面、楼面等为底界面，墙与隔断等为侧界面，顶棚等为顶界面。广场、庭院等只有底界面、侧界面而无顶界面，成为外部空间。一般的房间三种界面齐全，称为内部空间。有些空间，如亭子、门廊、雨棚等，是一种介于内部空间和外部空间之间的空间形式，难于明确表述它们的性质。为了便于研究，人们常把有无顶界面作为区分内、外空间的依据，即有顶界面的称为内部空间，无顶界面的称为外部空间。以此为据，上述的亭子、门廊、雨棚等自然就属于内部空间了。

二、建筑空间的分类

建筑空间有外部空间和内部空间之分，室内设计以研究内部空间形式为主。

所谓室内空间的形态可分为两大类：个体室内空间形态和群体室内空间形态。其再细分又可分为不同的具体形态和类别。实际设计中的室内空间形态是千差万别的，仅仅靠简单的分类是不可能概括起来的。这里所说的分类是仅就室内设计中的几何空间加以划分的，其目的是便于对室内空间设计进行分析和研究。（图5-1）

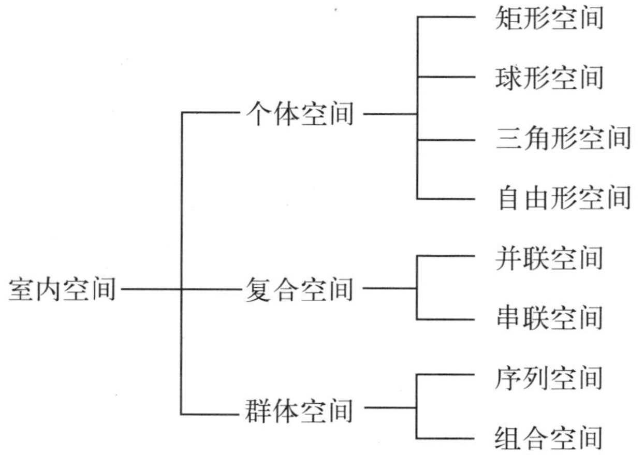

图5-1　室内空间的形态

三、室内空间的形态心理

1．室内个体空间的形态心理

室内个体空间的形态，因空间界面的自身形状和组合状态的不同而形成各种不同的形态。形态的不同对人产生的心理影响各异。

（1）三角形室内空间形式

由于它的方向是向上的和向外的，因此室内有向外扩散和上升或提高的感觉。教堂内部空间常采用此种空

图5-2　高耸而神秘的教堂

间形式。(图5—2)

(2) 棱柱式室内空间形式

由于它的平面方向感很强，因此具有向外扩散的感觉。会议厅的空间设计常常采用这种空间形式。

(3) 矩形室内空间形式

由于它的平面有较强的单一方向，立面又无方向感，因此是良好的停留空间，它在静止中有一定的动感。休息室、会议室和居室常运用此空间形式。

(4) 隧道式室内空间形式

该形式水平方向感很强，而屋顶是向心的，在心理上有流动的感觉，较适合做交通空间使用。地下铁道常使用隧道式室内空间形式。

(5) 球形室内空间形式

这种空间各立面均为向心的方向感，所以有收缩、团聚、安全、集中的感觉，这种形式适合于会议和特殊房间使用。(图5—3)

图5—3 罗马万神庙的拱形室内空间

(6) 自由形室内空间形式

这种形式方向多变，表情十分丰富，是艺术性较强的空间形式，常用于艺术馆等室内空间。

2. 复合空间的形态心理

(1) 并联式室内空间形式

其特点是室内空间关系隔绝性较强，有适度的联系，相互干扰少，亲密感弱，但有自主感。

(2) 串联式室内空间形式

这种空间形式联系性强，既有亲切之感，又有适度的分离，是良好的家庭生活空间选择。

3. 群体空间的形态心理

(1) 复合空间的心理效应

复合空间就是以某个空间为中心，按主次关系加以组合形成的空间形式。这种空间的组合呈心状，有团聚的秩序性和亲切感且自由、活泼，适合于住宅和团体的办公房间及幼儿园布局。

(2) 序列空间的心理效应

这种空间形式是将空间群由低潮到高潮进行线性序列处理，造成空间的层次感。这种空间组织形式给人以庄重、肃穆、隆重的感觉，适合于纪念性室内空间处理，如纪念馆、纪念堂、政府办公厅、法院等。

4. 高低与室内空间的心理作用

不同高低的室内空间对于人的精神感观的影响是很大的。这种影响有两个参照系，第一是以人为尺度的绝对高度；第二是以空间环境为尺度的相对高度，即室内空间的高度与面积的比例关系，相对高度越小，天棚与地面之间产生的空间张力则越强。过高的室内空间会使在室内的人产生空旷之感，而过低的室内空间人在其中会产生压抑之感，只有高度适中才会使人感到亲切适宜。

四、室内空间的形态构成

这里所说的室内空间的构成形态，只限于空间的结构形态，也就是空间的方向、空间的比例和空间的虚实等内容。严格地说，室内的色彩也是室内空间形态的要素之一，但是为了叙述的体系化，加之色彩本身又相对成体系，所以这里暂不包括它。

1. 空间的方向

除六个空间界面的正方形空间和具有连续空间界面的球形空间外，所有的空间形态都存在着“方向”这个关系要素。所谓不同形态空间的各自不同的性格和表情，主要是根据方向产生的。也可以说，“方向”是空间个性的灵魂。

(1) 垂直方向的空间

垂直方向的空间具有崇高向上的性格。西洋古罗马的教堂内部空间所以能产生神秘、超脱、崇尚天国的气势，就是垂直方向空间造成的。

(2) 水平方向的空间

水平方向的空间具有平易、舒展、开阔、平静的性格。在有些情况之下虽然空间很大，但由于相对的空间关系呈水平状态，因此仍有亲切之感，同时也有开阔舒展的心理影响。这就是空间的水平方向起作用的缘故。

（3）斜向空间

所谓斜向空间就是主要空间界面呈倾斜状态，有对称形式和非对称形式两类。这类空间的性格倾向于动感，具有活泼生动的感觉。但正像一切事物都有它的两面性一样，它也会造成压抑、危机等消极的感觉。但这并不意味着它不好，如果特定的室内空间环境需要这种气氛的话，就完全可以利用这种形式。

2. 空间的比例

所谓空间的比例就是空间整体与局部间存在的关系。它们之间具有一定的逻辑联系，同时还具有一定的数学关系。它作用于人的视觉会产生数比关系。在室内空间构成时，空间的大小、比例和逻辑起着举足轻重的作用。

无论是优秀的古典建筑或是现代建筑的室内设计，无不把空间比例关系的推敲放在重要的位置上。所谓空间的比例关系，实际上就是室内空间的单纯的几何关系。这种几何关系是通过单纯的几何形（如正三角形、正方形、正圆形）作为处理室内空间的主要控制点的，反映各个局部空间与主要控制点的关系和逻辑秩序。西洋建筑设计大师们在古典建筑的设计中是十分重视空间的比例关系的处理的。在1401年召开的著名建筑师大会上，参会者曾对米兰大教堂是按照正方形还是三角形建造的问题展开了激烈的讨论。建筑师隆德在他的著作中根据“正方形内三角形”原理对典型的哥特教堂的剖面作了深入的分析。所有控制点通过“正方形内三角形”划分成重要而容易确定的部件，由其交叉线来求得。五边形决定着墙壁的高度和斜度。从正方形ADEF开始把底边分成四等份，以此决定正殿和侧殿的宽度，准确地画出“正方形内三角形”的斜边，得出墙和拱墩的宽度、侧殿的高度（R和S）和正殿穹顶的高度（P—Q）。（图5−4）

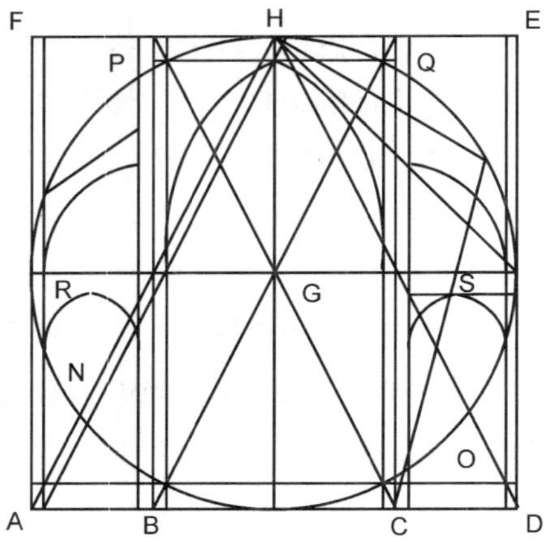

图5−4 建筑师隆德的“正方形内三角形”原理对哥特式教堂的分析

室内空间的比例还涉及数比关系，即空间的长、宽、高三个方面的比例关系，还要处理房间被分割后各个部分空间与整个空间的比例关系和部分空间与部分空间的数比关系问题。空间比例的实质就是个方块，就是把室内空间划分成一定比例的方块，对各部分空间按照一定的模数关系（方块倍数）加以处理，使之产生数学美。

五、室内空间类型图

1. 结构空间形式

对结构外露部分的观赏、领悟结构构思及营造技艺所形成的空间美的环境，为结构空间。利用充分暴露的结构，表现出充满力度和动感的几何形体美，起到吸引视线的作用。（图5−5）

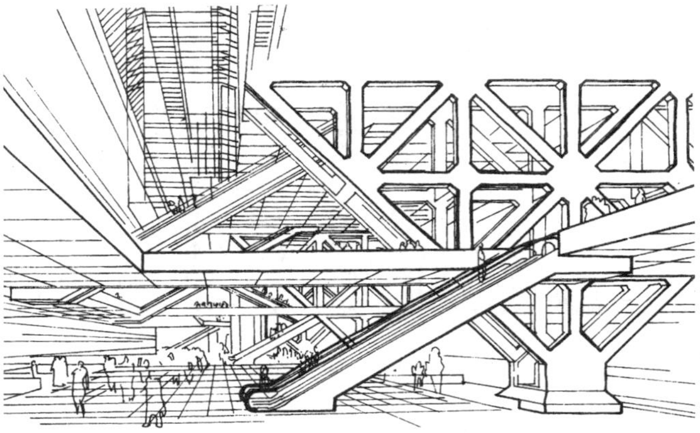
图5−5 结构空间形式

2. 开敞空间形式

开敞的程度取决于有无侧界面、侧界面的围合程

图5−6 开敞空间形式

度、开洞的大小及启闭的控制力等。

开敞空间是外向性的，限定度和私密性较小，强调与周围环境的交流、渗透，讲求对景、借景与自然的融合，心理反映开朗、活跃，有接纳的特点。

这种形式常作室内外空间的过渡，有一定的流动性和很高的趣味性，是开放心理在环境里的反映。（图5—6）

3．封闭空间形式

封闭空间形式是用限定性比较高的围护实体(承重，轻体隔墙)包围起来的，无论是视、听、小气候等都有很强的隔离性的空间。性格上为内向和拒绝，有很强的领域感和私密性，流动性差。随着围护实体的限定性的降低，封闭性也会减弱，与环境的渗透性增强，但与虚拟空间相比仍以封闭为特点。

在不影响特定的封闭机能的原则下，常采用灯窗、人造景窗、镜面等来扩大空间和增加空间的层次，打破封闭的沉闷感。（图5—7）

4．动态空间形式

动态空间引导人们从动的角度观察周围事物，把人们带到一个空间和时间相组合的第四空间。（图5—8）

图5—7 封闭空间形式

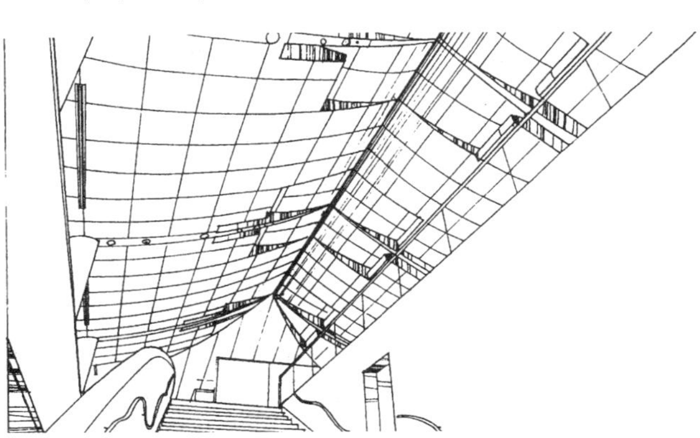

图5—8 动态空间形式

动态空间的特点是：

①利用机械化、电气化、自动化的设备如电梯、自动扶梯、旋转地面、可调的围护墙、各种管线、活动雕塑以及信息展示等，加上人的各种活动，形成丰富的动势。

②组织引导人流动的空间系列,方向性较明确。

③空间组织灵活，人的活动路线由单向走向多向。

④利用对比强烈的图案和有动感的线型。

⑤光怪陆离的光影，生动的背景音乐。

⑥引进自然景物，如瀑布、花木、小溪、阳光乃至动物。

⑦楼梯、壁画、家具，使人时停、时动、时静。

⑧利用匾额、楹联等启发人们对动态的联想。

5．静态空间形式

人们热衷于创造动态空间，但仍不能排除对静态空间的需要，这是基于动静结合的生理规律和活动规律，以满足心理上对动与静的交替追求。（图5—9）

图5—9 静态空间形式

静态空间的特点是：

①空间的限定度较强，趋于封闭型。

②多为尽端空间，序列至此结束，私密性强。

③多为对称空间(四面对称或左右对称)，除向心、离心外，较少有其他倾向，达到一种静态平衡。

6．悬浮空间形式

在垂直方向采用悬吊结构时，上层空间的底界面，不是靠墙或柱子支撑，而是依靠吊杆悬吊，有 “悬浮”之感，或是用梁在空中架起一个小空间。因为没有结构的支撑，所以能够保持视觉空间的通透完整，轻盈、高

图5-10 悬浮空间形式

爽，并且使低层空间利用更为自由、灵活。(图5-10)

7. 流动空间形式

流动空间的主旨是不把空间作为一种消极、静止的存在，而是作为一种生动的力量。设计中应避免孤立静止的体量组合，追求连续的运动空间，在水平和垂直方向采用象征性的分隔，而保持最大限度的交融与连续，使视线通透，交通无阻隔或极小阻隔，也可借助流畅的、极富生动的、有方向引导性的线型，增强流动感。有时按照空间构图原理，在直接利用结构本身所具有的受力合理的曲线或曲面的几何形而形成流感。(图5-11)

8. 虚拟空间形式

虚拟空间的范围没有十分完备的隔离形态，也缺乏较强的限定度，是靠部分形体启示，依靠联想“视觉完形性”来划定空间，称“心理空间”。它是一种可以利用简化装饰而获得理想空间感的空间，往往处于母空间之中，与母空间的流通又具有一定的独立性和领域感，常采用各种隔断、家具、陈设、绿化、水体、照明、色彩、材质、结构构件及改变标高等处理形式。(图5-12)

9. 共享空间形式

共享空间的产生是为了适应各种频繁的社会交往和丰富多彩的旅游生活的需要，往往处于大型公共建筑内的公共活动中心和交通枢纽，含有多种多样的空间要素和设施，使人们在精神上和物质上有较大的挑选性，是综合性、多用途的灵活空间。在空间处理上，小中有大、大中有小，外中有内，内中有外，相互穿插交错，极富流动性。通透的空间充分满足了“人看人”的心理

图5-12 虚拟空间形式

图5-11 流动空间形式

图5-13 共享空间形式

要求，尤其是倾向把室外空间特征引入室内，其花木繁茂、流水潺潺的自然景象与室内设施融为一体，形成主动与自然和谐的空间形式。(图5－13)

10. 母子空间形式

母子空间是对空间的二次限定，是在原空间(母)中，用实体性或象征性的手法再次限定出小空间(子)，类似我国的“楼中楼”、“屋中屋”；既可满足功能的要求，又丰富了空间层次。

许多子空间往往因为有规律地排列而形成一种重复的韵律，既有一定的领域感和私密性，又与大空间有相当的沟通，使得闹中取静，更好地满足群体与个体功能，是让人们在大空间中各得其所、融洽相处的空间类型。(图5－14)

图5－14 母子空间形式

11. 不定空间形式

人的意识与行为存在模棱两可的现象，“是与不是”的界限完全是以“两极”的形式出现，反映在空间上，存在一种超越界限的(功能的、形式的)、具有多种功能含义的、充满复杂与矛盾的中性空间，或称“不定空间”。矛盾主要表现在围与透、公共活动与个人活动、增加与削减、可测与变幻莫测、正常与反常、自然与人工、室内与室外、形状的交错叠盖、实际的存在的限定与模糊边界感之间等空间形式。(图5－15)

12. 交错空间形式

限定的室内空间设计，已不满足于封闭规整的六面体和简单的层次划分，在设计中水平方向往往采用垂直围护面的交错配置，来形成空间在水平方向的交错穿插、左右逢源；在垂直方向则打破了上下对位，而创造了上下交错覆盖，产生俯仰相望的生动场景。特别是交通面积的相互穿插交错，颇像城市中的立体交通，在大的公共空间中，颇添一番情趣。

在交错空间中，往往也形成不同空间之间的交融渗透，因此一定程度上有流动与不定的特点。(图5－16)

图5－15 不定空间形式

图5－16 交错空间形式

13. 凹入空间形式

凹入空间是在室内某一墙面或角落局部凹入的空间，一面或两面开敞，受干扰少，其领域感和私密性随凹入的深度而加强，可作休息、交谈、进餐、睡眠等用途，以较低的顶棚标高来增进围护感和趣味感。凹入空间的设置要视其空间墙面结构及周围环境而定。（图5-17）

图5-18 外凸空间形式

14. 外凸空间形式

如果凹入空间的垂直围护面是外墙，并且开较大的窗洞，便是外凸空间，是室内凸向室外的部分，并可与室外空间很好地融合，视野开阔。当外凸空间为玻璃顶盖时，具有日光室的功能。（图5-18）

15. 下沉空间形式

室内地面局部下沉，限定出一个范围较明确的空间为下沉空间，低面标高比周围低，有很强的围护感，性格内向，视点低，环顾四周，新鲜有趣。下沉空间的深度和阶数要视环境条件和使用要求而定。为加强围护感，充分利用空间提供导向和美化环境，在高差边界可布置座位、柜架、绿化、围栏、陈设等。在层间楼板层情况下，受到结构的限制，下沉空间往往是靠抬高周围

图5-17 凹入空间形式

图5-19 下沉空间形式

的地面来实现。（图5-19）

16. 地台空间形式

室内地面局部抬高，抬高面的边缘划分出的空间称为地台空间。由于地台抬高，为众目所向，具有外向性的性格特征，具有收纳和展示特性。处于地台上的人们，有一种居高临下的优越的方位感，视野开阔，趣味盎然。（图5-20）

图5-20 地台空间形式

图5-21 迷幻空间形式

17. 迷幻空间形式

其特点是神秘、幽深、新奇、动荡、光怪陆离、变幻莫测，具有超越现实的戏剧般的空间效果。空间上有时要牺牲实用性，常利用扭曲、断裂、倒置、错位等处理形式。家具和陈设奇形怪状，以表现形式美为主。照明讲究五光十色，追求怪诞的光影效果。在色彩上则突出浓艳娇媚，线型讲究奇异，图案注重抽象，装饰陈设品不是追求粗野狂放，就是表现现代工艺所造成的奇光异彩和特殊肌理。为了在有限的空间内创造无限的、神秘的空间感，可以利用玻璃镜面的折射，加大空间的迷幻感。（图5-21）

第二节　室内空间设计的造型规律

室内设计是一种以美学原理为依据的创造美的艺术，无论是室内空间的形式与造型，还是色彩组合，以及材质的运用，皆建立在美学原理的基础之上。室内空间造型形式美规律是艺术原理在室内设计中的运用。室内空间造型形式美规律主要内容有秩序、比例、平衡、反复、渐变、强调、和谐与对比、节奏与韵律等。

一、秩序

秩序往往称为美的总代表，一切美的原理均是代表着一定的秩序美。如对称布置就是一种平和的秩序，比例有着增长和减弱的秩序，渐变有着大小远近的秩序，总之秩序也就是有规律性。室内空间内的各种线条、饰面、造型体以及色彩、材料质感的组合中均相互联系，有一定的规律性。在设计中，应按格调确定秩序，以避免零乱，在有秩序的基础上组织变化，以避免单调。

二、比例

比例是物体和物体之间，以及平面布置上的有关数量的条件（长短、大小、粗细、厚薄、轻重等），相互合理搭配后产生的美感效果。在室内设计中，几乎所有的问题均与比例有关：平面比例，物体本身比例，物体与物体之间的比例，物体与室内空间的比例以及如何运用比例原理获取最美的位置造型或结构，如何利用不同的比例关系制造错觉效果，如何将面积或体积不同的造型和色彩等要素作完美的比例组织等。

三、平衡

平衡又称均衡。平衡原是力学的名词，指支点两边的力相等，处于稳定状态的现象。这里平衡指在视觉上所获得的平衡感。在视觉形式上，不同的造型、色彩、材质等要素会引起不同的重量感觉。如果这些重量感觉能保持一种不偏不倚的安定状态，即会产生平衡的效果。

在设计上，处理平衡的方式有对称平衡和非对称平衡两种。对称平衡是指画面中心点两边或四周的形态和位置完全相同，这样会给人以庄重和安定的感觉，但略显呆板。图5−22中，空间中运用对称设置形式，达到平衡状态，来体现空间的庄重效果。非对称平衡是指在一个平衡形式中，两个相对不同部分，在数量或体积上的、给人感觉相似而形成平衡的现象。其效果生动，视觉效果灵活而富于变化。

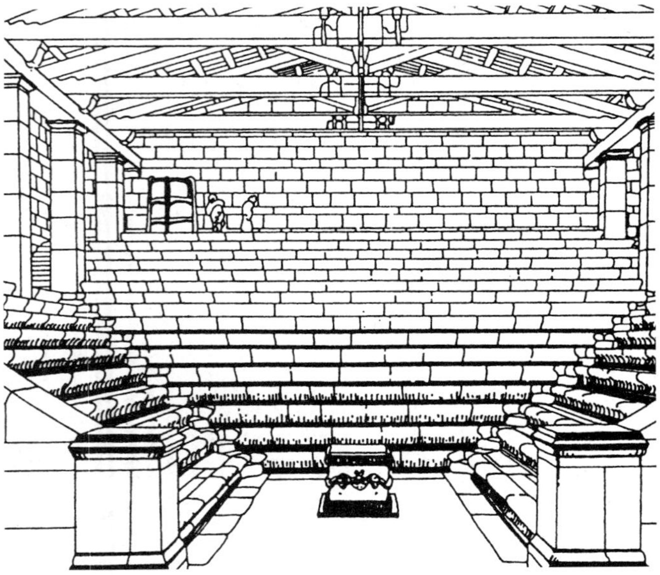

图5−22 对称平衡

四、和谐与对比

和谐是指在造型、色彩、材质方面柔和与融洽，即整个室内空间的和谐。无论建筑结构与家具之间、家具与陈设之间、家具与家具之间，应该组成一个和谐的整体。

造型的和谐是指在一个室内空间或一个立面上，造型的风格与形式要统一协调。

色彩的和谐是指在一个室内空间内，用色不可过多，多采用调和色、相近色，或采用同色系中的色彩。

材料的和谐是指在一个室内空间内，所用的材料不可过多并要注意新型材料与古典自然材料的和谐搭配。

对比是部分之间的相互效果的加强。对比的和谐是通过大小、多少、轻重、高低、厚薄、宽窄、浓淡、明暗、凸凹等量的对比，以及软硬、粗细、强弱、干湿、尖钝、角圆、曲直等质的对比来加强装饰效果。但对比用法要适度，原则是大面积上和谐、小面积上对比。

五、反复

反复是指一相同或相似的构成单元，有规律地重复出现、有组织地反复变化的装饰形式。设计中，常用反复来统一格调。

六、渐变

渐变是一种稳定、平和而又具有规律性变化的形式，包含着渐增、渐减两方面的情感。由于多变的比例因素，使渐变构成的设计效果非常丰富。渐变原理必须以合适的比例作为基础，等差、等比数列皆是渐变的基本比率。

七、韵律

韵律是指静态形式在视觉上所引起的律动效果。无论是造型、色彩、材质，乃至于光线等形式要素，在组织上合乎某种规律时所给予视觉上和心理上的节奏感，即是韵律。视线在一组有韵律的构成上所作的运动，会使人在视觉上享受到节奏和韵律的快感。如对称、反复、变换等都是节奏感很强的构成形式，它由构成形式的间隔、大小、强弱的循环不一，视线节奏的快慢，使饰面产生丰富的韵律感，形成美的感受。适度的运用韵律的原理，会使静态的空间产生微妙的律动感觉，打破沉闷的气氛而制造生动的感受。图5−23中，就是通过天花和墙立面的材质的运用及室内空间中家具陈设等形式变化，达到韵律的和谐与完美的。

图5—23 韵律

八、强调

强调是指有意加强某一细部的视觉效果，使其在整体中显得特别富于吸引的设计方法。要强调的部分就是室内空间中居于支配地位的主体，设计上称之为视觉中心。为了加强主体的强调意味，则常常设法减弱背景的色彩和造型。强调的处理方式是室内设计获得生动的唯一途径。应选择恰当的位置和方式，烘托主体使之成为鲜明突出的视觉中心或重心。视觉中心应采用新颖的材料、鲜明的色彩、明亮的光线、高档的材质来实现。

九、个性与共性

在室内设计中，共性是与统一、整体、调和概念相关联的，也就是整个室内设计的风格体现。个性是与局部、变化、对比概念相关联的，也就是室内设计中饰面、造型、家具等的处理方式。成功的设计，是共性与个性的完美统一，以共性来统一整体感，依靠特色与细节的描绘，突出个性美，注重把握室内设计的总体艺术风格。

第三节　空间环境功能设计

一、空间环境定性的依据

空间的性质决定了设计任务的性质。经过对任务书和资料分析之后，要对一些功能性的问题有初步的感性认识。

按照现代人的生活内容和方式，我们大体可将室内空间分为居住、视听、展示、商品销售、办公、观赏娱乐、生产与特殊技术空间等。这些都是空间性质定性的依据。

二、空间的主从关系

空间定性是空间关系安排的关键，定性之后的空间就有了主次之分，供人从事特定活动的主要空间为主空间，辅助人们完成这一活动的空间为从属空间，这就是主从空间关系。

三、空间的静闹分区

任何一组空间的存在都不是孤立的，内部空间必然受到外部空间的影响，建筑内部的不同部位，相对来讲也有静和闹的区别，这就需要进行静和闹的分区。

在设计上往往通过技术手段来处理其静闹空间的分隔问题。如迪斯科舞厅、歌厅的音响对周围的影响很大，技术上就需要采用隔声材料和减弱震动的构造技术方法来补救，以免对其他部位造成干扰。（图5—24）

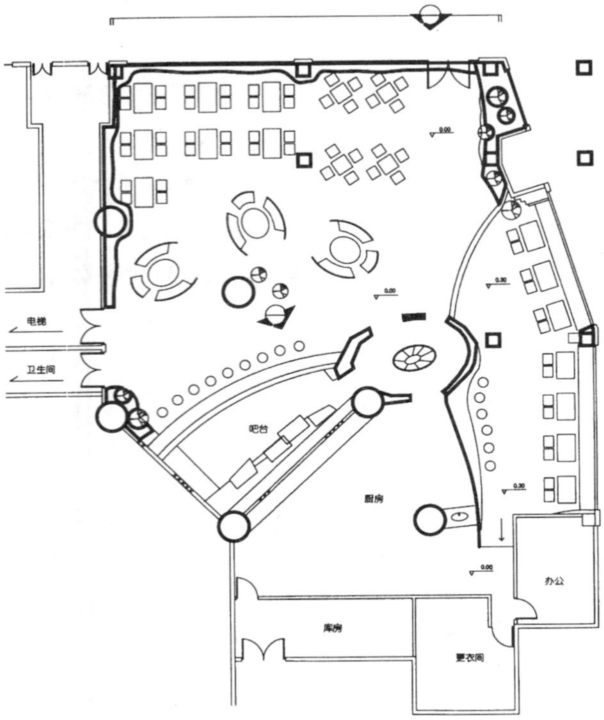

图5-24 动静分区

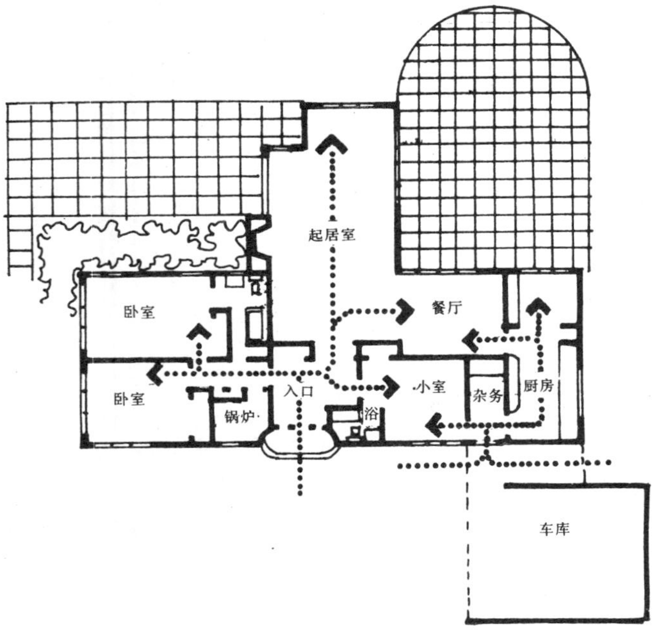

图5-25 空间容量

四、室内空间的流通设计

内部空间的流通设计是空间功能设计的重要组成部分，人们在室内从事特定的活动就要完成一定的动作，或者按照一定的程序完成一组动作。个别动作需要单位空间容量，集合动作则需要整体的空间容量，而一系列动作则要求有个空间序列容量。因此满足动作的需要是流通设计阶段的重点工作。

设计上的主要环节如下。

1. 空间容量设计

可以通过动作幅度作数量分析和按不同行为作空间的基本尺度的研究并确定单位空间容量，确定设计的尺寸。(图5-25)

空间内的人是不断运动的，各种动作之间存在有连续性，设计中应对空间容量有所考虑，除满足个别行为需要的空间体积外，还要考虑同一行为的多人次重复，以及其他行为同时发生时的复合要求。

2. 空间序列设计

人们从事任何一种活动，往往需要依次做若干动作后才能最终完成。应按人的行为动作程序设计空间序列，恰当地处理不同空间要求过渡关系，创造实用而新颖的空间形象。

3. 水平与垂直交通枢纽的设计

水平与垂直交通问题与空间流通密切相关，在现代建筑中，空间流通需要纵横交错，良好的人流组织与顺畅的交通流线，直接关系到设计质量，尤其是人流频繁的交通建筑、商场、影剧院、博物馆、旅馆等公共建筑之内，水平、垂直交通安排与人流组织是十分讲究的，要求达到人流分配得当、流线组织合理、疏散方便、安全三个设计原则和目标。

五、环境空间设计的认知

对环境的认知分析是对拟定设计方案依据的延伸。

1. 对建筑环境的分析

建筑环境与室内设计有着直接关系，并对设计有一定的限制作用。我们对建筑环境分析的目的，在于发现问题，找出原有建筑空间与所求空间效果上的矛盾，以便改造和利用，保留可发展的空间元素，以达到因势利导、节约资金、以逸待劳的室内设计效果。这里首要是原有结构与新功能要求的矛盾，其次是尺度问题，最后是材料与色彩问题。这里有技术因素又有潜在的艺术因素，对设计既要有限制又要充分利用可利用的条件。

建筑结构是不可动的因素，除非功能上必要而结构上又不能满足，才允许在设计过程中局部改动，但要以原有结构安全上得到切实保证为前提，否则宁可牺牲部分功能的要求。另一方面建筑结构是经过力学计算之后的合理产物，是支撑整个空间的需要，是技术美的表现，是建筑空间气质的体现，因此对原有结构强调大胆的暴露仍不失为一种好的处理方法。

任何空间都有一定的可塑性，可利用架、隔、挑等不同技术手段，在原有空间中创造小空间以形成新的空间序列。

2．对自然环境的分析

由内向外看是室内设计师的工作习惯，每个设计师都不满足于被封闭于孤立的空间中工作，总试图将人们的视野扩大到周围的环境中去，主要通过诱导视线来扩大空间感，打破沉闷封闭的感觉，借用过渡空间来调节室内空间气氛。

3．对人文环境的分析

环境的主宰是人，不同种族、文化背景、地理、气候条件以及不同的生活习惯和审美习惯，不同的经济条件，产生不同的“舒适度”要求。对特殊人与集团的分析涉及部分社会学的内容，可从以下几方面着手：

①与文化背景有关的审美习惯分析。

②与文化背景有关的生活习惯习俗的分析。

③与受经济条件制约而可能提出的不同功能要求。

对文化背景的分析，会使设计更具有说服力。

六、室内空间造型的设计法则

造型设计是整体形式中以线性和体形为主要表现符号的视觉语言，它包括自然造型和人为造型两个基本设计范围，即一切可以通过视觉而感知的形体，皆属于造型设计范围。

1．室内空间造型的整体性

造型是构成室内空间形式的基本因素，而且造型在室内空间形式中并不是孤立的，它与色彩、光线、材质等其他要素之间存在着相互依存和相互影响的密切关系。室内空间造型是一个完整的而又相互和谐的整体。在同一室内空间中要有统一的风格，有内在的联系，必须以整体的观念把握造型的完美和良好的视觉效果。

2．室内空间造型分为结构性造型和装饰性造型

结构性造型主要是以建筑物的构架为主要对象加以装饰以及装饰结构中所需要的造型装饰，形体结构以简洁为主；装饰性造型是为了加强装饰效果，增加室内的装饰气氛以及对室内的视觉中心处设置为有格调、有韵律的造型体和面，或者以家具、固定设置和摆设为主要对象的造型装饰。

3．室内空间造型的意念情感

一种造型形式或者一个抽象造型符号，往往和人们长期的生活经历或美感经验联系在一起。一种形式的出现，会使人们自然地联系到生活中个人的体验，从而得出特定的感情和感觉，以至于产生美学上的理想，这种因造型产生的理念，成为造型设计的基础。

①直线造型给人以垂直、刚强、庄严、向上的感觉。其长度有穿透感，可象征崇高和无限。(图5–26)

②水平横线给人以平衡、安定、永久的感受，是大

图5–26 直线造型空间

地的永恒象征。

③粗直线显得粗壮、有力、坚实，细直线尖锐、潇洒、敏感。

④斜线造型具有运动、方向、空间等感觉，是空间和时间的最好象征。

⑤圆形体或圆柱体造型，给人以团圆、圆满、平衡和控制力感，代表完善、终局确定和力的平衡。

⑥螺旋造型给人以旋转、升腾、超然摆脱世俗之感，呈现天体与群星之美。

⑦三角形造型表现稳重、安定永久，倒三角形有浮游感，动荡、险要、新颖是其主要的理念。

⑧波浪形具有节奏和韵律、连绵不断的感觉。(图5—27)

⑨向心形可使注意力集中，有凝聚力。(图5—28)

⑩重叠形造型有层次感，代表节奏和力量，增强空间的深度。

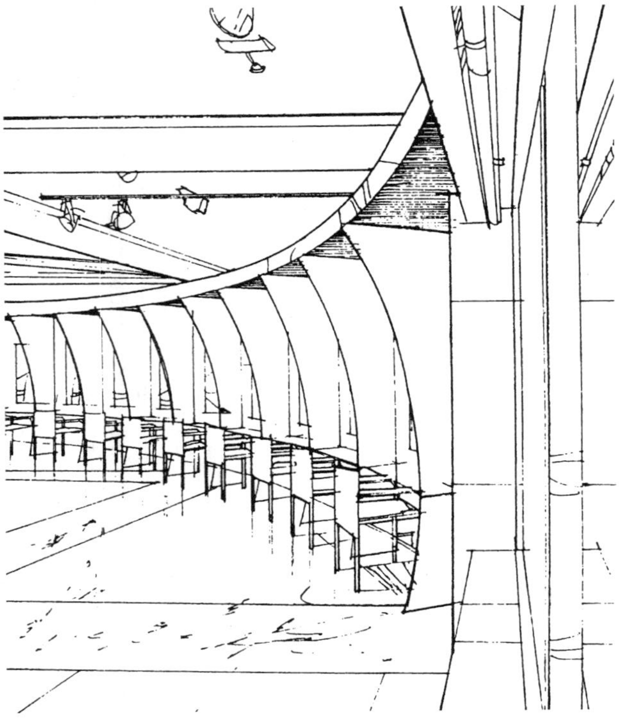

图5—27 波浪造型空间

4. 室内空间造型设计与室内空间调节的关系

室内造型设计对于空间效果具有决定性的影响，相同的空间如果采用不同的造型设计可能产生完全不同的感觉。简洁的空间造型，其室内空间必然宽敞；相反，过于繁杂的空间造型，其空间必然显得闭塞。在标高较低的空间，垂直的造型体可以增加空间的高度感；水平的造型体，可以在视觉上延展空间的宽度。相同的空间如果采用线立体的造型时，一定比采用面立体或块立体时要显得宽敞。

5. 室内空间造型设计对室内气氛的营造具有重要作用

凡是规律性的造型体、向水平方向发展的造型体和具有对称平衡关系的造型体均给人以较为安定的感觉，适合于静态活动的心理需要；自由的造型体、向斜方向发展的造型体、富于韵律的造型体，给人以较活泼而兴奋的感受，可以使室内气氛明快、热烈；古典式造型体有端庄的古朴；简洁的现代造型体有明朗的新颖气氛。

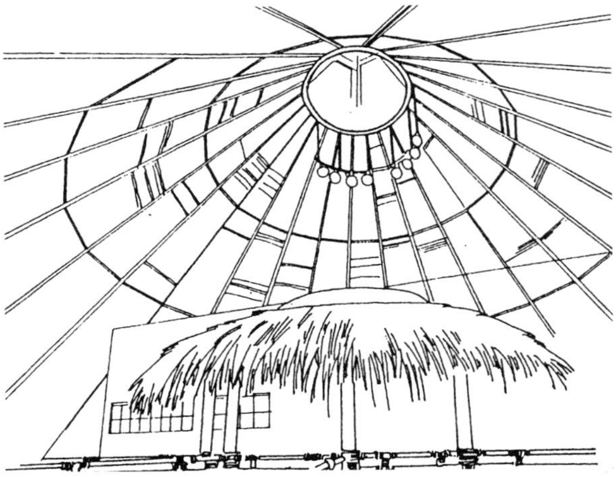

图5—28 向心造型空间

第四节　空间序列的设计

良好的建筑空间序列设计，宛如一部完整的乐章、动人的诗篇，能给人以精神愉悦和美的享受。空间序列的不同阶段和写文章一样，有起、承、转、合，有主题，有起伏，有高潮，有结束；也和剧作一样，有主角和配角，有矛盾双方的对立面，也有中间人物。通过建筑空间的连续性和整体性给人以强烈的印象、深刻的记忆和美感享受。但是良好的序列设计还需要通过每个局部空间，包括装修、色彩、陈设、照明等一系列艺术手法的创造来实现，因此，需要我们来认真研究与空间序列有关的空间构图规律。

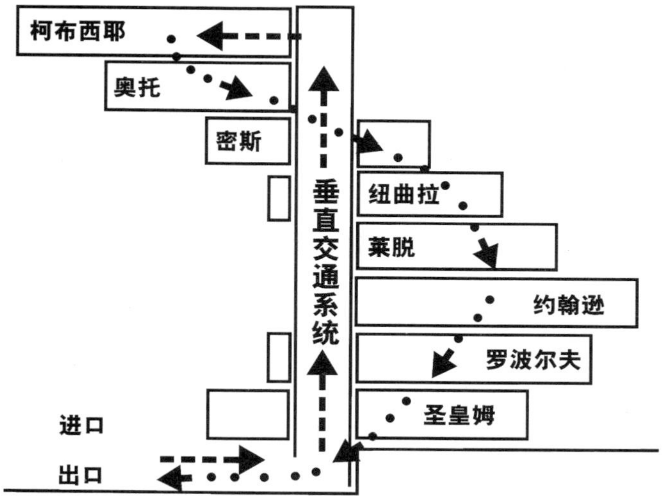

图5—29 垂直空间序列

一、空间序列的导向性

指导人们行动方向的建筑处理，称为空间的导向性。良好的交通流线设计，不需要指路标和文字说明牌“由此右转”，而是用建筑所特有的语言传递信息，与人对话。许多连续排列的物体，如列柱、连续的柜台，以至装饰灯具与绿化组合等，容易引起人们的注意而不自觉地随之行动。有时也可利用带有方向性的色彩、线条、组合地面和天花板造型等装饰处理，来暗示或强调人们行动的方向和提高人们的注意力。因此，室内空间的各种韵律构图和象征方向的形象性构图就成为空间导向性的主要手法。不良的引导，是对空间序列的一种严重破坏。例如，某建筑展览馆，分层展览建筑大师的作品，设计者为观众安排了如下的参观顺序：首先让观众入厅乘电梯至顶层第一展览室——柯布西耶展室，顺梯下至第二展室——奥托展室，依次至第三展室——密斯展室……（图5—29）

图5—30 空间序列的视觉中心

二、间序列的视觉中心设置

在一定范围内引起人们注意的目的物称为视觉中心。空间的导向性有时也只能在有限的范围和条件内设置和处理，因此在整个序列设计过程中，有时必须依靠在关键部位设置能引起人们强烈注意的物体，以吸引人们的视线，唤起人们向往的欲望，控制空间距离。视觉中心的位置设置一般是以具有强烈装饰趣味的物件做标志，因此，它既有被欣赏的价值，又在空间中起到一定的注视和引导的作用。多在交通的入口处、转折点、交通枢纽和容易迷失方向的关键部位，设置有趣的动静雕塑、华丽的壁饰和绘画、形态独特的古玩、奇异多姿的绿化盆景……既是视觉中心的好题材，又可极大限度地利用建筑结构的本身，如形态生动的楼梯、金碧辉煌的主题装饰均能引起人们的注意，引导人们的视线。（图5—30）

三、空间构图的对比与统一

空间序列的全过程，就是一系列相互联系的空间过度。对不同序列阶段，在空间处理上（空间的大小、形态、方向、明暗、色彩、装饰、陈设……）各有不同，以造成不同的空间气氛，但又彼此联系，前后衔接，形成完美的统一体。空间的连续过渡，前一空间就为后来空间作准备，按照总的序列格局来安排处理前后空间的关系。一般来说，在高潮出现以前，一切空间过渡的形式可能也应该有所区别，但在本质上应基本一致，以强调共性，应以“统一”的手法为主。作为紧接高潮前准备的过渡空间，往往采取“对比”的手法，诸如先收后放、先抑后扬、欲明先暗等，以此来强调和突出高潮阶段的到来。

四、空间序列设计的步骤

建筑物的使用功能不同，其空间序列设计的构思、布局以至处理手法也各不相同。

1．序幕（起始阶段）

它是序列设计的开端。开端的第一印象在任何时间艺术中无不予以充分重视，因为它与预示将要展开的心理推测有着习惯性的联系。具有足够吸引力是序幕的主要核心。

2．展开（过渡阶段）

它既是起始后的承接过渡阶段，又是出现高潮阶段的前奏，在序列中，起到承前启后、继往开来的作用，是序列中关键的一环。特别在长序列中，展开过渡阶段可以表现出若干不同层次和细节的变化，由于它紧接着高潮阶段，因此对最终高潮出现前所具有的引导、启示、酝酿、期待，乃是该阶段考虑的主要因素。

3．高潮（高潮阶段）

高潮是全序列的中心，某种意义上说，其他各个阶段都是为高潮的出现服务的，因此序列中的高潮常常是精华和目的所在，也是序列艺术的最高体现。充分考虑期待后的心理满足和激发情绪达到顶峰，是高潮的设计核心。

4．结尾（终结阶段）

由高潮回复到平静，以恢复正常状态是结尾的主要任务。它虽然没有高潮阶段那么显要，但也是必不可少的组成部分。良好的结束又余音缭绕，有利于对高潮的追思和联想，耐人寻味。

五、建筑类型对序列设计的要求

不同性质的建筑有不同的空间序列布局，不同的序列艺术手法有不同的序列设计章法。因此在现实丰富多样的活动内容中，空间序列设计决不会是完全像上述序列那样一个模式，突破常规有时反而能获得意想不到的效果，这几乎也是一切艺术创作的一般规律。因此，在空间序列设计中，应充分注意不同情况的特殊性，其关键在于以下几个方面。

1．序列长短的选择

序列的长短即反映高潮出现的快慢。由于高潮的出现，就意味着序列全过程即将结束，因此对高潮的出现绝不轻易处理。高潮出现得愈晚，层次必须增多，通过时空效应对人们心理的影响必然更加深刻。因此，长序列的设计往往用于强调高潮的重要性、宏伟性与高贵性。

2．序列布局类型的选择

采用何种序列布局，取决于建筑的性质、规模、地形环境等因素。序列布局一般可分为对称式和不对称式、规则式或自由式。空间序列线路，一般可分为直线式、曲线式、循环式、迂回式、盘旋式和立交式等。我国传统的宫廷、寺庙以规则式和曲线式居多，而园林别墅以自由式和迂回曲折式居多，这对建筑性质的表达有很大作用。现代许多规模宏大的集合空间、丰富的空间层次，常以循环往复式和立交式的序列线路居多，这和方便功能联系、创造丰富的室内空间艺术景观效果有很大的关系。F.L.赖特的哥根哈姆博物馆，以盘旋式的空间线路产生独特的内外空间而闻名于世。

3. 高潮的选择

在某类建筑的所有房间中，总可以找出具有代表性的、反映该建筑性质特征的、集中一切精华所在的主体空间，常常把它作为选择高潮的对象，成为整个建筑的中心和参观来访者所向往的最后目的地。根据建筑性质和规模不同，考虑高潮出现的次数和位置也不一样，多功能、综合性、规模较大的建筑，具有形成多中心、多高潮的可能性。即便如此，也有主从之分，整个序列似高潮起伏的波浪一样，从中可以找出最高的波峰。根据正常的空间序列，高潮的位置总是最后，故宫建筑群太和殿和毛主席纪念堂的代表性空间瞻仰厅，均布置在全序列的中偏后，闻名世界的长陵布置在全序列的最后。（图5—31）

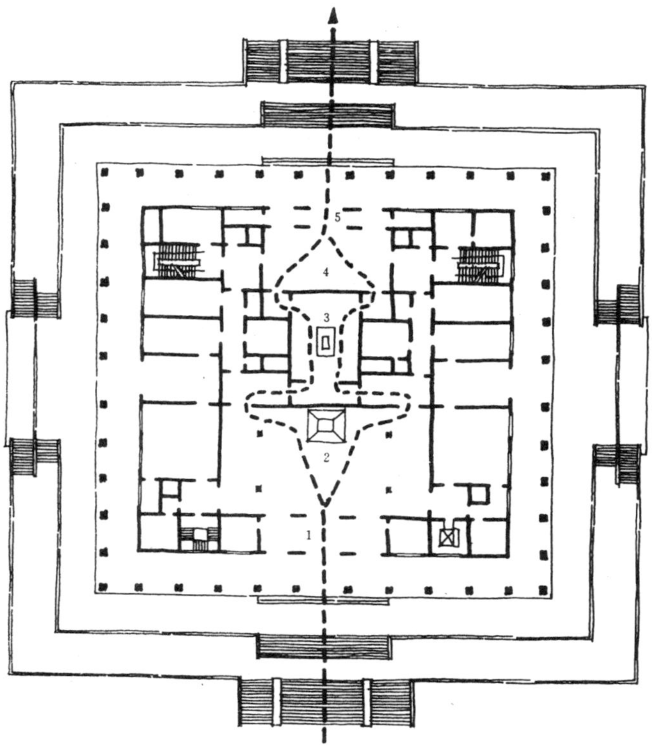

图5—31 空间序列的高潮

第五节 空间的分隔处理

建筑室内空间的划分，是大，是小，抑高，抑低，都取决于室内环境功能的要求。它既要满足人的物质生活要求，也要满足精神文化的需求。各类建筑都有其自身的功能特点，因此，它的空间分隔都要符合其自身的规律和要求。作为室内环境设计，设计师按其构思，来决定人们先看什么，再看什么，最后看什么。与空间分隔密切相关的因素，就是功能要求的序列布局。它既要考虑空间的特点和功能要求，又要考虑艺术特点及心理要素的要求。

一、按组成形式来分类

1. 空间的绝对分隔

用承重墙、到顶的轻体墙等限定度(隔离视线、声音、湿度、温度等的程度)高的实体界面分隔空间，为绝对分隔，有明确的界限、强烈的封闭感。它以良好的隔音、视线的完全相隔或具有灵活控制视线遮挡的性能为特点，有流动性差、安静、私密和全面抗干扰的能力。（图5—32）

图5—32 绝对分隔的餐厅单间平面

一字形垂直面分隔空间

L 形垂直面分隔空间

U 形垂直面分隔空间

平行垂直面分隔空间

图5—33 空间的局部分隔的四种形式

2. 空间的局部分隔

用片断的面(屏风、翼墙、不到顶的隔墙和较高的家具等)划分出空间，为局部分隔。限定度强弱因界面的大小、材质、形态而异，介于绝对和象征之间，界限不十分明显。(图5—33)

（1）空间的一字形垂直面分隔

空间的一字形垂直面分隔可以成为空间范围的界面，有一定的领域感，但范围不明确，经过表面处理，可成为视觉中心。

（2）空间的U形垂直面分隔

空间的U形垂直面分隔有向心感、居中感和较强封闭性，沿着U形面布置家具，是一种内向性组合，即保持与开敞端相对空间的交流。

（3）空间的L型垂直面分隔

空间的L型垂直面分隔是两个垂直相交所限定出的空间，在夹角处领域感强，沿对角线向外运动时逐渐减弱，是半封闭而又不失理想流动性的空间，正面有收纳性，背面有排斥性。

（4）空间的平行垂直面分隔

其分隔的空间是外向性的，流通性较强，只在其中部有一定的集聚性，当平行面延长时，可形成限定度较高的空间，而平行面之间的距离加大，集聚性随之减弱。

3. 象征性空间的分隔

用片断低矮的面、罩、栏杆、花架结构、玻璃等通透的隔断，及家具、绿化、水体、色彩、材质、光线、高差、悬垂物、音响、气味等因素分隔空间属于象征性空间。(图5—34)

其限定度低，空间界面模糊，但能通过理想和“视

图5—34 空间的象征性分隔

图5—35 空间的弹性分隔

觉完形性”而感知，侧重心理效应，极具象征意味，空间上隔而不断，层次丰富。

4. 弹性空间的分隔

利用拼装式、直滑式、折叠式、升降式等活动隔断和帘幕、家具陈设等分隔空间，可以根据使用要求而随时启闭或移动，空间也随之或分或合，或大或小，称为弹性空间。（图5—35）

二、按空间形态来分类

1. 空间的垂直型分割

垂直型分隔空间的方式，通常是利用建筑的构件、装饰、家具、灯具、纬幔以及绿化花格等将室内空间作竖向分隔。

（1）列柱、翼墙分隔空间

这与建筑设计中承重结构的柱子、翼墙不同，它是为了满足特定空间的要求而虚设的。

（2）装修分隔空间

装修分隔通常是指落地罩、屏风式博古架隔断和活动折叠隔断等。前者像传统建筑中的鸳鸯厅，中间采用落地圆洞罩；后者常用于餐厅的雅座，必要时将若干雅座的活动折叠隔断靠边，变成一个大空间的宴会厅。

（3）软隔断分隔空间

所谓软隔断就是纬幔、垂珠帘以及特制的折叠连接帘，通常用于住宅内的读书、睡眠、工作室等与起居室之间的分隔。

（4）建筑小品分隔空间

这类分隔空间的形式是通过喷泉、水池、花架等建筑小品对室内空间划分。它不但有保持大空间的特性，而且漾动的水和绿色花卉增加了室内空间的活跃气氛。

（5）灯具分隔空间

利用灯具的布置对室内空间进行分区，是室内环境设计常用的手法。一个室内有公共活动空间和休息空间时，灯具常与家具陈设相配合，同时相应设置灯光。

（6）其他形式的分隔空间

根据空间构成形式原理，各种类型的物体，都可在分隔空间时加以利用。例如别墅中壁炉、花格屏风、墙板的凹进凸出、楼地面的花色、质地等，都是室内空间分隔常用的形式，只是我们在实践中，应按各类不同功能要求，因地制宜加以有效地利用。

（7）家具分隔的空间

家具是室内空间分隔的主要角色之一。如柜厨、桌椅等的布置，如果处理得好，可以使小空间变大，大空间可以分成多空间。现代化的大空间办公室，常利用若干组办公小间组成。（图5—36）

图5—36 空间的家具分隔

2. 空间的水平型分隔

水平型分隔空间是将室内空间的高度作种种分隔，利用挑台、天棚、阶梯等，对室内空间作水平分隔。

（1）挑台分隔空间

在公共建筑的室内空间，往往层高较高，特别是底层的进厅设计，采用挑台将部分空间分隔成上下两个层次，可以增加视觉空间的造型效果。

（2）夹层分隔空间

夹层分隔是和挑台类似性质的夹层分隔空间，常见于商业建筑的部分营业厅和图书馆建筑中带有辅助书库的阅览室（该阅览室通常层高较高，常将辅助书库做夹层）。所不同的是书库类的夹层面积较大，挑台面积较小。

（3）看台分隔空间

看台分隔一般在观演类建筑的大空间中应用较多，它从观众厅的侧墙和后墙面延伸出来，把高大的大空间分隔成有楼座看台的复合空间。大型的复合空间有三层看台，如北京人民大会堂的大会场，构成丰富的空间文化。

（4）悬顶分隔空间

悬顶就是悬吊的天棚，它是现代室内环境设计的重要内容之一。悬吊的平顶，其面积大小、上下高低、凹凸曲折等形态是按功能需要作种种处理的，其形式多样。无论是公共建筑或住宅，为了增加环境气氛、丰富空间环境的变化等常常采用这种方式。

（5）升降高程的分隔空间

升降高程的划分空间，就是将室内的地面标高用台阶的方式给予局部的提高或局部下降，也有要特殊地做成阶梯形，升降高程的分隔空间方法，通常以升高用得较多，通过突出地面，暗示出两个空间区域。降高程的方式，常见于学校建筑的三层梯形教室的底层教室入口处（由于调节各层梯形教室入口标高，底层采用降高程，三层的教室入口则常采用升高程处理）和跳舞厅的舞池和茶座。还有在通过式楼梯的入口处，为了满足梯梁的净空要求，由内向外时，也常用降高程来处理。（图5－37）

图5－37 空间的高差分隔

第六节 空间界面的艺术处理

空间界面主要是指墙面、各种隔断、地面和顶棚。不同界面的艺术处理,都是对形、色、光质等造型因素的综合运用,并有共同规律可循。

从室内设计的整体观念出发，我们必须把空间与界面、“虚无”与实体这一对“无”、“有”的矛盾有机地结合起来进行分析和对待。但是在具体的设计进程中，不同阶段也可以各有重点。例如，在室内空间组合、平面布局基本确定后，对界面实体的设计就显得非常突出。

室内界面的设计，既有功能技术要求，也有造型和美观要求。作为材料实体的界面，有界面的线形和色彩设计、界面的材质选用和构造问题。此外，现代室内环境的界面设计还需要与房屋室内的设施、设备予以周密地协调。例如，界面风管尺寸及出、回风口的位置，界面与嵌入式灯具或灯槽的设置，以及界面与消防喷头、报警、通讯、音响、监控等设施的接口也应极为重视。

一、室内空间界面的分类

1. 表现空间结构的界面

这是利用建筑本身的结构形式特点，来展现建筑的结构、材质等自身具有的构造和韵律美的界面处理形式。如采光顶棚及通风管道的暴露表现科技美，朴素自然；波纹状的织物装饰，表现柔软的质感；碎石效果的墙面及顶棚使卧室充满乡土气息；不加修饰的混凝土墙面，粗犷自然。（图5—38）

2. 表现空间光影效果的界面

这是体现光影变化效果的空间界面处理形式。例如，运用蛇行灯管装饰的墙面，展现形、色、光的综合艺术效果。几何形的顶棚和隔断利用光影的变化更能引人入胜，使气氛强烈感人。（图5—39）

图5—38 表现空间结构的界面

图5—39 表现空间光影的界面

3. 展现几何形体的空间界面

这是运用几何形的变化形式，来处理空间中的界面手法。尖锐的几何形、浓烈的色彩和巧妙的配置，构成完美的空间造型，曲面形的遮光设备构成装饰性的围护

图5—40 展现几何形体的空间界面

图5—41 表现层次的界面

面，隔断与台面运用直线及几何形穿插与咬接，新颖别致。(图5—40)

4．表现层次变化的界面

这是通过对空间界面高度的变化处理，使界面产生界面层次变化的处理手法。图5—41中顶界面有规律的高低层次变化，使空间极具层次韵律感。

5．空间中界面与界面的自然过渡

通过对空间中界面相互转换的变化整体处理，使两个界面自然衔接。在图5—42中，相同的装饰造型由顶界面过渡转化为墙界面，使空间的整体感更加强烈感人。

6．运用图案进行装饰的界面

将装饰图案运用于空间中的界面处理，起到加强视觉中心的作用。通过对天花和隔断传统图案的运用，恰当地烘托出宴会厅应有的华贵热烈气氛。(图5—43)

7．表现动态的界面

运用动态变化的处理手法，来增加空间中界面的变化效果。在图5—44中，房间窗户上网格的设置，动态地表现了阳光在室内的光影变化效果。

8．趣味性的界面

通过对空间中界面的个性化处理，使其具有强烈的独特性和趣味性。例如，将人头的侧面剪影运用于隔断处理，既具有柔和夸张的魅力，又突出了职业特点。(图5—45)

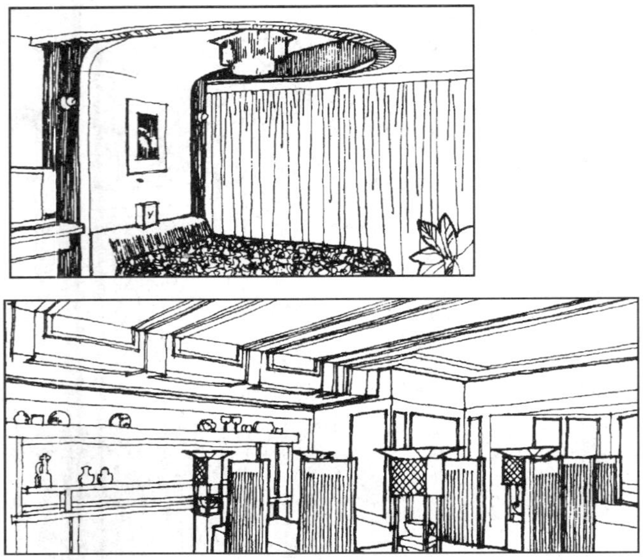

图5—42 空间中界面与界面的过渡

图5—43 中国传统图案装饰的隔断界面

9．有悬垂物或覆盖物的界面

在空间界面的处理中，运用悬垂物体或覆盖物来装饰界面，以加强空间的感染力，活跃了整个空间的气氛。(图5—46)

10．主题性的界面

空间界面中设置表现一定主题内容的壁画、壁挂等装饰物，来体现整个环境的性质和性格特征，同时美化了空间环境。(图5—47)

图5—44 阳光作用下的室内空间界面的动态变化效果

图5—45 人头形剪影的隔断界面，极富个性和魅力

图5—46 悬垂的各色织物活跃了空间气氛

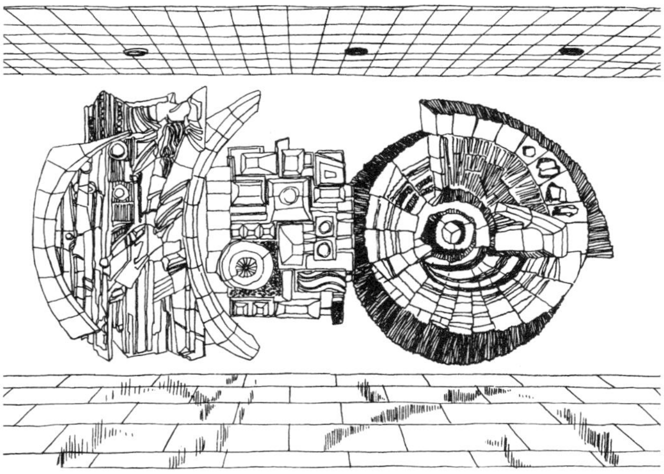

图5—47 表现主题的界面

11. 绿化植被的界面。

运用植物对墙面进行装饰，既美化和装饰环境，又净化了环境中的空气。（图5—48）

图5—48 植被装饰的空间界面

二、空间界面的装饰材料的选用

室内装饰材料的选用，是界面设计中涉及设计成果的实质性的重要环节，它最终直接影响室内设计整体的实用性、经济性、环境气氛和美观与否。设计师应熟悉材料的质地、性能特点，了解材料的价格与施工操作工艺要求，善于和精于运用当今先进的物质技术手段，为实现设计构思创造坚实的基础。

空间界面装饰材料的选用，应考虑下述几个方面。

1. 适应室内使用空间的功能性质

对于不同功能性质的室内空间，需要由相应类别的界面装饰材料来烘托室内的环境气氛。例如，文教、办公建筑的宁静、严肃气氛，娱乐场所的欢乐、愉悦氛围，与所选材料的色彩、质地、光泽、纹理等密切相关。

2. 适合建筑装饰的相应部分

不同的建筑部位，相应地对装饰材料的物理化学性能、感观等的要求也有所不同。例如，建筑外装饰材料，要求有较好的耐风化、防腐蚀的耐候性能，由于大理石中主要成分为碳酸钙，常与城市空气中的酸性物质反应而受侵蚀，因此，外装饰不宜使用大理石；又如，室内房间的踢脚部位，由于需要考虑到地面的清洁工具、家具、器物底角碰撞时的牢固度和易于清洁，因此通常使用有一定强度、硬质、易于清洁的装饰材料，常用的粉刷、涂料、墙纸或织物软包等墙面材料，都不易直落地面。（图5-49）

3．符合更新、时尚的发展需要

由于现代室内设计具有动态发展的特点，设计装修后的室内环境，通常并非是“一劳永逸”的，而是需要更新，讲求时尚。原有的装饰材料应该被无污染、质地和性能更好的、更为新颖美观的材料所代替。

图5-49 不同装饰材料的界面

第6章

室内采光与照明设计

第一节　室内光环境的创造

一、创造室内光环境的目的

本章我们所研究的对象为室内光环境设计，它是室内设计的重要组成部分，是暗示室内环境功能、渲染环境氛围、提升环境生活质量的重要手段。曾经有学者认为“光环境是由光与颜色在空间环境建立同形状有关的生理和心理环境”，由此可见，光是形成光环境的基本要素。室内光环境则是对光环境在空间位置上作以限定，即在建筑物围护结构（墙体、楼板）内部运用自然光和人工光等手段形成的、与光有关的生理和心理环境。那么室内光环境设计的目的就是在充分利用自然光的基础上，进而合理地运用人工照明为人们的工作、生活和娱乐创造一个优美而舒适的建筑空间。通过人为适当的控制，使环境空间的光照条件符合人们的工作和生活要求，并对人们的精神状态和心理感受产生积极的影响。

由此可见，作为形成光环境的基本要素——光，是由天然光和人工光组成的。室内光环境由此可分为天然光和人工光创造的光环境，但二者不具有明显的界限。天然采光与人工照明作为光源的不同存在形式，其所形成的光环境具有相似的特点，又存在明显的不同。

二、天然采光与室内光环境

人眼在天然光条件下比在人工光条件下具有更高的视觉功效，人们普遍认为在天然光下舒适和有益于身心健康，这表明人类在长期进化过程中，已经完全习惯于天然采光。与合理的设置建筑采光口相结合，将天然光引入室内，完全可以在全年提供足够的室内照明。充分利用自然采光，还可以节约能源，符合科学的可持续发展政策。

三、人工照明与室内光环境

人工照明是在室内充分利用自然光的基础上，使用人工光源辅助天然光或独自作为光环境光源的采光形式。它照亮了夜晚建筑内部黑暗的空间，为白天繁忙工作的人们创造了夜晚休闲娱乐和解除疲劳的场所。

室内灯光因素包括光源种类、灯具形式、照明方式、艺术处理方法等方面内容，我们将在后面各小节知识里分别阐述。在此之前，首先介绍一下光学的基本知识。

第二节　光学的基本知识

一、光的基本特性

我们所研究的光是指能引起人视觉感觉的电磁波，一般波长范围在380nm～780nm。波长大于780nm的红外线、无线电波等，以及波长小于380nm的紫外线、X射线，人眼是感受不到其存在的。

二、人眼的视觉效应

1．颜色感觉

颜色来源于光。我们所研究的可见光包含的不同波长单色辐射，它们在视觉上反映出不同的颜色。不同的物体所呈现颜色的不同（自然光下）是由于光线照射到物体表面后所反射光线波长的分布状况所引起的。人眼对波长为555nm的黄绿色光最为敏感。

2．视野范围（视场）

视野范围是指由于感光细胞在人眼视网膜分布限制以及人体面部结构的影响，受到限制的人眼可视范围。双眼眼球不动的条件下人眼的正常视野范围为水平方向180°，垂直方向130°（其中向上为60°，向下为70°）；人眼的中心视场为2°，再次区域内视觉最为清晰；相对清晰区域分布为30°左右的视野范围。

3．明适应、暗适应

视觉是由光线照射到人眼的视网膜上的感光细胞所引起的，视网膜上的感光细胞可分为锥状细胞和杆状细胞，它们各自在明暗环境里起主导作用。锥状细胞在暗环境下不起作用，在明环境中，对色觉和视觉敏锐度起决定作用，人眼据此判别物体的颜色和细部特征，对环境的明暗变化反应迅速；杆状细胞分布区域与锥状细胞相反，它在暗环境中起决定作用，只有明暗感觉，没有色感觉和细部感觉，对环境的明暗变化反应缓慢。

与明、暗视觉效应相对照，人们在亮度差异较大的环境之间移动时，人眼会产生一个由原来看得清到突然视觉模糊的过程，经过一段时间的缓冲，视觉重新恢复的过程称为“适应”。从亮度低的环境到亮度高的环境称为“明适应”，时间相对较短；相反的过程则称为“暗适应”，时间较长。了解人眼此种视觉特点，在室内设计时应注意亮度差异较大的环境之间过渡空间的合理设置。

4．视觉疲劳

视觉疲劳是由于室内环境使用范围内照度不足、明暗不均、视觉对象过小或游动不定以及有强光刺激（眩光）等导致人眼的视觉不舒适感受。用眼过度，特别是长时间阅读或注视于光亮处也是导致视觉疲劳的原因。

三、光学的基本单位

1．光通量(Luminous Flux，F)

光通量是指光源在单位时间内射向周围环境的，并使人眼产生光感的能量大小，单位为流明。光通量的基本含义为光源辐射能量大小。

2．照度(illuminance，E)

照度是指单位被照面积上接受到的光通量的大小，单位是勒克斯。照度是一个重要的物理参量，它是评价采光质量的一个重要因素。

3．亮度（luminance，L）

在房间内同一位置，并排放置一白色和一黑色物体，虽然它们的照度一样，但人们看起来白色物体亮得多，这说明被照面上的照度并不能直接表达眼睛对它的视觉感受。这是因为人眼在视觉感受时，由于被视物体发光或反光（透光），在人眼视网膜上形成的照度愈高，人眼就感到愈亮。白色物体比黑色物体反光要强得多，所以感到白色物体比黑色物体明亮，被视物体实际上是一发光体，总而言之，亮度是描述光源或反光物体明亮程度的量，单位是尼托，它表明光源或反光体的明暗程度。

4．光色（K）

光色是光环境设计的重要概念，光环境设计中光源的光色对于光环境的形成起决定作用。它可以用两个重要的概念来解释：色温和显色性。

光源的光色主要取决于色温，光源因色温的高低不同而产生冷暖的感觉。色温愈高愈感觉凉爽，相反色温愈低愈感到温暖。通常认为光源色温小于3300K为暖色，光源色温大于5300K是为冷色，介于两者之间为中间色。光源的色温与色彩分布大致为：色温为2700K的光源发出的光为橙色，3000K左右为橙白色，4000K为白中略带橙色，4500K～7000K为近似白色（其中5500K～6000K最接近白色）；日光的平均色温为6000K～6500K。光源光色的选择与环境的使用功能密切相关，伴随着色温的升高，逐渐给人们形成从白色到蓝色的视觉感受。例如冷饮店内部光环境设计时宜选用冷色光源，寒冷区域的住宅建筑内部宜选用暖色光源，而在炎热地区的住宅建筑内部则选用冷色光源为宜。

显色性是在电光源光照条件下与天然光照明相比，各颜色在视觉上的失真程度，一般用显色指数Ra表示。Ra分布在0～100数值范围内，其中显色指数大于80表明显色性优良，显色指数79～50之间为显色性一般，显色指数低于50则认为光源的显色性较差。对于要求色彩辨析度较高的房间内部要选用显色性较好的光源。例如商业、橱窗、展室室内空间的光环境设计。各种电光源中以白炽灯的显色性最为优良。

在室内光环境设计实践中，光源色表与显色性都取决于光辐射的光谱组成。但是，不同光谱组成的光源可能具有相同的色表(同色异谱)，而其显色性则有很大差异。同样，色表有明显区别的两个光源，在某种情况下还可能具有大体相等的显色性。所以，我们不可能从一个灯的色表得出关于它的显色性的任何判断。

四、材料的光学性质

光线传播的过程实际上就是光线投射到不同的环境介质时所呈现的多种多样的光学现象。材料作为光线在空间传播时的介质，它可以将光线在空间上重新分布，可以改变光线的传播路径，从而对光环境的形成以及调节光环境质量起到控制作用。因此，了解材料的光学性质有助于我们预知光环境的形成状况。光线投射至物体（材料）表面时，一部分光线被反射，另外一部分光线被材料本身吸收转化成热能，还有一部分光线则可以透过物体进入另一侧空间。根据以上性质，材料大致可以分为三类：反射材料、透射材料和折射材料。

图6—1 透光的乳白色玻璃

反射材料可以理解为不透明材料，光线投射到光滑质密材料的表面形成规则反射，如镜面；光线照射在相对粗糙的材料表面时形成定向扩散反射，如深色油漆表面；其余的反射材料则为漫反射材料，光线照射到此种材料表面时光线无规则地自由反射，如作为吊顶使用时的石膏板。

透射材料最为我们所熟知，光线照射至透射材料表面时形成透射。透明玻璃属于定向投射材料，它可以完全将相邻空间的景象引入另一空间；毛玻璃则属于定向扩散透射，透过它我们可以大致看到背后景物的轮廓；玻璃砖、乳白色玻璃（图6—1）和半透明塑料属于均匀扩散透射材料（图6—2），它可以用于灯罩、发光天棚。

折射材料本质属于特殊的透射材料，可以改变光线的光通量分布，使光源更均匀地分布于空间环境。

光源、灯具和照明方式是构成建筑光环境的基本要素，它们是深入学习和掌握室内光环境设计方法的基础。

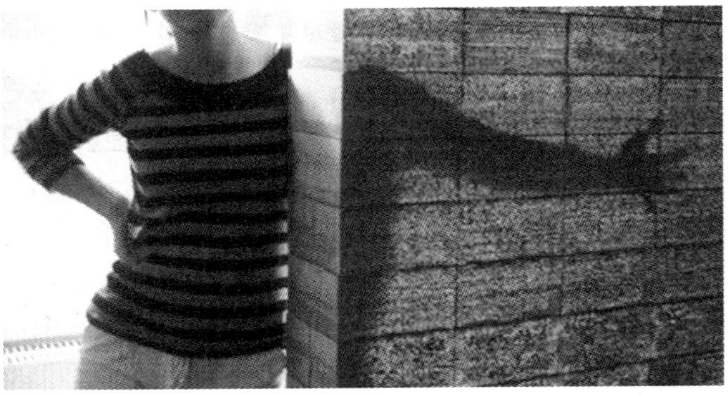

图6—2 均匀扩散透射材料

第三节 光源、灯具、照明方式和照明质量

一、光源及分类

光源是室内光环境基本组成要素之一，它可分为天然光源和人工光源。

1．天然光源与采光口

由太阳散发的不同射入方式的日光组成天然光源，天然光源的射入方式由太阳直射光、天空扩散光、临近建筑物反射光。充分利用自然采光不仅可以节约能源，而且能够满足人们在心理上亲近自然的要求。

如何充分利用天然光源，就如同电光源与灯具的关系一样，灯具可以将光源在空间的能量分布根据环境使用功能的不同在空间上合理分布，如何将天然光源的能量分布在合理的范围内，类似于灯具作用的采光口的形式，对于天然采光最为重要。

由于天然光源本身所具有的特殊性（光线来向、分布时段），影响自然采光质量的主要因素有采光口的位置、朝向、形式及面积大小。采光口按位置可分为侧窗、高侧窗（窗台距地面高度不小于1.8m）及天窗。侧窗采光光线有明确的光线来向，因此室内采光均匀度较低（靠近采光口位置照度大、远离采光口的位置照度小），侧窗与高侧窗的结合使用可以使室内光环境达到较好的效果；而天窗采光（图6−3）则与之相反，它最大限度地模拟天窗采光，均匀度最高；高侧窗则位于两者之间。

图6−3 天窗采光

在建筑设计时，不同的采光口形式选用是由建筑物的内部使用功能和相关采光表所决定的，也和建筑的外观有密切的关系。因此，室内设计时对于采光口的形式、位置和面积大小不宜随意调整。

随着新技术在建筑领域内的应用，一些新型天窗采光形式，如光导管（光导纤维）、导光棱镜逐渐在建筑内部使用。光导管（光导纤维）的特点是光源为天然光时具有天然采光的基本特征，内部光环境呈现出人工照明的光环境特征；当然也可以使用人工照明作为光源，这在室内光环境设计中已经得到运用。导光棱镜则是运用采光口敷设的透射体的特殊光学性质，将能量集中且具有明确来向地将光线散射，使光线分布在更加合理的空间范围内，同时弱化高强度光所形成的光环境对人眼造成不舒适的影响。

2．人工光源

人工光源可分为烛台、篝火、壁炉以及电光源等形式，不同的人工光源可以塑造出各种不同的室内氛围。电光源是室内光环境设计时光源的主要采用形式，它可分为热辐射光源和气体放电光源。其主要分类见附录一。

①热辐射光源可分为普通白炽灯、反射型白炽灯、卤钨灯。

②气体放电光源可分为荧光灯、高压放电灯、高压汞灯、金属卤化物、灯钠灯、氙灯、复合灯。

二、 电光源的选择

不同的电光源由于其特性的差异，在选择时应根据光环境的具体特点来确定适应的光源类型。此外，电光源的选用还影响到光环境的整体艺术效果，应利用光源的光强、颜色和显色性，在环境空间形成一定的意境，体现出灯光的艺术效果。(见附录二)

白炽灯体积小，容易适应各种使用空间的要求，显色性能好，常用于展览陈列室、橱窗照明，装饰性吊灯也经常选用白炽灯作为光源。荧光灯按外形可分为直管型和异型两种。直管型多用于发光天棚等光环境，异型荧光灯由于外形紧凑、体积较小、造型美观可以部分替代白炽灯作为光源。

三、灯具及分类

裸露的光源可以均匀地将光能分布在空间内部，然而根据室内空间的使用特征，人体的各种功能活动主要分布在空间内部一定范围内，因此必须采用合理的措施将光能在空间上重新分配，灯罩便是合理的选择。光源、灯罩及其附件组合构成灯具。按功能用途，灯具可分为装饰性灯具和功能性灯具；按光通量在上下半球的分布大小不同，灯具可分为直接型灯具、半直接型灯具、均匀扩散型灯具、半间接型灯具、间接型灯具及直接—间接灯具（图6—4）；按固定方式，灯具分为吊灯、壁灯、筒灯、吸顶灯等。

图6—4 间接灯具

四、照明方式的选择

在室内设计中，我们习惯于根据照明方式的不同，选择需要的、不同类型的灯具。照明方式可分为宽光束直接照明、高集光束直接照明、半直接照明、间接照明、半间接照明、漫射照明和直接间接照明。在室内光环境设计中，不同的内部空间功能适用于不同的照明方式。

1. 宽光束直接照明

宽光束直接照明具有强烈的明暗对比，可造成有趣生动的阴影，由于其光线直射于目的物，光线亮度高，而且集中，如果在其照射路径上没有合适的遮光保护，容易造成观者的眼部不舒适。

2. 高集光束直接照明

光束高度集中形成光聚点，适用于突出光线本身的效果或者是用来作为强调照明的，此种照明方式在被照面上形成充足的照度，但由于光束过于集中，周围环境相对过暗，容易形成眩光和环境照度不足，所以不宜单独使用，通常应与其他照明方式结合使用。

3. 半直接照明

60%～90%的光向下照射在工作面上，而10%～40%的光向上照射。向上照射的光弱化了向下照射的光所形成的阴影，光线仍以向下照射为主。

4. 间接照明

90%以上的光线向上照射至顶棚等围护界面上，而仅有部分光向下照射至工作面。室内设计中光檐等均采用此种照明形式。单独使用时，灯光环境会过于平淡，需要与其他照明方式相结合。

5. 半间接照明

60%～90%的光向上照射至顶棚等围护界面上，而10%～40%的光向下照射。向上照射的光到达天棚反射后，弱化了向下照射的光所形成的阴影，光环境适合于阅读和学习等空间。

6. 直接间接照明

光线向上和向下投射的光能几乎相等，但仍具有一定的方向性。

7. 漫射照明

光线均匀地分布在整个光环境内部，所有反方向的照度几乎一致。

五、关于照明质量

室内光环境的设计是否可以提供良好、舒适的工作环境和艺术效果，取决于实际的照明质量。影响照明质量的因素很多，并且照明质量会受到技术、经济条件、人们的视觉喜好、年龄等的限制。在室内光环境设计时，应主要从以下六个方面考虑照明质量。

1．亮度的合理分布

室内光照环境的目的一方面要使人能清楚地观看事物，另一方面还要给人以视觉上舒适的感受，所以在整个视野内存在各个表面有合适的亮度分布是必要的。因此，要创造一个良好的、舒适的照明环境，就需要亮度的分布合理和室内各个面的反射率选择适当，照度的分配也应与之相配合。虽然在视野内有合适亮度分布是舒适视觉的必要条件。但是，过于均匀的亮度容易造成视觉上的单调感。适度的亮度变化能使室内不过于平淡，并且具有愉快的气氛。例如在餐厅室内，当墙角照度较周围高3～5倍时，光线可以在此区域内营造出有中心感的效果。（图6—5）

图6—5 墙角照度较周围高3～5倍

建筑环境的亮度分布是影响视觉舒适感的重要因素，按照人眼的习惯，最好是取与自然环境接近的亮度分布，在自然界通常是明亮的天空和较暗的地面，结合发光顶棚、光梁、光带，或是光檐，都能在建筑物内创造出一个亮度分布与自然界相似的环境。

2．眩光

人眼在长时间内不断适应亮度变化的过程中，会引起疲劳和不适。因此，室内各表面的亮度及亮度对比不要过大，在视野内有亮度极高的照明体或强烈的亮度对比，就可能引起不舒适或造成视觉降低的现象，称为眩光。眩光是影响照明质量的重要因素。影响眩光的因素主要有光源的亮度、光源外观的大小和数量、光源的位置、周围环境的亮度等。

光源亮度是产生眩光的主要原因之一，周围环境越暗，眩光越显著；光源亮度越高，眩光越显著；光源越接近视线，眩光越显著；光源面积越大，距离眼睛越近，眩光越显著。

控制眩光主要是控制光源在角为45°～90°范围内的亮度。控制的方法：一是用透光材料减少眩光，二是用灯具的保护角加以控制。设计时既可以采用其中一种方法，也可以两种方法同时采用。原则上要使视觉不处在也不接近于任何光源同眼睛形成的镜面反射角内，或是在确定照明方式或选择布灯方案时，力求使照明光源来自选择方向。同时，灯具最好使用发光表面面积大、亮度低的。在视觉作业和工作房间内，应采用在视线方向反射光通量小的特殊光分布灯颜色，并采用无光泽的表面。亮度高的发光面会引起眩光，会造成人们的不舒适感，眼睛疲劳，可见度降低。但是高亮度光源又会给人的性情带来刺激。在公共建筑的照明中采用较多透明球泡，会给人们带来辉煌的陶醉感；发光天棚的闪耀会给人们带来兴奋与激情。因此，要根据不同场合确定发光面亮度。原则上在工厂、办公楼、学校、医院等明视觉照明场合要严格控制眩光，而在舞厅、酒吧、客厅里则可用适当的眩光。

3．阴影

由于遮挡而形成的视觉工作对象上的阴影在多数场合下要尽可能避免。因此，宜采用扩散性灯具或是在布灯上加以注意和考虑。但是在某些有特殊需求的场合，为了能表现物体的立体感，在进行照明设计时，反而要考虑实现适当的阴影。（图6—6）

4．光色的要求

在前面，我们已经了解光源的颜色——光色，包含色温与显色性两个方面的内容。不同光源的色温和光谱能量分布都不同。如果光源的光色与室内空间色调不配合，就会破坏室内装饰的艺术效果，造成很不相宜的环境气氛。例如，在以黄、红色调装饰的房间内，使用白色荧光灯照明，由于这种灯的光谱以青、蓝光成分居多，就会使鲜艳的黄、红色蒙上一层灰暗的影子，破坏了温暖华丽的感觉；改用红光成分较多的白炽灯，则会使黄、红色的装饰更鲜明，显得更温暖华丽。这说明，不同的光源光色对色彩的影响有加强或改变色彩的效果。因此可以说，光源赋予了物体特殊的色彩成分，对造型和色调有极其重要的影响。

图6—6 光的阴影

5．充分和均匀的照度

充分和均匀的照度主要依靠发光带或发光面来实现。这是由于发光带或发光面的发光体不再是分散的点光源或线光源，因此这两者可以在保持发光面亮度较低的条件下，使室内获得很高的照度；同时光线扩散性极好，整个空间照度也十分均匀，光线柔和，阴影淡薄。

6．照明的稳定性

本部分具体内容略。

第四节 装饰照明基本手段与室内光环境设计的步骤

一、装饰照明基本手段

装饰照明以创造视觉的舒适感、达到室内光环境设计的预期美学效果和艺术主题为目的，其设计中使用的主要手段见附录三、附录四。

二、设计步骤

1．明确照明设施的目的与用途

在我们进行室内设计时，在确定室内装饰色调之前，首先要确定眼前造型物象所处的光照条件：直射光还是反射光、光线的明亮程度、光源偏向何种色光成分等。这是因为光照条件对室内装饰色调有着非常重要的影响。例如：处于阳光直射的物体，会出现明亮而强烈的色调；处于室内反射光之下的同样物体，色调会比较柔和；而在月光下观察这个物体，色调则会变暗，显得既灰又冷。

2．光环境构思

光环境会造成不同的视觉氛围，给使用对象造成相应的视觉和心理感受：开敞感、透明感、轻松感、私密感、活力感、恐怖和不安全感及黑洞感等。因此，室内光环境设计必须充分估计到光的表现能力，结合建筑的使用要求、空间尺度以及结构形式等实际条件，对光的分布、光的明暗构图、装修的颜色和质量作出统一的规划，使之达到预期的艺术效果，并形成舒适怡人的光环境。

3. 照度和亮度的确定

室内设计时，一般将室内空间分成若干个区域，按其用途给予不同的亮度处理。做法一般是在视觉注视中心将房间内需要突出的物体与其他表面在亮度上区别开来：人们工作和学习的活动区的照度应符合照明标准的规定值，亮度变化不宜过大，以免引起视觉疲劳；顶棚区在室内各界面上居于次要和从属作用，亮度不宜过大；其他附属区域的亮度一般不超过顶棚区，也不必要进行太多的灯具装饰，以免影响空间上主次分明的效果。

4. 照明方式的确定

不同的照明方式可以创造出不同的气氛，使观者产生不同的感觉，所以必须结合实际条件，因地制宜，巧妙构思。利用顶棚暗灯的照明，在水平面上形成高照度，由于顶棚和墙面的亮度较低，产生了一种夜间神秘的气氛（图6−7）；如果墙面亮度很高，利用它的反射光将内部空间照亮，则使空间本身给人开敞的气氛。

5. 灯具的选择

人工光的装饰效用主要是通过灯具自身的造型、质感以及灯具的排列组合，对空间起着点缀或强化艺术效果的作用。值得注意的是，只有当灯具的选择与室内的体量形状以及用途性质相协调时，才能更有效地体现出光的装饰表现力。灯饰无疑在现代建筑和室内设计中扮演着重要的角色。照明灯具的艺术化处理，对建筑物起着锦上添花、画龙点睛的作用，使室内空间体现出各种气氛和情趣，反映建筑物的风格。

灯具的造型结合灯光色彩，用以渲染空间环境气氛，能够收到非常明显的效果。水晶吊灯可以使门厅、客厅显得富丽豪华；排列整齐的荧光灯可以使教室、办公室简洁大方；舞厅内旋转变幻的灯光会使空间扑朔迷离，富有神秘色彩；而外形简练的新型灯具，使人们体验科学技术的进步，感到新颖明快；灯光投射角选配得当，会使景观更加生动耐看；变化灯光的投射方向，有意形成一些非正常的阴影，则使人们感到气氛奇特甚至令人惊叹。

图6−7 利用顶棚暗灯的照明

第五节　室内光环境设计的形式与艺术效果

一、室内装饰与艺术照明设计

1. 灯具的艺术造型和装饰

利用灯具本身所特有的艺术造型作为装饰空间手段，使灯具本身既具有功能性又兼顾装饰性，如吊灯（图6–8）、壁灯（图6–9）、吸顶灯。

图6–8 吊灯

图6–9 壁灯

2. 灯具群的装饰效果

多个简单而风格单一的灯具可以组合成一定图案，同时通过与建筑表面的有机配合取得更好的装饰效果。此种方案安装方便，光线直接射出，现已成为公共建筑常用的照明处理手法。

3. 建筑化照明

建筑化照明是指照明技术与建筑结构之间协调配合，利用不同的灯光分布和灯具的艺术造型，形成建筑物所特有的空间气氛。这种突出建筑艺术的照明方式可以使室内空间显得宽敞明快，体现建筑物的特有风格。各种建筑化照明叙述如下。

（1）空间枝形网状照明系统

这种照明系统是将相当数量的光源与金属管架构成各种形状的灯具网络，并在空间以建筑的装饰形式出现。有的按照建筑的要求在顶棚上以图案形式展开照明；有的则在室内空间以树枝形状分布；有的在顶棚上设计成许多光龛井，龛井中间用灯具布置成图案，四周用反射照明使龛井形成均匀亮度；有的按照顶棚网络布灯等。

空间枝形网状照明系统的特点是具有活跃气氛的光照环境，灯具的精心制作更能起到装饰作用，体现建筑物风格。大规模的网状照明系统适用于大型厅堂、商店、舞厅等，小规模的网状照明系统也可适用于旅馆的客房或建筑物的楼梯间和走廊等处。

（2）点光源嵌入式直接照明系统

这种照明方式是将点光源灯具按一定形式嵌入顶棚内，并与房间吊顶共同组成所要求的花纹，使之成为一个较完整的艺术化图案。因此，灯具配置与顶棚设计是紧密相关的，否则将达不到预想的艺术效果。这种照明的特点是眩光保护角较大，能够使被照面获得较高的照度，并具有特殊的格调，使室内气氛宁静而不喧闹，常用于较大面积的会堂和餐厅等场所。

（3）光盒与光带

在实际工程中，常用到采用嵌装于顶棚内的散光面

图6–10 光盒

积较大的矩形照明器，这种照明装置常称之为光盒（图6-10）(或凹槽灯)。当光盒连续布置成长条时便成为很长的带状照明装置(可称为光带)。

光盒(带)的断面可以造成各种形式，但从光效率的角度出发，断面高度应尽量小些，且应做成平滑的曲线形状。光盒和光带的光源通常为单列或多列布置的荧光灯管，其透光面可以采用磨砂玻璃和有机玻璃或栅格结构。为了使光盒(带)亮度均匀，断面内灯管的数量要符合一定的条件，一般灯间距离与灯距透射面的距离之比最好不超过2.4。光盒和光带的发光面既可以齐平顶棚，也可以凸出顶棚，形成光梁。当采用漫射材料作散光面时，发光面凸出的方式能使顶棚有较大的亮度。

光盒与光带能够形成良好的照明，在照明扩散度、均匀度方面，仅次于发光顶棚，但方向性却比发光顶棚要好。对于要求方向性较高的场所(如有浮雕的场所)采用光盒或光带比采用发光顶棚好。光盒和光带还可以构成各种图案，使房间的空间不至于单调。

（4）发光顶棚

发光顶棚可以被认为是面积扩大后的光带。它将光源的光通量利用有扩散作用的介质（磨砂玻璃、半透明有机玻璃、棱镜、格栅）重新分配，能够使室内空间获得良好的照度均匀度，减少室内阴影，避免出现眩光和反射眩光，并且有足够的天棚亮度使室内空间开阔。（图6-11）

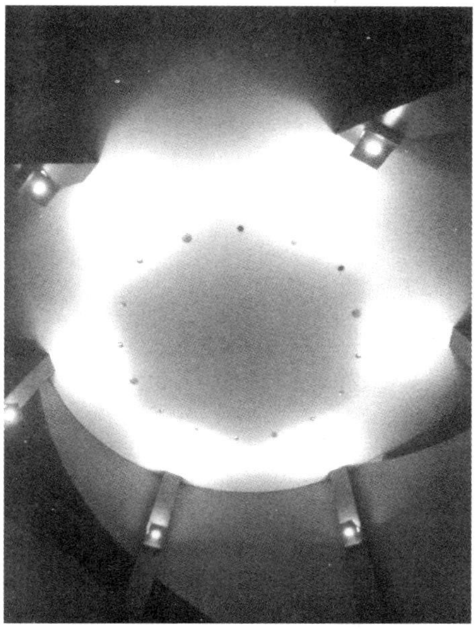

图6-11 发光顶棚

（5）光檐

光檐是在房间内的上部沿墙建筑檐边装设光源，光线从檐口射向顶棚并经顶棚反射而照亮房间。光檐具有照明与装饰双重作用，兼顾了照度与艺术效果两方面。为了得到较均匀的顶棚亮度，同时将光源隐蔽，檐要有一定的高度，但又不遮挡住光线射向顶棚的最远部分。光源间的距离白炽灯一般为0.25m～0.3m，荧光灯为0.1m。(图6-12)

图6-12 光檐

由于发光顶棚、光梁和光带的透光面是采用半透明材料的扩散板组装而成，透过它们向空间发出的是扩散透射光线；光檐则具有间接型照明器的特点，光的扩散反射极好，而且它们的发光面面积较大，表面亮度低，所以建筑化照明能够消除直射眩光，并大大减弱了反射眩光。

（6）托架照明

托架照明是根据灯具的安装位置不同，将灯具安装在墙壁上的一种照明形式，有高托架和低托架之分。

①高托架照明。这种照明是将灯具安装在墙壁上部的照明。光射到墙壁的上方、下方，和平衡照明一样，在墙壁面形成美丽的亮度层次。关于遮光，也和平衡照明、檐板照明一样需要注意。托架的安装高度，要根据门窗等的高度来决定。如果与它们无关，可考虑用墙面平衡决定适当的高度。

②低托架照明。这种照明是将灯具安装在墙壁下部的照明。光射到墙壁的下方或上方，经常作为床头照明和洗涮池操作照明使用。托架的安装高度，要根据操作的目的来决定。这时的遮光要考虑操作者坐与站的位置

和眼睛的高度，应注意眼睛不应直接见到灯光。托架长度根据家具或房间的大小来决定。

（7）窗帘照明

在有窗洞口的墙面与顶棚交角处安装光源，在窗帘和墙壁之间会形成美丽的光带，窗帘照明应注意遮光角的大小，一般应大于45°。

二、艺术效果

1．创造气氛

室内空间气氛的创造主要依靠光线和色彩。对光色的选择应根据不同气候、环境和建筑的风格、功能来确定。色光是取得室内特定情调的有力手段，主要是通过人工光源加上滤色片产生。暖色调表现愉悦、温暖、华丽的气氛，冷光色则表现宁静、高雅、清爽的格调。例如，使用霓虹灯、各种聚光灯的多彩照明，可使室内的气氛更加生动活跃；在卧室中用暖色光照明，可使温暖和睦的气氛得到一定的强调；而用青、绿色光的照明，在夏季则使人感到舒适凉爽等。另一方面，还要注意光色和室内其他色彩的配合及相互影响。这是因为形成室内空间某种特定气氛的视觉环境色彩，是光色与光照下环境实体显色效应的总和。因此，必须考虑室内环境中的基本光源与次级光源(环境实体)的色光相互影响、相互作用的综合效果。例如，在以暖色调为主的室内空间中，如果用荧光灯(冷光源)照明，由于这种光源所发出的青蓝光成分多，就会给鲜艳的暖色蒙上一层灰暗的色调，从而使室内温暖、华丽的气氛受到破坏；如果采用白炽灯(暖光源)照明，则可使室内的温暖基调得以加强。

眩光是光照环境中的一种干扰因素，常常在室内照明设计中加以避免和控制。但是在某种特定的空间里，如迪斯科舞厅，却有意运用闪烁不定的灯光、震荡的音乐、刺激的色彩、晃动的人影共同渲染一种异常奔放的气氛，使人们借助于跳跃的灯光声色，得到美的享受。

2．加强空间感，丰富空间内容

光可以表现出空间的不同效果。一般来说，在人的感觉上，空间的开敞性与光的亮度成正比。亮的房间感觉要大一点，暗的房间感觉要小一点。当采用漫射光作为空间的整体照明时，也会使人产生空间扩大的感觉。直射光线通过加强室内物体的阴影和光影对比，形成强烈的空间立体感。通过不同光的特性和亮度的不同分布，吸引人们的视觉注意力，可以强调空间中设计希望突出的地方，也可以削弱不希望被注意的次要地方，从而进一步地完善和美化空间环境。照明也可用于改变空间的实和虚的感觉，如许多台阶照明及家具底部的照明，使物体和地面脱离，形成悬浮的效果而使空间显得通透和轻盈。

3．光影艺术

光和影也一种特殊的艺术。粉墙黛瓦，疏影横斜，同样给人以美的感受。在室内光环境设计中，也可以充分利用各种照明装置，在恰当的部位施以匠心独运的创意，形成生动的光影效果，从而丰富空间的内容和变化。光影的处理往往结合室内设计的其他装饰同时使用，形成千变万化的光影造型。重要的是用在恰当的空间和位置，采取巧妙、恰当的形式，才能丰富空间的内涵，获得良好的艺术照明效果。

附录一　电光源的分类（如下图）

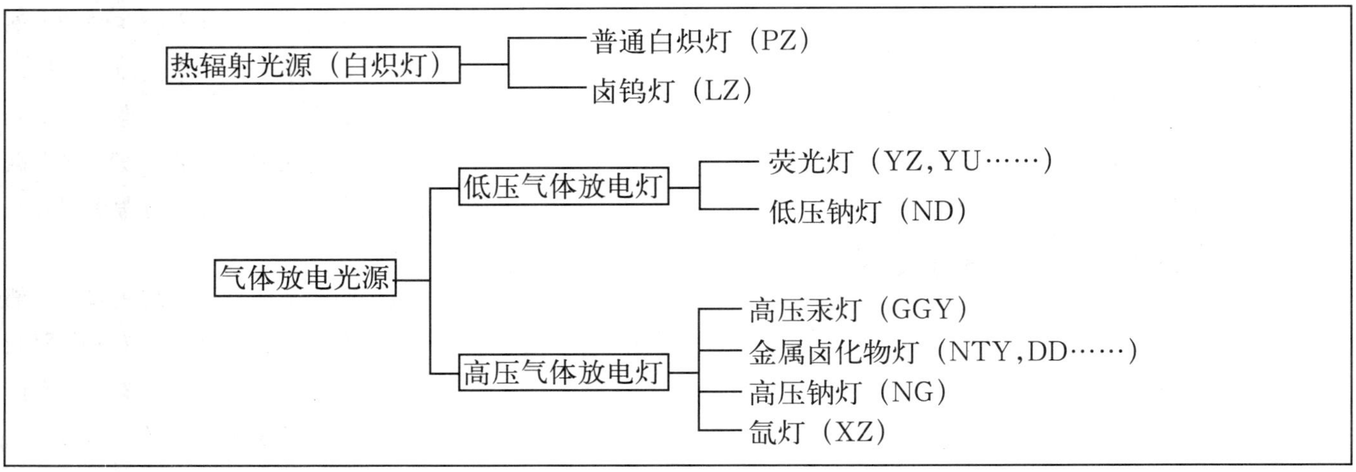

附录二 根据一般显色性选择电光源（如下表）

灯型		效能	光源表观颜色	环境气氛暖	增强色彩	变灰色彩	在肤色上的效果
白炽灯	普通白炽灯	低	白中带红		红、橙、黄	青	深桃红
	反射型白炽灯	低	白中带红	暖	红、橙、黄	青	深桃红
	卤钨灯	低（稍高）	白中带红	暖	红、橙、黄	青	深桃红
荧光灯	冷白色	高	白	适度的冷	橙、黄、青	红	灰红
	Deluxe冷白色	中等	白	适度的冷	所有色彩	均不明显	正常
	暖白色	高	带黄的白	暖	橙、黄	红、绿、青	灰黄
	Deluxe暖白色	中等	带黄的白	暖	红、橙、黄、绿	青	淡红
	日光色	中等	带青的白	很冷	绿、青	红、橙	灰
	白色	高	带灰黄的白	适度的暖	橙、黄	红、绿、青	灰白
	自然的柔白色	中等	带紫的白	暖	红、橙	绿、青	桃红
气体放电灯	透明水银灯	中等	带绿蓝的白	很冷带绿	黄、青、绿	红、橙	带绿
	白色水银灯	中等	带绿的白	适度的冷带绿	黄、绿、青	红、橙	灰白
	Deluxe白色水银灯	中等	带绿的白	暖带紫	红、青、黄	绿	淡红
	金属卤素灯	高	带绿的白	适度的冷带绿	黄、绿、青	红	灰白
	高压钠灯	高	带黄的白	暖带黄	黄、绿、橙	红、青	带黄

附录三 装饰照明基本手段（如下表）

		特点	应用
扩散照明		采用大面积照射物体和它的周围环境	适用于起伏不大、但色彩丰富的界面处理
高光照明		用窄光束的投光灯或反射型灯泡将光束投射到物体表面	适用于显示被照表面的质感和颜色细部
背景照明		物体处于暗处，照亮物体背后的表面，在背景衬托下，表现物体的轮廓	适用于显示的轮廓平淡、色彩单调、表面平淡的物体
墙泛光	柔和均匀的墙泛光	在墙面上形成均匀柔和的明亮表面，扩大了空间感	一般距墙1m～1.2m，灯与灯间距为灯与墙间距的0.5～1倍
	显示墙面质感的泛光	突出墙面粗糙的特点，使光线投射到墙面上，夸大了阴影，突出显示墙面的粗糙感	墙面阴影不宜过长，否则会使墙面失去坚固感，过短的阴影则不能表现质感
	扇贝形光斑	使用灯具在墙面形成扇贝形的光斑	在较为平淡的墙面上添加一些变化和趣味
	投光照明	将光投射到艺术品表面，增大其亮度，提高艺术品与周围界面的亮度对比，突出显示艺术品	在室内墙面悬挂艺术品（壁画）

附录四　装饰照明基本手段应用实例（如下图）

高光照明		背景照明	
柔和均匀的墙泛光		显示墙面质感的泛光	
扇贝形光斑		投光照明	

第 7 章

室内色彩与材质

第一节 色彩基础概述

一、光和色彩

视觉使人们感觉到绚丽多彩、变化万千的世界，而这有两个前提：一是外界有光照，二是有一双能感光和感色的眼睛。

光是物体色彩的唯一来源，它是一种电磁波，称为光波。在光波波长380nm～780nm^{2}之间，人可察觉到的光称为可见光。光刺激人的视网膜时形成色觉，因此我们常见到的物体颜色是指物体的反射颜色，没有光也就没有颜色。光源很多，太阳、月亮以及各种人工光源，但给人的感觉都不一样。除了亮度不同，其最主要的区别是具有不同的“光色”，色彩学上以“色温”作为衡量的指标：色温高，光色偏于蓝紫；色温低，光色偏于橙黄。

众所周知，日光经三棱镜折射，会映射出红、橙、黄、绿、青、蓝、紫等系列“光谱色”。所谓白光，其实是色光的混合，但同样多的色彩混合，结果却是相反的黑浊色。因此，色光和色彩具有同样的颜色感，却是完全不同的事物，在概念上我们应该明白，色光越加越亮，而色彩越加越暗。在室内环境设计中，我们主要涉及的是色彩现象及应用，但对色光原理也不可不知，特别是在室内设计、建筑照明等场合，色光的原理还是很重要的。太阳、月亮以及各种人工光源，给人的感觉是不一样的，如清晨的日光偏红紫、黄昏偏橙黄、月光偏蓝灰、白炽灯偏橙、荧光灯偏青等。忽视了色光，会在色彩设计上造成一定的失误。

二、色彩的认识

色彩不仅仅是点缀生活的重要角色，也是一门学问。要在设计作品中灵活、巧妙地运用色彩，使作品达到精彩的效果，就必须对色彩进行研究，感觉色彩运用的妙处。

1．色彩的构成

色彩一般分为无色彩和有色彩两大类。无色彩是指白、灰、黑等不带颜色的色彩，即反射白光的色彩；有色彩是指红、黄、蓝、绿等带有颜色的色彩。

2．色彩的面积

颜色的明度、彩度都相同时，面积的大小会给人不同的效果感受。面积大的色彩比面积小的色彩感觉其明度、彩度都高，因而以小的色标去定大面积的墙面时，要注意颜色有可能出现的误差。

3．色彩的可辨认性

色彩在远处可以清楚见到，在近处却模糊不清，这是因为受到背景色的影响。清楚可辨的颜色叫可视度高的色，相反叫可视度低的色。可视度在底色和图形色的三种属性差别大时增高，特别是明度差别大时会更高，另外也会受照明状况和图形大小的影响。

4．色彩的前进和后退

等距离地看两种颜色，可给人不同的远近感。例如，黄色与蓝色以黑色为背景时，人们往往感觉黄色距离自己比蓝色近。换言之，黄色有前进性，而蓝色则有后退性。较底色突出的前进色彩称“进色”，较底色暗淡的后退色彩称“退色”。从色相上看，暖色比冷色更富有前进的特性。两色之间，亮度偏高的色彩呈前进性，饱和度偏高的色彩也呈前进性。但是色彩的前进与后退不能一概而论，它们与背景色是密切相关的。

5．色彩的膨胀和收缩

同样面积的色彩，明度、彩度高的色看起来面积膨胀，而明度、彩度低的色看起来面积缩小。暖色膨胀，冷色收缩。

三、色彩的作用

在我们的生活中离不开色彩，色彩可以满足视觉美感，可以表现人们的心理感受，可以调节室内光线的强弱，还可以调整室内空间，改善工作环境。色彩的各种各样的作用都是源于色彩的三个基本功能来实现的，所以色彩的作用在设计中应用范围也相当广泛。(表7-1和表7-2)

1. 物理功能

（1）温度感

在色彩学中，把不同色相的色彩分为热色、冷色和温色。从红紫、红、橙、黄到黄绿称为热色，从青紫、青到青绿称为冷色，紫色和绿色是温色。这和我们人类长期的感觉经验是一致的，如红色、黄色，让人好似看到太阳、火、炼钢炉等，感觉热；而青色、绿色，让人好似看到江河湖海、田野森林，感觉凉爽。但色彩的冷暖不是绝对的，有相对性，也受到补色的影响。如红比红橙感觉冷，比紫感觉热；大面积的红色和小面积的白色在对比之下，白色就明显地带有红色的补色——绿色。

（2）距离感

色彩可以使人感觉进退、凹凸、远近的不同。一般暖色系和明度高的色彩具有前进、凸出、远近的效果，而冷色系和明度低的色彩则相反。在室内设计中，常利用色彩的这些特点去改变空间的视觉大小和高低。

（3）重量感

色彩的重量感主要取决于明度和彩度。明度和彩度高的色彩显得轻，如桃红、浅黄色。在设计中，常根据色彩的重量感来达到平衡和稳定的需要。

（4）尺度感

色彩对物体大小的作用，包括色相和明度两个因素。暖色和明度高的色彩具有扩散性，因此物体显得大；而冷色和暗色则具有内聚作用，因此物体显得小。

2. 生理功能

色彩能够引起人生理上的反应。现代医学实验表明：黄色可以使脉搏减慢；蓝色可以防治脾及大肠的某些疾病；浅蓝色有利于降低高烧病人的体温；绿色不仅有养目的作用，还能防治肝、胆方面的疾病；淡绿色和淡紫色都有镇静安定的作用，有助于孕妇康复，还能治疗神经衰弱。这些实验证明，色彩刺激对人的身心有重要影响，相当于长波的颜色会引起扩展的反应，而短波的颜色会引起收缩的反应。整个机体由于不同的颜色，或向外胀，或向内收，并向机体中心集结。进一步研究发现，我们的大脑和眼睛需要中间灰色。如果人眼注视一色块，当目光移开后见不到该色的补色，会自动产生其补色，以寻求色彩平衡。在第二次世界大战之后，美国色彩专家把“色彩调节”技术运用到了医院手术室，将白墙改刷成绿色油漆，不但稳定了医生的情绪，还可以消除眼睛疲劳，尤其是久视血红而产生的补色需求可直接从环境中得到满足，从而大大提高了工作效率。

由此可见，我们在设计中，色彩的搭配不论颜色的多寡，用类似色还是对比色，都需要注意总量的平衡，以寻求和谐与舒适的色彩环境。但这种量不是简单的数量，如面积、明度或彩度的差别，而是指对人眼的“刺激量”。“万绿丛中一点红”，这样的搭配之所以是赏心悦目的，就是因为彩度相近的对比色面积悬殊是平衡的。

3. 心理功能

色彩的心理功能是通过联想来实现的，这种联想可以是具体的、直接的，也可以是间接的、抽象的。如由绿色想到草地，是一种具体的、直接的联想；引申为生命、生机是抽象的间接的联想，更远一点的，会联想到邮局或是纳粹军服等。前者属人为的规定、习惯，而后者因历史事件引起，故有文化上的象征意义。说到底，色彩的心理特点就是色彩对人心理状态、对人的情绪的影响。心理学上把色彩的象征力、主观感知力和色彩辨别力同列为重要问题。也就是说，色彩的文化象征等均可作为色彩的心理作用范畴。不同的民族、不同的个人之间，受自然环境、文化传统甚至宗教信仰等多种因素的影响，色彩的心理作用有巨大的差异。同一色彩可能引起完全不同的习惯联想，产生不同的、甚至是截然相反的爱憎情感。如许多国家的人都喜欢绿色，而法国人和比利时人却憎恶绿色，因为绿色让他们联想到德国纳粹的军服，想到被占领奴役的往事。尽管人们对颜色的心理联想存在着种种差异，但不排除有相当大的共同之处。

（1）冷色和暖色

暖色给人的感觉温暖，如红色使人联想到火；冷色给人的感觉寒冷，如蓝色使人联想到水和冰。绿色和紫色是温色，并以它的明度和彩度的高低变化产生冷暖感觉的变化。无彩色中，白色冷，黑色暖，灰色为中性。

（2）兴奋色和沉着色

兴奋与沉着由色彩的刺激强弱引起。红、橙、黄色的刺激强，给人以兴奋感，因此称兴奋色；蓝、青绿、蓝紫色的刺激弱，给人以沉静感，因此称沉着色。兴奋性和沉着性会随彩度的降低而降低。绿与紫是介于两者之间的中性色，是人们视觉不会觉得疲劳的颜色。

（3）色彩的华丽与朴素

色彩的华丽与朴素是由于色彩的彩度和明度的不同而具有的感情效果，即彩度与明度高的颜色给人以华丽感，而冷色具有朴素感。金、银色有华丽感，而黑、白两色因使用情况的不同可以具有华丽感也可以具有朴素感。

（4）颜色的柔软与坚强

明度高、彩度低的色有柔软感，而明度低、彩度高的色有坚硬感。黑、白有坚硬感，灰色有柔软感。

（5）色彩的好恶

不同人，不同性别、年龄、阶层、职业、环境、地域、民族等因素使人对颜色的喜好不同。

表7—1　　不同色彩对人感觉的影响

感觉	色相		
	红	绿	蓝或紫
物理反应（说明对人体的影响）	前进（上升）热闹光辉的		后退（下陷）冷安静的
单纯的感情反应（说明对人在情绪上的影响）	刺激的 兴奋的	宁静的 愉快的 （特别是黄色）	消沉的 抑制的
综合的理性反应（性质意义）	鲜艳夺目的 原始的 活泼的（有生气的）	富有青春活力的	庄严的 平凡的 单调无生气的

表7—2　　不同亮度对人感觉的影响

感觉	明度		
	亮	中等亮度	暗
物理效果	轻		重
感情效果	愉快的 快乐的 轻薄的	宁静的	消沉的 庄严的
物理反应	女性的 （娇柔的）	神秘的	男性的 感人的 阴沉的

第二节 室内环境的色彩设计

一、室内环境的构成要素

当今社会的发展、人类的进步，使人们越来越重视室内环境，重视自己的生活质量；室内是人们生活和工作的主要场所，其重要性日益显现。室内环境贴近生活，易为人们所控制和改变，因此，探寻室内环境中不变的构成要素可以说是室内设计的起点、基础。这里不变的构成要素是指室内设计时经常要考虑的、可感知的客观物体。这些客观的物体既包括与建筑构件固体在一起的装饰部分，也包括可移动的部分，还应包括可感知的条件即光线。因此，室内环境的构成要素主要有以下几种。

1. 光线

光线主要是指灯光，也包括自然光。没有光也就没有色彩，就无法识别空间、感知环境。室内自然光的运用从古到今都是首选的设计要素，罗马万神庙顶部圆形柔光口似乎暗示光照来自天国，光的渲染加强了宗教的神秘感。现代建筑的室内也充分考虑合理利用自然光的作用。

灯光除了照明的作用之外，在室内还起到界定空间、组织空间、改善空间、渲染气氛、增加美感等作用。如麦当劳、肯德基等西式快餐厅，在中国作为休闲餐饮,就餐对象多为女性、儿童，室内光源以明亮为主，有活跃之意；传统的咖啡厅、西餐厅等最讲究情调的地方，灯光以沉着、柔和为美。不同国家有不同的情调，如英国式的古典庄重、法国式的活泼明朗、美国式的不拘一格等，都需灯光来改善空间、渲染气氛。

2. 界面

界面是指对墙面、地面、顶面的装修。一般室内装修首先从六大面着手，确定主色调是色彩设计关键的一步。在设计中，一般墙面颜色比天花稍深，可采用明亮的中间色；地面颜色相对较深，有下沉感，可使空间拉伸得较高，但也常用一些明度高的浅色，产生一种平静开阔的空间感；天花多为白色，但在舞厅、酒吧等场所却常采用以黑为主的浓重色。

门、窗、踢脚的色彩一般不与墙面形成过分的对比,要使其统一在室内整体的风格中。门、窗、踢脚的色彩要与整个室内空间的色调形成统一，使地面和顶面形成呼应，而墙面的处理则可使用浅色进行分隔，这样既能使室内空间富于变化，又不失在色彩上的协调统一。

3. 分隔与隔断

分隔与隔断是指划分空间的到顶与不到顶的墙或框架之类。隔断不仅划分了空间，同时也增加了空间层次，而色彩正好可以配合并强化隔断这一作用。设计师可以大胆地选用高彩度的补色作为隔断来对室内空间进行划分，使空间的功能得到充分利用，同时高彩度的界面处理手法还能给人一种热烈奔放的浪漫感觉，进而充分地体现整个空间的现代感。

4. 家具与陈设

装饰品与家具统一协调色彩并进行配置。家具的色彩要考虑到如何与墙面、地面等室内其他要素来进行相互配合。一般一个环境中的家具色最好不益多于三种，而空间的选色则更要统一。暖色墙可配中性色或冷色家具，冷色墙则用暖色家具。陈设和装饰品的布置不仅能起到美化环境的作用，而且还可以提升整体环境的品位，调整墙面与家具的关系，在色彩运用上能起到点缀、丰富空间的作用。

5. 绿化

绿化是指各类盆栽的植物与花卉等。室内绿化不仅可以观赏，有利健康，而且可以调节色彩环境，引导和提示空间，对空间进行分割，点缀和丰富空间内容，充分利用空间每个角落，创造自然亲切的环境。

二、室内色彩设计方法

1．色彩与室内环境气氛

室内环境气氛的形成是室内诸多要素共同作用的结果，如房间功能、室内光线、家具、陈设、绿化等。然而一种固定的或非固定的物体一般都同时具有形体、色彩和质感等，因此，色彩可以是创造环境气氛的一种手段。

色彩的这种创造环境气氛的手段主要表现在色彩的调和上。首先是在统一中求变化，也称为类似调和，即把同色系的颜色放在一起，有色相类似的关系，容易取得协调。假如同时在明度或彩度上相近，便能够求得总体上的均衡。第二种色彩调和则是在变化中求得统一，称为对比调和。先追求变化，再把统一的因素加上去，来取得协调。统一的因素最常用的就是以黑、白两色作为过渡色。

2．色彩调节

室内环境的色彩是一个综合的色彩构成，构成室内空间各界面的色彩以材料及材料自身的颜色为主色体形成整个室内的大背景。而照明灯具、家具、织物及艺术陈设等，则作为环境中的主体，参与室内颜色的整体组成，因而室内色彩需整体考虑才会最终达到满意的效果。

一般来讲，公共场所是人流集中的地方，因而应强调相对统一的效果，配色时应选用同色相近似的浓淡系列。购物场所的视觉中心，标志应有较强的可识性，因而颜色要有所对比，饱和度要高。在同一空间内，功能空间要求区分时，可以用两个以上色的配合来达到。

色相上，可按室内功能的要求决定色调，其方法自由，可按不同的气氛、不同的环境要求来做变化。

明度上，结合照明，适当地设计天花、墙面及地面的色彩可以充分地烘托出整个室内空间的氛围。在一般的居住型空间，天花与地面的明度相接近，可给人一种休息感和舒适感；而夜总会、咖啡厅的天花明度比地面要暗，可给人一种浪漫与成熟的氛围；餐厅的天花明度比地面稍弱，温柔的橘黄色照明，可使就餐者有很好的食欲，能使整个室内氛围温暖和谐，加以天花造型的别致设计和暖色的光色，能给就餐环境创造一种和谐的气氛，从而为就餐者提供一个舒适、理想的就餐环境。

彩度上，办公场所不宜彩度过大，否则易使人疲劳；娱乐场所的彩度要偏大些，可使人产生兴奋、愉悦的心情，但高彩度的色块要小面积使用，并尽量注意把握其造型或墙面的体量关系，否则会给人造成心理上的不适感。

3．室内色彩的构图

我们常把室内色彩概括为三大部分：作为大面积的色彩，对其他室内物体起衬托作用的背景色；作为在背景色的衬托下，在室内占有统治地位的家具主体色；作为室内重点装饰和点缀作用的重点色、强调色。

而在把握色彩使用的方法上，色彩的统一和变化是色彩构图的基本原则。室内色彩应有主调或基调，色彩的统一协调，以加强背景色、主体色和强调色之间的色彩关系为基本准则，可参考以下三种方法。

（1）色彩的主复和呼应

将同一种色彩用在几个关键性的部位上，使其成为控制整个室内的关键色。

（2）色彩布置成有节奏的连续

色彩有规律地布置，易引导视觉上的运动，称为色彩的韵律感。色彩的韵律感不仅可以用于大面积的空间设计上，也可用于主要空间内的家具、陈设品上。如果在一组沙发、一块地毯、一个靠垫、一幅画上都设计有相同的色块来取得联系，便会使室内空间物与物之间的关系更具有凝聚力。

（3）强烈对比

通过对比，色彩更加鲜明，加强了色彩的表现力。色彩对比，不仅包括色相的对比，还包括明度和彩度的对比、清色和浊色的对比、彩色和非彩色的对比等。通常整个室内空间的设计要尽量简洁、统一，要能使人眼睛为之一亮，所以在采用强烈对比的配色手法后，能使整个室内空间的色彩对比强烈，同时也能更好地突出空间使用的功能性。而室内的趣味中心或室内的重点，则常常是在构图中需要考虑的，它可以是一组沙发，或是一组壁画，或其他形式，同样也可以通过色彩的强弱对比来加强其表现力和感染力。

总之，我们可以通过色彩的重复、呼应、联系、强弱对比等手法来加强色彩的韵律感和丰富感，使室内色彩达到多样统一，在统一中求变化，既不单调，也不杂乱，在色彩之中有主有从，从而形成一个完整和谐的整体。

4. 色彩与室内空间感

色彩之所以能调节室内的空间感是因为色彩具有轻重、远近、冷暖的感觉。色彩视错觉的特性，对室内设计具有面积或体积上的调整作用。空间宽广松散时，可以采用前进性的色彩处理墙面；反之采用后退性的色彩，以取得较宽敞的效果。空间较大时，家具宜采用膨胀性的色彩；反之，宜采用收缩性的色彩。空间大时，可采用较多的色彩，丰富空间；反之，应采用单纯而统一的色彩。空间过高时，天花采用略重的下沉色彩，地面采用较松的上浮性色彩；反之，空间过底时，天花应采用上浮性色彩，地面采用下沉色彩，并且色彩应当单纯。

第三节 装饰材料概述

一、装饰材料的概述

环境艺术设计是依据一定的方法对环境美化的活动，它可以反映时代特征、民族气质、城市风貌。环境艺术设计特性的体现很大程度上受材料的制约，尤其是受到材料的光泽、质地、质感、图案、花纹等装饰特性的影响。各种变幻莫测、主体感极强的新型涂料创造了一个有限空间向无限空间延伸的感觉。因此，材料是环境艺术设计得以实现的物质基础，只有了解或掌握装饰材料的性能，按照使用环境条件合理地选择材料，充分发挥每一种材料的长处，做到材尽其能、物尽其用，才能满足环境艺术设计的各项要求。

二、装饰材料的功能

根据材料使用的部位不同，所用材料的功能也不尽一致，概括而言主要表现在以下三个方面。

1. 装饰功能

室内空间的墙面装饰是通过装饰材料的质感、线条、色彩来表现的。质感是指材料质地的感觉，重要的是要了解材料在使用后人们对它的主观感受。一般装饰材料要经过适当地选择和加工后，才能满足人们视觉美感要求。但是我们也要发挥天然材料的优势，创造出纯天然的装饰美感。

2. 保护功能

建筑物在长期使用过程中经常会受到日晒、雨淋风吹、冰冻等影响，也经常会受到腐蚀性气体和微生物的侵蚀，使其出现粉化、裂缝甚至脱落等现象，影响到建筑物的耐久性。选用适当的建筑装饰材料对建筑物表面进行装饰，不仅能对建筑物起到良好的装饰作用，而且能有效地提高建筑物的耐久性，降低维修费用。

3. 室内环境调节功能

建筑装饰材料除了具有装饰功能和保护功能外，还有改善室内环境使用条件的功能。如内墙和顶棚使用的石膏装饰板，能起到调节室内空气的相对温度、改善使用环境的作用；木地板、地毯等能起到保温、隔声、隔热的作用，使人感到温暖舒适，改善了室内的生活环境。

三、装饰材料的选择

人们进行环境艺术设计的目的就是要造就和改变环境，这种环境应该是自然环境与人造环境的高度和谐与统一。作为环境艺术设计师，应对材料的品种、规格、性能、用途有所认识，才能在工作中正确地选择和使用材料。然而材料的品种很多，性能和特点各异，用途亦不尽相同，因此在选择材料时，需要考虑以下几个方面的问题。

1．要考虑所装饰建筑及室内空间的类型和档次

住宅是人们生活的主要场所。除了工作时间以外，人的大部分时间是在住宅里度过的。因此，住宅的室内装饰应围绕着为人提供一个舒适的环境而进行。办公室、教室、图书馆、高级宾馆和大型商场等其他建筑，所选择材料的档次应有所不同。花岗石镜面板材耐磨，装饰效果好，适合用于高级宾馆中人流较多的公共部分，如大厅、走廊、楼梯等；而一般住宅的客厅，则较适合铺设陶瓷地砖。木质地板舒适、保温，在卧室、起居室铺设比较合适；塑料地板耐磨、有弹性，适合用于办公室；化纤地毯和混纺地毯防滑、消音、价格较高，适合用于宾馆；纯毛手工编织地毯高雅、豪华，装饰效果极好，但是价格昂贵，只适合用于少数国家级宾馆和会议中心等场所。

2．要考虑装饰材料的质感、线型、色彩对装饰效果的影响

材料的质感能在人的心理上产生反应，引起联想。一般来说，材料的这种心理诱发作用是非常明显和强烈的。例如，光滑、细腻的材料富有优美、雅致的感情基调，当然也会给人以一种冷漠、傲然的心理感觉；金属能使人产生坚硬、沉重、寒冷的感觉；皮毛、丝织品会使人想到柔软、轻盈和温暖；石材可使人感到稳重坚实和富有力度；而未加修饰的混凝土表面则容易使人产生粗野、草率的印象。因此，在选择装饰材料时，必须正确把握材料的性格特征，使之与建筑装饰的特点相吻合，从而赋予材料以生命。

材料的尺度、线型、纹理对装饰效果也会产生影响。就尺度而言，材料的大小尺寸应适中，应符合一定比例。例如，大理石及彩色水磨石板材用于厅堂，可以取得很好的效果，但是如果用于居室，则由于尺度太大，会失去其魅力。就纹理而言，要充分利用材料本身固有的天然纹样、图样及底色等的装饰效果，或利用人工仿制天然材料的各种纹路与图样，以求在装饰中获得或朴素、或淡雅、或高贵、或凝重的各种装饰气氛。就线型而言，在某种程度上应将其视作建筑装饰整体质感的一部分。例如，用铝合金压型装饰板装饰外墙面，可以获得具有凹凸线型的效果。

外墙装饰材料的色彩，应根据建筑物的规模、功能及其所处的环境进行综合考虑。建筑物内部色彩应力求合理使用，以期在生理和心理上均能产生良好的效果。红、橙、黄色能使人看了联想到太阳、火焰而感觉温暖，故称为“暖色”；绿蓝、紫罗兰色使人看了会联想到大海、蓝天、森林而感到凉爽，故称为“冷色”。暖色调使人感到热烈、兴奋、温暖，冷色调则使人感到宁静、幽雅、清凉。因此，在具体选用时，要考虑材料的质感、线型、色彩等对装饰效果的影响。

3．要考虑装饰部位的使用环境和使用功能

普通石膏板吊顶在潮湿的环境下使用，其挠度将增加，会影响顶棚的美观和安全，因而应改用防潮型石膏板，同时应选用规格较小的。浴室、厨房的水汽油烟较大，其墙面可选用表面光滑的内墙釉面砖贴面，以便清洗。塑料壁纸是广泛用于室内墙面的装饰材料，但因不透气，较少用于住宅的内墙面。居室墙面选择用织物制作的壁纸比较合适。南方住宅的客厅常用陶瓷地砖铺设，清洁、美观、凉爽；北方寒冷地区宜选用有一定隔热保温性能的木地板较为合适。在有水的地面还应考虑防滑，如卫生间浴室的地面，最好选用防滑的陶瓷地砖；在人流集中的商店、候车厅的地面，应选择耐磨性能好的彩色水磨石和陶瓷地砖或花岗石贴面。

由此可见，在选择装饰材料时，需要根据建筑的类型、档次和使用部位的具体要求，来巧妙合理地运用材料的质感、线型和色彩，以便使建筑装饰满足一定的功能，适应一定的环境，发挥出最佳的装饰效果。

第四节 装饰材料的分类与特点

一、装饰材料分类

环境艺术设计装饰材料的品种繁多，可从各种角度进行分类，一般可按材料的化学成分来划分，主要分为无机装饰材料、有机装饰材料和复合装饰材料三大类。（表7—3）

表7—3 无机装饰材料、有机装饰材料和复合装饰材料

<table>
<tr><td rowspan="13">装饰材料</td><td rowspan="7">无机装饰材料</td><td rowspan="2">金属装饰材料</td><td>黑色金属</td><td colspan="2">钢、不锈钢、彩色涂层钢板、彩色不锈钢板等</td></tr>
<tr><td>有色金属</td><td colspan="2">铝及铝合金等、铜及铜合金等</td></tr>
<tr><td rowspan="5">非金属装饰材料</td><td>天然石材</td><td colspan="2">花岗石、大理石等</td></tr>
<tr><td>烧结与熔融制品</td><td colspan="2">烧结砖、陶瓷、玻璃、铸石、岩棉及制品等</td></tr>
<tr><td rowspan="2">胶凝材料</td><td>水硬性胶凝材料</td><td>白水泥、彩色水泥等各种水泥</td></tr>
<tr><td>气硬性胶凝材料</td><td>石膏及其制品、水玻璃、菱苦土等</td></tr>
<tr><td colspan="3">装饰混凝土及装饰砂浆、白色及彩色硅酸盐制品等</td></tr>
<tr><td rowspan="2">有机装饰材料</td><td colspan="2">植物材料</td><td colspan="2">木材、竹材等</td></tr>
<tr><td colspan="2">合成高分子材料</td><td colspan="2">各种建筑塑料及其制品、涂料胶粘剂、密封材料等</td></tr>
<tr><td rowspan="4">复合装饰材料</td><td colspan="2">有机材料及复合材料</td><td colspan="2">装饰混凝土、装饰砂浆等</td></tr>
<tr><td colspan="2" rowspan="2">无机材料及复合材料</td><td colspan="2">树脂及人造装饰石材</td></tr>
<tr><td colspan="2">胶合板、竹胶板、纤维板、保丽板等</td></tr>
<tr><td colspan="2">其他复合材料</td><td colspan="2">涂塑钢板、钢塑复合门窗、涂塑铝合金板等</td></tr>
</table>

室内装饰材料是指用于室内环境中的装饰材料。其实大多数室外装饰材料均可以作为室内装饰用，尤其是室内追求室外化倾向较为突出的时候更是这样。这并不是说，室内装饰材料和室外的材料没有界限，没有自身的特点。室内装饰用材选择自由度大得多，更注重材料的颜色、质地和纹理等表面特性，便于近观。室内装饰材料根据建筑的部位不同选用相应的材料，因此，我们把室内装饰材料按装饰的部位来分主要分为内墙装饰材料、地面装饰材料和顶棚装饰材料三类。

1．内墙装饰材料

常用的内墙装饰材料有以下几种。

①内墙涂料：各种品牌、类型的涂料。

②壁纸与墙布：各种纸质、布质、塑料基底的贴材。

③木夹板装饰：各类木质表面的型材和胶合板。

④天然石材：大理石、花岗石等。

⑤陶瓷制品：面砖、墙面砖、陶瓷质壁画等。

⑥玻璃制品：镜面玻璃、彩色玻璃等。

⑦织物类：挂毯、装饰布等。

⑧石膏板材等：指各种轻质隔墙。

2．地面装饰材料

地面装饰材料主要有木地板、地毯、塑料地板、天然石材、人造石材、陶瓷地砖、地面涂料等。

3．顶棚装饰材料

顶棚装饰材料根据目前的防火规范要求，在一、二级耐火等级的房间中吊顶应使用不燃材料，所以现在常用的吊顶为轻钢龙骨纸面石膏板和铝合金吊顶，实际上

可选用的饰面板材还有矿棉水泥板、矿棉板、钙塑板、玻璃棉装饰吸音板等。在防火要求不高的场所，胶合板吊顶、PVC塑料板吊顶、壁纸装饰天花板等仍在继续使用。

从材料特点来看，木材是优良的装饰材料，导热性低，手感好，又有漂亮的纹理、温暖的颜色，况且有轻质高强、易于加工等优点，故深受人们喜爱。木地板、木墙广为流行，历久不衰。除木材之外，石材的使用也较为普遍。花岗石、大理石还是常被用作公共场所，如大厅之类的地面和墙面的装饰材料。这不仅因为天然石材耐久性、耐磨性等较好，而且容易与室外环境相联系，有个过渡，增加了统一性，况且天然材料有自然之趣，图案和纹理有较大的选择性，装饰效果典雅而又高贵。室内装饰材料中织物、地毯之类也是很有特色的纺织品，手感柔软，使用舒适，品种多样，不仅有很好的装饰效果，也有很好的使用价值。

二、装饰材料质感与色彩搭配

质感是对材料视觉、触觉等的综合判断后产生的一种感觉。与质感关系最近的材料特性中，首先是材料表面的粗糙程度，也就是人们常说的质地；其次是光泽，表面光滑的材料在光线的照射下会呈现光泽；最后就是纹理、图案。

在材料质感和色彩的搭配中，我们还应该注意以下两个方面的问题。

1. 色彩是材料组合、搭配的主要手段

材料的质感同颜色一样，单一情况下无所谓好与坏，只有搭配、组合后才能看出整体效果。设计师在确定设计方案后，装饰材料也就基本确定下来了，接下来便是如何进行搭配，如何选择恰当的色彩。例如，在公共空间环境的设计中，如何把握色彩与材料的组合及两者之间的搭配效果是提升设计效果的关键。在主色调确定的基础上，首先要以主色调来确定地面和天棚的颜色，地面选择的材质色调和天棚的材质色调要形成呼应，但一般顶棚材料和地面材料的质感相差甚远，所以我们可以从同一种色彩中求得两者的统一。很显然，色彩是一种必不可少的调节设计效果的手段。色彩可以弥补质感的不足，克服单调感。

2.设计合理可以使色彩与质感互补，相得益彰

设计中，应摆脱惯用材料的束缚，寻求发挥材料特性以创造完美的空间效果，使材料的颜色和质感都得到率直的表现，共同创造出和谐之美。

三、装饰材料与光照效果

装饰材料的效果好坏与人工光源的光照效果关系极大，我们可以从以下几个方面来进行分析。

1. 不同的光源具有不同的光色

在人工光源的照射下，固有色会发生相应的改变，如白炽灯偏橙、荧光灯偏青、电弧灯偏青紫等。人工光源色主要分为两类：冷色和暖色。它在创造环境气氛方面的作用显著，产生的色彩效果能远远超过自然光，可以满足各种空间对光色的要求。

2. 不同光照位置对质地和色彩有一定的影响

正面受光突出色彩；侧面受光色彩上产生退晕，增强立体感；在背光时，物体处于较暗的阴影面，加强其轮廓线成为剪影，其色彩和质地相对模糊。若采用大面积的正面照明，则可起到突出形体、加强色彩、增加纵深的作用，能给人一个活泼的、令人兴奋的空间氛围。

3. 光滑坚硬材料在受光照射时所产生的镜面效果

对光滑坚硬材料，如金属镜面、磨光花岗岩等，要注意其反映周围环境的镜面效果对视觉产生的不利影响。如在电梯间，应避免采用光泽好的地面，因为两个过于光滑的表面互相反射的效果会使人对主要界面的亮度产生错觉。黑色表面应减少其阴影的出现，强光能加强材料的质感，而漫射光能软化材料的质感，有一定角度的强光，能创造激动人心的感觉。

第8章

室内陈设与绿化

第一节　室内陈设艺术设计概述

室内陈设是室内环境中十分重要的一部分。室内环境中只要有人生活、工作，就必然有或多或少的不同类别的陈设，空间的功能和价值也常常需要通过陈设来体现。因此，陈设不仅是室内环境中不可分割的一部分，而且对室内环境的影响很大，作用也很大。

从广义上讲，室内陈设品设计就是指室内空间中的(除天棚、墙面、地面以外)家具、艺术作品、家用电器、植物、花卉等在室内空间中的组合关系。根据室内陈设品的性质分类，室内陈设品可以分为以下四大类。

（1）实用性与观赏性为一体的物品

如家具、器皿、植物、织物等，这类陈设品既有特定的实用价值，又有良好的装饰效果。

（2）纯观赏性的物品

如艺术品、工艺品、摄影作品等，这类物品不具备使用功能，仅作为观赏使用，它们或具有审美和装饰作用，或具有文化和历史意义。

（3）因时空的改变而发生功能性改变的物品

这类物品是指那些原本具有实用功能的物品，随着时间或地域的变迁，这些物品的使用功能已丧失，同时它们的审美和文化的价值得到了提升，因此而成为珍贵的陈设品，如远古时代的器皿、服饰甚至装饰构件等。

（4）原先无审美功能的、经过艺术加工处理以后成为陈设品的物品

这类物品可以分为两类：一类是原先仅有实用功能的物品，将它们按照形式美法则进行重新构图，组成新的装饰图案；另一类是那些既没有观赏性又没有使用价值的物品，经过艺术加工、处理、重组后，成为很好的陈设品。

第二节　室内陈设艺术设计内容

室内陈设作为现代室内设计的四大内容（室内空间设计、室内装修设计、室内物理环境设计、室内陈设设计）之一，对室内设计的成功有着重要的意义。陈设之物置于室内环境，犹如公园里的花草树木、山、石、小溪、曲径、水榭，是赋予室内空间生机与精神价值的重要元素。可见，室内陈设艺术在现代室内空间设计中占据重要的位置，同时它对现代室内空间设计也起到很大的作用。

一、陈设艺术设计在室内空间中的作用

人在生活空间中不会满足于一般功能意义上的陈设，需要在空间中有些能让我们的视觉停留的物件，并通过这些陈设品享受美感，同时也需要通过一些文化形态反映过去和现在的联系，寻求精神的寄托和性情的陶冶。因此，陈设艺术设计除了功能性和形式美感的要求，文化品位的要求也是十分重要的。“简装修，重陈设”设计观点的提出也给予陈设艺术以更高的要求。

1．烘托室内气氛，创造环境意境

优秀的室内设计总是需要有特定的气氛、意境或者明确的主题。气氛，即内部空间环境给人的总体印象，如欢快热烈的喜庆气氛、亲切随和的轻松气氛、深沉宁重的庄严气氛、高雅清新的文化艺术气氛等。而意境则是内部环境所要集中体现的某种思想和主题。与气氛相比较，意境不仅被人感受，还能引人联想，给人启迪，是一种精神世界的享受。意境好比人读了一首好诗，随着作者走进他笔下的某种意境。(图8−1和图8−2)

图8-1 虚拟幻现的梦境花园婚礼

图8-2 庄严、素雅的告别

2．组织空间，引导空间，丰富空间层次感

（1）分隔组织空间的作用

室内空间一般来说是由墙面、地面、顶面围合的建筑空间，也称之为一次空间。由于它们的特性，一般情况下很难改变其形状，除非进行改建，但这是一件费时、费力、费钱的工程。利用室内陈设物分隔空间是我们把一次空间划分出可变空间，也就是二次空间的首选方法。在室内设计中，利用家具、地毯、绿化、水体等陈设创造出的二次空间使空间的使用功能更趋合理，更能为人所用，使室内空间更富层次感。在同一室内有无地毯或地毯质地、色彩不同的地面上方空间，便从视觉上和心理上划分了空间，形成了领域感。（图8-3）

（2）联系引导空间的作用

联系室内外的方法有很多，如通过铺地由室外延伸到室内，或利用墙面、天棚、踏步的延伸，都可以起到联系的作用。但是相比之下，这都没有利用绿化陈设方式更鲜明、更亲切、更自然、更惹人注目和喜爱。绿化陈设在室内的连续布置，从一个空间延伸到另一个空间，特别在空间的转折、过渡、改变方向之处，更能发

图8-3 网吧室内空间中的座椅的布置

挥空间的整体效果。例如，许多宾馆和机场等大型公共性空间，常利用绿化的延伸联系室内外空间，起到过渡和渗透作用，通过连续的绿化布置，强化室内外空间的联系和统一。

（3）突出空间的重点作用

大门入口处、楼梯进出口处、交通中心或转折处、走道尽端等，既是交通要害和关节点，也是空间中的起始点、转折点、中心点、终结点等重要视觉中心位置，常放置特别醒目的、更富有装饰效果的陈设品，起到强化空间、重点突出的作用。另外，布置在交通中心或尽端靠墙位置的陈设品，也常成为厅室的趣味中心。这里应说明的是，位于交通路线的一切陈设品，必须以不妨碍交通和紧急疏散为前提，并按空间大小形状选择相应的陈设品。（图8-4和图8-5）

3．柔化空间，改善室内生态环境

现代科技的发展、城市钢筋混凝土建筑群的耸立、大片的玻璃幕墙、光滑的金属材料……凡此种种构成刚强冷硬、沉闷的空间，使人愈发不能喘息，人们企盼悠闲的自然境界，强烈地寻求个性的舒展。因此，植物、

图8-4 某购物中心的悬挂装饰

图8—5 圆形空间中的抽象雕塑

图8—6 餐饮空间中的绿色植物

织物、家具等陈设品的介入，无疑使空间充满了柔和与生机、亲切与活力。（图8—6）

4．强化室内风格

室内空间有各种不同的风格，如西欧古典风格、现代风格、中国传统风格、乡村风格、朴素大方的风格、豪华富丽的风格等。陈设品的合理选择对室内环境风格起着强化的作用。

陈设物品的风格是指陈设物品固有的造型、色调和材质所形成的具有文化背景和品质的综合因素。陈设物品风格的选择与室内设计有着密切关系，一般情况下陈设物品的风格与室内空间风格是一致的。风格一致的陈设物品的叠加，能增强室内的陈设效果，有利于烘托室内空间的整体氛围。另外，陈设物品的风格与室内空间的风格相异，形成具有戏剧般的矛盾冲突，达到特异、新颖的陈设效果。风格形成对比关系的陈设物品要限制数量，否则把没有内在联系的陈设物品罗列在一起，会引起内涵和形式上的相互冲突，形成混乱的局面，但若控制得好，就会收到出奇制胜、匠心独运的效果。这类陈设设计要注意控制具有对立性质陈设物品的数量，在整个室内空间中，数量属于绝对少数，仅仅作为点缀，同时控制具有对立性质陈设物品的体积和面积，使得体积和面积处于有效控制的范围。（图8—7）

图8—7 中式风格客厅

5．体现地域特征，反映个人爱好

民族这一概念，一般指的是共同的地域环境、生活方式、语言、风俗习惯以及心理素质的共同体。室内环境所处的地方不同，也会在陈设上表现出不同的特点。各民族具有各自的文化传统和艺术风格，同时，民族的心理特征与习惯、爱好等也有所差异，这一点在陈设品中应予以足够的重视。例如，伊斯兰教的民族，忌用猪作为陈设图案；而自视为龙凤后代的汉民族，由于代代相承的传统和习俗，大量装饰纹样中都有龙凤题材，龙凤寓意“吉祥”。传统的汉居中，太师壁前陈列祖宗的牌位、香炉、烛台等。（图8—8和图8—9）

总之，陈设艺术的范畴非常广泛，内容极其丰富，形式也丰富多样。陈设品作为室内环境的重要组成部分，在室内环境中占据着重要地位，也起着举足轻重的作用。认识到陈设品的作用并在空间设计中发挥它的作用，必将创造出丰富多彩的人性空间。

二、室内陈设艺术设计中陈设品的布置

作为艺术欣赏对象的陈设品，随着社会文化水平的

图8—8 皖南地区民居室内陈设

图8—9 藏族地区室内陈设

日益提高，在室内设计中所占的比重逐渐扩大，所拥有的地位也愈来愈显得重要。而室内空间的主体是人，没有人就没有了富于空间语言的主题。由此可见，室内陈设品的选择和布置主要是处理好陈设品与观赏者、陈设与周围环境、陈设与陈设之间的关系。

1．陈设品的布置方法

(1) 墙面陈设

墙面陈设一般以平面艺术为主，如书、画、摄影、浅浮雕等；或小型的立体饰物，如壁灯、弓、浮雕等；也常见将立体陈设品放在壁龛中，如花卉、雕塑等，并配以灯光照明，也可在墙面设置悬挑轻型搁架以存放陈设品。墙面上布置的陈设常与家具发生上下对应关系，可以是正规的，也可以是较为自由活泼的形式，采取垂直或水平伸展的构图，组成完整的视觉效果。墙面与陈设品之间的大小和比例关系十分重要，应该留出适当的空白墙面，使视觉获得休息的机会。(图8—10)

图8—10 茶馆墙面的紫砂壶装饰

(2) 桌面陈设

桌面陈设包括不同的类型和情况，如办公桌、餐桌、茶几、会议桌以及略低于桌面高度的靠墙或周围布置的储藏柜和组合柜等。桌面摆设一般均选择小巧精致、宜于微观欣赏的材质制品，并可随时即兴灵活更换。桌面上的日用品常与家具配套购置，选用和桌面协调的形状、色彩和质地，常起到画龙点睛的作用。例如，会议室中的沙发、茶几、茶具、花盆等，须统一选购，达到整体协调。

(3) 落地陈设

大型的装饰品，如雕塑、瓷瓶、绿化等，常常布置在室内空间的地面上，布置在大厅中央成为视觉中心的地方做重点装饰，在视觉上起到引导作用和对景作用。(图8—11)

(4) 橱柜陈设

数量大、品种多、形色多样的小陈设品，宜采用分

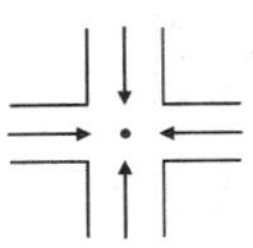
①布置在视线汇聚处，指不同方位中人的视线集中处。

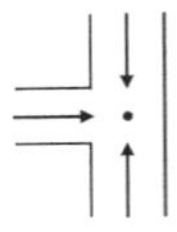
②布置在两个或者两个以上平面的中轴线交点处。

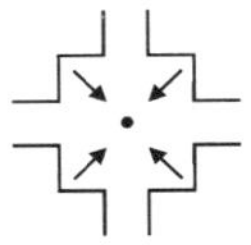
③布置在规则平面的中心，起重点构景作用。

④布置在平面的中轴线上两侧，强化空间序列、协调空间感觉。

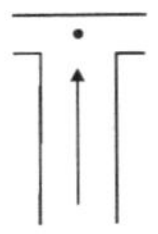
⑤布置在平面中轴线的端点，使得平面庄严规整。

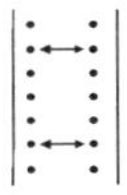
⑥布置在平面的中轴线，延长人们的视觉停留时间。

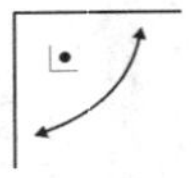
⑦布置在平面转折的阴角处柔化空间。

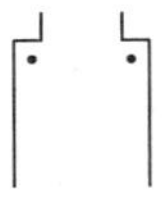
⑧布置在空间的过渡处，渡处的生硬感。

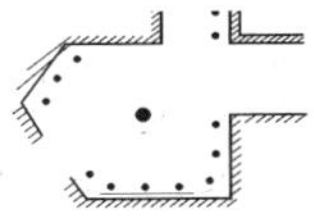
⑨布置在异形空间中，淡化过改善空间形态。

图8—11 落地 陈设

格分层的搁板、博古架，或特制的装饰柜架进行陈列展示，这样可以达到多而不繁、杂而不乱的效果。布置整齐的书橱书架，可以组成色彩丰富的抽象图案效果，起到很好的装饰作用。壁式博古架，应根据展品的特点，在色彩、质地上起到良好的衬托作用。

(5) 悬挂陈设

高大的室内空间，常采用悬挂各种装饰品，如织物、绿化、抽象金属雕塑、吊灯等，来弥补空间空旷的不足，并有一定的吸声或扩散的效果，居室也常利用角隅悬挂灯具、绿化或其他装饰品，既不占面积又装饰了枯燥的墙边角隅。(图8—12)

图8—12 江南风格的餐厅

2. 陈设品与观赏者的视觉关系

人们观赏陈设品的视觉方式可相对地分为静态观赏和动态观赏两种，这两种视觉方式对室内陈设品的选择有着不同的要求。静态观赏是指人的视线较长时间地停留在陈设品上。为了满足静态观赏的视觉效果，应选择一些精致的、耐看的陈设品。静态观赏的空间主要有餐厅、咖啡厅、茶室、居室、客房、办公室、接待室等供人们有可能做长久逗留的空间。动态观赏是指人的视线较短时间地停留在陈设品上。为了适应动态观赏的视觉特点，应选择造型整体感较强的陈设品。动态观赏的空间主要有走廊、楼梯等一切人们不会久留的空间。

人们在感知物象时，不仅视觉、视距影响视觉感知，而且思维的意识状态也能影响着视觉感知。在观赏陈设品时，空间的主体——人的视觉感知主要着眼于陈设品的体量、尺度、色彩、肌理、材质等形态方面，具体如下。

(1) 陈设品的体量

陈设品的体量关系可以查阅视觉的有关理论。视觉理论认为：当人的视点固定时，两眼的水平视角可以达到120°左右，而一般人在水平视角为55°时为视觉舒适区。由此可得，当视距大约等于物体宽度时，视觉较为舒适。另外，当人的视点固定时，垂直视角在26°左右时是观赏物体全貌的最佳视角。由此可得，当垂直视距大约等于物体高度的1.2倍距离时，观察物体的细部较佳；当垂直视距大约为物体高度的2.2倍距离时，观赏物体的全貌较佳。由于同一个物体的宽度和高度多是不一样

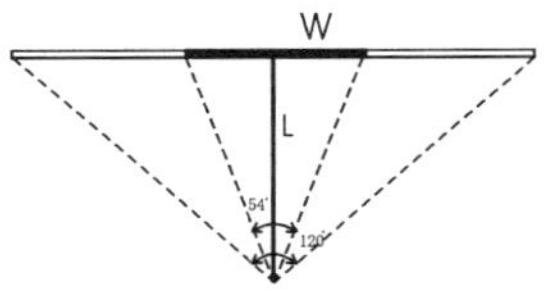

①水平视角下的最佳视角、视距。

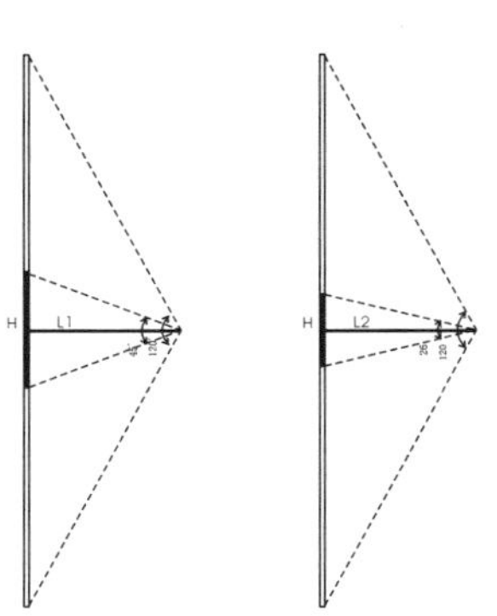

②垂直视角下观察物体细部和全貌的较佳视角、视距。

图8—13 水平视角下和垂直视角下分析图

的，又由于同一个物体的最佳水平观赏视距与最佳垂直视距也是不一样的，所以在考虑陈设品体量的大小时，应同时考虑两种视角下的视距因素，并依据其中大的视距来确定陈设品的体量，以保证陈设品的整体观赏效果。（图8—13）

（2）陈设品的尺度

尺度大小的概念是以参照物为标准形成的。室内空间形态中有关因素作为参照物，主要是指建筑的界面、装饰物以及陈设品本身。不同的室内空间有不同的形态，因而同一体量的陈设品在不同的空间中有不同的尺度感。所以，我们在选择陈设品时，要考虑室内空间形态和陈设品之间的尺度关系。（图8—14和图8—15）

（3）陈设品的色彩

室内环境的色彩有很大一部分是由陈设品决定的。陈设品的色彩既作为室内主体色彩而存在，又作为点缀色彩产生效果。这里主要介绍如何根据原空间的色调选择陈设品的色彩。

①如果室内空间比较小，大体量的陈设品表面色彩应与室内各个界面采取的色调协调，可以色相基本一致，明度适当对比；色相略有差别，明度保持一致。

②如果室内空间大而且色调单一，陈设品的色彩可选择与室内各个界面色彩的对比色。

③如果室内空间中色彩杂乱无章，在选择大体量陈设品色彩时应向原空间中面积最大或者较大的色彩靠拢，以构成色调。

④如果室内空间色调灰暗，大体量陈设品可选择高明度的色彩，作为点缀色彩出现的小陈设品应选择高纯度的色彩。

（4）陈设品的材质和肌理

材质是陈设品形式选择中需要认真揣摩的因素。相对于样式和色调，材质的选择较为微妙。材质直接与材料相关，材料种类繁多，即使同一材料也可呈现出不同的质地变化。同样一种花岗石，加工成斧劈石时粗犷、厚重；加工成凿毛石或火烧板时粗糙、平淡；当打磨抛光后，却似明镜般光洁照人。陈设品材质的选择就是物品纹理、质地的选择。利用材质的对比、变化，可以创造出更丰富的室内环境。肌理是材料质感在视觉上反映的一个方面，主要由纹理、形状、色彩构成。肌理有丰富的视觉感觉，如细腻、粗糙、疏松、紧实、圆润等。肌理与肌理之间可产生或是对比，或是统一的效果，从而形成更为丰富的视觉效果。其感觉特征主要表现为感

图8—14 纪念堂室内空间

图8—15 普陀寺室内

知速度较低，不同肌理的感知速度和感知强度都不相同，肌理的感知度随视距的加大而降低。根据肌理感觉的特征，通常选择陈设品时要注意：陈设品的肌理效果一般都适合在近距离和静态中观赏。如果要保证远距离的观赏效果，则应选择大纹理的、纹理色彩对比强烈的陈设品。

（5）陈设品在空间中的视觉感知

陈设品与空间的关系主要体现在与背景的关系上，

而这种关系从视觉构成上来讲就是“图”和“底”的关系。强化或者减弱陈设品在空间中的视觉感知，实际上就是调整“图”和“底”的关系。它们之间有以下规律：

①完整的、对称的面或形为图，零碎的面或形可为底。

②小面积的面或形可为图，大面积的面或形可为底。

③完整而丰富的面或形为图，简洁的界面或空间为底。

④三维的体大多可为图，二维的面一般为底。

3. 陈设品布置与周围环境之间的关系

室内的陈设应与室内使用功能相一致，陈设品的形状、符号、色彩、语言、材质也应与空间、家具、装修统一考虑，形成一个协调的整体。一幅画、一件雕塑、一副对联，它们的线条、色彩不仅为了表现本身的题材，也应和空间场所相协调，只有这样才能反映不同的空间特色，形成独特的环境气氛，赋予深刻的文化内涵。

室内陈设品的大小、形式，应与室内空间家具尺度取得良好的比例关系。陈设品的布置应与家具布置方式紧密配合，形成统一的风格、良好的视觉效果、稳定的平衡关系。室内陈设品过大，常使空间显得小而拥挤，过小又可能产生室内空间过于空旷，局部的陈设也是如此。例如，沙发上的靠垫做得过大，使沙发显得很小，而过小则又如玩具一样很不相称。陈设品的形状、形式、线条更应与家具和室内装修取得密切的配合，运用多样统一的美学原则达到和谐的效果。

综上所述，室内陈设艺术美的特征，即空间美、装饰美、构图美，以及其中所包含的材料美、肌理美、色彩美是室内设计师把握陈设艺术整体美时缺一不可的重要因素；只有当它们自身的美恰到好处地成为整体艺术形象的有机组成部分时，也只有当它们和艺术接受者的审美情感共鸣时，才能最终体现陈设艺术完美的审美价值。

第三节 室内绿化

室内绿化是陈设艺术的重要组成部分。尤其在大型建筑的公共空间，如果没有绿化，那么这些空间也就失去了意义和活力。室内绿化不仅能改善室内环境，还能缓解人们因工作压力而带来的神经疲劳。因此，室内绿化已不是单纯的“装饰”，而是利用植物材料并结合园林常见的造景手法，组织、完善、美化室内空间。它主要是解决人—建筑—环境之间的关系，使人在不知不觉中淡化被建筑空间包围所产生的厌倦，尽情享受像在室外空间一样的绿色环境。

一、室内绿化的种类

室内绿化从种类上区分主要有盆栽、盆景、插花等。不同的盆栽能给人不同的美感，有的宁静、娴雅，有的芬芳、艳丽。盆景作品充满诗情画意，使人浮想联翩。艺术插花或是清新淡雅，或是富丽堂皇。这些都是提高环境质量、满足人们审美需要不可缺少的室内设计要素。（表8−1）

1. 盆栽

在室内空间中，盆栽是经常选用的陈设品。由于盆栽植物特点和观赏特性的不同，盆栽可分为观叶类盆栽、观花类盆栽、观果类盆栽、藤蔓类盆栽等不同类型。

（1）观叶类盆栽

观叶类盆栽是以观赏植物的叶茎为主要目的的。它是盆栽中最主要的内容。植物叶的观赏包括叶的大小、形状、色彩、质感四个方面。观叶植物大多起源于热带和亚热带，在20℃左右的较恒温、光线充足的室内，才能保持完好的外观。

（2）观花类盆栽

由于植物的花有外形、大小、色彩、多少的差异，所以它给人不同的视觉感受。观花类盆栽要求有充足的

表8–1

室内常用绿化植物

观赏特性	名　称	高度（cm）	其他观赏特性	光　照	最低温度（℃）	空气湿度	用　途
观叶类	海芋	＞60		弱	16～21	中	盆栽
	一叶兰	＞60		弱	4～10	低	盆栽
	花叶芋	30～60	彩叶	中	16～21	高	盆栽
	孔雀竹芋	30～60		中	16～21	高	盆栽
	朱蕉	＞60		中	10～16	中	盆栽
	富贵竹	＞60		中弱	18～21	高	盆栽
	十大功劳	＜60	黄花，芳香	中	4～10	中	盆栽
	肾蕨	30～60		中	10～16	中	温室
	虎尾兰	＜30、＞60	白花，芳香	弱－强	16～21	低	盆栽
	鹅掌柴	30～80		中	＜5	中	盆栽
	丝兰	＞60	白花	强	4～10	低	盆栽
	吊竹梅	＞10		中	13～18	中	盆栽
	狭叶龙舌兰	＜30		强	4～10	低	盆栽
	八角金盘	＞60		强	4～10	中	盆栽
	佛肚树	＞60	红花	强	13～21	中	盆栽
	铁线蕨	＜30		中	4～10	高	盆栽
	龟背竹	＞60		中	16～21	高	盆栽
	南洋杉	1～5		中	4～13	中	盆栽
	散尾葵	3～8		中	15～18	中	盆栽
	苏铁	1～3		中	4～13	中	盆栽
	垂叶榕	1～3		中	5～7	中	盆栽
观叶类	橡皮树	3～10		中	13～21	中	盆栽
	蒲葵	2～5		中	10～16	中	盆栽
	棕竹	3～5		中	4～10	低	盆栽
观花类	瓜叶菊	＜50	多色	中高	15	中	盆栽
	八仙花	＜50	复色花	中	13～15	中	盆栽
	荷包花	10～30	黄、红、紫色花	强中	8～10	中	盆栽
	山茶	＞60	白、红色花	中	4～16	中	盆栽
	卡特兰	30～60	白、红、蓝色花	强中	10～21	高	盆栽
	君子兰	30～60	黄花	中	10～16	中	盆栽
	倒挂金钟	30～60	白、红、蓝色花	中	16～21	中	盆栽
	迎春	＞30	黄花	强中	4～10	中	盆栽
	含笑	＞60	白花，芳香	中	4～10	中	盆栽
	水仙	＜30	白花，芳香	中	4～10	中	水养
	天竺葵	30～60	白、红色花，芳香	强	4～10	中	盆栽
观果类	金桔	30～60	黄果，白花，芳香	强	10～16	中	盆栽
	月季石榴	30～60	红果，红花	强	10～16	中	盆栽
	珊瑚樱	＜30	红、黄果，白花	强	4～16	中	盆栽
	五色椒	30～60	多色果	中	10～16	中	盆栽

续前表

观赏特性	名　称	高度（cm）	其他观赏特性	光　照	最低温度(℃)	空气湿度	用　途
藤蔓类	常春藤类			强中	4～13	中	攀援
	绿萝			中	16～21	高	悬挂
	文竹			中	4～10	高	攀援
	吊金钱			中	4～13	中	攀援
	吊兰			中	4～13	中	悬挂

光线，而且要求晚上的温度低一些，因此观花类盆栽对室内的小气候的要求较高。为了使观花类盆栽能预期开花，可通过人工灯光和温度进行调控。

(3) 观果类盆栽

观果类盆栽是指以观赏植物的果实为主要目的的盆栽，要求植物果实具有美观的外形和鲜艳的色彩。

(4) 藤蔓类盆栽

该类盆栽植物具有很强的攀援性，可结合人工棚架形成各种形态，其多以观叶和观形为主。藤蔓植物一般采用悬挂或攀援的布置方式，用以装饰立面，形成美丽的绿色屏障。

2. 盆景

盆景是我国传统园林艺术的瑰宝，它被誉为“无声的诗，立体的画”、“有生命的艺雕”，装点着居室，美化着厅堂，使人身居室内却能领略丘壑林泉的情趣。盆景在我国室内绿化中有着悠久的历史和重要的作用，深受人们的喜爱。它运用不同的植物和山石等素材，经过艺术加工，把大自然的风姿神采、秀丽的山水，浓缩在盆中，塑造出咫尺天涯、妙趣横生的艺术品。我国盆景主要有川派、徽派、岭南派、苏派和扬派五大流派。各流派的盆景都具有自身的风格特点，反映了不同地域的审美倾向，并深受当地文化、艺术的影响。

根据盆景取材和制作的不同，其主要有树桩盆景和山水盆景两大类。

（1）树桩盆景

树桩盆景简称桩景，是从野外挖取被砍伐后废弃的老树桩及衰老淘汰的果树，上盆整形，使其成苍古不凡的盆景，因为多以老树桩为主，故称作树桩盆景。这类盆景有的苍劲古朴；有的枝叶扶疏，横条斜影；有的亭亭玉立，高耸挺拔。根据其形态的不同，可分为直干式、曲干式、斜干式、卧干式、枯干式、悬崖式、连根式、丛林式和俯枝式等。

（2）山水盆景

山水盆景又叫水石盆景，是将山石经过雕琢、腐蚀、拼接等艺术和技术处理后，设于雅致的浅盆之中，缀以亭榭、舟桥、人物，并配植小树、苔藓，构成美丽的自然山水景观。作为山水盆景的山石材料，一类是质地坚硬、难以加工，但具有天然纹理、形态奇特的硬石，如英石、钟乳石、斧劈石、木化石等；另一类是质地较为疏松、易吸水分、能长苔藓的软石，如松石、芦管石、珊瑚石、砂积石等。山水盆景的造型有孤峰式、重叠式和疏密式等。

此外，还有兼备树桩、山水盆景之特点的水旱盆景及石玩盆景。石玩盆景是选用形状奇特、姿态优美、色质俱佳的天然石块，稍加整理，配以盆、盘、座、架而成的陈设艺术品。

3. 插花

插花是以切取植物可供观赏的枝、花、叶、果、根为材料，插入容器中，经过一定的技术和艺术加工，组成一件精美的、富有诗情画意的花卉装饰品。它在室内装饰美化中，起到创造气氛的作用。一瓶艳丽或淡雅的插花，会给室内增添无限的情趣。插花主要有以下几种分类方法。

（1）根据花材性质分类

插花根据花材性质可分为四种：①鲜花插花；②干花插花；③干鲜花混合插花；④人造花插花。

（2）根据用途分类

①礼仪插花。礼仪插花的主要目的是为了喜庆迎送、社交等礼仪活动。其造型简单整齐，色彩鲜艳明亮，形体较大，多以花篮、花束、花钵、桌饰、花瓶等形式出现。

②艺术插花。艺术插花主要是美化装饰环境和供艺术欣赏的插花作品。其造型简洁、多样，内涵和意境丰富深远，富有诗情画意。

（3）根据插花的艺术风格分类

①东方式插花。东方式插花以我国和日本为代表，作品善于利用花材的自然美和所表达的意境美，注重季节的感受。其造型不拘泥于一定的格式，色彩淡雅。通过插花作品可以感受到东方人含蓄、委婉、清新的一面。

②西方式插花。西方式插花作品具有明显的几何图形造型、浓烈的色彩，强调插花的装饰性，花材种类多、用量大，表现出热情奔放、雍容华贵、端庄大方的风格。

二、室内绿化的布置方法

由于室内空间特点以及植物种类和观赏特性不同，室内绿化的布置方法众多，大致有两种划分方式：①按植物本身布局方式划分，有点状布局、线状布局、面状布局和综合式布局；②按植物所在空间的位置划分，有重要位置和边角地带。

1. 按植物本身布局方式划分

（1）点状布局

点状布局是指独立或组成单元集中布置的植物布局方式，也是室内绿化采用较多、最为灵活的形式，一般选用姿态优美、色彩鲜明的观赏性较强的植物。这种布局常用于室内空间的重要位置，除了能加强室内的空间层次感外，还能成为室内的景观中心。（图8–16）

（2）线状布局

线状布局是指绿化呈线状排列的形式。它可以是直

图 8–16 点状布局

图8–17 线状布局

线，也可以为曲线。线状绿化常以带状花池或连续排列的花盆等方式出现，多用于入口、楼梯及主要活动区两侧。（图8–17）

（3）面状布局

面状布局是指成片布置的室内绿化形式。它通常由若干个点组合而成，形态有规则和自由两种，常用于大面积共享空间和景园中。（图8–18）

（4）综合式布局

综合式布局是指由点、线、面有机结合构成的绿化形式。它是室内绿化布局中采用最多的方式，组织形式多样，层次丰富。布置中应注意疏密相间、错落有致，统一中寻求变化，使其主体突出、内容丰富。还可配合山石水景，模仿大自然的形态。（图8–19）

2. 按植物所在空间的位置划分

（1）重要位置

室内绿化常作为主要陈设并成为视觉中心，以其形、色的特有魅力吸引注意，一般布置在厅室的中央或空间转变处。（图8–20）

（2）边角地带

除了用于形成视觉中心外，室内绿化大多是布置在不影响交通的墙边或角落，利用悬、吊、壁架等方式填充室内剩余空间。

①边角点缀。边角点缀布置多样，可处于客厅沙发的转角处，可靠近角隅的餐桌旁，也可以以花槽、盆栽的方式置于窗前，或者遮挡有碍观瞻的物件。（图8-21）

②结合其他陈设物件布置。室内绿化除了单独落地布置外，还可与家具、灯具等室内陈设物件结合布置，组成有机整体。

③垂直绿化，装饰立面。用装有轻质培养基的吊挂容器，栽植枝叶悬垂的植物供悬挂欣赏的一种装饰形式。它可利用于天棚悬吊植物，也可以利用墙面或立柱上的容器种植花卉，还可利用楼梯的回廊栏板布置绿化。这种方式尽可能少地占用室内面积，创造立体的绿色环境，增强绿化氛围，营造缥缈美妙的情景。（图8-22）

④构成背景。室内绿化的另一作用，就是通过其独特的形、色、质，不论绿叶还是鲜花集中布置为成片的背景。（图8-23）

图8-18 面状布局

图8-19 综合式布局

图8-20 重要位置

图8-21 边角点缀

图8—22 垂直绿化，装饰立面

图8—23 构成背景

三、室内景园

室内景园多存在于大型公共建筑的共享空间，是室内空间的重要组成部分。将植物、山、水、石等自然景物引入室内建造景园，是室内空间室外化的具体实现。其目的是使生活在建筑丛林中的人们获得接近自然的机会，而不必受外界气候变化的影响。虽然室内景园需要占用一定的室内面积，并且造价较高，后期要花费管理维护费，但是它在维护生态平衡、保障人们身心健康、改善生活环境质量等方面有着不可估量的作用。

1. 室内景园的类型（图8—24和图8—25）

（1）植物景园

植物景园是以植物为主题的景园。一般有两种：一种是相当于温室花园，由花池绿化和盆栽组合，构成自然式的盆景园、草地园、岩生植物园、水生植物园等；另一种也是最常见的，根据室内空间功能，将植物结合陈设，起到组织空间、美化环境的作用。

（2）山石景园

掇石叠山是人们亲近自然的一种方式。古人就有赏石的闲情逸致，现代人也钟情于山石的古拙与野趣，常在室内叠山置石作景，以假山、石壁、立石等形态出现，多用英石、钟乳石等材料，也有的用塑料仿制自然山石，形态逼真，并且大大减轻了巨石的重量与底层的负荷。

图8—24 植物景园

（3）水景景园

以水为景是景园设计的主要形式之一。水景有娱乐水景和观赏水景两类。室内景园常以平静、流动、跌落、喷涌等尽可能丰富的形态变化来满足设计的需要，灵活有效地将空间内众多要素联系起来，使之成为有机的整体。

2.室内景园的设计

（1）室内景园的立意

室内景园的设计内容主要是造景，它是一种人为意识的创造过程，所以立意和技巧至关重要。所谓“意在笔先”是古人从艺术创作中总结出来的一句至理名言，对室内景园造景同样适用。人们对自然环境的真诚和发自内心的热爱，往往是造景立意灵感的源泉，设计者常以抽象自然、写意自然、象征自然、写实自然等立意方式进行景园创作。

（2）室内景园的功能

设计者在立意的同时，还应考虑室内景园的功能。由于空间的功能不同，决定了室内景园提供不同的景观环境。例如，以休息功能为主的景园，设计目的在于为人们创造舒适宜人的逗留空间，所以提高空间的环境品质、设置最佳的观赏点和观赏视距、安排舒服的休息设施等是该类景园的设计关键。

（3）室内景园的形式美

除了视觉感受外，对室内景园自然景物美的体验还应包括嗅觉、听觉、触觉等几方面。但与其他感官体验相比，人们从视觉获得的信息最多，因而赋予自然景观美的形象就显得十分重要。在室内景园设计中，运用对比、统一、均衡、韵律等形式美的一般规律，将植物、水、山石、建筑小品等造景要素与点、线、面、形状、质感、色彩等造型要素结合，构成有秩序的美景。

图8—25 室内景园

第9章

室内设计专业的图示表达

第一节 设计概念与图示表达

一、图示思维表达

1．定义

室内设计属于艺术设计的范围，是空间艺术和技术相结合的产物。就空间的艺术设计方面而言，感性的形象思维占主导地位。这种思维方式要求设计师对空间形象有敏锐的观察和感受能力，并能借助于图示方法将空间想象表达出来。而且在不断绘制图形的过程中，通过手、眼、脑的配合，新的灵感会被激发出来，促使原有的空间设想不断调整、修改，设计思维逐渐往前推进。这种借助图形来进行表达，并辅助设计思维的方式就是图示思维表达。图示思维表达是室内设计的基本表达方式，应用于设计的各个阶段。相对于其他表达方式，如语言，图示表达具有不可比拟的清晰、准确、具体、通用的特点，因而掌握图示思维的表达方式对于设计师来说是很重要的。

图9—1 透视速写草图

2．图形

图形可分为具象图形和抽象图形。具象图形的特点是形象生动，适于表达表象内容；抽象图形的特点是概括精炼，适于表达本质内容。在室内设计的图示思维表达中，根据不同的表达需要，这两种图形都被经常使用，具体分类如下。

（1）具象图形

①照片：引用与设计相似或相关的照片等表达意图。

②场景图：以透视为基础，用速写、渲染等技法表达真实场景感。（图9—1）

③工程图：用三视投影图原理画出的设计平、立、剖面图，具有一定的抽象性。

（2）抽象图形

①图解图形：以简单的抽象图形为图示“单词”，以一定的组织原则为图示“语法”，由此绘出图解图形，用来表达设计中某些元素的本质关系，包括矩阵坐标图形、树形系统图形和圆方分析图形等。（图9—2和图

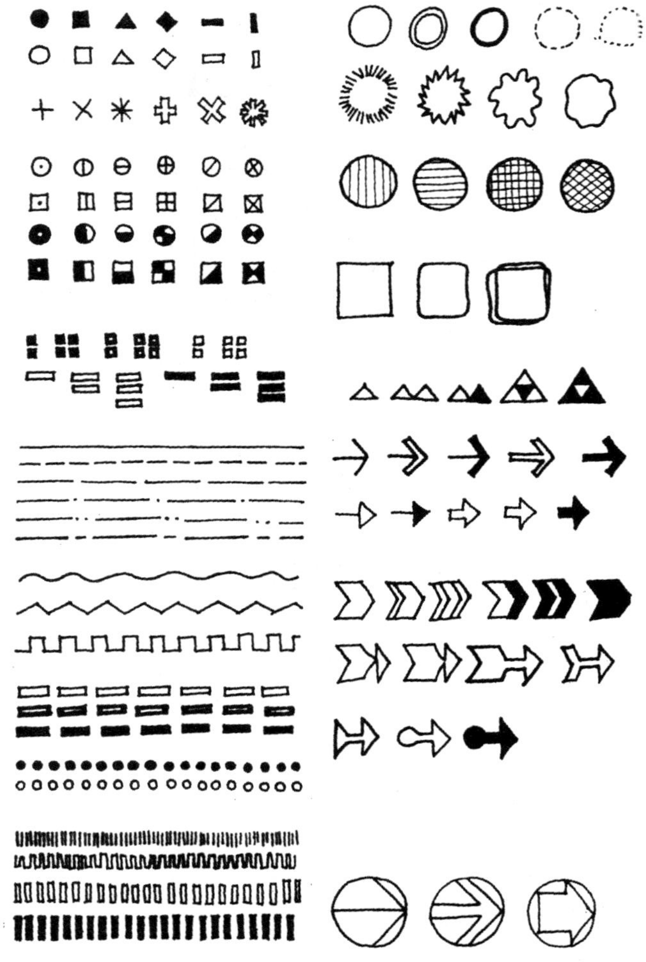

图9—2 图示“单词”

9－3）

②象征图形：利用大众共通的文化心理绘出的图形，以使观者产生设计师预定的心理联想，具有一定的具象性。（图9－4）

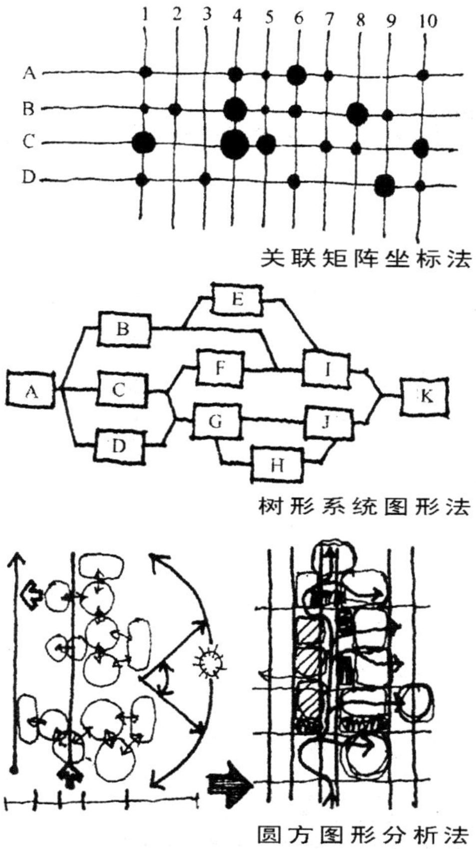

图9－3　图解图形

图9－4　象征图形

二、设计概念草图

1．定义、特点和作用

室内设计所面对的问题通常是很复杂的。在设计初期，面对功能、形式、技术等多方面的问题，室内设计师需要找到一个较好的设计切入点，以准确把握设计的中心问题，并系统化地展开设计过程。这样的切入点通常是以设计概念草图来表达出来的。所谓设计概念草图，即是为分析、思考、讨论和交流设计的中心问题而绘出的简明的图示思维表达。其特点是概括性和模糊性。概括，即只对中心问题或整体问题提出解决设想，不陷入细枝末节；模糊，即对问题提出大致的解决思路和方向，并不急于下定结论。设计概念草图具有三个层面的作用：一是设计师自我体验的层面，用以自我发展设计；二是设计师行内研究的层面，用以提交给设计团队讨论，从而激发思维，拓宽视野；三是设计师与业主交流的层面，用以向业主表达设计构想，并听取业主的意见。

2．内容

设计概念草图的表达内容是按设计本身问题的特征划分的。针对设计中不同的问题，应绘制不同内容的草图，以使得图示表达清晰准确，从而便于讨论交流。设计概念草图按内容可分为功能、形式两个方面，具体如下。

（1）关于功能的设计概念草图

室内设计是对建筑物内部的深化设计或二次设计。在很多情况下，原有建筑室内空间使用性质发生改变，

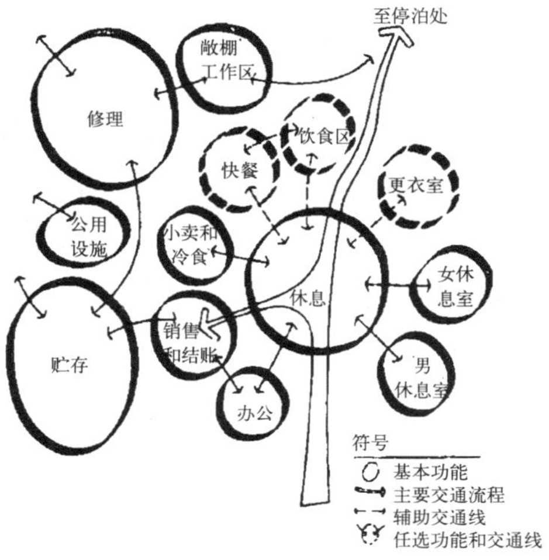

图9－5　功能关系草图

因此产生的功能方面的问题往往是设计的中心问题。功能设计概念草图围绕使用功能展开思考，对平面功能分区、交通流线组织、空间限定方式等方面的问题进行分析。这种类型的草图多采用抽象的设计符号并配合必要的文字等综合形式。（图9—5和图9—6）

（2）关于形式的设计概念草图

形式设计概念草图的主要内容是体现室内设计的审美意识，表达空间的艺术创造。由于室内是一个由界面围合而成的相对封闭的空间虚体，空间形式构思的着眼点应放在空间虚体的形态塑造上，同时注意把握由重点的室内设计要素所营造的空间总体艺术气氛。这种草图以徒手画的空间透视速写为主，也可以配合立面构图的速写，以表现空间的总体形式。（图9—7和图9—8）

3．设计概念的构思方法

设计概念的构思方法一般来说有两种：一种是用理性方法的逻辑思维，逐步推理出理想的结果；一种是用感性方法的直觉思维，直接由灵感得到结果。就像设计是技术和艺术的结合一样，设计过程也往往是理性和感性的结合，既有严谨的推理和分析，使作品经得起推敲，也有微妙的直觉和灵感，使作品鲜活有灵气。这两者之间要把握好一个平衡。除此之外，恐怕很难给出一个放之四海而皆准的标准方法。每个设计师都有自己的构思方法，而且一个设计师在不同时期或面对不同设计任务时，构思方法都可能完全不同。所以，条条大路通罗马，只要能做出好的设计，任何方法都可以是方法。

下面为设计概念构思方法的若干举例。（图9—9至图9—15）

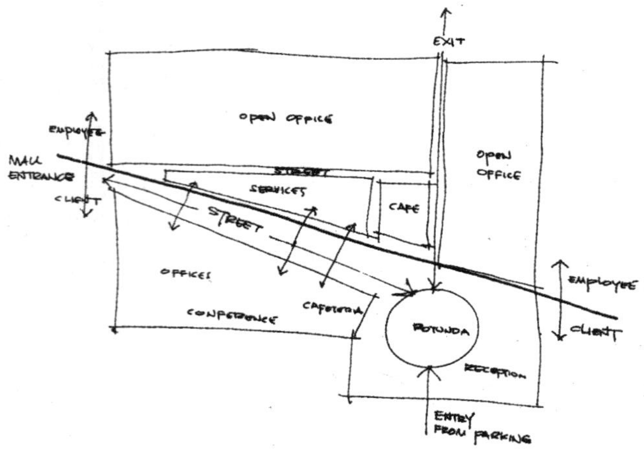

图9—6 功能设计概念草图

图9—7 空间气氛草图

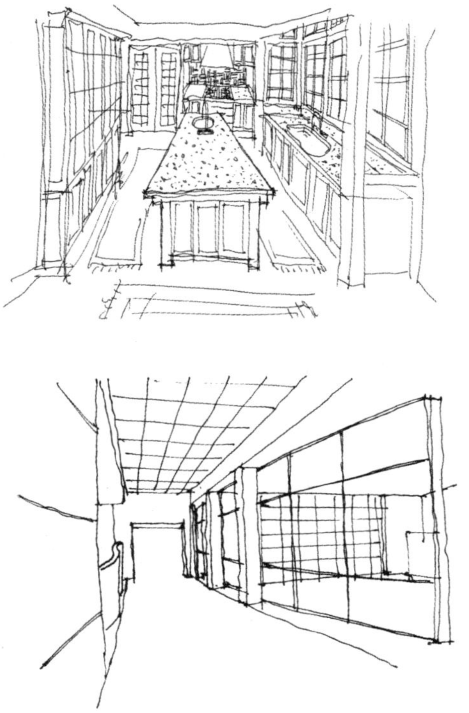

图9—8 空间形式设计概念草图

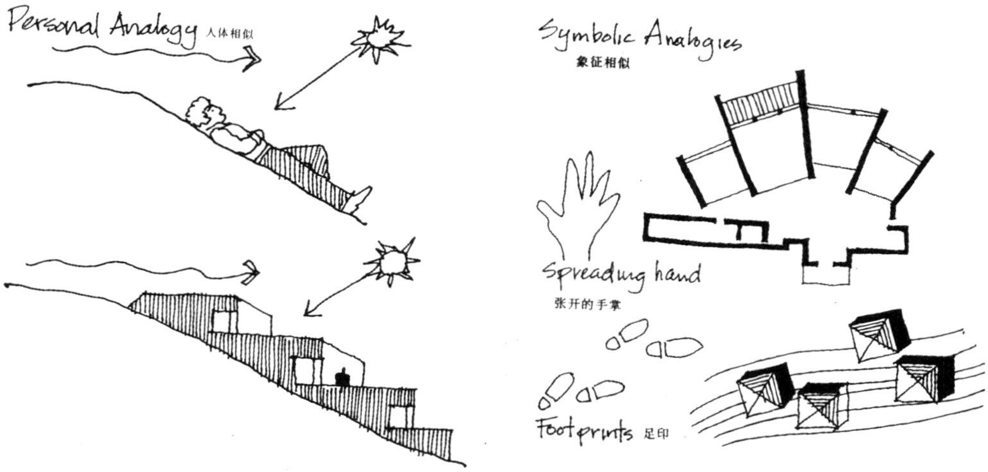

图9—9 相似

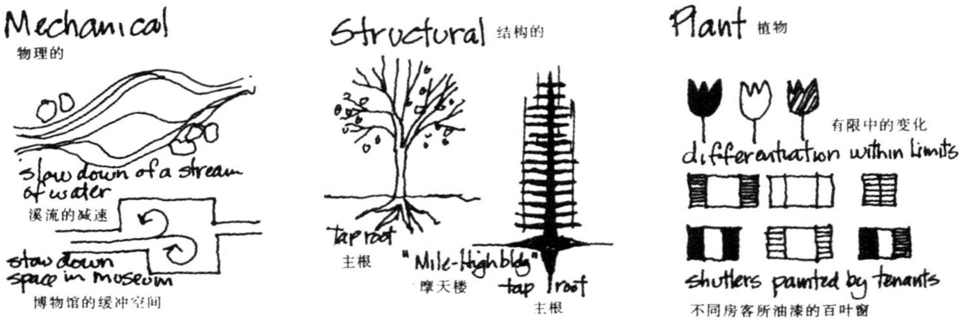

图9—10 相似

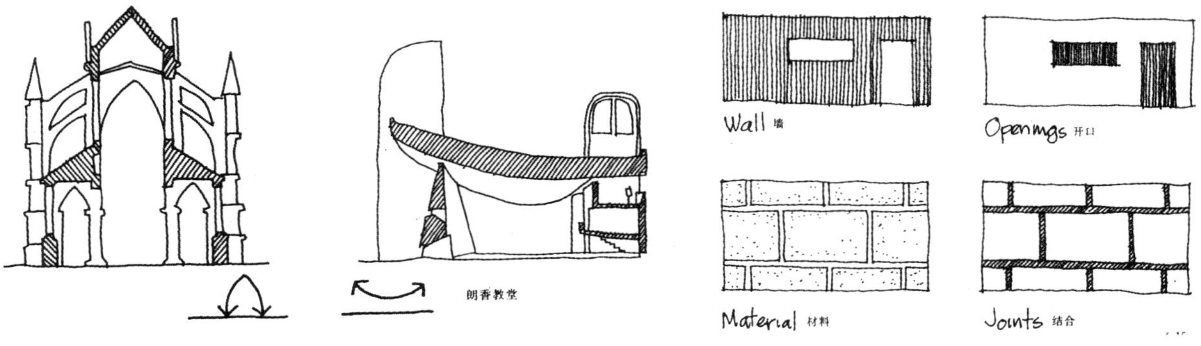

图9—11 相反

图9—12 相反

图9—13 推演

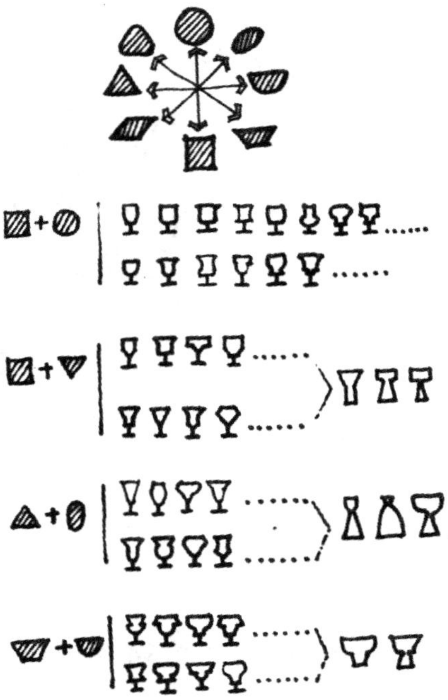

图9—14 列举

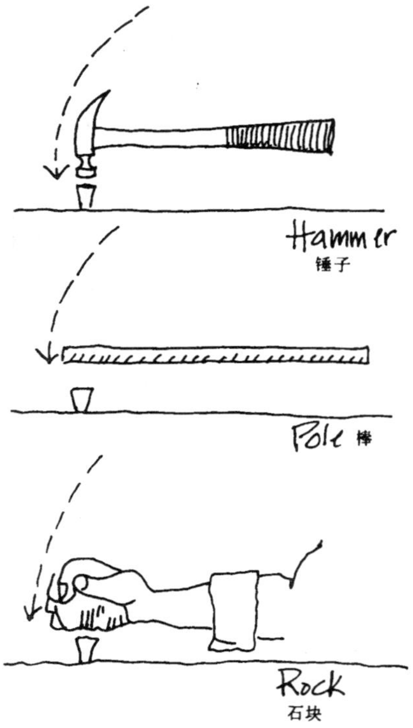

图9—15 叠加

第二节 方案设计与图示表达

方案设计是设计概念思维的进一步深化，也是设计表现最关键的环节。设计者头脑中的空间构思最终还要靠方案图把设计的具体形象、设计过程的层次展示在设计委托者的面前。因此，设计表达是建筑师、设计师思想表述的过程，是必备的基本功。

一、方案设计过程

就环境艺术设计而言，设计思维表达过程可归纳为以下三个阶段。

1．设计分析阶段

设计分析阶段的任务是找出与设计主题相关联的所有问题，分析和把握问题的构成，并按其范围分类，初步提出解决问题的可能途径。其具体又分为实地现状分析和资料分析。

（1）实地现状分析

通过文字、图表、草图等设计表达手段，忠实地记录、描绘设计现场的客观状况，掌握第一手材料，包括地形、位置、交通状况、建筑结构、使用功能、使用对象、自然景观、气候、日照的记录分析。（图9—16）

（2）资料分析

配合设计现状的调查分析，组织收集相似案例资料的收集，加以研究、整理，得到有用的参考和借鉴；针对使用者的要求进行归纳总结，以研究设计中的文化背景、审美趋向的限定。

2．设计构思阶段

设计构思阶段的任务是在设计分析的基础上，充分发挥设计师的创造力和想象力，对分析阶段提出的问题给出解决方法——初步构思方案。这个方案应越多越好，以对正式方案的形成留有余地。（图9—17）

（1）概念性草案

给出设计的框架和方向，为设计的深入创造充分的

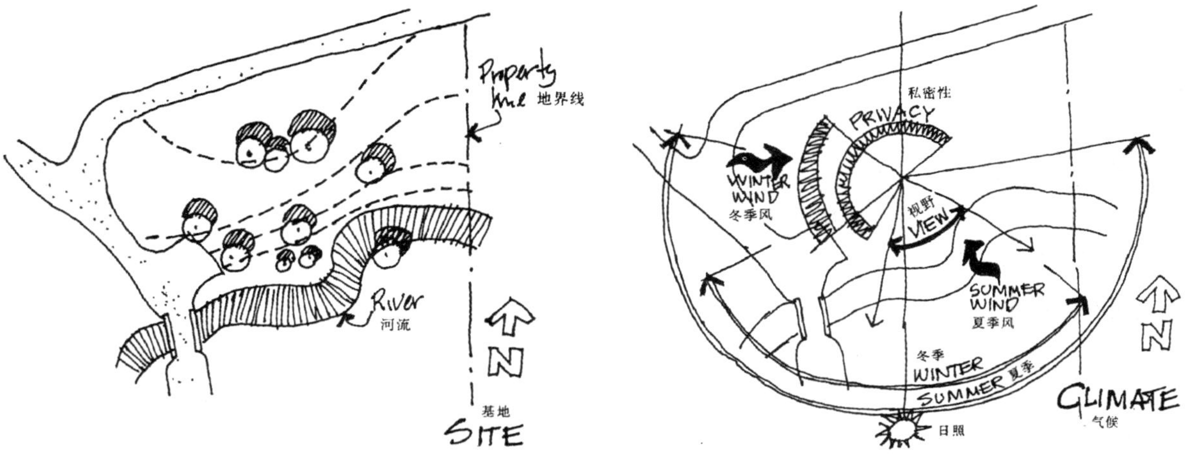

图9—16 实地现状分析

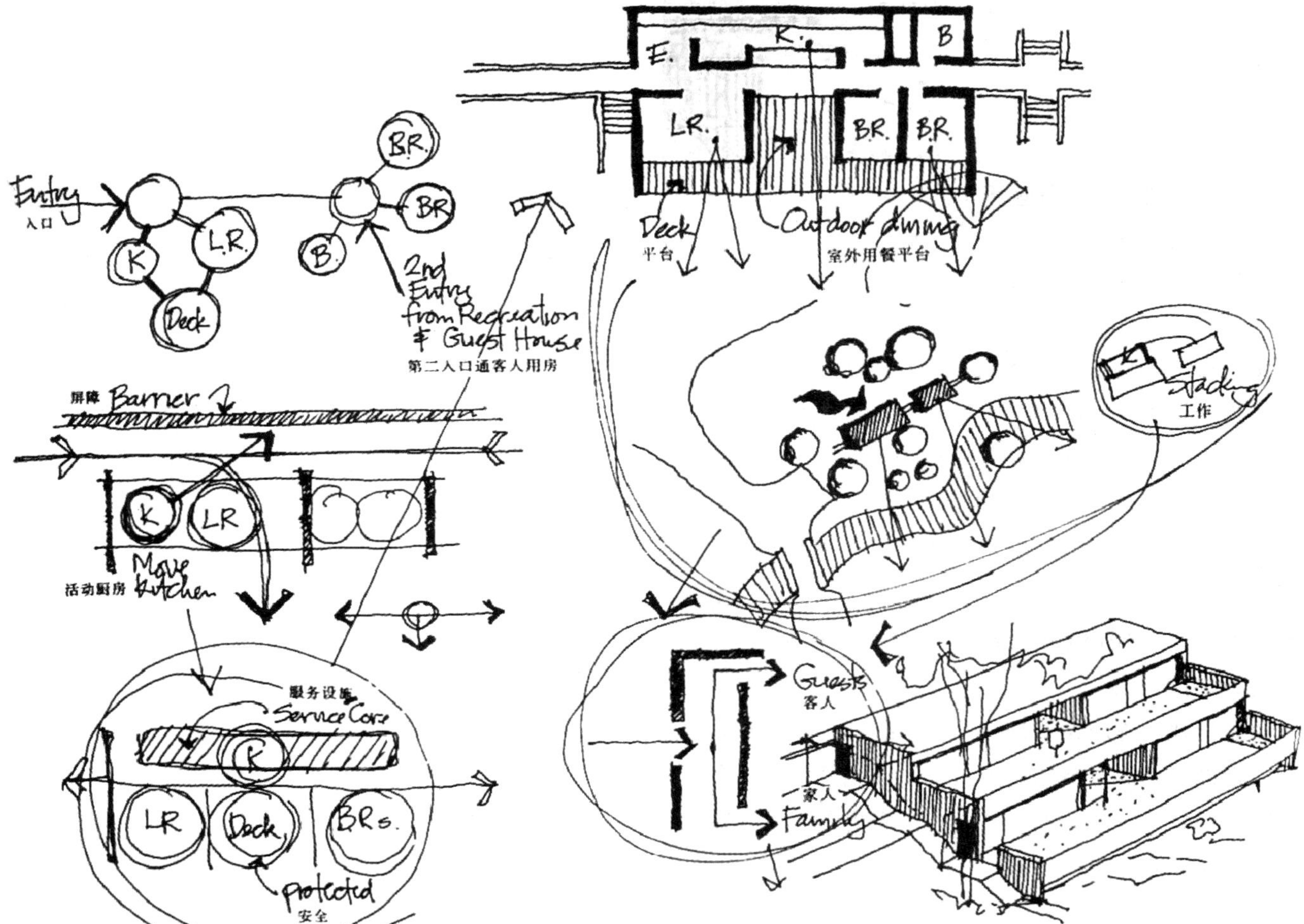

图9—17 初步构思方案

发挥空间，通过大量的概念性草图，明确设计的最终意图。

（2）阶段性草案

结合分析阶段设计的限定因素，对概念草图阶段所明确的设计切入点进行深入，如形式、结构、色彩、材料、功能、风格、经济投入等问题给出具体的方案。这是设计过程中最重要的内容，所有的设计结果将在这里初步呈现。因此，坚实有力的设计表现能力是此阶段顺利进行的保证，也决定了设计的成败。

（3）确定性草案

通过方案的对比选优，基本按最终的设计结果给出正确的比例尺寸关系、材料选用等关键要素，通过一系列的手绘性质的透视图、平面图、立面图将设计意图表达明确。

3．设计定案阶段

设计定案阶段的任务是从多个构思草案中选出最佳方案，并对该方案完成最终的设计表达，如设计阶段的平面图、立面图、轴侧图、设计模型、效果图等。

二、方案设计图示表达方式

方案设计图示的表达方式是多种多样的，但我们主要以视觉传递为主的图形学来表达，包括分析草图、构思草图、设计制图、功能分析图、透视效果图、模型制作、视频传达等。

1．常见的透视图画法

（1）一点透视

一点透视也称平行透视，是一种简易的室内透视画法，十分接近正立投影画法。与立面图一样，一点透视的视角与被画景物，与其“取景框”相垂直；不一样的是距离较远的物体在图面上显得较小，虽然两者实际尺寸是一样大。一点透视中垂直于画面的全部平行线均表现为消失于远处的一个灭点(消失点)，灭点与视点正好重合。制作一点透视的简单办法是从一个立面图或剖面图开始，然后以视点为消失点，以投影方式将室内中各物体的形状与大小比例表达出来。（图9—18）

（2）两点透视

两点透视也称成角透视。其所描绘的物体没有垂直于“取景框”，而是与画面形成一定的角度，产生两个灭点(消失点)，消失点在视平线上。成角透视可以提供较强的三维体量。（图9—19）

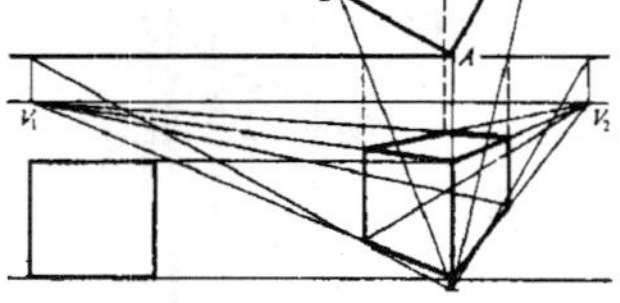

图9—18 一点透视

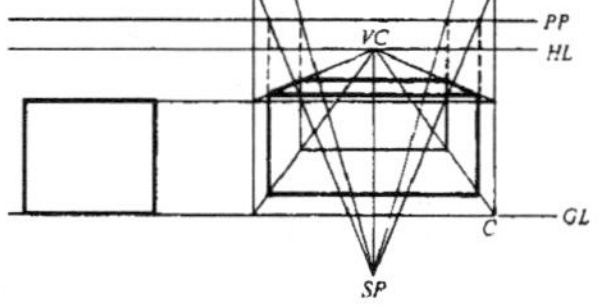

图9—19 两点透视

（3）俯视图

俯(仰)视图也称三点透视。这种画法基本上与两点透视相似，只是增加一个在画面下方的第三灭点，以描绘纵向线条消失于该灭点的视觉效果。除了表达对特定空间的感受外，如视点选择恰当，三点透视画法还有助于描绘建筑物各部分在三维空间里的相互关系。（图9—20）

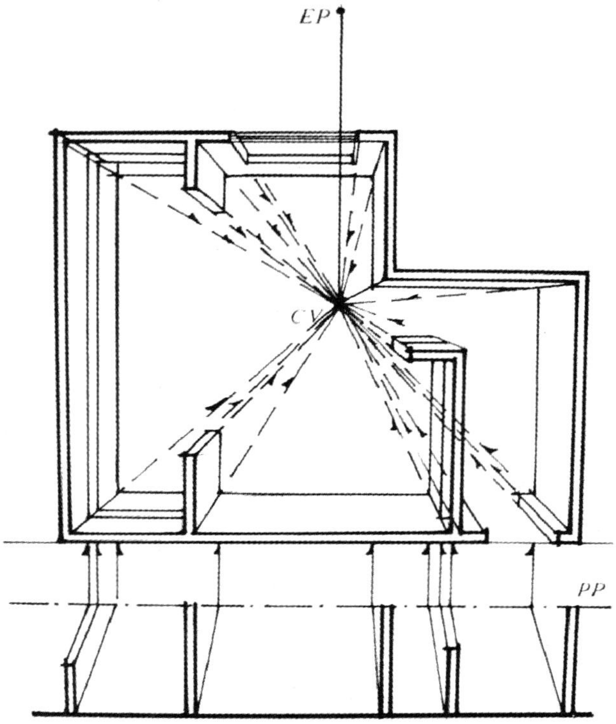

图9—20 俯视图

2．透视效果图表现技法

（1）铅笔画技法

铅笔是透视效果图技法中历史最久的一种，由于这种技法所用的工具容易得到，技法本身也容易掌握，绘制速度快，空间关系也能表现得比较充分。绘图铅笔所绘制的黑白铅笔画，类似美术作品中的素描，主要通过

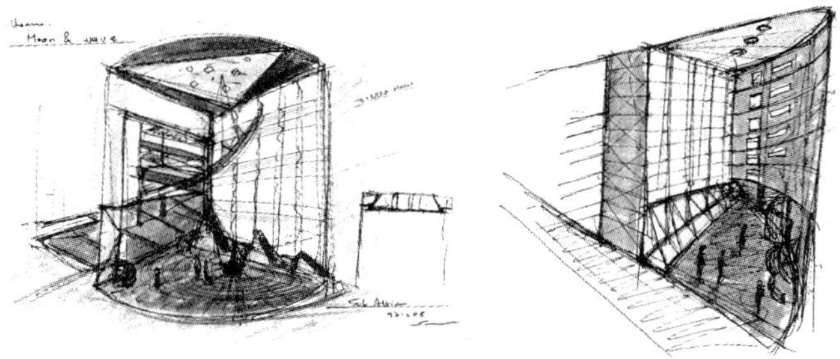

图9—21 铅笔透视图

图9—22 钢笔画

光影效果的表现来描述室内空间，尽管没有色彩，仍为不少人偏爱。

彩色铅笔画色彩层次细腻，易于表现丰富的空间轮廓，色块一般用排列有序的密集线条画出，利用色块的重叠，产生更多的色彩。也可以用笔的侧锋在纸面子涂，产生有规律排列的色点组成的色块，不仅速度快，且有一种特殊的效果。(图9—21)

（2）钢笔画技法

钢笔画分为两种，一是徒手绘制，一种是通过丁字尺、三角板等工具绘制。徒手钢笔画一般用于搜集资料，设计草图，也可作为初步设计的表现图。它的线条流畅美观，并通过对物体的取舍和概括来表达设计师的意图。工具钢笔画线条坚挺，易出效果，尽管没有颜色，但画的风格较严谨，细部刻画和面的转折都能做到精细准确，并用点线的叠加来表现室内空间的层次和质感。(图9—22)

（3）水彩技法

水彩色淡雅层次分明，结构表现清晰，适合表现结构变化丰富的空间环境；水彩的色彩明度变化范围小，图画效果不够醒目，作图较费时。水彩的渲染技法有平涂、叠加、退晕等。

（4）透明水色技法

透明水色技法的色彩明快鲜艳，比水彩更为透明清丽，更适于快速表现。由于色彩叠加、有渲染、次数不宜过多、色彩过浓时不宜修改等特点，多与其他技法混合，如钢笔淡彩等。

（5）马克笔技法

马克笔分油性、水性两种，具有快干、不需用水调和、着色简便、绘制速度快的特点，画面风格豪放，类似于草图和速写的画法，是一种商业化的快速表现技法。

马克笔色彩透明，主要通过各种线条的色彩叠加取得更加丰富的色彩变化。马克笔绘出的色彩不易修改，着色过程中需注意着色的顺序，一般是先浅后深。马克笔的笔头是毡制的，具有独特的笔触效果，绘制时可尽量利用这种笔触的特点。

马克笔在吸水与不吸水的纸上会产生不同的效果，不吸水的光面纸上色彩互相渗透，而吸水的毛面纸上色彩灰暗沉着，可根据不同需要选用。(图9—23)

图9—23 马克笔效果图

图9—24 建筑模型

3．模型

模型能以三维空间的表现力表现一设计，观赏者能从各个不同角度看到建筑物的体形、空间及其周围环境，因而它能在一定程度上弥补图纸表达的局限性。

现代设计复杂的功能要求，常常需要借助全新技术手段与巧妙的艺术构思来完成难以想象的空间形态，仅仅用图纸是难以充分表达它们的。设计师常常在设计过程中借助于模型来酝酿、推敲和完善自己的设计创作。

模型按照用途分类一般有两种：一是展示用的，多在设计完成后制作；二是设计用的(又称工作模型)，即在设计过程中进行方案推敲和修改而制作的。前者制作精美，后者比较概念化。（图9—24）

三、方案设计与表达案例分析

1．工程实例分析——住宅设计

（1）设计思考

本设计是某三口之家的室内设计，功能分区基本合理，整体面积相对较为充裕。但是，经过设计师的仔细分析，还是存在几个方面的问题：一是客厅沙发面积相对较小，使用不便，不符合业主的身份地位；二是公共卫生间正对大门方向，破坏了住宅的安全性和私密性；三是餐厅开门过多，相对不独立，干扰过大。因此，在设计过程中，应着眼于大处，从细节入手，深入解决现存的问题，理顺原建筑空间的功能和空间关系，考虑空间上的视觉感受。

（2）设计表达

设计表达的内容如下列图所示。

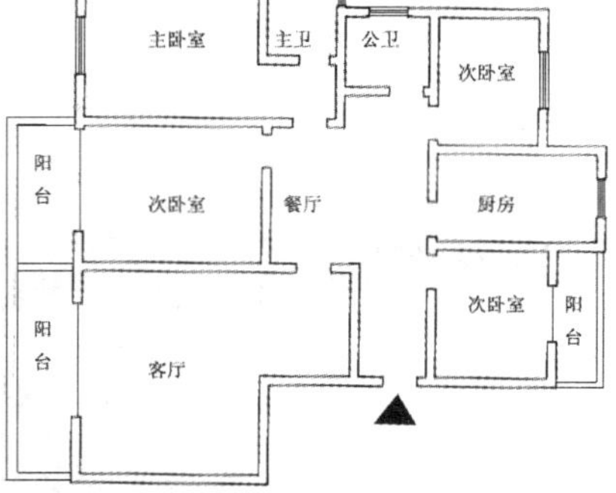

原建筑平面布置图

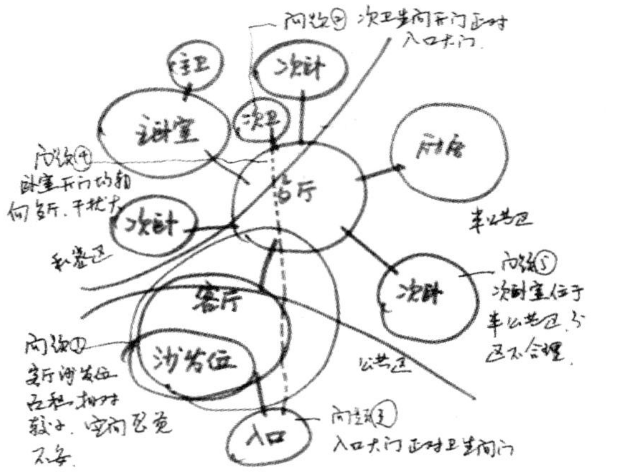

构思草图（方案1）

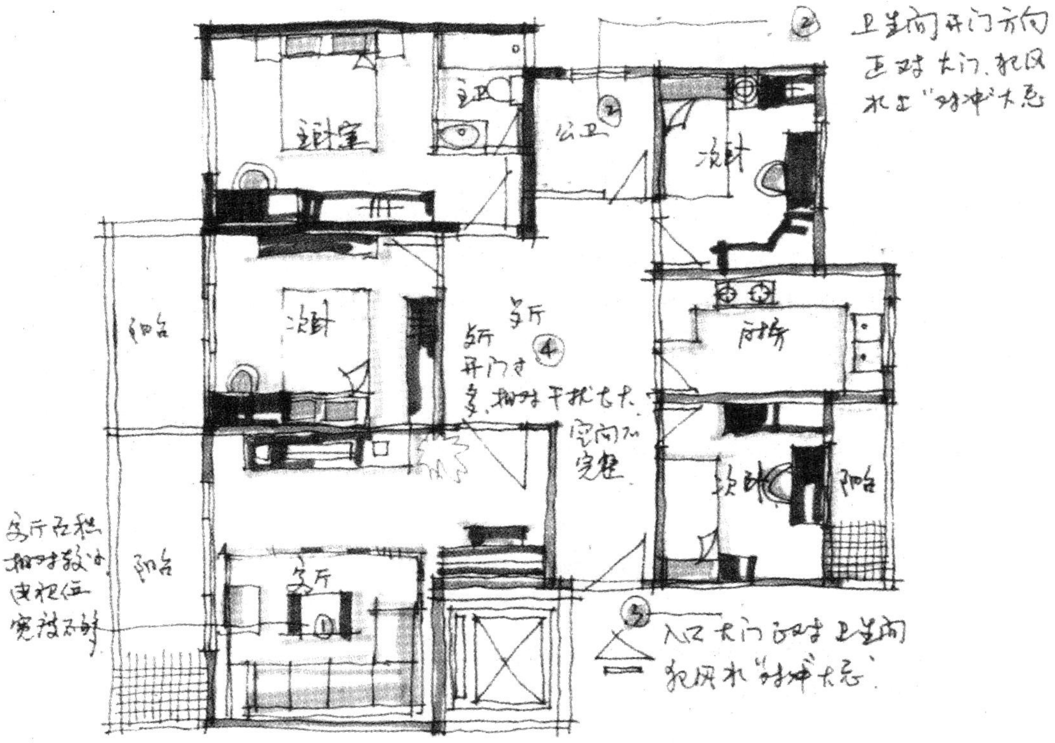

平面分析图

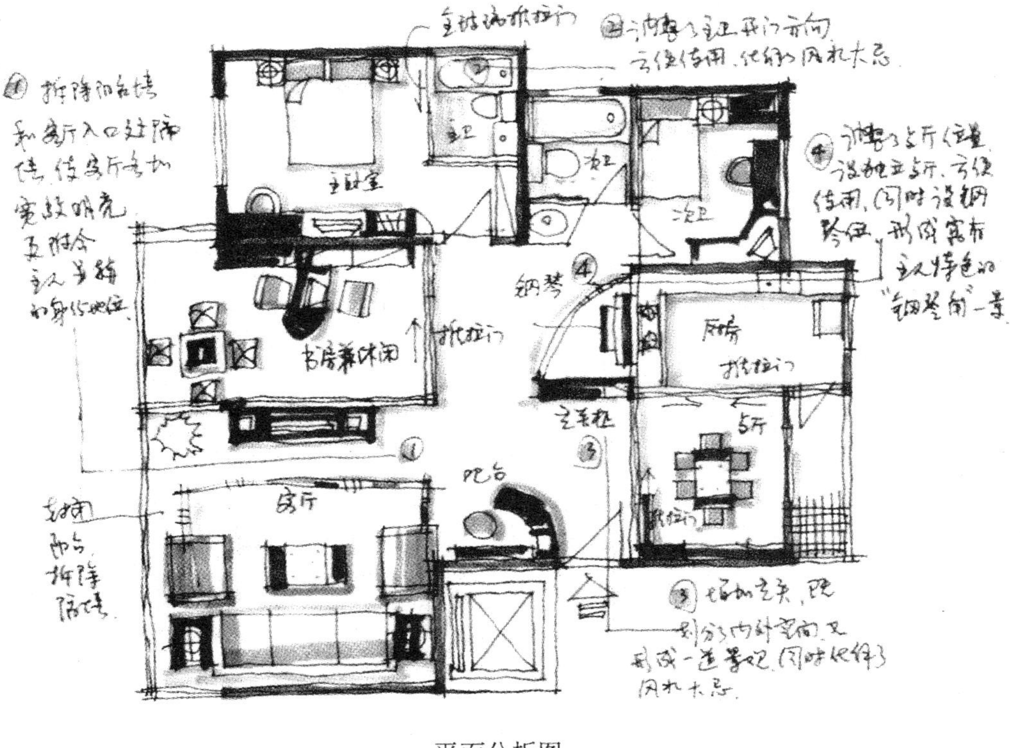

平面分析图

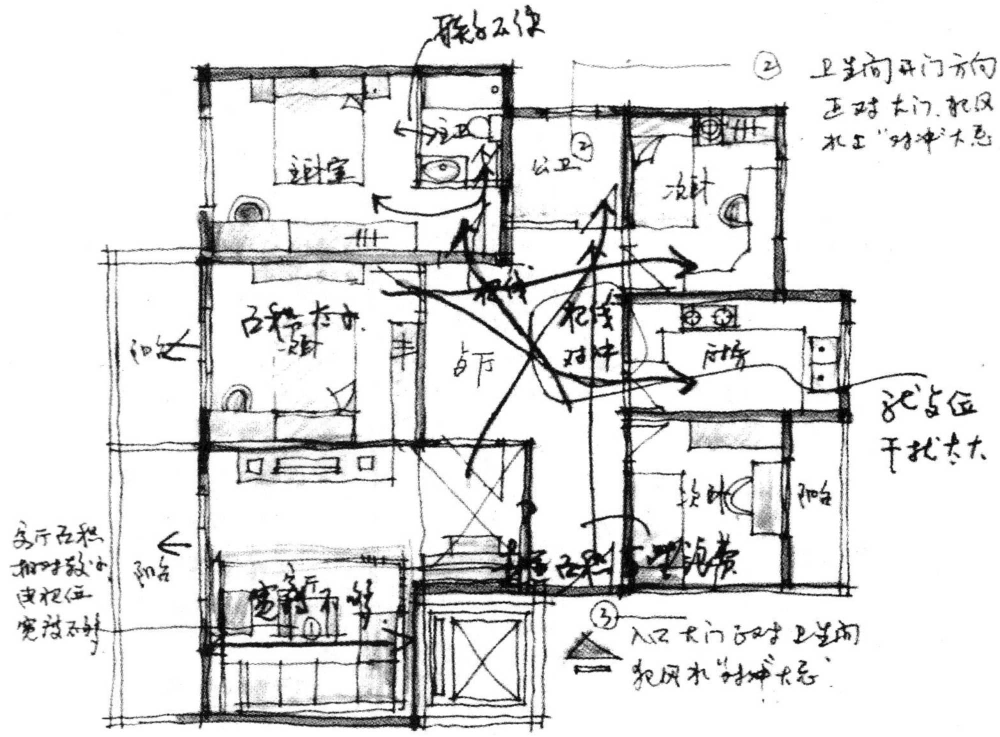

平面分析图（方案 1）

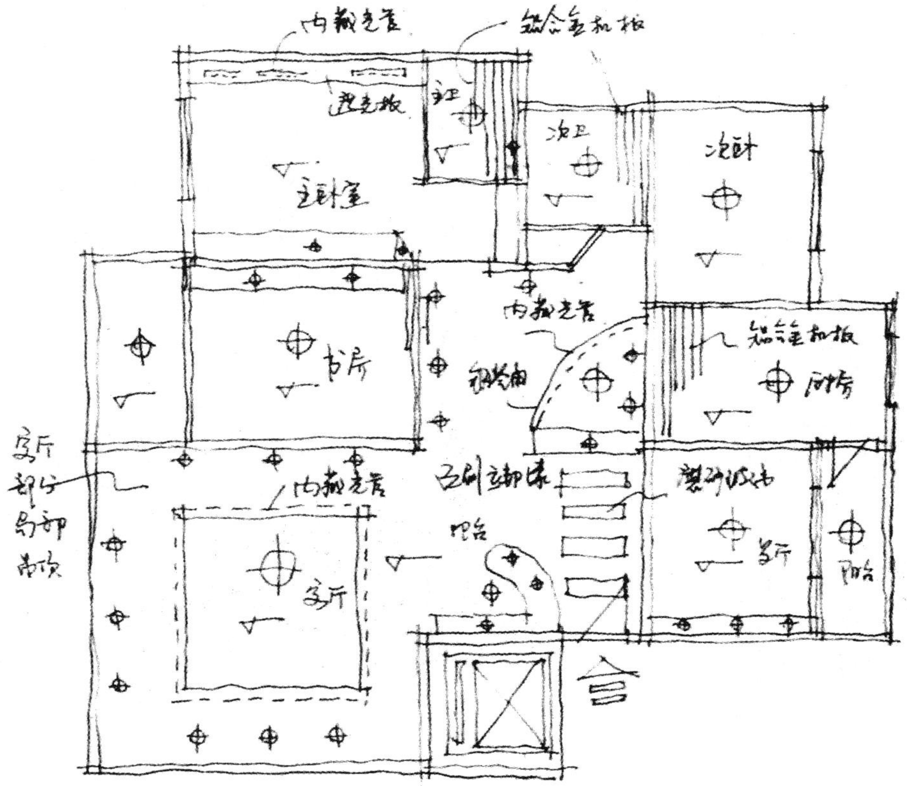

顶棚布置效果图

2. 工程实例分析——酒店设计

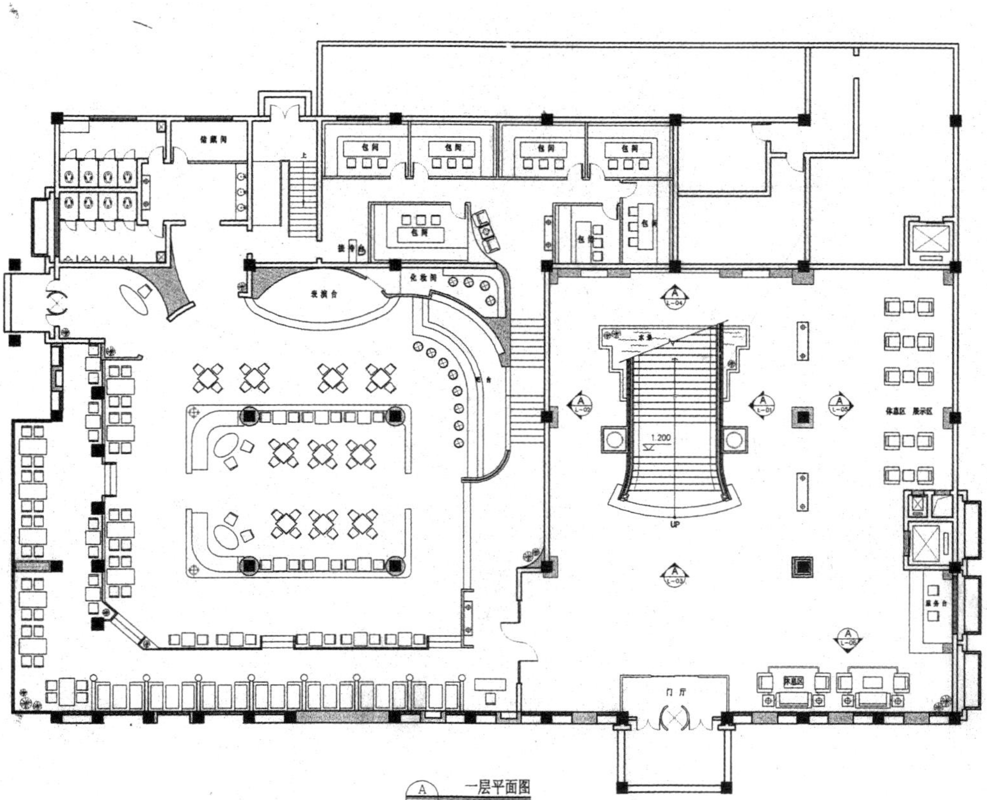

A 一层平面图
比例：1:180

二层包间走廊透视

第三节　施工图设计与图示表达

一、装修施工图设计的目的与任务

图纸是建筑和装修工程不可缺少的重要技术资料，是工程技术人员用来表达思想、进行交流的语言，也是在施工中分析问题和解决问题的依据。所有从事工程设计的人员，都必须掌握制图技能。规范的图纸可以借助一系列的图样，将建筑物的艺术造型、空间构成、内部布置、结构构造、地理环境以及其他施工要求，准确而详尽地表达出来作为施工的依据。本节通过装修施工图的系统学习，培养学生以下几个方面的能力。

①培养绘制、阅读建筑和室内设计工程图的能力。

②培养空间思维能力和空间分析能力。

③培养认真负责的工作态度和严谨细致的工作作风。

二、装修施工图的作用和特点

装修施工图是设计单位的“技术产品”，是设计意图的最直接的表达，是指导工程施工的必要依据，对工程项目完成后的质量与效果负有相应的技术与法律责任。

1. 装修施工图设计文件在工程施工中的主要作用

①能据以编制施工组织计划及预算。

②能据以安排材料、设备定货及非标准材料、构件的制作。

③能据以安排工程施工及安装。

④能据以进行工程验收及竣工核算。

装修施工图设计文件的深度除对工程具体材料及做法的表达外，还应明确工程相关的标准构配件代号、做法及非标准构配件的型号及做法。

2．装修施工图的特点

（1）装修施工图设计的严肃性

装修施工图是设计单位的最终“技术产品”，是装修施工的必要依据，对完成后的设计质量及效果负有相应的技术责任。在建筑物投入使用后，施工图是进行维护、更新、扩建等的基础资料，尤其是一旦发生质量或使用事故，施工图则是判断的主要依据。

（2）装修施工图设计的承前性

一般的工程设计分为方案设计、初步设计和施工图设计三个阶段。施工图设计必须以方案设计与初步设计为依据，忠实于既定的基本构思和设计原则。

（3）装修施工图设计的复杂性

就民用建筑而言，施工图设计在建筑工种中处于“龙头”地位，它必须把方案设计的总体布局、平面构成、空间处理、立面造型、色彩用料、细部构造以及功能、防火、节能等关键设计内容在施工图内充分表达出来，并成为其他工种设计的基础资料。

（4）装修施工图设计的精确性

如果说方案设计和初步设计的重心在于确定想做什么，那么施工图的重心则在于如何去做。例如，平面图不仅要表示各房间的布局设计，还必须确定房间的位置和尺寸，墙体的厚度、材料和定位，门窗的位置、形式和大小。同样，立面图也是如此。

（5）装修施工图设计的逻辑性

施工图的内容庞杂，而且要求交代详细，图纸数量较多。因此，图纸的编排就有较强的逻辑性，在设计文件的图纸目录中应注明图集名称，按统一的标准设计制图。这样不仅便于设计与其他工种之间的配合，更主要的是便于施工者看图与实施，避免错漏，确保质量。

总之，在装修施工图设计中应符合标准设计制图的规范，并在设计文件的图纸目录中注明图集名称，做到图面清晰、简明，符合设计、施工、存档的要求。

三、装修施工图设计的制图规范与常用符号

1．施工图设计的制图规范

（1）图纸幅面及图框尺寸

图纸的幅面是指图纸本身的大小规格。图框是图纸上所供绘图的范围边线。图纸的幅面及图框尺寸应符合表9−1的规定。

图纸的短边一般不应加长，长边可以加长，但加长的尺寸必须按照GBJ/T 1−1986的规定。

表9−1　图纸幅面及图框尺寸　单位：mm

幅面代号 / 尺寸代号	A0	A1	A2	A3	A4
$b \times l$	841×1189	594×841	420×594	297×420	210×297
c	10			5	
a	25				

图纸以短边作为垂直边称为横式幅面，以短边作为水平边称为立式幅面。一般A3～A0图纸宜横式使用，必要时也可立式使用。一个工程设计中，所使用的图纸一般不宜多于两种幅面，不含目录及表格所采用的A4幅面。（图9−25至图9−27）

（2）图纸的标题栏、会签栏

标题栏应按图9−28所示，根据工程需要选择确定其尺寸、规格及分区。签字区应包含实名列和签名列。

会签栏应按图9−29的格式绘制，其尺寸应为100mm×20mm，栏内应填写会签人员所代表的专业、姓名、日期（年、月、日）。

（3）图线

①线的规格。线条在同一图面里可分为粗线、中线、细线三种规格，图线的宽度 b 宜从下列线宽系列中选取：2.0mm，1.4mm，1.0mm，0.7mm，0.5mm，0.35mm。每个图样，应根据复杂程度与比例大小，先选定基本线宽 b ，再根据表9−2选用相应的线宽组。

②线的种类与用途。每种线都各有其特征与用途，必须按规定画出。工程建设制图，可选用表9−3所示的图线。画线时还要注意，同一张图纸内，相同比例的图样应选用相同的线宽组。图纸的图框和标题栏线，可采用表9−4的线宽。

表9-2　线宽组

线宽比	线宽组					
b	2.0	1.4	1.0	0.7	0.5	0.35
$0.5b$	1.0	0.7	0.5	0.35	0.25	0.8
$0.25b$	0.5	0.35	0.25	0.18		

注：1. 需要微缩的图纸，不宜采用0.18mm及更细的线宽。
2. 同一张图纸内，各不同线宽中的细线，可统一采用较细的线宽粗的细线。

表9-3　线的种类

名称		线型	线宽	一般用途
实线	粗	————	b	主要可见轮廓线
	中	————	$0.5b$	可见轮廓线
	细	————	$0.25b$	可见轮廓线、图例线
虚线	粗	— — — —	b	见各有关专业制图标准
	中	— — — —	$0.5b$	不可见轮廓线
	细	— — — —	$0.25b$	不可见轮廓线、图例线
单点长画线	粗	—·—·—	b	见各有关专业制图标准
	中	—·—·—	$0.5b$	见各有关专业制图标准
	细	—·—·—	$0.25b$	中心线、对称线等

表9-4　线宽

幅面代号	图框线	标题栏外框线	标题栏分格线
A0、A1	1.4	0.7	0.35
A2、A3、A4	1.0	0.7	0.35

表9-5　字宽与字高的关系

字高（字	20	14	10	7	5	3.5	2.5
字宽	14	10	7	5	3.5	2.5	1.8

表9-6　字母、数字中的书写与排列

书写格式	一般字体	窄字体
大写字母高度	h	h
小写字母高度（上下均无延伸）	$7/10h$	$10/14h$
小写字母伸出的头部或尾总	$3/10h$	$4/14h$
笔画宽度	$1/10h$	$1/14h$
字母宽度	$2/10h$	$2/14h$
上下行基准线最小间距	$15/10h$	$21/14h$
词间距	$6/10h$	$6/14h$

（4）字体

①图样及说明中的汉字，宜采用长仿宋体，宽度与高度的关系应符合表9-5的规定。大标题、图册封面、地形图等的汉字也可书写成其他字体，但应易于辨认。

②拉丁字母、阿拉伯数字与罗马数字的书写与排列，应符合表9-6的规定。

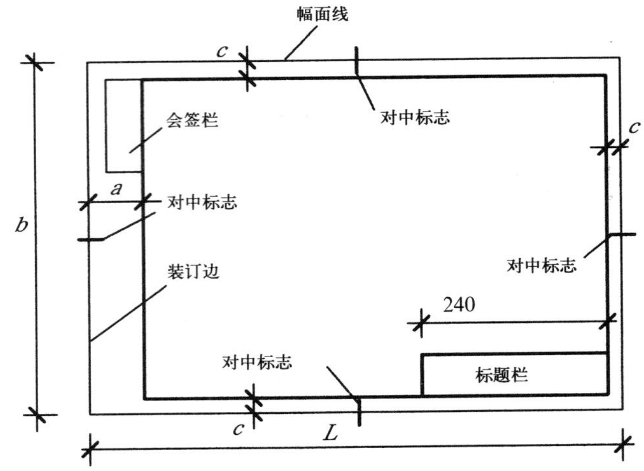

图9-25 A3～A0横式幅面

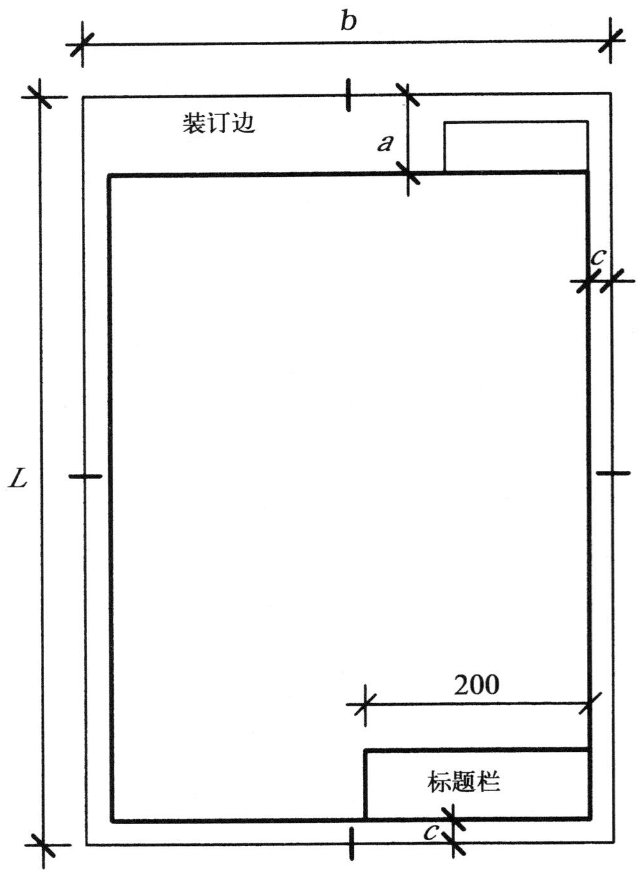

图9-26 A3～A0立式幅面

（5）比例

绘图所用的比例，应根据图样的用途与被绘对象的复杂程度从表9-7中选用，并优先用表中常用比例。

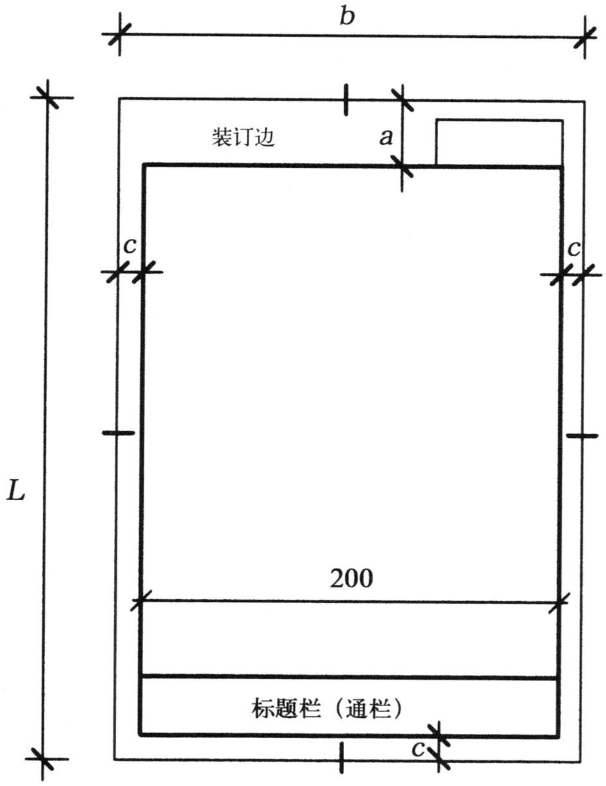

图9—27 A4立式幅面

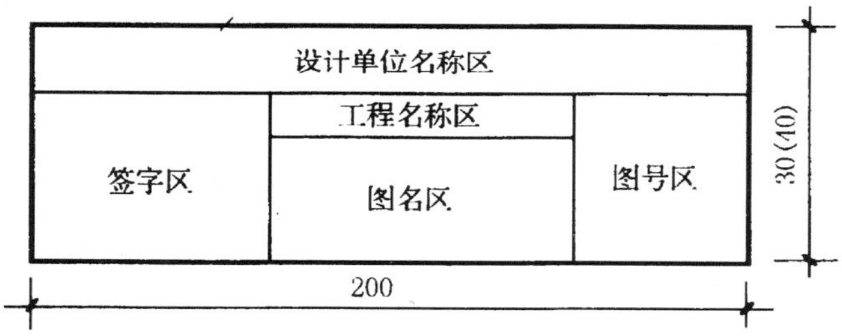

图9—28 标题栏

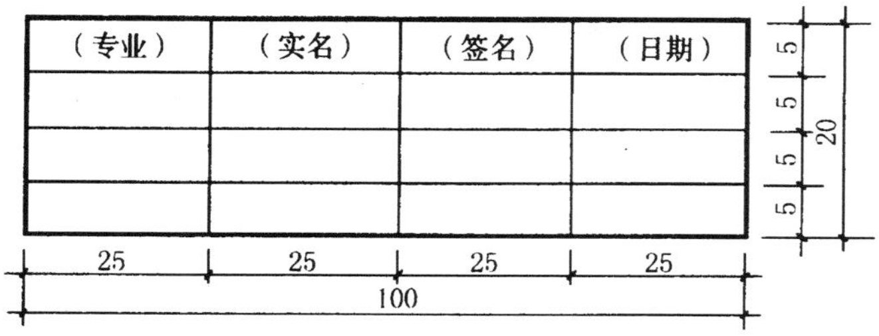

图9—29 会签栏

表9—7 **绘图比例**

常用比例	1:1，1:2，1:5，1:10，1:20，1:50，1:100，1:150，1:200，1:500，1:1000，1:2000，1:5000，1:10000，1:20000，1:50000，1:100000，1:200000
可用比例	1:3，1:4，1:6，1:15，1:25，1:30，1:40，1:60，1:80，1:250，1:300，1:400，1:600

（6）尺寸标注

图样除了反映建筑物各部分的形状外，还应准确、清晰地标注尺寸，以确定其大小，作为施工的依据。

图样上的尺寸由尺寸界线、尺寸线、尺寸起止符号、尺寸数字组成。尺寸界线应用细实线绘制，一般与被注长度垂直，其一端应离图样的轮廓线不小于2mm，另一端宜超出尺寸线2mm～3mm，必要时可用轮廓线作为尺寸界线。尺寸线也用细实线绘制，并与被注长度平行，但不宜超出尺寸界线之外。图样上任何图线都不得用作尺寸线。尺寸起止符号一般应用中粗短斜线绘制，其斜方向应与尺寸界线成逆时针45°角，长度宜为2mm～3mm。尺寸起止符号也可用小圆点或箭头绘制。（图9—30）

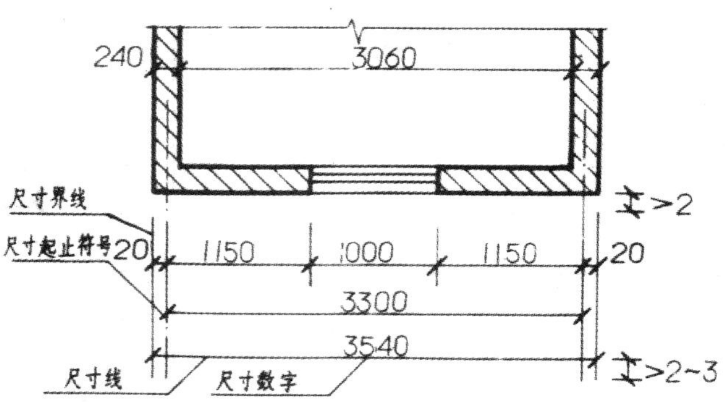

图9—30 尺寸标注

国际规定，图样上标注的尺寸除标高及总平面图以米（m）为单位外，其余一律以毫米（mm）为单位，图上尺寸数字都不再标注。

标注半径、直径和角度、尺寸起止符号不用45°短划，而用箭头表示，如图9—3所示较小圆弧的半径和较大圆弧的半径的标注、较小圆弧的直径和较大圆弧的直径的标注，图中 R 表示半径，∅表示直径。

外形为非圆曲线的构件，可用坐标形式标注尺寸。复杂的形式可用网格形式标注尺寸。(图9—32)

尺寸的简化标注、杆件或管线的长度，在单线图（钢架简图、管线简图）上，可直接将尺寸数字沿管线的一侧注写。连续排列的等长尺寸，可用“个数×等长尺寸=总长”的形式标注。(图9—33和图9—34)

2．施工图中常用的符号

（1）定位轴线

在施工图中通常将房屋的基础、墙、柱、墩和屋架等承重构件的轴线画出，并进行编号，以便于施工时定

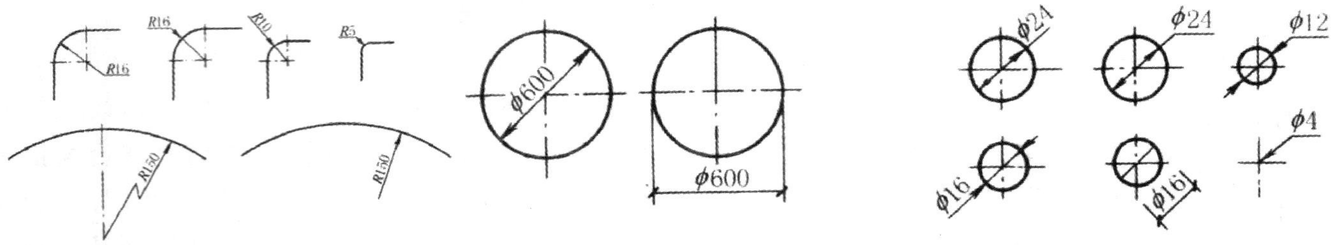

图9—31 半径、直径标注

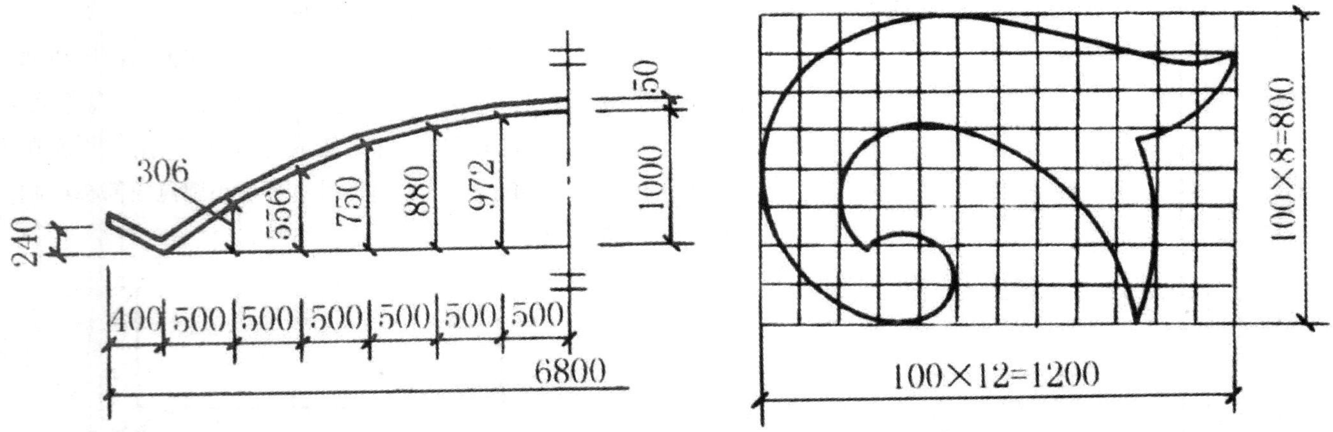

图9—32 网格标注

位放线和查阅图纸。主要承重构件都要画上轴线并标上轴线号，这些轴线称为定位轴线。

定位轴线采用细点划线表示。轴线编号的圆圈用细实线，直径一般为8mm，详图上为10mm，如图9—35所示。在圆圈内写上编号。在平面图上，水平方向的编号采用阿拉伯数字，从左向右依次编写；垂直方向的编号，用大写拉丁字母自下而上顺次编写。拉丁字母中的I、O及Z三个字母不得作轴线编号，以免与数字1、0及2混淆。在较简单或对称的房屋中，平面图的轴线编号一

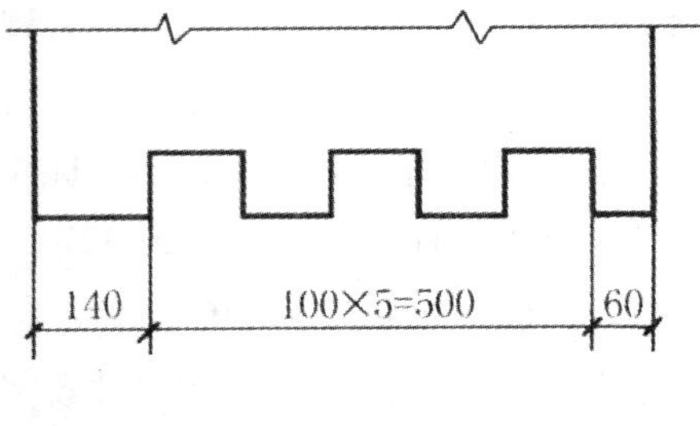

图9—33 单线尺寸的标注

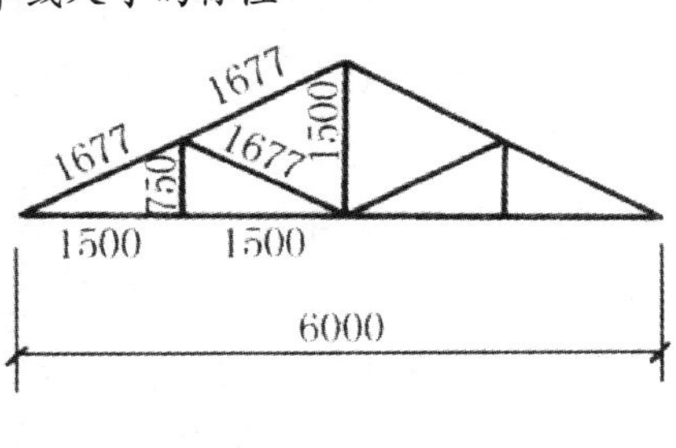

图9—34 等长尺寸简化标注

般标注在图形的下方及左侧；较复杂或不对称的房屋，图形上方和右侧也可标注。

(2) 标高符号

在总平面图、平面图、立面图和剖面图上，经常用标高符号表示某一部位的高度，各图上所用标高符号应以细实线绘制，图9—36和图9—37所示为具体的画法。

标高数值以米为单位，一般注至小数点后三位数(总平面图中为两位数)。如标高数字前有“–”号的，表示该处完成面低于零点标高；如数字前没有符号的，则表示高于零点标高。

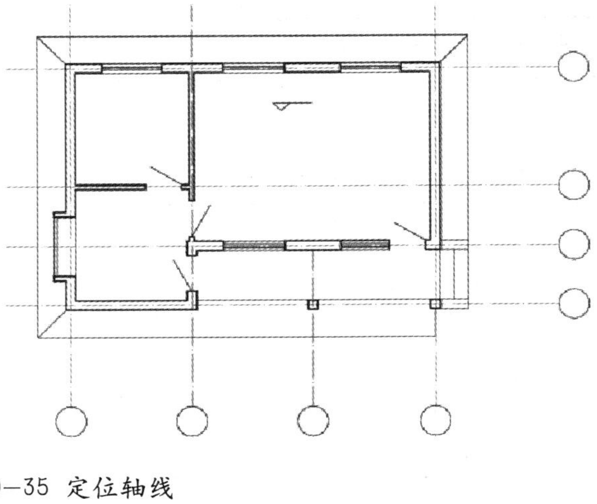

图9—35 定位轴线

图9—36 用于总平面图

图9—37 用于个体建筑

(3) 索引符号

为方便施工时查阅图样，在图样中的某一局部或构件，如需另见图时，常常用索引符号注明详图的位置、详图的编号以及详图所在图纸编号。按“国标”规定，标注方法如下。

索引符号是用一引出线指出要画详图的地方，在线的另一端画一细实线圆，其直径为10mm。引出线应对准圆心，圆内过圆心画一水平线，上半圆中用阿拉伯数字注明该详图的编号，下半圆中用阿拉伯数字注明该详图所在图纸的图纸号。若详图与被索引的图样同在一张图纸内，则在下半圆中间画一水平实线。详图符号用一粗实线圆绘制，直径为14mm。(图9—38)

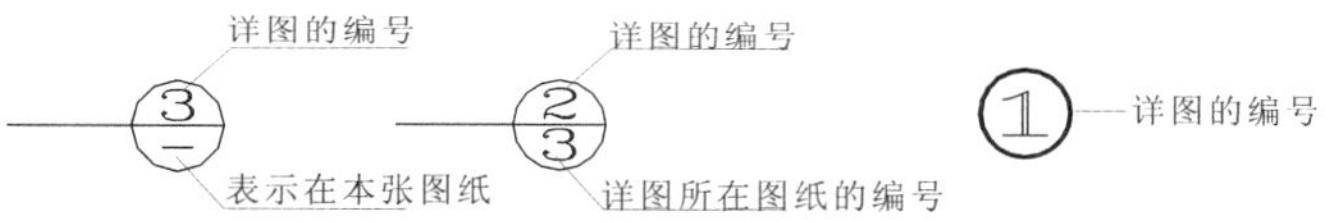

图9—38 索引符号

(4) 指北针

指北针用细实线绘制，圆的直径宜为24mm。指针尖为北向，指针尾部宽度宜为3mm。需用较大绘制北针时，指针尾部宽度宜为直径的1/8。(图9—39)

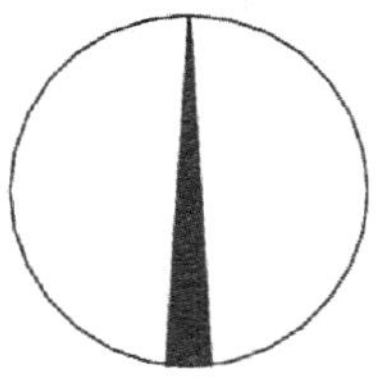

图9—39 指北针

四、绘制装饰施工图的步骤和方法

在绘图过程中，要始终保持高度负责、认真细致的工作作风。所绘制的施工图要求技术合理、正确、表达清楚、尺寸齐全、字体工整以及图样布置紧凑、图面整洁等，这样才能满足施工的需要。

1. 确定绘制图样的数量

绘制图样时，应根据室内布置和建筑空间的复杂程度以及施工的具体要求，决定绘制哪几种图样。对施工图的内容和数量要做全面的规划，防止重复和遗漏。

2. 选择合适的比例

在保证图样能清晰表达其内容的情况下，应根据不同图样的不同要求，选用不同的比例。

3. 进行合理的图面布置

图面布置(包括图样、图名、尺寸、文字说明及表格等)要主次分明，排列均匀紧凑，表达清晰。在图纸大小许可的情况下，尽量保持各图之间的投影关系，或将同类型的、内容关系密切的图样，集中在一张或顺序连续的几张图纸上，以便对照查阅。若画在同一张图纸时，平面图与立面图应长对正，平面图与剖面图应宽相等，立面图与剖面图应高平齐；如不画在同一张图纸时，它们相互对应的尺寸均应相同。

4. 绘制图样

①绘制装饰施工图的顺序，一般是按平、立、剖的顺序来进行。

②为使图样画得准确、整洁，应先用较硬的铅笔画出轻淡的底稿线。在画底稿线时，注意将同一方向或相等的尺寸一次量出，以提高画图的速度。底稿经检查无误后，再按“国标”规定选用不同线型，进行加深或上墨。画线时，要注意粗细分明，以增强图面的效果。加深或上墨时，一般习惯的次序是：同一方向或同一线型的线条相继绘画；先画水平线(从上到下)，后画铅垂线或斜线(从左到右)；先画图，后注写尺寸和说明。

5. 装饰施工图画法步骤

①画定位线、墙身和柱。

②定门窗位置，画细部，如门窗洞、楼梯、台阶、卫生间、散水等。

③经检查无误后，擦去多余的作图线，按施工图的要求加深图线，并标注轴线、尺寸、门窗编号、剖切符号、图名、比例及其他文字说明。完成平面图加深图线时，应注意图线的不同类型及线宽粗细的正确使用。绘制简单的图样时，可采用两种线宽的线宽组，其线宽比宜为b:0.35b。图线的宽度b，应根据图样的复杂程度和

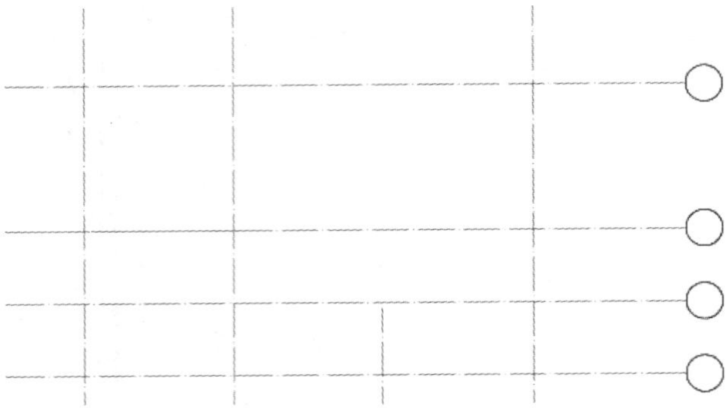

图9-40 定位轴线

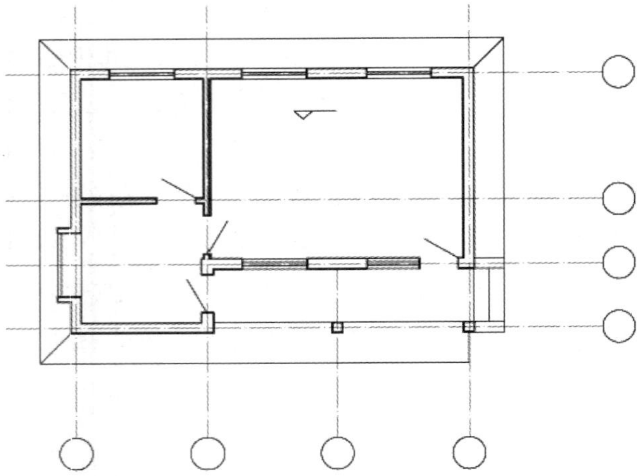

图9-41 平面图

比例，按0.5mm～2mm范围选用。（图9-40和图9-41）

五、装修施工图的设计及表达内容

室内设计施工图图纸部分由平面图、立面图、剖面图、大样详图及指定所用的工具等五金件产品型号五个类别组成。

1. 平面图

（1）平面图的形式及其重要性

平面图是室内设计施工图中最基本、最主要的图纸，其他图纸（立、剖及详图）是以它为依据派生和深化而成，也是其他相关工种（结构、水暖、照明等）进行分项设计与制图的重要依据。

（2）平面图的表达内容

平面图所表达的是各层室内的功能与交通、家具及设施布置、地面材料及分割，以及施工尺寸、标高、详图的索引符号等。

①用细实线和图例表示剖切到的原建筑实体断面，并标注相关尺寸，如墙体、柱子、门中、窗等。

②用粗实线表示装修项目涉及范围的建筑装修界面、配件及非固定设施的轮廓线，并标注必要的尺寸和标高。

③顶棚平面图所表达的是各层室内的照明方式、灯具、消防感烟、喷淋布置、空调设备的进回风口位置以及各级吊顶的标高、材料、索引符号等。（图9-42至图9-44）

2. 立面图

（1）平面图的形式

立面图是用以表达室内各立面方向造型、装修材料及构件的尺寸形式与效果的直接正投影图。

（2）立面图表达的内容

立面图表达的内容为投影方向可见的室内装修界面轮廓线和构造、配件做法，必要的尺寸和标高。

（3）立面图的绘制要求

①室内各方向界面的立面应绘全。

②各部分节点、构造应以详图索引，注明材料名称或符号。

③在平面图中表示不出的编号，应在立面图上标注。

④立面图的名称可按平面图各面的编号确定，也可以根据立面两端的建筑定位轴线编号确定。

⑤前后重叠时，前者的外轮廓线宜向外侧加粗，以方便看图。

⑥平面图的比例，根据其复杂程度设定，不必与平面图相同。

⑦完全对称的立面图可只画一半，在对称轴处加绘对称符号即可。（图9-45至图9-48）

3. 剖面图

（1）剖面图的形式

剖面图是室内竖向剖视图，按直接正投影法绘制。

（2）剖面图表达的内容

①用细实线和图例画出所剖的原建筑实体切面（如墙体、梁、楼板等）以及标注出必要的相关尺寸和材料。

②用粗实线绘出投影方向的装修界面轮廓线，标注出必要的相关尺寸和材料。

③有时在投影方向可以看到室外局部立面，如果其

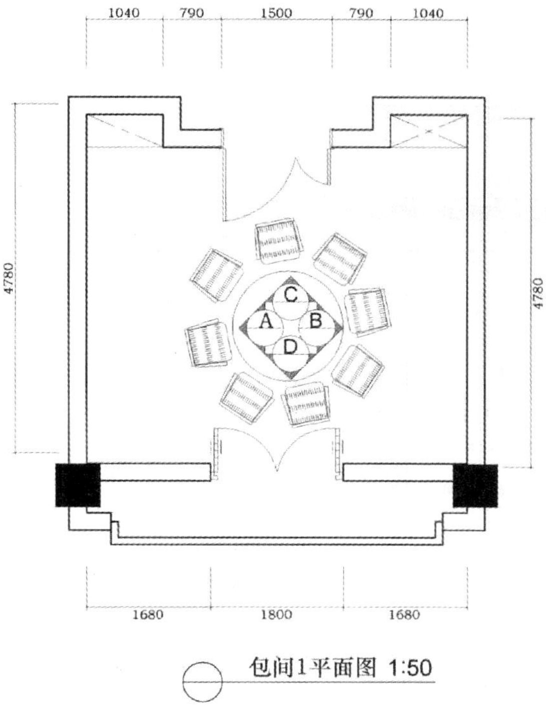

图9-42 包间平面图

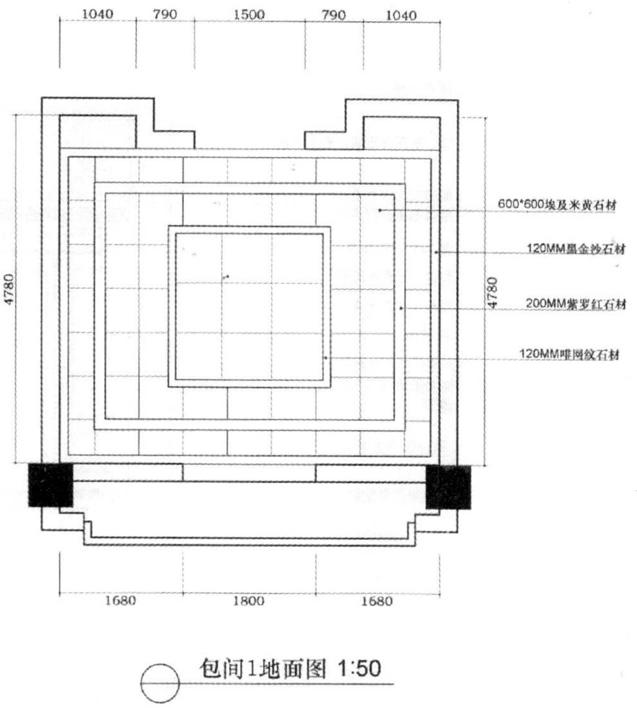

图9-43 包间地面图

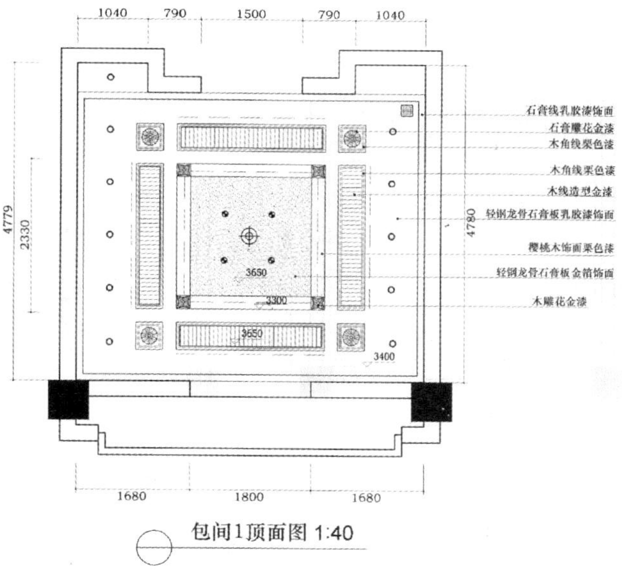

图9-44 包间顶面图

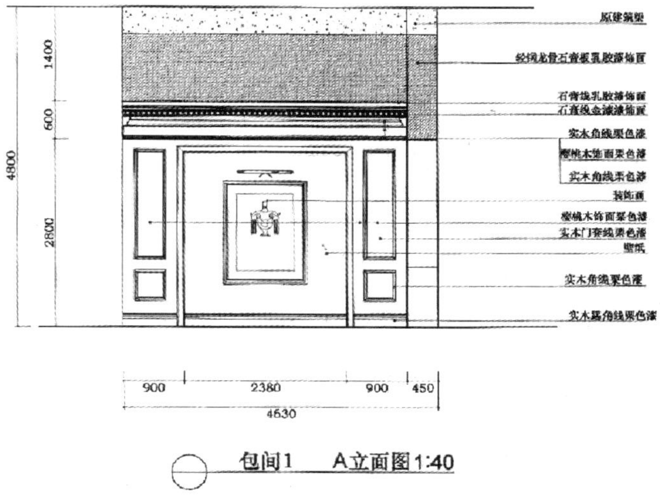

图9-45 包间A立面图

他立面没有标示过，则用细实线画出该局部立面。

（3）剖面图的绘制要求

①剖视位置宜选择在层高不同、空间比较复杂、具有代表性的部位。

②剖视图中应注明材料名称、节点构造及详图索引符号。

③主体剖切符号一般应绘在底层平面图内。剖视方向宜向上、向左，以利于看图。

④标高系指装修完成面及吊顶底面标高。

⑤内部高度尺寸，主要标注吊顶下净高尺寸。

⑥鉴于剖视位置多选在室内空间比较复杂、最有代表性的部位，因此墙身大样或局部节点应从剖面图中引出，对应放大绘制，以表达清楚。（图9-49和图9-50）

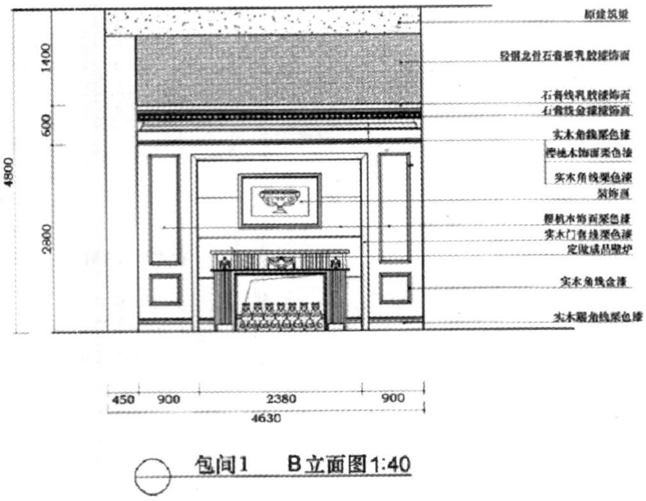

图9-46 包间B立面图

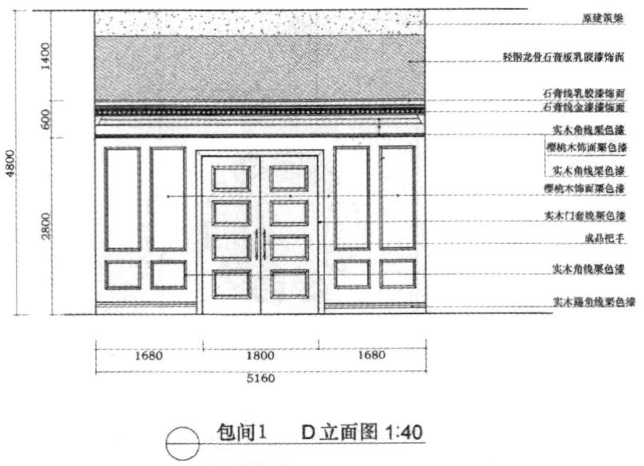

图9-48 包间D立面图

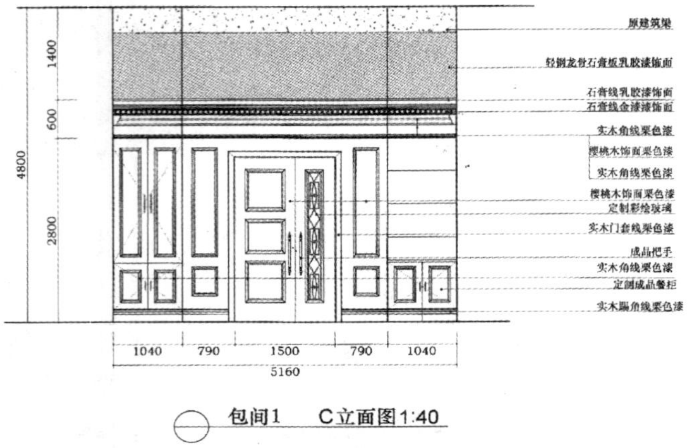

图9-47 包间C立面图

4. 大样详图

大样详图由大样、节点和断面三部分组成。

详图可以是俯视图（平面图）、正视图（正立面图、背立面图）、侧视图（侧立面图），也可以是剖面图、截面图，在必要时也可以画出轴侧图示意。

（1）大样图

①局部详细的大比例放样图。

②注明详细尺寸。

③注明所需的节点剖切索引号。

④注明具体的材料编号及说明。

⑤注明详图号及比例：1:1，1:2，1:4，1:5，1:10。

（2）节点图

①详细表达出被切截面从结构体至面饰层的施工构造连接方法及相互关系。

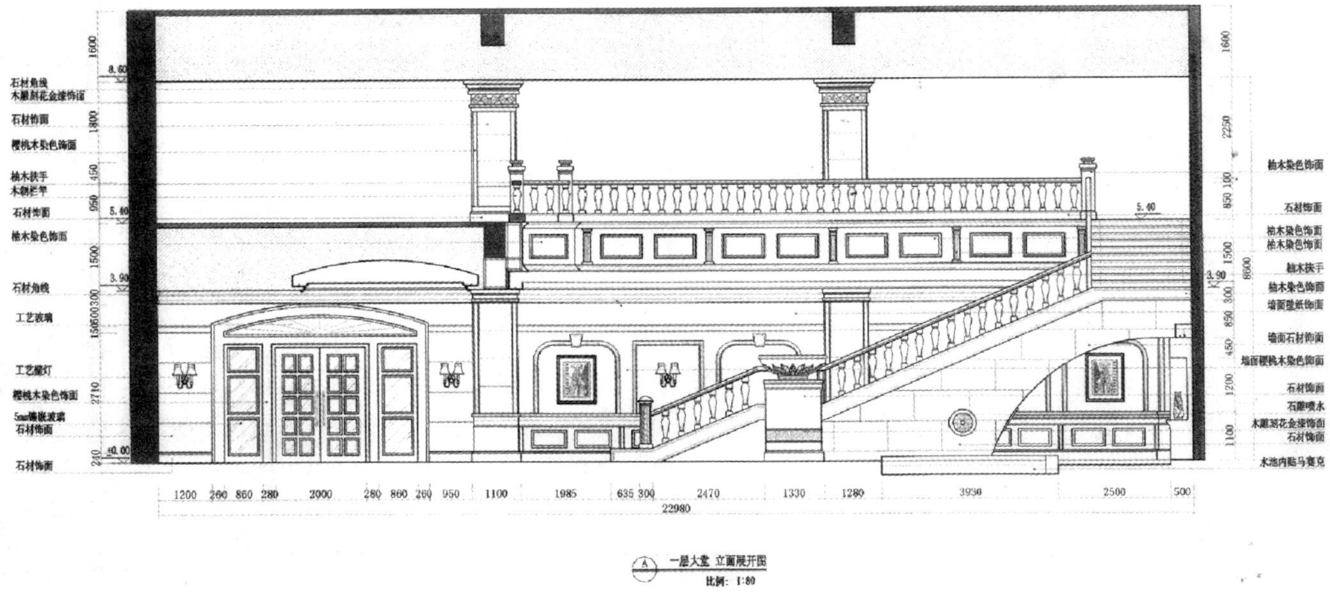

图9-49 酒楼大堂剖面图

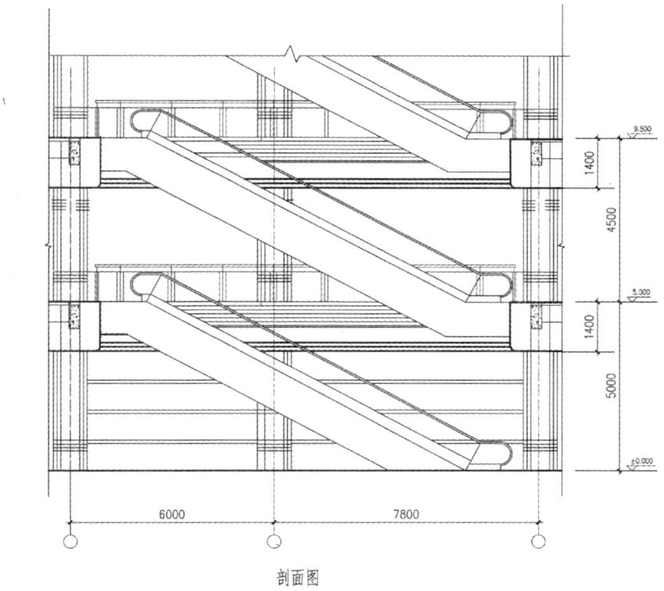

图9—50 商场剖面图

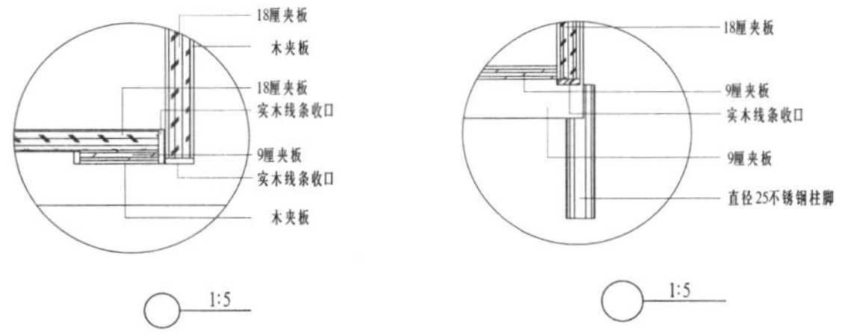

图9—51 大样图

②表达出紧固件、连接件的具体图形与实际比例尺度（如膨胀螺丝等）。

③表达出详细的面饰层造型与材料编号及说明。

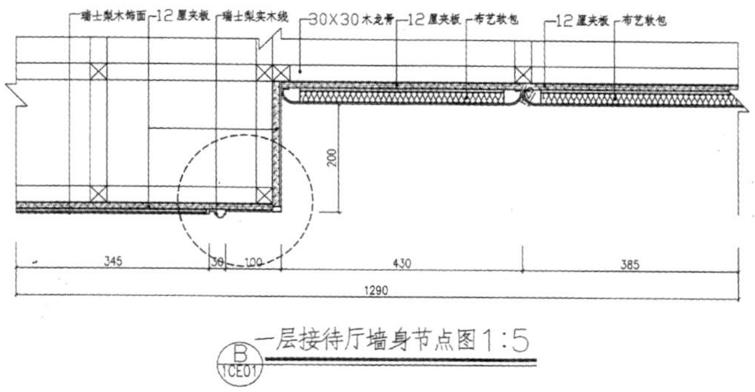

图9—52 节点图

④表示出各断面构造内的材料图例、编号、说明及工艺要求。

⑤表达出详细的施工尺寸。

⑥注明有关施工所需的要求。

⑦表达出墙体粉刷线及墙体材质图例。

⑧注明节点详图号及比例。（图9—51至图9—53）

（3）断面图

①表达出由顶至地连贯的被剖切截面造型。

②表达出由结构体至表饰面的施工构造方法及连接关系（如断面龙骨）。

③从断面图中引出需进一步放大表达的节点详图，并有索引编号。

④表示出结构体、断面构造层及饰面层的材料图例、编号、说明。

⑤表达出断面图所需的尺寸深度。

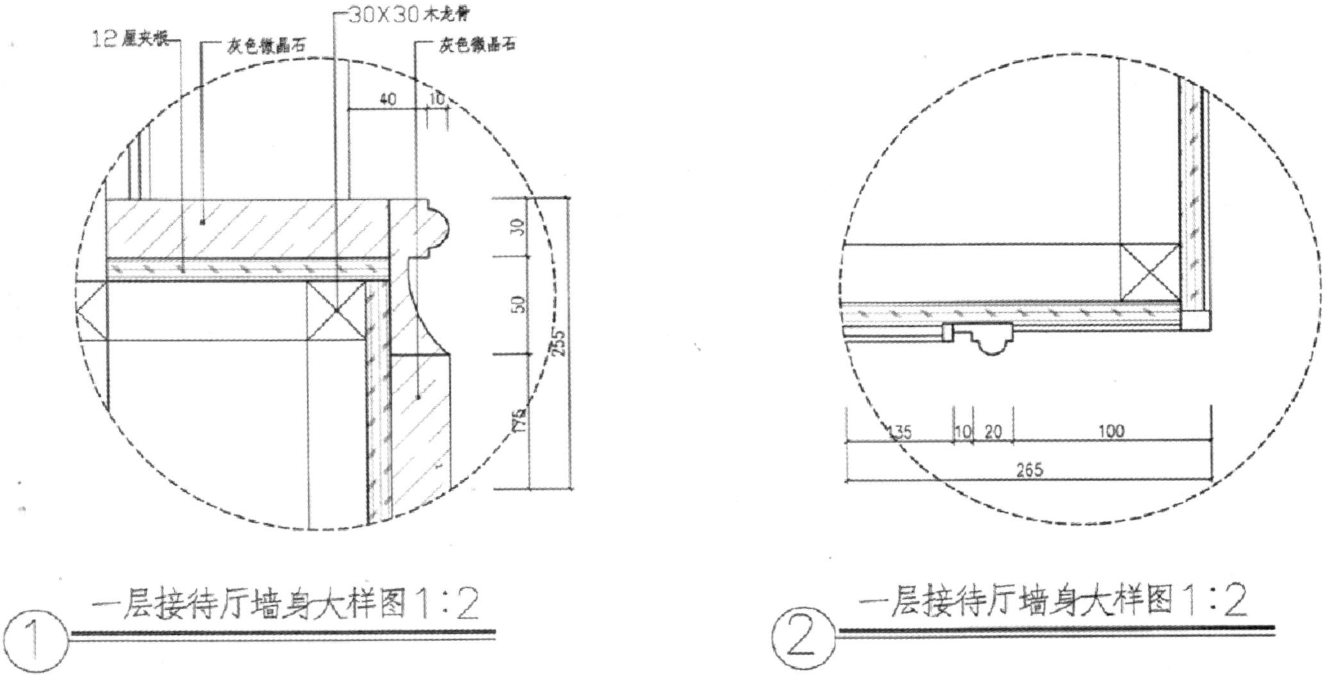

图9—53 大样图

⑥注明有关施工所需的要求。

⑦注明断面图号及比例。

在室内装修工程中，新材料、新工艺层出不穷，其装修详图必然也不断出新、五花八门。但无论怎样变化，详图都要立足于详实简明，做到以下几个方面。

①图形详。图形应真实正确、构造清晰，恰当运用装饰材料图例。

②数据详。绘制的图样要有细致的尺寸标注，包括材料的规格尺寸、带有控制性的标高、有关的定位轴线、索引符号的编号和图示比例等。

③文字详。遇到图样无法表达的内容，如材质做法、材质色彩、施工要求、详图名称等都应标注得简洁、准确、完善。

5．其他

室内设计为保障居住者日常物质生活的舒适方便，必须提供采暖及通风、电力与照明、给水和卫生排污等系统。这些一般称之为室内环境系统，也是现代室内装修工程的基本组成部分。作为室内环境系统，设计不仅仅要满足于功能，还要与室内整体设计相配合。

室内环境系统的图纸常用的有给排水工程图、照明与电器电路图、空调工程图等。因为这些图纸的专业性很强，所以需要各专业工程师发挥各自的知识和专长，协同开展室内设计工作。而作为室内设计师，则应该考虑到室内环境系统的存在，并应了解其基本知识，以避免在设计中产生不必要的冲突。

第四节　计算机辅助设计

计算机绘图是指通过运用计算机及相关设计软件绘制出相应的二维、三维及四维的图形和图像，是室内设计表达的一种方式。它在室内设计过程中和传统的图示表达有着相同的作用与功能。

计算机绘图在图像表达的方式和手法上给设计师、建筑师提供了更多的选择，扩展了视觉思维的范围，促进了设计交流方式的更新，提高了工作效率。计算机绘图在设计过程中可以应用于以下几个方面。

一、设计构思推敲

1．设计的前期准备工作

在进入方案设计之前，设计人员必须为熟悉项目而收集相应的资料，对实际工程项目进行调研，并通过计算机整理出相关电子文件、影像资料等，以方便设计师能够更好地进行概念设计。

2．设计中的辅助工作——描述现场的空间关系

设计人员通过计算机三维绘图软件，可以快速准确地运用线条或三维体块绘制出虚拟的空间模型，从而给设计师以直观的空间感受。

（1）体块模型

体块模型可用作不同的方案比较。计算机操作简便，能对它迅速加以调整，并能对前期相应方案进行调整。（图9—54）

图9—54 体块模型

（2）线框透视

通过计算机中虚拟摄像机的变换和体块模型的结合，可以很快得到不同角度的视点的透视图，作为设计师的构思底图。

（3）剖面透视图

计算机可以迅速准确地将竖向剖面和三维透视图结合起来，能全面分析建筑内部的结构和空间特征。

二、方案设计

1．制图

使用现代的设计制图软件，不仅可以提高设计效率，减少一定的工作量，而且还可从中调用大量的设计模块，使设计制图工作事半功倍。

在设计中，相关数量上的运算（诸如平面空间涉及的面积、容纳的人数、灯具的数量和照度等）对于计算机而言都相对简单得多，可以节省大量的人力、物力。

在现代设计中，运用相应的绘图软件，使设计人员可以快速复制出不同类型的图来（例如，表达功能分区的色块图、表达流线的交通分析图、表达天棚设计的天花布置图等）。

通过计算机制图的相应三维软件，可以将二维的图像在保持比例尺不变的前提下，利用复制功能快速地制作出轴测图，使其具备立体图像的效果。（图9—55）

2．效果图

在现代室内设计中，合理地运用计算机绘制三维效果图已成为室内方案设计中最为重要的手段之一。它能精确地模拟出接近室内实地场景的真实效果，能从造型、光影、体量、材质、色彩、气氛等方面明确表达设计师的意图，以便设计师能够更好地进行不同的方案比较。

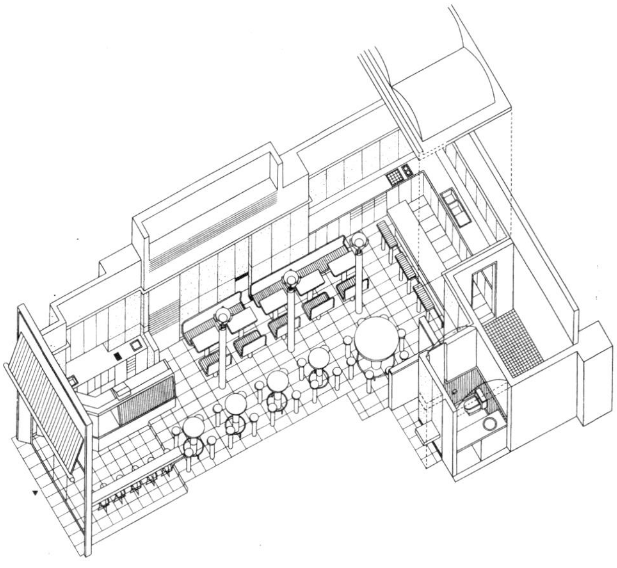

图9—55 轴测图

（1）光

通过计算机图像制作的程序已经可以就特定的地理纬度、不同的季节和钟点复制出阳光的效应，某些动程序还可以模拟一定时间段里光线的作用。

通过设计师给出的室内人工照度的要求，计算机的渲染软件还可以模拟出室内灯光的效果。（图9—56）

（2）质感

通过对室内设计装饰材料的模拟和材料样本的收集、整理、编辑，计算机可以建立它的室内设计材质库，并不断地扩大更新，方便的材质库使计算机的仿真模拟技术更有效。

（3）色彩

通过对比，色彩更加鲜明，加强了色彩的表现力，用对比的手法选择合适的颜色搭配，计算机在这方面使设计研究工作更方便。

（4）气氛

任何室内空间设计都需要对实际空间场景的氛围烘

图9—56 日光效果模拟

图9—57 气氛烘托效果

托，所以对气氛的把握是设计中不可缺少的一部分，而在这方面使用计算机去营造气氛就再好不过了，使用多种的计算机表现技法可以使设计方案以一种最好的效果得以呈现。(图9—57)

(5) 动画

在现代室内设计中，通过计算机的三维软件使用不仅可以制作出静态的立体图像，还可以根据时间的变化制成动态的图像，也就是第四维的空间图形。计算机动态图像的产生及迅速发展，不仅给了我们传统图像的另外一种表达方式，而且还给了我们进行思索之新的工具，它给设计及交流带来的冲击是极其巨大的。通过高超的仿真模拟技术及影视剪辑合成手段，再配以音乐的效果，使得方案设计的交流更像在身临实景中漫游。

三、施工图设计

计算机绘制施工图能够提高设计的工作效率主要表现在以下几个方面。

①计算机的复制能力是其在设计使用过程中的最大优点之一，它能使绘图人员省掉许多繁重且枯燥的工作，可以轻松快捷地绘制出繁多的施工图纸。

②大量的施工图可以数据化地进行储存，这是计算机文件管理的一大特点。它能清楚地将文件分类储存到硬盘或光盘上，并且随时提调出来进行修改；通过互联网，还能进行远程传送。

③计算机制图模块的使用及图库的更新、扩展也能提高制图的效率。

制图软件的迅速发展，使设计人员在运用计算机绘制二维图形的同时，也得到了相应的三维立体图形，设计师通过这些手段，可以快速地分析设计结果。

精确的数据化操作使计算机在施工图绘制阶段成为设计师忠实可靠的工具。它不但能准确地标出尺寸，还能快速地核查数据，甚至还可以将设计底图精确无误地输入全球坐标系统进行定位分析。

针对不同类别的施工图（例如，建筑施工图、装修施工图、电气施工图、暖通施工图等），都开发有相应的专业制图软件，专业设计人员可以通过这些便利的软件设计出好的专业模块，快速地制作出施工图来。

第10章

室内设计与相关专业的配合

室内设计是一门综合性学科，既有明显的艺术性，又有很强的科学性；既有实践性，又有理论性。作为一名合格的室内设计师，应该掌握大量的信息，不断学习其他相关专业的知识。

第一节 室内声环境

一、室内声环境的基本概念

1．声源、声速和频率

振动的物体称为声源，传播声波的物质称为传声介质，这两者是产生声音的必要条件。声波与电磁波不同，它必须经过介质才能进行传播。没有物体的振动，就没有声音；若有物体的振动，而没有传声介质（如在真空中），同样也没有声音。声音不仅可以在空气中传播，也可以在固体、液体、气体等不同介质中进行传播。和其他许多能量的形态相似，声音也是一种波动现象。声波是依靠介质的分子振动向外传播的。声音由空气压力的微小变化使耳朵中的鼓膜产生了震动，并将它传送到听觉神经。这种空气压力微小变化的振动幅度称为振幅，声音的强度即以此表达。声波在弹性介质中的传播速度称为声速（或音速），用C表示，单位为米/秒（m/s）。声波不是质点振动的速度，而是振动状态传播的速度；声速的大小与振动的特性无关，但是和介质的弹性、密度及温度有关。空气质点或物体每秒振动的次数称为频率，它决定了声音的主调，用f表示，单位是赫兹（Hz）。空气质点或物体每振动一次，即完成一次往复运动或疏密相间的运动所需的时间，称为周期，用T表示，单位是秒（s）。在声波传播途径上，两相邻质点之间的距离称为波长，符号为λ，单位为米（m）。声波在介质中的传播速度是一定的。因此，频率f越高，波长λ就越短。在室温状况下空气声速约为340m/s，频率为100Hz～400Hz，声音波长范围大致在10.4m～8.5m之间。人类的听觉能感受到的频率范围在2020Hz～20000Hz之间。但这里指的是年龄在20岁左右听力正常人的状况。上了年岁的老人，对高音的灵敏度会越来越差，70岁左右的老人，对8000Hz以上的声音基本上就听不到。对人类来说，频率在20Hz以下的声波，称为超低频声波（或称次声波）；频率在20Hz以上的声波，称为超声波。次声波和超声波均不能使人耳产生听觉。

2．声波的传播

我们通常用声线来表示声波的传播路径。在各向同性介质中（如空气为各向同性介质），声线和波阵面相垂直。例如，平面波的声线是垂直于波阵面的平行线，球面波的声线是以声源为中心的经向射线。声音来自振动的物体，辐射声音的振动物体称之为声源，而声源的振动引起了波动。而波动的传播是由于介质中质点间的相互作用产生的。在连续介质中任何一点的振动将直接引起邻近质点的振动。当声波在传播过程中遇到开有小孔（或窄缝）的障碍物（如门、窗缝隙）或者障碍物的尺寸与声波的波长相近时，声波能绕过障碍物（诸如室内的柱子、家具等）继续向前传播，这一现象称声波的衍射或绕射。生活中声波的衍射现象是常见的，如在室外同样可以听见室内的声音，这是因为声波绕过门窗缝隙传到了室外，亦即衍射。声波的衍射和其波长有密切的关系。相对于障碍物而讲，声波的波长越长（即频率越低）衍射现象越明显；反之，声波的波长越短（频率越高）衍射现象越不明显。例如，声波在传播中遇到波长大得多的障碍物时，声波将被反射，形成反射波。若声源发出的为球面波，经反射后仍为球面波；若声源发出的是平面波，反射后仍为平面波。

3．声波的透射与吸收

当声源发出的声波遇到障碍物时，此时声波疏密相间的压力将推动障碍物亦将发生相应的振动，该振动也将引起另一侧的传声介质随之振动，声音透过障碍物的现象称透射。而障碍物的振动是会消耗声能的，摩擦、碰撞其中部分声能将转化为热能等，因而声能衰减，此种现象称为声波的吸收。例如，当声波入射到房屋建筑构件（如墙、板等）时，声能部分被反射，部分透过建筑构件，而还有一部分声能由于建筑构件的振动或声能在其内部传播时介质的摩擦或热传导被损耗，一般说它被材料吸收了。当我们进行室内音质设计或噪声控制时，必须了解各种材料的隔声、吸声特性，以便合理地使用材料。

4．声音基本计量

声波是一种能量，仅用声速、频率和波长等物理量尚不能描述声波的全部特性。同时，在噪声控制和音质设计中，还须考虑人的听觉特性，因此，我们将进一步介绍声音的其他物理量。

（1）声压和声压级

声压是指介质中在有声波传播时，介质中的压强相对于无声波时压强的改变量，所以声压的单位就是压强的单位，即N/m^2，用P表示，单位是帕（Pa）。声压只有大小，没有方向。人类能感觉到的声音强度从2×10^{-5}Pa到100Pa（$1Pa=1N/m^2$），这相当于$100cm^2$面积受到$2\times10^{-5}g\sim100g$的重力。人类可能感觉到的声音存在的最小声压（P_o）及最大声压（P_{max}）分别称闻阈和痛阈，对各频率声波的声压是不相同的。人耳对1000Hz的声波感觉最为灵敏，其闻阈为2×10^{-5}Pa，痛阈为2×10^2Pa。声压痛阈超过闻阈达10^7倍。人耳不能仔细区别这样大数值范围的声压，且计算也不便，故常采用对数标度，以分贝（dB）为单位来评价巨大的声压值范围，这也就是采用声压级的原因。如前所述，声压的变化范围从2×10^{-5}Pa到2×10^2Pa，声压的上下限相差竟达100万倍。显然，用声压来度量是极不方便的，加之人们听觉分辨能力的灵敏度和声压不成正比关系，而是近似和它们对数值成正比。因此，按对数方式分等级的办法作声音大小的常用单位，这就是声压级。声压级是声音的声压P与基准声压P_o之比的常用对数的20倍，单位为分贝（dB）。

（2）响度和响度级

声音的大小、差别，还可以用响度来表示。量度一个声音比另一个声音响多少的量称为响度。人们的听觉对声音的感觉不仅和声压有关，还与声音的频率有关。人耳对高频声音感觉灵敏，对低频声音感觉迟钝，因此，声压级相同而频率不同的声音引起的感觉可能会不同。因此，响度是表征人耳对声音强弱的主观感觉程度，它表示声响的大小。一般来说，声压越大，声音越响。但声压与声音不是成正比例关系，声压加倍，声音不一定加倍的响。因此，不能单纯地用声压级大小来衡量声音的轻或响。对于两个频率分别为1000Hz和100Hz的声音，声压级都是40dB，但人们听起来响度却完全不同，1000Hz的声音就比100Hz的声音响得多。要使100Hz的声音和1000Hz的声音同样响，就得把100Hz的声音的声压级提高到51dB。响度级把声压级和频率用一个单位统一起来，既考虑声音的物理效应，同时又考虑声音对人耳听觉的感觉效应，是人们对声音主观评价的基本物理量之一。响度级的单位是方（phon）。它的定义是：取1000Hz的纯音作为基准声音，如果某声音听起来与该纯音一样响，则该声音的响度值（phon）等于这个纯音的声压级（dB）。

二、室内声学原理

当声源在室内停止发声时，声音仍会持续一段时间，而不会像在室外立即消失。因此，我们应对声音在室内声场特点及室内传播的规律有一定的了解。在室内，声波传播将受到封闭空间各个界面（如墙面、顶棚、地面、家具等）的约束，形成一个比自由空间（露天）复杂得多的“声场”。室内对声音的影响主要有使声音在室内空间的分布发生变化而引起音质的改变，室内物体和其封闭空间的各个界面引起反射声，由于房间的共振引起室内声音在某一频率的加强或减弱等方面。

当声源在室外自由空间（指无任何反射面存在的空间）传播时，人们听到的仅仅只有声源的直达声；而当声源在室内空间发声时，声波在边界将经历反射、散射、吸收、干涉等现象，人们在室内听到的除了直达声外，还有来自顶棚、墙壁和地板各界面反射一次甚至多次的反射声，这些反射声的总和称为混响声。声源在室内发声时，声波由声源到室内各接收点形成复杂的声场。对任一接收点（听众），它接收的声音主要由三部分组成，即直达声、近次反射声及混响声。

1．直达声

在传播过程中，这部分声音不受室内界面的影响，而是由声源直接到接收点（听众）的声音。直达声的声强基本上按距离平方反比而衰减。

2．近次反射声

近次反射声是指直达声后相对延迟时间为50ms内到达的反射声。这些短延时的反射声主要是经由室内界面一次、二次和少数三次等反射后到达接收点的声音，故称近次反射声。人耳对于延时为50ms内的反射声难以和直达声分开，故这些反射声会对直达声起到加强作用。短延时反射声和侧向到达的反射声音对音质有较大的影响。

3．混响声

在近次反射后陆续到达的、并经多次反射的声音统称为混响声。在远场，混响声的声强对于该接收点（听众）的声音强度起决定作用，而且其衰减率的大小对音质有重要影响。声波在传播时将受到室内（封闭空间）各个界面的反射和吸收，这时所形成的声场要比露天复杂得多，这种声场将引起一系列特有的声学特性。

室内声场的显著特点是：①距声源有一定距离的接收点上，声能密度比在自由声场中要大，不随距离的平方衰减；②声源在停止发声之后，在一定的时间里，声场中还存在着来自各个界面的迟到的反射声，产生所谓“混响现象”。此外，由于与房间的共振，引起室内的声音某些频率的加强或减弱；由于房间的形状和内装修材料的布置，形成回声、颤动回声及其他各种特异现象，产生一系列复杂问题。如何控制房间（室内空间）的形态及吸声——反射材料的分布，使室内具有良好的声环境，是室内声学设计的主要目的。声源在室内开始辐射声能时，声波即同时在室内开始传播。声波入射到室内某一界面时，部分声能被吸收，其余声能则被反射。在声源继续传播中，又第二次、第三次甚至多次地被吸收和反射。这样，在室内空间中形成了一定的声能密度。随着声源不断供给能量，室内声能密度将随时间增加而增加，这就是声音的增长过程。在单位时间内被室内空间界面所吸收的声能与声源供给的能量相等时，室内声能密度就不再增加，而处于稳定状态。实际在大多数状况下，大约经过1～2s，声能密度即接近最大值（稳态），也即声音的稳定。对于一个室内吸声量大、容积（空间）也大的房间，接近稳态前的某一时刻的声能密度，比一个吸声量小、容积较小的房间要小。这就说明，在室内声学设计时，需恰当地确定其容积与室内吸声量。当声音达到稳态后，如停止声源的发声，室内接收点（听众）上的声音并不会马上消失，而有一个逐渐衰减的过程，然后依次消失的是一次、二次直到多次反射声。因此，室内的声能密度逐渐减弱，直至完全消失。这个衰减过程称为“混响过程”，它是室内音质的一个重要物理指标。

三、室内声环境设计概要

室内声环境设计是建筑声学设计的一项重要内容。即使是普通的住宅居室，也有其特定的音质。随着多媒体技术进入千家万户，对居室的音质要求也将越来越高。而对一些音质要求较高的建筑，如剧院、音乐厅、会堂、录音室、电视演播室等，则必须做专门的声学设计，否则将影响建筑物的正常使用，甚至无法使用。室内声环境设计的一个前提条件就是防止室外的噪声和振动传入室内，使室内保持足够低的背景噪声级。音质设计应当在满足这一前提的基础上进行，这是需充分予以注意的。室内声环境设计应当在建筑物的计划阶段就开始，并贯穿整个设计过程。在工程施工过程中还须做必要的测试、修改、调整，直至达到预期的目标。

1．室内音质设计的原则

室内音质有要求的厅堂，大致可分为供语言通讯用、供音乐演奏用、多功能厅堂等三类。使用功能不同的厅堂，对室内音质标准的要求也各不相同。但不论是以语言通讯为主的教室、会堂，还是以音乐演奏为主的音乐厅、歌剧院，虽各自的侧重不同，但都有一些共同之处。室内音质好坏的最后标准是听众（也包括演讲者或演奏者）的主观感受。音质设计就是找出与这些主观感受相对的客观指标（物理参数），通过设计，使得到的客观指标符合良好音质的要求。人们对不同的声信号（语言或音乐等）的主观感受有不同的要求，这些要求称为主观评价标准。为了使室内具有良好的音质，声环境设计时应遵循以下原则。

（1）清晰度高

语言和音乐均要求声音清晰，而语言要求更高，语言的清晰程度常用“音节清晰度”表示，它是由人发出的若干单音节（汉语中一字一音），这些音节之间毫无语音上的联系，由室内的听者聆听并记录，然后统计听后正确听到的音节占所发音音节的百分数，这一百分数则为该室内的音节清晰度。实验结果表明，汉语的音节清晰度与听音感觉有关。(表10—1)

由于人们在讲话时的连贯性，往往不必听清每个字即可听懂句子。一般用“语言可懂度”来表示对语言的听懂程度，汉语的音节清晰度与语言可懂度之间的关系如图10—1所示。从图中可以看出，只要测得一个厅堂的室内音节清晰度，就可知其中与听众相联系的语言可懂度。

表10-1　音节清晰度与听音感觉关系

音节清晰度（%）	听音感觉
<65	不满意
65～75	勉强可以
75～85	良好
>85	优良

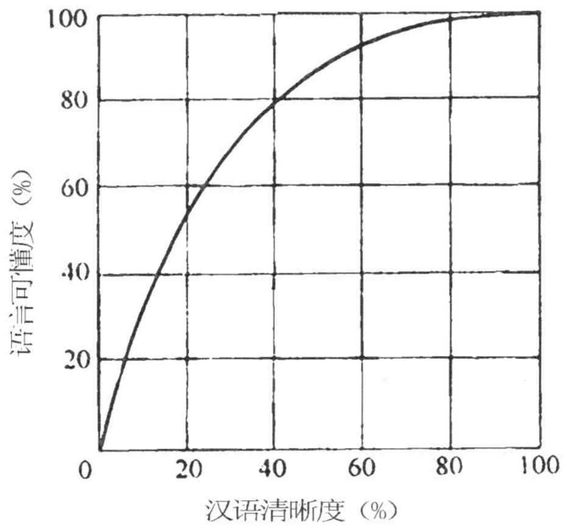

图10-1 汉语清晰度与可懂度关系

对于音乐的清晰程度很难用数量表示，当可以清楚地区别各种声源的音色并可以听清每个音符时，节奏较快的音旋律分明，则认为清晰度高。

（2）合适的响度

合适的响度是音质设计中最基本的要求。语言和音乐的响度应高于环境噪声，要求听起来不费力，又不感到过分响显得吵闹。一般感到合适的响度级为60～70方（phon），音乐响度比语言要求稍高一些。

（3）无声学缺陷的噪声干扰

声缺陷是指一些干扰正常听闻使原声音失真的现象，如回声、声聚焦、声影、颤动回声等。声缺陷的出现会使听众感觉到疲劳、厌烦，难以集中注意力，尤其是短促的语言声比音乐声更容易被发现回声现象。因此，在音质设计中应全力避免声缺陷。噪声的入侵对室内音质有破坏作用。连续的噪声，特别是低频噪声会掩蔽语言和音乐，间断性噪声则会破坏室内宁静的气氛和录音效果。

（4）室内应具有和用途相适应的混响时间及其频率特征

最佳混响时间与大厅的座位多少、体积大小、内部装修、频率特性等因素有关。混响时间亦是衡量音质状况的重要参数，它关系着语言的清晰度、音乐的丰满度。根据房间使用性质不同的特点，有不同的混响时间要求。一般来说，混响时间过短，声音听起来干涩，过长又会使声音浑浊不清。以语言为主的厅堂，不希望太长的混响时间，否则会影响语言的清晰度；以音乐为主的厅堂，过短的混响时间会影响声音的丰满度。使听众认为合适的混响时间称为“最佳混响时间”。

（5）一定的空间感

一定的空间感是指室内声场给听者提供的一种声音在室内空间传播的感觉，其中包括听者对声源方向的判断（方向感）、距声源远近的判断（距离感，又可称为亲切感）和对属于室内声场的空间感觉（环绕感、围绕感）。

2．厅堂容积的确定

从建筑声学角度考虑，厅堂容积一般应从保证有足够的响度与合适的混响时间两方面来考虑。同时，厅堂容积的大小不仅影响到音质效果，而且也直接影响到建筑的艺术造型、结构体系、空调设备和经济价值等诸方面。为此，厅堂容积的确定必须综合加以考虑。若有电声扩声设备介入厅堂的声环境中，厅堂容积的确定可依据电声系统的性能和布置方式来确定。亦即，此时的厅堂容积在一定程度上可大于自然条件下的厅堂容积值，并依据实际情况选配相应的电声设备。

这里所讨论的厅堂容积是以自然声为声源来确定的。一般从声学角度考虑厅堂的容积，应根据有足够的响度与合适的混响时间这两方面来考虑。

（1）保证厅堂内有足够的响度

自然声（人声、乐器声等）的声功率是较弱的，如果厅堂容积太大，随着与声源距离的增加，直达声将会较大的衰弱，亦即声能密度越低，声压级越低，也就是响度越低。因此，对于不用扩声设备（自然声）的讲演厅堂这类建筑，为确保其有足够的响度，一般要求其容积不大于2000m^3～3000m^3。当采用扩声设备时，厅堂容积可不限制。表10-2中列出了用自然声的厅堂的最大容许容积的参考值，超过这个数值时，应考虑设置扩声系统。

（2）厅堂内有适当的混响时间

从混响时间计算公式得知，厅堂室内的混响时间与容积成正比，与室内的吸声量成反比。在总吸声量中，听众的吸声量很大，在剧院观众厅中一般可占总吸声量的1/2～2/3。因此，控制厅堂容积和观众人数之间的比例，也就在相当程度上控制了混响时间。

表10-2　用自然声的大厅的最大容许容积

用　途	最大容许容积（m^3）
讲演	1500～3000
话剧	6000
独唱、独奏	10000
大型交响乐	20000

3．厅堂体形的确定

厅堂体形包括厅堂的平剖面形式的选择和尺度的确定以及墙面、顶棚等各边界的形式、尺寸、构造，以及房间主要尺度的比例等。设计时必须考虑使用功能、视线、听闻、照明、施工、艺术造型和经济等方面的要求，因此它是一个多因素综合平衡的产物。在厅堂的体形设计中，我们应遵循充分利用直达声、争取和控制好前次反射声、消除有可能出现的声缺陷三个原则。

（1）减少直达声的传播距离并应考虑声源的方向性影响

缩短厅堂后部观众与声源的距离，使观众尽可能靠近声源。当厅堂的面积一定时，选取宽短的平面形式比窄长的平面有利，因为人和大部分乐器发声均有明显的方向性（尤其是高频声）。平面过于扁宽，使得偏离正对声源方向的前部两侧的观众席缺少高频声。一般来讲，观众席应以不超出声源正前方140°的夹角范围为妥。

（2）争取和控制前次反射声

前次反射声主要是指直达声50ms以内到达的反射声。如以声音传播的距离计，约相当于17m的路程。这些反射声主要是由于靠近声源界面形成，并且被反射的次数较少。利用前次反射声的关键在于注意一次反射面及附近表面的设计，使之具有合理的形状、倾斜度和足够的尺寸。使所有观众席都能获得丰富的早期反射声，尤其是早期侧向反射声，是良好音质的必备条件之一。在厅堂体形设计中，控制和增加反射声措施，利用几何作图法进行体形设计，调节反射面的斜角，可使反射声（主要是一次反射声）均匀分布于整个观众席上。室内的柱子、灯具，各种凹凸起伏的装饰对声波都有扩散效果。精心设计的扩散体应是室内装修设计的一部分，形式可根据装修效果确定。厅堂内表面如做凹凸不平的处理，由于其扩散作用，可将声波均匀地分布于室内，使得某区域增加一些前次反射声。

（3）室内声学缺陷的消除

在厅堂、房间等室内空间的体形设计中，还要防止回声、颤动回声、声聚焦、声影等声学缺陷的出现。

①回声。观众厅堂中最易产生回声的部位是后墙（包括挑台上的后墙），与后墙相接的顶棚以及挑台栏杆的前沿等。如果后墙为凹曲面，更会由于反射声的聚集而加强回声的强度。对有可能产生回声的厅堂部位，需适当改变后墙的倾斜角度，使反射声落入近处的观众席，或在有可能产生回声的那部分界面布置吸声材料，使来自这些表面的反射声减弱到混响声以下。更为积极的方法是适当调整反射面的角度，将后墙与顶棚两界面交接处的表面做成较大的倾角，则可将声音反射给后部观众，会取得较好的效果。

②声聚焦。凹曲面的顶棚，使反射声分布均匀，会产生声聚焦现象，因此一般应当避免采用。避免声聚集也可用采取控制曲面的弧度的办法。例如，在采用壳顶的厅堂中，应避免弧面曲率半径与房间高度相接近。此外，也可在凹曲面上做全频域强吸声，通过减弱反射声强度来避免声聚集所引起的声场分布不均匀。

③声影。除回声、声聚集和颤动回声以外，常见的声缺陷还有声影。它们不仅使局部声音失真而且使声场不均匀，是应加以防止的。声影是由于遮挡而无法使前次反射声均匀分布的区域，也是声场中反射声密度较小的区域，在设计时应尽可能减少声影的范围。为了避免声影区的产生，对于多功能厅，挑台下空间的进深不应大于其开口高的2倍，张角应大于25°；对于音乐厅，进深不应大于开口高度，张角应大于45°，同时挑台下顶棚应尽可能向后倾斜，使反射声落到挑台下坐席上。

④颤动回声。颤动回声的产生是由于厅堂内特定界面之间发生多次反复反射，在室内平等表面之间形成的一连串回声。一般在观众厅内，由于声源处于吸声性的舞台内，厅内又布满观众席，不易发生这类现象；而在体育馆等大厅中，场地地面和顶棚之间易产生多重回声。即使在较小的厅中，由于形状设计和吸声处理不妥，也可能产生多重回声；而在剧院中，由于声源位于舞台上，近台口处的两侧墙一般不平行，故不会形成颤动回声。消除颤动回声的办法是使两相对表面间有大于5°的夹角，或采用表面扩散或吸声处理。

4．室内的混响设计

室内混响时间的长短及其频率特性与室内音质的主观评价标准密切相关。所以，依据不同的功能要求，通过设计手段来确保合适的混响时间是室内音质设计的重要内容。

不同使用功能的厅堂、房间有不同的最佳混响时间值，主要用于语音的房间，混响时间应短些；而用于音乐欣赏的厅堂，混响时间则应长些，通常以500Hz标准来推荐不同厅堂的“最佳混响时间”。

最佳混响时间是依据对大量已建房间进行主观评价，并结合客观测定结果经统计归纳确定的。它不是一个确定值，而是一个数值范围。目前普遍采用按照大厅容积和使用类型而推荐的最佳混响时间（500Hz）。（表10–3）

表10–3　　混响时间推荐值（500Hz）

厅常用途	混响时间（s）
电影院	1.0～1.2
立体声宽银幕电影院	0.8～1.2
演讲、戏剧	1.0～1.4
歌剧及音乐厅	1.5～1.8
多功能厅堂	1.3～1.5
电话会议	0.3～0.4
电影同期录音摄影棚	0.8～0.9
电视演播	0.8～1.0
语言录音（播音）	0.3～0.4
音乐录音（多声道）	0.6
音乐录音（自然混响）	1.4～1.6
多功能体育馆	小于1.8

第二节　室内设计与建筑设备

一、室内给排水

1．室内给水

（1）室内给水系统

室内给水系统的任务是将水自室外给水管引入室内，并在保证满足用户水质、水量、水压要求的情况下，把水送到各用水点。室内给水系统由以下部分组成：①引入管——穿过建筑物承重墙或基础，自室外给水管引入室内给水管网的管段；②水表结点——由水表、引入管及其附近的阀门、放水口等构成；③给水管网——由水平干管、立管和支管等组成；④配水龙头或生产用水设备；⑤给水附件——给水管路上的阀门、管接头等。除上述基本部分外，按建筑物的性质、高度、消防的要求程度及室外管网压力等不同因素，室内给水系统中常附加一些其他设备，如水泵、水箱或气压装置及贮水池等。室内给水系统按供水对象及其要求可以分为：生活给水系统——专供人们生活饮用用水，水质应符合国家规定的饮用水质标准；生产给水系统——专供生产用水，如生产蒸汽、冷却设备、食品加工和造纸等，水质按生产性质和要求而定；消防给水系统——专供消火栓和特殊消防装置用水，对水质无特殊要求，但要保证水压和水量。

（2）给水管网所需的压力

室内给水管网中的压力，应保证将所需的水量供到各配水点，并保证最不利配水点（往往是最高或最远的配水点）具有一定的流出水头和水量。压力和送水高度成正比关系，一般1×10^5Pa的压力，送水高度可达10m；30×10^5Pa的压力，送水高度可达30m。这样，我们不难估算出不同标高的室内给水所需的最小压力。

（3）给水方式

①简单的给水方式。此种给水方式常用在当管网没有增压设备，而室外管网的水压在任何时候都能满足室内管网最不利点所需水压，并能保证管网昼夜所需的流量时。

②设水箱的给水方式。此种给水方式无加压水泵，但设有水箱，常用在当室外管网中的水压周期性不足，或一天内某些时刻压力不足而不能保证室内用水时。

③设水泵的给水方式。此种给水方式常用在当室外

管网压力经常低于室内管网所需压力，室内用水量较大且较均匀时。

④设水泵和水箱的给水方式。此种给水方式常用在室外管网压力经常性或周期性不足、室内用水甚不均匀时。

⑤环状管网给水方式。室内给水管网依其干管的布置形状可分为枝状管网和环状管网。环状管网用在不允许断水的建筑，如大型公共建筑、高层建筑及某些生产车间；环状管网不仅可在水平面内连成环网，亦可在垂直面内连成环网。

⑥分区给水方式。此种给水方式用在高层建筑中。因为高层建筑的管网静水压力很大，若不分区，下层管网由于压力过大，管道接头和配水附件等极易损坏，且电能消耗也不合理，因此必须进行竖向技术分区。

（4）管道的布置和敷设

①管径的确定。给水管网中，管径的确定因素有设计秒流量、水流速和供水压力。设计秒流量是根据室内空间中的用水器具的类型、数目及使用情况来计算确定的。供水压力是已知的提供本给水系统的压力。通过这些，再加上对室内水管道的流速控制，就能确定给水网中各管径的尺寸。在实际的设计工作中，为了方便，引入了用水器具当量的概念，这对简化计算和确定管径有很大的帮助。这项工作常常是专业人员完成的。在设计过程中，专业人员还要进行管网水头损失的计算，这样就能确保最不利供水点的正常工作。

②管道的布置和敷设。管道布置——布置管道时，根据情况，应力求管线简短。一般应平行于梁、柱、沿墙面、地面或天花作直线布置，这样既不妨碍美观，且便于安装和检修。水平干管通常布置于底层走廊内、走廊地下或地下室、天花板中，埋地管道应避免布置在可能受重压或震动之处。管道敷设——根据建筑物的性质及要求，给水管道的敷设有明装和暗装两种。明装时，室内管道应尽量沿墙、梁、柱、顶棚、地板或桁架敷设。明装的优点是便于安装、修理和维护，造价低；缺点是影响空间的美观和整洁。暗装时，管道常敷设在地下室、天花内、地板下、墙槽、管道井、管道设备层或公共管沟内。暗装的优点是不影响空间的整洁美观，缺点是施工复杂、检修不便、造价高。

2. 室内排水

（1）室内排水系统

室内排水系统的任务是排除建筑物内的污水，一般由卫生器具、排水横支管、立管、排出管、通气管、清通设备及某些特殊设备等组成。

①卫生器具（或生产设备）。卫生器具是室内排水系统的起点，接纳各种污水后排入管网系统。污水从器具排出口经过存水弯和器具排水管流入横支管。

②横支管。横支管的作用是把各卫生器具排水管流来的污水排至立管。横支管应具有一定的坡度。

③立管。立管接收各横支管流来的污水，然后排至排出管。为了保证污水畅通，立管管径不得小于50mm，也不应小于任何一根接入的横支管的管径。

④排出管。排出管是室内排水立管与室外排水检查井之间的连接管段，它接收一根或几根立管流来的污水并排至室外排水管网。排出管的管径不得小于与其连接的最大立管的管径，连接几根立管的排出管，其管径应由水力计算确定。

⑤通气管。通气管的作用是：第一，使污水在室内排水管道中产生的臭气及有毒、有害的气体排到大气中去；第二，使管内的污水排放时的压力变化尽量稳定并接近大气压力。这样可保护卫生器具存水弯内的存水不致因压力波动而被抽吸（负压时）或喷溅（正压时）。对于层数不多的建筑，在排水横支管不长、卫生器具数不多的情况下，采取将排水立管上部延伸出屋顶的通气措施即可。排水立管上延部分称为通气管。一般建筑物内的排水管道均设通气管。仅设一个卫生器具或虽接有几个卫生器具但共用一个存水弯的排水管道，以及建筑物内底层污水单独排除的排水管道，可不设通气管。大、中型建筑，由于立管长、卫生器具多，除设通气管外，还应设辅助通气横管或辅助通气立管。

⑥清通设备。为了疏通排水管道，在室内排水系统内，一般设置检查口、清扫口、检查井等清通设备。

⑦特殊设备。特殊设备，如在室内排水系统内设置的污水抽升设备、污水局部处理设备等。

（2）室内排水系统的分类

按所排除的污水性质，室内排水系统可分为：①生活污水管道——用来排除人们日常生活中所产生的洗涤污水和粪便污水等，此类污水多含有机物及细菌；②生产污（废）水管道——用来排除生产过程中所产生的污（废）水等，因生产工艺种类繁多，所以产生的污水成分很复杂；③雨水管道——用来排除屋面上的雨水和融化的雪水。

（3）管道的布置和敷设

①管径和坡度的确定。室内排水管需要有一定尺寸

的管径，同时，室内排水主要依靠重力作用，故需要管道自身有一定的坡度。只有满足管径和坡度要求，室内排水管网才能畅通无阻。在决定室内排水管的管径及坡度之前，我们必须知道排水量标准、管段中排水设计流量等。生活污水排水量标准和时变化系数，一般可采用生活用水量标准和时变化系数；生产污水排水量标准和时变化系数，则应按具体的工艺要求确定。某个管段的排水设计流量与它接入的排水器具的类型、数量、同时使用的百分比量及排水器具排水量有关。为了方便设计工作，和室内给水一样，也引入了“当量”的概念。通过了解这些问题，再加上水力计算，专业人员就能确定室内排水管网中的各管径尺寸和管道坡度。

②管道的布置。横支管——在底层可以埋设在地下，在楼层可以沿墙明装在地板上或悬吊在楼板下。横管不得穿越沉降缝、烟道、风道，并应避免穿越伸缩缝；必须穿越伸缩缝时，应采取相应的技术措施，如装伸缩接头等。横支管不宜过长，以免落差过大，一般不得超过10m，并应尽量少转弯，以避免阻塞。立管宜靠近最脏、杂质最多、排水量最大的排水点处设置，如尽量靠近大便器。立管应避免穿越卧室、办公室和其他对卫生、安静要求较高的空间。生活污水立管应避免靠近与卧室相邻的内墙。排出管——可埋在底层地下或悬吊在地下室的顶板下面。排出管的长度取决于室外排水检查井的位置。检查井的中心距建筑物外墙面一般为2.5m～3m，不宜大于10m。通气管——高出屋面不得小于0.3m，且须大于最大积雪厚度，以防止积雪覆盖通气口。对于平顶屋面，若有人经常逗留活动，则通气管应高出屋面2m，并应根据避雷要求考虑设置避雷装置。在通气管出口4m以内有门窗时，通气管应高出门窗顶0.6m或引向无门窗的一侧。通气管出口不宜设在建筑物的挑出部分（如屋檐口、阳台、雨篷等）的下面，以免影响周围空气卫生。

③管道的敷设。室内排水管道的敷设也有明装和暗装两种，具体要求和优缺点与给水管道敷设的基本相同。在暗装时，特别要考虑方便检修的问题，在检查口处设检修孔或门。

（4）管道的防护

排水管主要有钢管、铸铁管、PVC管、铝塑复合管等。对铸铁管要进行管道的防腐处理，常用的方法是刷防锈漆，一般有底漆、面漆二道。对埋于地下的管道一般先刷冷底子油，再用沥青涂上。目前，普通铸铁排水管已很少使用。PVC管一般要注意避开可能造成损坏的重压或碰击，而铝塑复合管则具有较好的耐撞击性能。

室内设计师在设计过程中，应具有一定的给水排水知识，有时还必须向建筑师、工程师或管道施工人员请教，以确定管道系统的某些调整、变更是容易呢，有可能呢，还是根本不可能。一般情况下，将新设备与已埋在墙内的给排水管连接是容易的。所以，新设备最好要靠近那些已预留的管道井、结构柱或已有管道。这些位置在现场和相关图纸中很容易找到，室内设计师必须要能看懂这类图纸。

二、室内电气

1．室内电气系统

室内电气系统主要有强电系统和弱电系统两类。

（1）强电系统

①提供自动扶梯、电梯、供热、通讯与空调设备及其他特殊设备，如电炉、烘干机等所需的电路；②提供日常照明、插座和一些日常家用电器设备所需的电路；③提供应急照明所需的电路。

（2）弱电系统

①提供计算机网络、闭路电视系统等所需的电缆导线线路；②提供电话、报警、监控及其他低压电器设备所需的控制线路。

并不是所有室内工程都需要强、弱电系统及其各组成部分的电路设计，但大型工程则会包括这些所有部分电路的存在，需要相关人员进行设计。

2．电路的组成

室内强电系统电路主要由进户线、总配电箱、干线、分配电箱、支线、用电设备组成。其中配电箱是接受和分配电能的装置，装有用来接通和切断电路的闸刀开关、保护设备的熔断器（用来防止短路故障）以及用来监视供电系统运行情况的仪表等。弱电系统电路的控制箱内装有进行线路分配的有关装置。

不同的配电系统及相同的配电系统的不同组成部分需要不同的电路，在相同的配电系统和相同的组成部分中，有时也需要不同的电路。例如，在住宅设计中，常常把照明电路和供空调使用的电路区分开来。但这些不同的电路可以共同使用一个总的配电箱，对不同的电路进行集中管理。这类集中管理系统，不但可确保安全，而且使用也十分方便，并可由电脑控制。随着时代的发展，这种集中管理系统在大型的室内设计中将会广泛采用，但此系统装置的成本较高。

3．负荷计算

负荷计算的目的就是确定供电量。任何电气设计都是从负荷计算开始的，确定了负荷量，才能选择导线、熔断器及配电箱等。在单相用电设备的线路中，通过负荷计算，可进行合理的支路设计，做好各相序之间的用电平衡工作。在电气设计中，用电平衡是很重要的，因为它能避免某一支路用电过大而另一支路用电过少的现象发生。

配电线路中，各用电设备并不是任何时间都在使用的，因此，若将线路中的全部用电设备的安装功率加起来作为电源应该供给功率，并依此选择导线截面，将会造成导线截面过大而形成浪费。所以，计算照明负荷时，必须考虑用电不同时段工作的因素。为此，在负荷计算时采用“需要系数Kx”。在一般情况下，计算室内照明线路时，对分支线路和应急线路，需要系数均采用1.0；当采用荧光灯及高压水银荧光照明时，由于镇流器的功率消耗，其计算负荷应分别增加约20%及8%，同时还应考虑设备的功率因素对线路和的影响。

4．导线及导线选择

（1）导线

导线一般有铜芯和铝芯两种。铝芯导线虽然成本较低，但由于其电阻比铜芯大，强度较低，易受氧化腐蚀，且接头处理比较复杂，故已不常选用。导线有单股和多股两种。室内常用低压绝缘线（额定电压500V）和通讯电缆线，通常穿PVC塑料保护或用线槽敷设。

（2）导线选择

导线选择应满足下列要求：①在额定电流以下，导线的温升不应超过容许值；②在额定电流下，导线上的电压损失不应超过容许值；③导线应有足够的机械要求。

为了满足以上的要求，导线应按以下三种方式进行选择：①按导线的连续容许通过电流选择；②按线路容许电压损失选择；③按机械强度选择。通常，用上述三种方式求出导线截面后，取三种方式中截面最大的一种作为选择导线的依据选定导线。这个过程一般是由专业人员通过计算、查表完成的。

5．配电箱、开关和插座

（1）配电箱

配电箱是接受和分配电能的装置，对电路具有控制、保护、管理的作用。其上装有闸刀开关、熔断器及用来监视供电系统运行情况的仪表等。

①熔断器的选择。熔断器是电路中最常用的一种保护设备，用来保护电气线路免受过负荷电流和短路电流的损害。选择熔断器时，应使熔断器熔丝的额定电流略大于或等于电路的工作电流。

②闸刀开关的选择。闸刀开关有只起接通或切断电路和兼有保护线路功能两种类型。前者无熔丝，后者有熔丝。空气开关可起防止线路过载和短路的作用。当电路产生事故电流时，它会自动跳开，警告用电量超负荷。电路正常后，只要重新将开关闭合即可使用。目前电气设计中广泛采用无熔丝空气开关。

配电箱在用电量较小的室内中只设一个，而用电量较大的室内则应设总配电箱和分配电箱，分配电箱的数量主要取决于下述因素。

①线路的电压损失。线路越长，电压损失越大，配电箱的供电半径一般为30m。

②配电箱的支路。数量不可过多，一般是6～9个回路。

③配电箱的布置。配电箱位置的选择十分重要，若选择不当，对于设备费用、电能损耗、供电质量，以及使用、维修等方面，都会造成不良后果。选择配电箱位置时，应考虑下列原则：A.尽可能接近负荷中心；B.对于多层建筑，各层配电箱应尽量布置在同一方向、同一位置上，以便于导线敷设和管理；C.应设在操作方便、易于检修的地方（常设在楼梯口旁或走廊附近的墙壁上）；D.应设在干燥、通风、采光良好，且不妨碍美观的地方。配电箱可选用成品，也可在现场制作安装。箱中配电盘常用木板外包一层镀锌铁皮或经过绝缘防潮处理后的木板制作，在要求较高时，可用大理石或铁板制作。

④配电箱的安装。配电箱的安装方式有明装和暗装两种。明装配电箱常挂在墙上，暗装配电箱嵌在墙壁内，导线多用暗管敷设。配电箱的安装高度，暗装一般为箱底距地1.5m，而明装可距地面2m左右。

（2）开关

这里的开关主要指照明电路中控制灯具的开关。任何灯具都要在使用便利的地方安装开关，常见的开关有板把、拉线、声控、光控等类型。灯具开关通常布置在每个房间和空间的入口处，两个或多个方面流通的空间宜用双控开关。开关距地面高度一般在1.1m～1.4m。

（3）插座

插座是移动电气设备的供电点，单相插座有两眼和三眼两种，通常插座的使用范围为2m左右，可分明装、暗装两种。其位置应根据电气设备使用位置而定。因为插座平时是带电的，为了安全起见，明装插座应离地高1.3m以上，暗装插座也应距地高0.3m以上。大型商场中，常用带盖的插座置于地面，这时要注意其密封性，严防渗水。在插座回路中应设漏电保护装置。

6. 线路的布置和敷设

（1）线路的布置

①干线布置方式。从总配电箱引至分配电箱的供电线路称为干线。干线通常有以下三种布置方式。放射式——总配电箱至各分配电箱，均由独立的干线供电。这种方式的优点是当其中一个分配电箱发生故障时，不致影响其他分配电箱的供电；缺点是耗用的导线较多，增加了工程投资。树干式——由总配电箱引出的干线上连接几个分配电箱。一般每组供电干线最多连接3～5个分配电箱。这种方式的可靠性较放射式差，但节省了导线及有关设备，降低了工程投资。它是目前小型配电系统设计常用的一种布置方式。混合式——这是上述两种布置方式的混合。例如，建筑物内重要部分用放射式，而其他部分用树干式布置。配电干线的布置方式应考虑到更换及检修的方便，并应根据不同的情况适当考虑以后的发展，留有余地。

②支线布置方式。由分配电箱引至电灯的供电线路称为支线，也称回路。布置支线时，应先进行负荷分组，即将电灯、插座等负荷尽可能均匀地分成几组，每一组由一个支线回路供电，负荷分组后也就确定了支线回路数。分组应尽量使各相的负荷平衡，最大负荷相和最小负荷相的电流差不应超过30%。每一支线连接的灯数一般不超过20盏（插座也按灯计算）。在室内装设的插座较多时，考虑到插座容易产生事故，最好专设回路，以减少照明事故。较大的房间，如教室、绘图室等应设专用回路；走廊、楼梯间的电灯，宜由单独支线供电，以保证照明要求。

（2）线路的敷设

①明线敷设方式。明线敷设就是把导线敷设在建筑物的墙面或顶棚面上，裸露于外。明线敷设方式的优点是造价低、施工方便、易于维修；缺点是电线绝缘易受有害气体腐蚀、易受机械损伤而发生事故，而且不美观。一般建筑物或锅炉房、水厂、泵站中多采用明敷方式。有些生产厂房，由于产品或工艺的变更而造成机械设备的位置和用电容量容易变动，因此也宜采用明敷方式，以便线路的更改。一般建筑室内照明线的敷设，常用的有瓷夹、槽板、铝片卡、瓷珠等敷线方式。

②暗线敷设方式。暗线敷设是将管子（如金属管、塑料管、瓷管等）预先埋设于墙内、楼板内、地板下或天花内，然后再将导线穿入管中。其特点是不影响建筑物的美观、防潮，可以防止导线受到有害气体的腐蚀和机械损伤，使用年限也较长，但安装费用大，耗费大量的管材，且不易检修。也可将导线铺设在活动地板下。管内敷设的导线，其绝缘应低于500V的交流电压。管内所穿导线总面积（包括导线外皮）不应超过管孔面积的40%。为防止管内过热，在同一管内的导线数目不应超过6根。管子弯曲角度不得小于90°，管子弯曲半径应不小于直径的6倍。管内不允许有接头，所有导线的接头和分支都应设在接线盒内。在室内工程设计中，常常遇到电气设计方面的问题，这就要求室内设计师和专业人员相互配合，合理地对线路进行改造。一般情况下，供给某一室内空间的用电容量是确定的，这就需要设计人员尽早了解线路的总负荷，以便向供电部门申请用电量或申请增容。

电气设计的许多细节问题也常常需要室内设计师来解决，如各种电器位置的确定，开关、插座和面板的外观等。这就要求室内设计师有一定的电气设计知识，了解电气使用的有关规范要求，读懂相关的电气图纸，熟悉图中的电气标志。

三、供热、通风与空调

1. 供热

（1）供热系统

为使室内保持所需要的温度，向室内供给热量的工程设施即为供热系统。

供热系统主要由热源、输热管道和散热设备三部分组成。若热源和散热设备都在同一个房间内，称为“局部供热系统”。这类供热系统包括火炉供热、煤气供热及电热供热。若热源远离供热房间，利用一个热源产生的热量去弥补很多房间传出去的热量，称为“集中供热系统”。

普通供热系统主要有以下几种形式。

①热水供热系统。在热水供热系统中，热媒是水。热源中的水经输热管道流到供热房间的散热器中，放出热量后经管道流回热源。此系统热源为锅炉，可采用管系统（通过一根水管接入室内每一个散热器中），也可采用双管系统（一根水管提供热水，另一根管子将水返回锅炉）。另外，还有一种回路系统，即热水不停地在相互联结的散热器间流动。

②蒸汽供热系统。在蒸汽供热系统中，热媒是蒸汽。蒸汽含有的热量由两部分组成：一部分是水在沸腾时含有的热量；另一部分是从沸腾的水变为饱和蒸汽的汽化潜热。在这两部分热量中，后者远大于前者。在蒸汽供热系统中所利用的是蒸汽的汽化潜热。蒸汽进入散热器后，充满散热器，通过散热器将热量散发到供热房间内，与此同时，蒸汽冷凝成同温度的凝结水。此系统热源也是锅炉，也可采用单、双管系统。

③热风供热系统。热风供热系统以空气作为热媒。在热风供热系统中，首先将空气加热，然后将高于室温的空气送入室内，热空气在室内降低温度，放出热量，从而达到供热的目的。此系统常用的空气加热设备为热风炉。在既需要通风又需供热的室内空间中，常常用一个送出较高温度空气的通风系统来完成上述两项任务，空调系统也常和其共享管道和风口。

④辐射供热系统。此系统将电热线或热水管嵌藏在地板、天花或墙内，发出热量，从而达到供热的目的。发热体必须安装在导热性能好的材料中，而且不能与绝热物体放在一起。如地毯就会从发热的地板中吸取热量，影响发热效果。

⑤太阳能供热系统。被动的太阳能供热无需任何机械设备。太阳热量通过窗户进入室内，加热室内表面。例如，在天花中放入吸热板，将热量反射回天花，加热的表面将热量再辐射回室内空间。同时，它又能存储热量，以便能在夜晚或阴天持续发热。它常需要辐射供热或其他供热方式作为后备供热系统。主动的太阳能供热是在太阳能集热装置中将空气或水加热。加热的水或空气经泵或鼓风机送至需加热的空间内，同时它又加热一些储热介质（如水罐、石头等），当太阳能不足时将热量辐射到所需的空间中。它也需要由其他供热系统提供后备热能。

（2）热负荷的确定

在设计供热系统之前，必须确定供热的热负荷，即供热系统应向室内空间供给的热量。例如，在不考虑建筑得热量的情况下，这个热量等于把室温维持在一定数值时，建筑物的热损失；若考虑建筑的得热量，则热负荷就是建筑物热损失与得热量之差值。一般情况下，确定热负荷时，仅计算建筑物的热损失而不考虑其得热量。建筑物的热损失由两部分组成：一部分是通过围护结构即墙、顶棚、地面、门和窗，由室内传到室外的热量；另一部分是加热进入到室内的室外空气所需要的热量。由于确定建筑热损失值的某些因素，如室外空气温度、日照时间和照射强度以及风向、风速等都是随时变化的，这就使经过建筑围护结构的传热成为复杂的不稳定过程，热流随时都在变化，因此要把损失计算得准确是较为困难的。当然，这都是专业人员进行的工作，而室内设计人员需要了解的只是它的影响因素和总值。

（3）散热器

散热器是安装在供热房间里的一种放热设备，它把热媒（热水或蒸汽）的部分热量传给室内空气，用以补偿建筑物的热损失，从而使室内维持所需要的温度，达到供热的目的。散热器常见的类型有柱型散热器、翼型散热器、光管散热器等。散热器的选择、散热面积的大小和数量等，要依据散热器的放热计算公式确定。为了维持室内所需要的温度，应使散热器每小时放出的热量等于供暖热负荷。散热器常布置在外墙窗口下。经散热器加热的空气沿外窗上升，能阻止渗入的冷空气沿墙及外窗下降。对于需求不高的房间，散热器也可靠内墙设置。散热器在房间中可以明装，也可暗装将其围挡，用装饰性面板把它遮住。有脚的散热器可直立在地上，无脚的散热器可用专门的托架挂在墙上，四边要留有一定的空隙。同一房间内散热器的安装高度应一致。

（4）管网布置和敷设

在布置供暖管道时，应力求管道最短，便于维护管理，且不影响房间美观。

①立管。立管应垂直地面靠墙、结构柱及在管井内安装。其位置又以处在被服务区的中心为佳。

②干管。干管主要布置在阁楼、楼板下边。回水干管，一般都布置在建筑物最下层地面下的管沟中、地面上或地下室内。布置干管时特别要注意应有的坡度。

③其他注意事项。管道系统及一些配套设施要注意保温措施，如膨胀水箱外应有保温小室；集气罐上的排

气管应靠近有排水管的地方，以方便引入；管道穿过楼板或隔墙时，为了使管道可自由移动且不损坏楼板或墙面，应在穿楼板或隔墙的位置预埋套管；套管的内径应稍大于管道的外径，在管道与套管之间，应填以保温材料。管道的敷设有明装和暗装两种。暗装管道时，一定要确保质量，管道及配件在安装前后都要详细检查，以免外面覆盖后，出现漏水、漏气等问题，不易发现，检修困难。暗装的立管为了减少沟槽内空气对流运动对其造成的热损失，应在每层之间都有隔板把空气隔开。热风供暖系统的管道较大，常常和通风系统统一设计，共享管道。

2．通风

（1）通风系统

为了把室内污浊的空气排出和向室内补充新鲜空气所采用的一系列设备、装置的总体称为通风系统。按通风系统的工作动力不同，可分为自然通风和机械通风两类。

①自然通风。自然通风就是借助于自然压力——“风压”或“热压”促使室内外空气的交换。常见的自然通风有如下几种方式：有组织的自然通风——空气通过建筑围护结构的门、窗进出房间，通过改变孔口大小及布置位置来获得所需的空气量，组织气流的运动，调节风量；管道式自然通风——依靠热压通过管道输送空气，组织气流的运动，得到所需的空气量；渗透通风——在风压、热压以及人为形成室内正压或负压的作用下，室内外空气通过围护结构的缝隙流出或进入的过程叫做渗透通风。自然通风的突出优点是不需要动力设备，因此比较经济，使用管理也比较简单。其缺点：其一，除管道式自然通风用于进风或热风供热时可对空气进行加热处理外，其余情况由于作用压力较小，故对进风和排风都不能进行任何处理；其二，由于风压和热压均受自然条件的约束，因此换气量难以有效控制，通风效果不够稳定。

②机械通风。机械通风就是依靠风机产生的压力，强制地形成室内外的空气流动。常见的机械通风有如下几种方式：局部机械通风——通过机械设备向室内的局部区域提供新鲜空气或排出污浊的空气，以改变该区域的空气环境；全面机械通风——通过机械设备在所有的区域内提供新鲜空气或排出污浊空气，使整个区域空气环境符合卫生标准的要求。机械通风由于作用压力的大小可以根据需要确定，而不像自然通风受自然条件的限制，因此可以通过管道把空气送到室内任何指定的地点，也可以从任意地点按要求的吸风速度排除被污染的空气，适当地组织室内气流的方向，并可根据需要对进风或排风进行各种处理，也便于调节通风量和稳定通风效果。但是，风机运转需消耗电能，风机和风道等设备要占用一定的建筑面积和空间，因而工程设备费和维护费较大，安装和管理都较为复杂。

（2）通风系统的主要装置

①送、排风口。室内送风口是送风系统中风道的末端装置，由送风道输送来的空气，通过送风口以适当的速度分配到各个指定送风地点。送风口有简单式和百页式两种。简单式风口不带调节装置，这种风口只能调节送风量，不能控制气流的方向；百页式风口配有百叶，其中双层百页式风口不但可以调节出口的气流速度，而且可以调节气流的角度。送风口的形状常有方形、长方形两种。室内排风口是排风系统中风道的始端装置，室内被污染的空气经排风口进入排风管道。排风口通常做成百页式，以方形、长方形最为常见。

②风道。风道是传入新鲜空气或输出污浊空气的载体。风道常用铁皮、钢板或铝及塑料制成，截面呈圆形或矩形。当其和供热及空调系统共享时，外面必须包上保温层，而以铁皮等制成的风道在包保温层之前还要先涂以柏油等防水材料，以防止管内外温差大而造成滴水现象。埋在地下的风道，常用混凝土板做底，两边砌砖，内表面抹光，上面再用预制的钢筋混凝土板做顶。风道截面积的确定需要经过复杂的计算，这项工作要由专业人员来完成。在任何一个通风房间中，必须保持室内压力、温度稳定不变，这就需要通风房间空气量和热量的平衡。在工程实践中，可根据需要使送风量略大于或小于排风量，使房间相应形成正、负压，如在大型建筑消防楼梯处，常使排风量少于送风量10%，形成正压以防止火灾时烟的进入。

（3）主要装置的布置和敷设

①送、排风口的布置。送风口一般布置在室内空间的上方，以使送出的空气从天花垂直或斜向吹出。送风口的布置要均匀，排风口常布置在天花板上或室内空间的底部。在大型空间中，每个房间的门可以结合通风格栅或底部留空，让空气得以进行大的循环，避免每一个房间形成单独的回路。

②风道的布置。垂直的砖风道最好砌筑在墙内，但

为避免结露和影响自然通风的作用压力，一般不允许设在外墙而应设在内墙中。相邻的两个排风或送风风道的间距不能小于1/2砖，排风与进风风道的间距应大于1砖。其他材料的垂直风道最好沿墙、柱或在管道井中引出，水平风道一般布置在天花板中或楼板下。为了不使天花板降低太大，风道最好沿空间的侧边穿行，尤忌在大空间中间贯穿。当风道不得不穿过楼板或墙体时，由于其截面较大，对建筑结构会产生不利影响，一般要进行一些结构处理，如增加一根小梁等。风道的敷设有明装和暗装两种。由于美观的原因，常常把较大的风道实行暗装。但也有设计者有意将其暴露出来，处理成室内设计的一部分。在许多室内设计工程中，需要对风道进行布置或改造，由于其对空间的影响较大，室内设计师一定要和专业人员共同协商，小心处理以达到最佳的效果。

3. 空调

（1）空调系统

空调系统又称空气调节系统。其主要的组成部分有送风口、排风口、风道、风机、空气处理装置、制冷设备、加热设备。其主要的工作过程是，室外空气（新风）和来自空调房间的一部分循环空气（回风）进入处理室后，进行过滤以及冷却、除湿（夏季）或加热、加温（冬季）等各种处理，达到要求的送风状态，然后由风机通过风道送入各空调房间。送入的空气在室内放出或吸收余热、余湿后，通过排风装置排于室外，或由回风道吸引一部分回风循环使用。空调系统的送、排风口及风道通常与通风系统合用。

（2）空气处理

①加热。目前广泛使用的加热设备有表面式空气加热器和电加热器两类。前者用于集中式空调系统的空气处理室和半集中式空调系统的末端装置中，后者多用于分散式空调系统中。表面式空气加热器，是以热水器蒸汽作为热媒通过金属表面传热的一种换热设备，其中热水或蒸汽常引自于锅炉房。电加热器有裸线式和管式两种结构，其热能来自于电能的转换。

②冷却。目前广泛使用的冷却设备为表面式冷却器，分为水冷式和气冷式两种。水冷式必须设置冷却水塔，位置大多在室外或层顶上，其启动时会产生较大的噪音。冷却设备的热转换主要是依靠液态制冷剂（主要是氟利昂和氨）的蒸发吸热而使水或空气冷却，再由电能驱动压缩机使气化的制冷剂放热成为液态的过程。

③加湿。加湿有两种方式，一种是在空气处理室或空调机组中进行，称为集中加湿；另一种是在房间内直接加湿空气，称为局部补充加湿。用喷水室加湿空气是常用的集中加湿方法。

④除湿。除湿的方法很多，常用的有冷冻除湿和利用固体吸湿剂除湿两种。冷冻除湿是靠冷冻除湿机来降低空气的含湿量。固体吸湿剂有两种类型，一种是具有吸附能力的多孔材料，如硅胶，吸湿后材料的固态并不改变；另一种是具有吸湿性能的固体材料，如氯化钙，吸湿后材料由固态渐变为液态。

（3）集中式空调系统

这种类型的空调系统常用于大型公共建筑中，它将各种空气处理设备和风机都集中设在专用的机房里，以便集中管理。根据对控制空气的温度和相对湿度的要求不同，常有恒温恒湿及舒适性空调两种，前者温差通常允许在0.5℃，湿差通常允许在5%的范围内波动；后者主要以让使用者感觉舒适为目标，对室内空气的参数不要求恒定，依季节的变化而变化，一般夏季温度控制在22℃～25℃，相对湿度不超过60%；冬季控制在18℃～22℃，相对湿度不低于40%。

（4）分散式空调系统

这种类型的空调系统常用于居室或小型的公共空间，它利用空调机组直接布置在需要的地点，进行局部的空气处理。这种空调机组是将冷源、热源、空气处理、风机和自动控制等设备组装在一起的定型成品，分为窗式和分体式两种，分体式中又有挂机和柜机两种形式。

（5）半集中式空调系统

这种类型的空调系统除有一个集中处理室外，还有分散在各空调房间内的二次处理设备，常用于中型公共建筑中。在实际工程中，最常采用的是集中供给新风的风机盘管式半集中空调系统。

第三节　室内装饰装修业务程序与法规、规范

一、业务程序

在建筑室内设计装修业的发展中，为了加强管理，保障建筑装饰装修业主、设计、施工当事人的合法权益，确保建筑装饰装修后室内空间环境质量、工程质量和建筑物安全，建筑室内装饰装修业从任务发包委托，到承包设计、施工，到验收已形成了一套比较完善的业务程序，同时在各程序阶段建立了相关的管理法规与技术规范。（图10—2）

本节将按照图10—2中所列的调查与设计、委托与合同、报建、施工、验收的先后顺序，对各工作程序阶段中的工作内容、方法及其相应的管理法规与技术规范进行介绍。

二、设计调查、设计管理与技术规范

对于专业从事室内设计装饰装修业务的单位和个人，第一道业务程序就是搞好设计。设计是工程的灵魂。室内空间组织、界面设计、室内物理环境合理设计、室内陈设的理想布置等这些充分体现艺术和智慧、富有生机活力而又健康的室内环境，无不是设计师情感和智慧注入的结果，无不依赖于设计师费尽心机的设计劳动。经设计师做出室内设计后，再依据设计进行施工，以至于最后实现理想的室内环境。

1．调查研究

设计师要做好装饰装修的设计，首先是做好调查研究，充分做到“有的放矢”，使做出的设计符合时尚要求、客观现实和客观需要。设计师调查研究的主要对象是业主、社会、市场。调查研究的内容方面主要有：

①业主的使用功能、经济水平、精神文化与审美要求。

②同类型室内功能的普遍装修标准、设备标准和社

法规：

建设部：1995年9月1日发布实施《建筑装饰装修管理规定》
建设部：2002年5月1日发布实施《住宅室内装饰装修管理办法》

程序：

调查与设计 → 委托与合同 → 报建 → 施工 → 验收

规范：

中华人民共和国国家标准：
《建筑内部装修设计防火规范》（GB 50222—1995）（1995年10月1日起实施）
《民用建筑工程装修室内环境污染制规范》（GB 50325—2001）（2002年7月1日起强制实施）
《住宅装饰装修工程施工规范》（GB 50327—2001）（2002年5月1日起实施）
《建筑装饰装修工程质量验收规范》（GB 50210—2001）（2002年3月1日起实施）

图10—2 建筑室内装饰装修业务程序和管理法规

会的时尚与风格。

③装饰装修材料的市场供应能力与主要材料价格。

④装饰装修队伍的施工能力、水平与信誉。

2．室内设计管理

室内设计的管理，从图10-2中可以看出，主要是由有关政府主管部门和单位依照国家法规进行的管理。建设部1995年9月1日发布施行的《建筑装饰装修管理规定》以及建设部2002年5月1日发布实施的《住宅室内装饰装修管理办法》对室内设计的管理，作出了相关规定并已明确指出：

①凡从事建筑装饰装修的企业，必须经建设行政主管部门进行资质审查。未取得建筑装饰装修资质证书而进行建筑装饰装修设计，由县级以上人民政府建设行政主管部门给予警告、通报批评、停止施工、停业整顿、降低资质、吊销资质证书、没收非法所得等处罚，并可处以装饰装修工程造价3%以下的罚款。

②住宅室内装饰装修设计，应当保证工程质量和安全，符合工程建设强制性标准，并遵守下列规定：A.禁止未经原设计单位或具有相应资质的设计单位提出而变动建筑主体和承重结构的设计；B.禁止将没有防水要求的房间或者阳台改为卫生间、厨房间；C.禁止扩大承重墙上的原有的门窗尺寸和拆除连接阳台的砖、混凝土墙体；D.禁止损坏房屋原有节能设施，降低节能效果；E.不得有其他影响建筑结构和使用安全的设计、施工行为。

③室内装饰装修，未经城市规划行政主管部门批准，不得搭建建筑物，构筑物，改变外立面，在非承重外墙上开门开窗；未分别经供暖、燃气单位批准，不得拆改其各自管理的供暖、燃气管道和设施。

3．室内设计消防规范

目前我国室内设计、装饰装修执行技术规范方面，首先应共同执行我国建筑设计各类相关技术规范以及消防设计规范。消防设计规范中有关安全疏散出口、防火分区、防烟楼梯、消防栓等要求，应严格遵守。此外，国家还特别制定有《建筑内部装修设计防火规范》（GB 50222—95），应严格执行。该规范系1995年由公安部和建设部制定，为强制性国家标准，自1995年10月1日起执行。该规范首先明确指出：建筑内部装饰设计应妥善处理装饰效果和使用安全的矛盾，积极采用非燃烧性材料和难燃烧性材料；尽量避免采用在燃烧时产生大量浓烟或有害气体的材料；做到安全使用，技术先进，经济合理。

（1）装修材料燃烧性能的等级

《建筑内部装修设计防火规范》将装修材料按其燃烧性能划分为四级：不燃烧（非燃烧）材料，为A级；难燃烧材料，为B1级；可燃烧材料，为B2级；易燃烧材料，为B3级。各种性能与级别的装饰装修材料举例如表10-4所示。

（2）建筑内部各部位的装饰材料燃烧性能应达到的等级

《建筑内部装修设计防火规范》规定，常遇的各类

表10-4　装修材料燃烧性能等级和材料举例

等　级	装修材料燃烧性能	材料举例
A	不燃性	石材、水泥制品、石膏板、石灰制品、粘土制品、玻璃、瓷砖马赛克、金属
B1	难燃性	纸面石膏板、水泥刨花板、矿棉玻璃面板、难燃胶合板、难燃木板、难燃人造板、难燃墙纸墙布、多彩料、铝箔玻璃钢复合材料、轻质高墙板
B2	可燃性	天然木材、塑料面板、聚酯板、胶合板、壁纸墙布、人造革、毛棉物等
B3	易燃性	油毡、油漆等

表10—5 建筑内部位的装饰材料燃烧性能等级

建筑物及场所	顶棚	墙面	地面	隔断	家具	窗帘
机场候机楼、影剧院、会堂、体育馆（车船客运厅）	A	A	B1	B1	B1 （B2）	B1 （B2）
商场营业、旅馆客房、办公	A	B1	B1	B1	B2	B2
歌厅、餐饮、托幼、病房	A	B1	B1	B1	B2	B1
无空调办公室	B1	B1	B2	B2	B2	
高级住宅	B1	B1	B1	B1	B2	B2
普通住宅	B1	B2	B2	B2	B2	B2

建筑内部各部位的装饰材料燃烧性能，应达到的燃烧性能等级如表10—5所示。

室内装饰装修设计时，应严格按照规范要求，根据装饰装修的室内的不同功能、不同部位，选定符合相应的燃烧性能等级的具有防火性能的装饰装修材料，保证达到室内的防火设计标准。重要的、较大规模的室内装饰装修工程的防火设计，要求更加严格，必须经过消防主管部门审核后，方能进行施工、验收。

4. 室内环境污染控制规范

随着居住水平和装修标准的提高，室内居住环境中由于装修带来的污染也已引起人们足够的重视。国内外对室内环境污染进行了大量的研究，已经检测到的有害物质常见的有10种以上。我国依据目前的发展水平，为控制室内环境污染，于2002年1月1日发布了《民用建筑工程室内环境污染控制规范》，并从当年起在全国范围内强制实施。该规范对工程建设和室内装饰装修的设计、施工、检测以及工程验收等各阶段，提出了对氡、甲醛、苯、氨以及总挥发性有机物（TVOC）等各主要室内环境污染物进行控制，并提出了相应的控制标准。

各地方建设行政部门为了保障人民健康，切实控制装饰装修的室内环境污染，也发出了通知，要求所属设计、施工、监理单位以及质量监督机构，认真在各自工作中贯彻执行该规范，并提出了相应的执行细则。

（1）民用建筑室内污染控制分类

根据人们在室内停留的时间长短，同时考虑到建筑物空间大小致使污染物积聚的浓度与可能性，将民用建筑分为两类。住宅、医院、老年用建筑、幼儿园、学校教室等，人们在其内停留时间长，且老幼体弱者居多，其室内环境是应严加控制的，定为Ⅰ类。Ⅰ类的室内环境控制指标要求较高。其他如旅馆、办公楼、文化娱乐场所、商场、公交等候室、餐厅等一般人们在其内停留时间较短，或在其中停留者以健康人士居多，因此定为Ⅱ类。Ⅱ类的环境控制指标可比Ⅰ类稍降低。

（2）室内环境污染物控制量标准

我国《民用建筑工程室内环境污染控制规范》规定的室内环境污染物浓度控制限量标准如表10—6所示。

（3）民用建筑室内污染物控制的操作办法

①设计阶段。由设计单位在设计图中明确注明室内要求控制的各污染物浓度含量，同时按照《民用建筑工

表10—6 民用建筑室内环境污染物浓度控制限量标准

污染物	Ⅰ类控制的民用建筑	Ⅱ类控制的民用建筑
氡（Bq/m^3）	≤200	≤400
游离甲醛（mg/m^3）	≤0.08	≤0.12
苯（mg/m^3）	≤0.09	≤0.09
氨（mg/m^3）	≤0.2	≤0.5
总挥发性有机物（mg/m^3）	≤0.5	≤0.6

程室内环境污染控制规范》要求选择建筑和装饰装修材料：对Ⅰ类民用建筑工程，必须采用A类石材、陶瓷、石膏板以及E1类人造木板；木地板及其他木材严禁采用沥青防腐防潮；塑料地板不能采用溶剂型粘结剂。

②合同阶段。建设单位与装修施工单位就建筑施工或者室内装饰装修施工签订的施工承包合同中，应就保证室内环境污染物达标问题，按照室内环境污染物的国家允许限量标准，写入合同中。同时，对验收办法、室内环境污染控制未达标的处理措施等也应写入合同中。

③施工阶段。施工单位应严格选择持有有效的“环保监测达标证明”的厂家、商店提供的装饰装修材料。材料供应时不具备环保达标证明的，应按规定将材料样品送至具有检测资质的检测单位进行污染物含量检测，检测不达标的材料不能采用。监理单位应对使用材料的环保检测达标情况进行监理，质量监督机构应对使用材料的环保检测达标进行监督。只要所使用的建筑材料和装修材料符合国家允许的污染物含量标准，加上其他方面的控制，如施工时遵守溶剂、稀释剂方面规定，就不会使室内污染超标。

④验收阶段。装饰装修竣工后按规定经有资质的检测单位对竣工的室内进行现场环境检测。经现场检测后符合国家规范规定的验收标准的，方可交付使用；不符合国家控制标准的，不能验收和严禁投入使用，应采取有效措施进行改造、处理，直至验收达标合格。

三、委托承包与报建管理

1．“一次性装修”与“二次装修”

根据我国建筑室内装饰装修业自20世纪90年代初大发展以来的实际情况，到目前为止仍然实行着两类装饰装修：一类是与土建施工合并一起，一次性装饰装修到位；另一类与土建施工分开，在土建施工形成毛坯房后，进行所谓“二次”装修。一般普通标准的公共建筑，如机关、学校、厂房等的室内装饰装修任务，多与土建任务一起发包并与土建施工一起一次性完成。但装饰装修标准要求高、投资和规模大的公共建筑，如高级写字楼、宾馆酒店、大型商厦、体育馆等，装饰装修任务一般与土建任务分离，待土建完成验收合格后，寻找有相当水平与资质的专业队伍实施“二次”装修。量大面广的商品住宅、家庭住宅装饰装修，以前也是沿袭第二种情况，实施购置毛坯房后的“二次”装修。这种“二次”装修模式，虽然能照顾到住宅装饰装修的个性要求，但它带来的有可能损害建筑主体结构和损坏防水层、造成装饰材料的较大浪费、严重扰乱居住区安宁、破坏小区环境等危害，已越来越为人们所认识。随着全民的资源和环境意识提高以及社会管理水准的提高，全面取消毛坯房，倡导住宅一次装修到位，已是大势所趋。国家有关机构于2002年5月发布了最新编制的《商品住宅一次装修到位实施细则》。建设部也在《关于推进住宅产业现代化，提高住宅质量若干意见》中明确指出，“加强对住宅装修的管理，积极推广一次性装修或菜单式装修模式，避免二次装修造成的破坏结构、浪费和扰民现象”。这样，我国装修市场上倡导和实行一次装修到位，将成为市场主导。但一段时期内的装修任务，仍然是包括两类：一类是普通标准的公共建筑和工业厂房装饰装修，加上较大楼盘的商品住宅装饰装修，都将实行一次性装饰装修施工完成；另一类是装饰装修标准较高、室内设备较复杂和有特殊装饰装修要求的大型公共建筑装饰装修任务，以及高标准并特别强调风格个性的高级住宅如别墅类装饰装修，将仍然是与土建施工任务分离，在土建完成后，另行选择专业性强、技术水平相当的装饰装修队伍进行“二次”装饰装修。

2．装饰装修委托承包以及报建管理

不管是“一次性”装修到位，还是与土建分离的“二次”装修，装饰装修任务从发包委托，到施工企业承包施工，都应按照建设部1995年9月1日发布施行的《建筑装饰装修管理规定》以及建设部2002年5月1日发布实施的《住宅室内装饰装修管理办法》中的有关要求执行。该规定已明确指出：

①不管是新建项目与主体建筑共同发包的装饰装修工程，还是独立发包的工艺要求高、工程量大的大中型新建项目的装饰装修工程（与土建任务分离），都应执行建设部关于工程建设报建管理办法，向县以上建设行政主管部门报建，申领施工许可证。

②原（旧）有房屋的使用人（承租人）装饰装修房屋，应征得原房屋所有权人（房主）同意并签订协议，再向县、市建设行政主管部门办理报建手续，并领取施工许可证。如果原（旧）有房屋装饰装修时涉及拆改主体结构和明显加大荷载的，房屋所有权人和使用人必须共同向房屋所在地的房地产行政主管部门提出申请，并

由房屋安全鉴定单位对装饰装修方案的使用安全进行审定，再向县、市建设行政主管部门装修报建。

③住宅装饰装修工程开工前，应持房屋所有权证（或其他能证明合法权益的有效证件）、申请人身份证、装饰装修方案向物业管理企业或者房屋管理机构申请登记。非业主对住宅进行装修应取得业主书面同意。装修方案中涉及变动承重结构的，需由原设计单位提出结构变动设计方案；涉及加建搭建、改变立面、在承重外墙上开门窗的，涉及拆改供暖管道，涉及拆改燃气管道的，应事先经有关管理部门和管理单位批准。

④建设单位按照工程建设质量安全监督管理的有关规定，到工程所在地的质量、安全监督部门办理建筑装饰装修工程质量、安全监督手续。对于未办理报建和质量、安全监督手续的装饰装修工程，有关主管部门不得为建设单位办理招标投标手续和发放施工许可证。设计、施工单位不得承接该装饰装修工程的设计和施工。

⑤建设单位不得将建筑装饰装修工程发包给无资质证书或不具备相应资质条件的企业。

一般对承接装饰装修企业的资质要求：A.建筑装饰装修工程与主体建筑工程共同发包时，由具备相应资质条件的建筑施工企业承包；B.独立发包的大中型建设项目的装饰装修或工艺要求高、工程量大的装饰装修工程，由具备相应资质条件的建筑装饰装修企业承包；C.住宅室内装饰装修委托装修企业施工的，需提供该企业相关资质证书的复印件；D.凡从事建筑装饰装修包括住宅室内装饰装修的企业，必须经建设行政主管部门进行资质审查，并取得资质证书后，方可在资质证书规定的范围内承包工程。

3．委托合同

建设部《建筑装饰装修管理规定》中明确指出：“从事建筑装饰装修工程的发包、承包双方，应当按照统一的建筑装饰装修工程施工合同示范文本签订合同。”

建设部《住宅室内装饰装修管理办法》中具体明确规定：“装修人与装饰装修企业应当签订住宅室内装饰装修书面合同，明确双方的权利和义务。”

该法规还明确了住宅室内装饰装修合同应当包括的主要内容：

①委托人和被委托人的姓名或者单位名称、住所地址、联系电话。

②住宅室内装饰装修的房屋间数、建筑面积和装饰装修的项目、方式、规格、质量要求以及质量验收方式。

③装饰装修工程的开工、竣工时间。

④装饰装修工程保修的内容、期限。

⑤装饰装修工程价格、计价和支付方式、时间。

⑥合同变更和解除的条件。

⑦违约责任及解决纠纷的途径。

⑧合同的生效时间。

⑨双方认为需要明确的其他条款。

按照有关行政主管部门通知，为了执行室内环境污染控制规范，合同中还应约定室内环境监测以及必须经检测达标符合国家标准的有关事项。

四、施工管理

根据建设部《建筑装饰装修管理规定》、《住宅室内装饰装修管理办法》和《住宅装饰装修工程施工规范》规定，装饰装修施工中应遵守的法规、规范有：

①装修前应就装饰装修工程任务、工期及其他有关注意事项通知邻里。

②建设单位及设计、施工单位必须按照基本建设管理程序办事，严格执行建筑装饰装修的质量检验评定标准、施工安全技术规范及验收规范等有关标准和规定。

建设部于2002年5月1日发布实施的《住宅装饰装修工程施工规范》以及其他有效的施工技术规范，都是应遵守的装饰装修施工规范。特别是新发布实施的《住宅装饰装修工程施工规范》共分为十六章，结合我国住宅装饰装修特点，针对目前政府主管部门和消费者普遍关心的问题，强调了房屋结构安全、防火防水、室内环境污染控制处理，并就抹灰、吊顶、隔墙、门窗、细部、涂饰、墙地铺装、水卫安装、电器安装等各分部工程的技术控制、材料要求、施工要点均作了详细规定，可操作性很强。该规范不仅对住宅装饰装修施工，起到很具体的指导作用，而且对其他类型建筑室内的装饰装修施工具有同样重要的指导和借鉴作用。

③建筑装饰装修企业必须按照图纸施工，不得擅自改变设计图纸。

④建筑装饰装修企业或者装饰业主，应当与施工现场物业管理部门或者其他有关部门签订装修施工协议，

明确严格遵守规定的装饰装修施工时间，做到不扰民；不侵占公共空间和他人空间，不得损害公共设施和他人设施；材料堆压不得损坏建筑结构；应积极采取措施降低施工噪声、机械振动对环境的危害；严格控制施工现场的各种粉尘、废气的扩散；固体废弃物按照规定的位置、方式和时间堆放和清运；明确严禁将各种固体、可燃液体等废物堆放于住宅垃圾道、楼道或者其他地方。

⑤装饰装修企业应当遵守施工安全操作规程，按照规定采取必要的安全防护和消防措施，不得擅自动用明火和进行焊接作业，保证作业人员和周围住房及财产的安全。

⑥室内装饰装修工程要求检测的装饰装修材料，应按规定做好材料抽样送检。使用的材料和设备必须符合国家标准，有质量检验合格证明和有中文标识的产品名称、规格、型号、生产厂名、厂址等。禁止使用国家明令淘汰的建筑装饰装修材料和设备。

⑦按照我国建设工程质量管理条例有关规定，装饰装修工程监理单位应做好和参与做好装饰装修工程各工序和各分项工程的自检、互检和交接检查，并做好检查纪录。

⑧建筑装饰装修施工，必须接受质量安全监督机构对建筑装饰装修工程进行质量和安全监督。

五、验收

根据建设部《建筑装饰装修管理规定》、《住宅室内装饰装修管理办法》和《住宅装饰装修工程施工规范》规定，装饰装修竣工后进人验收期内应遵守的操作法规、规范有：

①建筑装饰装修工程竣工后，必须经质量监督机构检查有关施工、监理资料，认证合格后，才能进行验收，未通过验收的，不得交付使用。

②建筑装饰装修工程竣工验收，必须按照建设部2002年3月1日颁布实施的《建筑装饰装修工程质量验收规范》进行。该规范总结了多年来建筑装饰装修工程在设计、材料、施工等方面的经验，按照“验评分离、强化验收、完善手段、过程控制”的方针编写修改制定，共分为十三章，对抹灰工程、门窗工程、吊顶工程、隔墙工程、饰面工程、幕墙工程、涂饰工程、裱糊和细部工程等各分项、分部工程的主控项目验收标准、一般项目验收标准都有详细规定，是指导装饰装修工程施工、竣工验收的重要依据文件。

③室内环境污染物控制的验收，应按照《民用建筑工程室内环境污染控制规范》、《住宅装饰装修工程施工规范》进行，污染物验收控制标准见表10−6。装饰装修工程竣工后，空气质量应当符合表中规定的国家质量标准。装修人可以委托有资格的检测单位对空气质量进行检测，检测不合格的，装饰装修企业应当返工，并由责任人承担相应损失。

④住宅室内装饰装修工程竣工后，装修人应当按照工程设计合同约定和相应的质量标准进行验收。验收合格后，装饰装修企业应当出具住宅室内装饰装修质量保修书。

⑤在正常使用条件下，住宅室内装饰装修工程的最低保修期限为两年，有防水要求的厨房、卫生间和外墙面的防渗漏为五年。保修期自住宅室内装饰装修工程竣工验收合格之日起计算。

⑥住宅室内装饰装修工程竣工后，装饰装修企业负责采购装饰装修材料及设备的，应当向业主提交说明书、设备保修单和环保说明书。

⑦物业管理单位应当按照装饰装修管理服务协议进行现场检查，对违反法律、法规和装饰装修管理服务协议的，应当要求装修人和装饰装修企业纠正，并将检查记录存档。

第11章

住宅空间室内设计

第一节　住宅空间室内设计概述

住宅空间的室内设计是与人们生活息息相关的事情，尤其是近年来，随着居民私人拥有住宅比例的提高，改善居住生活环境、美化居室空间已被越来越多的家庭所关注。

一个好的室内设计不仅要使空间的使用更加有效，而且要符合美学规律，给人以视觉上的愉悦，同时为人们提供多种生活方式，为个性发展提供更为广阔的发展空间。在住宅空间室内设计中，创造空间的“实用价值”是进行设计的前提，任何设计手法都仅仅是让居住空间变得更加符合使用者要求、更加舒适宜人的手段。在设计时，还需要建立生态室内环境的理念，即节约地球资源，帮助社会实现生态的可持续发展。从绿色环保施工材料的选用，节水龙头、节水马桶的设置，到先进的垃圾处理和采暖方式等的运用，不仅提高了人们生活的质量与品质，还减少了施工和使用中的各种能源消耗；既满足了使用需求，又保护了自然生态系统的动态平衡。因此，住宅空间的室内设计，不仅是“私人性”的行为，而且是“社会性”的行为，设计时应充分发挥室内设计的潜在作用，让设计成为引领人们健康生活的一面有力旗帜。

在我国商品住宅室内设计日益发展的今天，倡导住宅装修一次到位，体现集约化大生产的优势，实现住宅产业化；注重室内设计的个性化，同时倡导新型消费观念，为居住者提供多向选择的可能性；把自然引进室内，为居住者营造一个舒适、便捷、实用、健康的生活环境，已成为未来住宅室内设计的发展方向。

与此同时，由装修造成的对建筑结构的破坏、材料的浪费和装修扰民等的负面现象也凸显得较为明显。解决好室内设计与装修中存在的这些问题，一方面要积极推行住宅装修工业化生产、开发和推广新技术，另一方面也需要室内设计师提高自身的专业知识水平，从两方面共同努力，使住宅室内设计与装修满足社会发展的需求。

第二节　住宅空间室内设计的基本原则

德国著名哲学家马丁·海德格尔在他的《筑·居·思》中说：“人，诗意地栖居在大地之上。”期望这样的居住状态可以使人从物我两忘、人与世界相融的圆融之境来重新发现和理解这个世界，以自然的本性对抗现代社会的工业理性。以诗意地栖居来达到人类生存的理想状态，或许我们实现这样的理想还有很长的一段距离，在现代住宅空间的室内设计中，还是应遵循以下几个方面的基本原则。

①强调人性化设计，以实现居住者的需求为出发点。

②空间组织丰富，功能布局合理。

③室内设计的用材、色彩、灯光和整体风格协调统

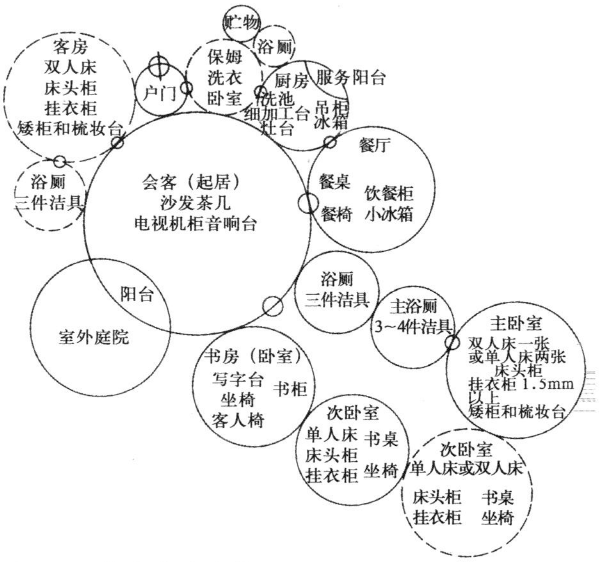

图11—1 住宅户内分析

一。

④利用合理的技术，形成舒适的室内物理环境。

住宅室内空间作为建筑的内部空间，其结构划分已经确定。设计时应充分了解原建筑设计，在不破坏和改变起支撑作用的墙、柱的基础上，本着宅室内使用方便、合理这样一个前提，对功能位置的分布（如起居室的多功能性的布局形式等）做出进一步的详细规划。设计与装饰应考虑使用者的需求，先满足住户的意愿爱好；再结合设计师的创新理念，与住户充分沟通，进行通盘考虑，融入室内的整体风格和造型之中——做到“先知其人，后设其居”；设计时从整体构思出发，确定室内的主色调，合适地选择装饰材料、家具陈设及确定人工照明布置等；还要有主有次，采用灵活的手法，营造出丰富的视觉空间层次。(图11-1)

第三节　住宅空间的室内设计

住宅空间是构成家庭起居活动的“生活空间”，住宅不是饭店，也不是宾馆，住宅是满足人们睡眠、休息、饮食、盥洗、家庭团聚、会客、视听、娱乐，以及学习、工作等基本功能需要的空间类型。《黄帝内经》上说：“夫宅者，乃阴阳之枢纽，人伦之规模。”住宅空间的室内设计在一定程度上反映着人与建筑乃至人与自然的密切关系。

从建筑内部把握空间，注重空间功能布局的合理性、舒适性，是住宅室内设计的基本要求，也是美化与装饰住宅室内、创造良好住宅生活环境的前提。

随着人们生活多样化的发展，住宅空间的性质也朝多元化和细分化推进，从空间领域上主要分为私密空间、公共空间和过渡空间等。如满足睡眠、学习、工作等功能的卧室、书房、卫生间等，对私密性的要求较高；起居室、餐厅、厨房等空间提供起居活动、会客、娱乐、休闲等功能，是家庭成员共同生活的领域，是一个相对开放的活动空间；门厅、过道、楼梯等过渡空间在住宅中则是起到串联和补充空间的作用，是不可缺少的节点空间。

一、公共活动空间的设计

住宅室内的公共活动空间是以家庭公共需要为对象的综合活动场所，也往往是家庭生活和活动的中心。作为家庭成员共享、聚集的生活空间，一方面它是家庭生活聚集的中心，体现了和谐、融洽的家庭关系和温馨的家庭生活；另一方面它又是家庭与外界交际的场所，象征着友善与合作。尤其是作为家庭成员共同生活兼接待亲友联谊感情、日常聚会的领域，对家庭成员的身心健康、性格形成、素质培养、创造力发挥等都有深刻的影响。一般地，由于室内活动内容的不同，如聚谈、视听、阅读、用餐、娱乐等群体活动，我们可以从空间功能的需求上定义为门厅、起居室、餐厅、厨房等。需要注意的是，这些活动的特点和发生规律，在不同的家庭之间，由于不同的结构（如人口组成和年龄）和特征（如家庭的兴趣爱好）可能会导致很大的不同。

1. 起居室的设计

现代起居室包含客厅和起居等功能，是家庭成员生活的主要区域，有较强的包容性。它既是家人起居活动、娱乐、休闲、聚会活动的场所，又是接待客人、对外交往的活动空间，在住宅建筑中是使用活动最为集中、使用频率也最高的核心室内空间。

（1）起居室的功能与特点

起居室在空间上要满足家庭公共活动的多功能性要求，在视觉上具有彰显家庭特定性格，体现居住者的爱好、品位及个性、习惯等特点，构成了居室向外界展示家庭形象的窗口。

一般地，起居室处于整个住宅的中央位置，接近主入口，并且自然光线良好，能透过窗户较好地享受室外清新的自然美景，感受到视觉和空间效果上的舒适与伸展。此外，由于受建筑和户型的制约，也有一些起居室位于背阴的一面，在设计中更需要特别地关注。

（2）起居室的布局原则

起居室是一个家庭的重点，承担着“家”的多重角色的使命，是住宅设计中必须要强化和重视的空间区域。保证起居室合理的位置安排，有利于人的生理与心理健康。

传统设计中，起居室以中轴线对称布局，往往通过一组沙发或座椅的巧妙围合形成一个适宜交流的场所，各种活动围绕视听空间展开，营造一种亲切而热烈的家庭氛围，从而突出它的中心位置。

现代住宅中，起居空间的设计突破传统的局限，在设计手法、布局方式上也有更多变化，围绕其多功能性的特征，取而代之以主座位区为核心，多利用弹性分隔，围绕主座区设置一些灵活自由的家具与陈设，从而构成不同的空间区域，如阅读、休闲等空间。设计手法以自然流畅的空间感为主，使人与空间浑然天成。为了达到一个理想的空间环境效果，必须做到以下几点。

首先，起居室的设计要主次分明。在起居室设计时必须围绕一个中心区域进行展开，利用家具、陈设、绿化、照明来凸显中心主题，从而营造一个秩序井然的公共空间。

其次，起居室的交通流线要合理、顺畅，避免出现斜穿。作为家庭的交通枢纽，起居室与住宅的其他空间密切相连，使用也较频繁。为保证起居室的完整和安定性不受较大的影响，合理的布局显得尤为重要。家具的陈设以及门户的开启位置，直接决定起居室流线是否合理、舒适。

再次，要维护起居室空间的相对隐蔽性。一般地，起居室与门厅、餐厅和厨房相连，需作一定的分隔设计，保持起居室的完整性和相对私密的性质。如开门时，没有限制的设施，使整个起居室在视线下一览无余；而在就餐时，如果客厅也有行为活动，那么两者会形成相互的干扰，从而影响生活情绪。适当地做出空间和视线的隔断，可以增加起居室的安定感，满足人们对生活的心理需求。

最后，还要保障起居室有良好的通风、采光和防尘。起居室不仅是家庭的形象展示和交通枢纽，而且它也是影响家庭成员心理和生理健康的重要场所。应有效地利用自然光，防止外界灰尘的进入，营造一个清新、洁净的室内空间，为人们的生活创造一个舒适卫生的起居环境。（图11-2）

（3）起居室的具体设计方法

一个好的起居室设计来源于其空间的各个元素，从顶棚到地面，从整体色彩、照明到家具、陈设的点缀，无不体现着设计者的良苦用心。

起居室的顶棚由于多受到住宅建筑层高的限制，顶部造型多以简洁的形式为主，不宜设置吊灯及灯槽。其照明设置分为整体照明和局部照明两种，通常以吸顶灯或内嵌式发光器为主光源，辅以点、线式照明，从而丰富空间层次，满足不同功能的需要。

图11-2 简约、明快的起居室设计

起居室地面材质的选择比较丰富多样，可用石材、地砖、地板、地毯等多种材料进行铺装。使用时应对材料的色彩、肌理进行合理选择，既可以统一使用单纯的材质，也可以用不同材质之间的对比取得变化。

墙面的设计是起居室装饰的重点，它的位置是视线集中的地方，对整个室内设计的风格、式样及色调起着决定性作用，其风格也就是整个居室的风格。起居室墙面的装饰设计最重要的是从居住者的兴趣、喜好出发，体现主人的智慧，从而表现不同家庭的风格特点与个性。设计时应先从整体出发，考虑到室内空间、门、窗位置，以及光线的配置、色彩的搭配和处理等诸多因素。然后，将墙面装饰围绕一个主要立面进行重点装饰，作为衬托其他设计的背景，以集中视线，表现家庭的个性及主人的爱好。墙面造型应简洁，色彩以明快的颜色为主，这样可以突出空间的明亮开阔。

家具、陈设与绿化是影响起居室风格与特点的关键因素。在现代室内设计中，装饰的风格和手法多种多样，如有欧式、中式、古典、现代之分。不同风格的设计对家具的造型、材料、工艺和陈设种类的选择也各不相同。在欧式风格中，高贵、典雅、舒适、浪漫与简约、美观、大方的家具及雕塑、金银、油画等陈设在室内设计中起着主导的地位；在中式风格中，木制家具和陶瓷、书画、盆景等陈设品构成了中式风格的主题；古典风格则是以制作精美、雍容华贵的家具，典雅、古典的油画，精巧华丽的餐具、烛台陈设艺术品突显出来；而现代风格的起居室设计以色彩明快、淡雅、形式简约的家具式样和色彩鲜艳、讲求反差、夸张的室内陈设艺术品来表现。

家具、陈设与绿化位置的摆放也是非常重要的，按照起居室布置的一般规律，结合其使用与美化的功能，适当地安排家具、陈设艺术品和绿化，可以使其既发挥使用、展示、美化环境的功能，又能使它们处于一个合适的位置。

对于空间面积较大的起居室，在设计的时候要注意合理地分割空间。通过巧妙的隔断，创造丰富而又充满秩序的空间类型。照明上要考虑起居室多功能性使用的目的，设置互相结合的整体照明和局部照明；还可设置调光装置，根据不同功能的需要，进行适当的调节，创造出更富层次、生动微妙的空间效果。起居室的灯饰风格应与建筑和室内环境相协调。适当地安置一些绿化植物，既为室内增添了几分绿意和自然气息，更多了空间的亲切感，又可以赋予独特的气质和性格。

小空间的起居室，则应以“简洁、实用”为最根本的设计原则，使用统一而简约的设计手法。家具的陈设方式以集中布置为主，减少顶部和墙面装饰。在家具和色彩的选用上，宜选择尺寸合适的家具，色彩要单纯，避免杂乱的干扰，凸显良好的空间性能要求。灯光需明亮、清爽怡人。地面和墙面尽可能地使用浅色材料，这样能增加室内的光亮度和空间感。

另外，背阴的起居室，由于所处方位和开窗的原因，光线一般不是很好，遇到阴雨天气，更是灰暗一片。营造出一个明亮、适宜、完善的室内环境，让昏暗的背阴空间变得明亮起来，设计在此时的作用尤为重要。（图11－3）

图11－3 温馨适宜的起居室

2. 餐厅的设计

餐厅在住宅中是一个提供人们日常就餐兼具与亲友欢宴的地方。传统上对进餐环境和用餐方式都有一定的讲究，在今天的观念中，餐厅作为生活质量的反映，更强调就餐环境以及气氛的营造。

（1）餐厅的功能及特点

餐厅是一家人日常进餐并兼作宴请亲朋的活动空间，在现代住宅空间里它往往与客厅和厨房联系紧密。这样处理，既延伸了起居空间，丰富了空间层次，又便于日常使用。

（2）餐厅的具体设计方法

餐厅可以单独设置，也可以与厨房、客厅联合设置成开放式或半独立的区位。在现代设计中强调餐厅有别于其他功能的厅室，所蕴涵的气质要轻松活泼一些，注意营造温馨幽雅的环境和气氛，以满足家庭成员的聚合心理。设计时除注重家具的选择与摆放外，还强调灯光的调节和色彩的运用。

在色彩设计上，餐厅的色彩会对就餐时的心理产生较大的影响。墙面色彩应以明朗轻快的色调为主，不仅给人温馨的感觉，还会促进人们之间的情感交流，活跃就餐的气氛。也可以利用餐厅中的灯光变化，装饰物如桌布、花卉、地板、窗帘等恰当的选择，以产生不同的情调。

餐厅墙面的装饰手法多种多样，在设计时应从建筑内部把握空间，根据空间的性质、所处位置及个人喜好，因地制宜。较之其他的空间，餐厅的地面在材料的选择上可以更加丰富，有石材、地砖、地板等；地面图案的样式也有更多的发挥，均衡的、对称的、不规则的等，材料的种类和图案的形式应根据设计的总体需要进行选择，同时考虑便于清洁。

餐桌是餐厅的主要家具，也是影响就餐气氛的关键因素之一。餐厅用椅有与餐桌配套的，也有单独购置组合的，两者皆可。款式选择可根据各自的喜好确定，关键在造型、尺度及坐感的舒适度上，大小应和空间比例相协调。另外，餐橱的形式有单体式、嵌墙式之分，具有陈列、展示和隔断的功能，可与餐桌、餐椅配套设计，也可独立购置。（图11—4）

在灯光的处理上，餐厅顶部的吊灯或吸顶灯属于餐厅的主光源，利用灯具布置的不同形式创造气氛，形成雅致的视觉中心；借助顶部造型的变化丰富餐厅环境，使顶部与餐桌、墙面、地面形成一定的呼应，突出它的向心感和就餐的环境氛围。

3．厨房的设计

出于家庭生活一日三餐的需要，厨房是住宅中重要的不可忽视的组成部分。现代家庭里，厨房的设计质量与设计风格，也会影响到住宅的室内设计风格。现代厨房设施一般都由专业的厂商提供整体设计，拥有齐全的功能和完善的设备，保证合理的布局、基本的操作空间和丰富的储藏空间是现代厨房最基本的要求，也是设计时必须注意的问题。

（1）厨房的功能及特点

厨房的功能可分为服务功能、装饰功能和兼容功能三大方面。其中，服务功能是厨房的主要功能，是用来对食物储藏、准备、洗涤、加工、配切和烹调的地方；装饰功能是指厨房设计效果对整个室内设计风格的补充、完善作用；兼容功能主要包括可能发生的洗衣、就餐等活动。如此繁多的活动，要求在厨房设计中依活动流线，对设备和家具进行合理的布局，以此来节省家务活动时间，提高劳动效率。

（2）厨房设计的基本原则

厨房设计应注重实用，注意合理布置储藏、清洗、加工、烹饪等的基本设备的位置，充分考虑人体工程学中对人体尺度的要求，管线布置注重技巧性。（图11—5）

厨房里的布局是顺着食品的贮存和准备、清洗和烹调这一操作过程安排的，应沿着三项主要设备即冰箱、水槽、炉灶组成一个三角形。通常厨房工作区的规划大致可以分以下几种。

①一字型。把所有的工作区都安排在一面墙上，通常在空间不大、走廊狭窄情况下采用。所有工作都在一条直线上完成，节省空间。但工作台不宜太长，否则易降低效率。在不妨碍通道的情况下，可安排一块能伸缩

图11—4 色调明朗、轻快的餐厅

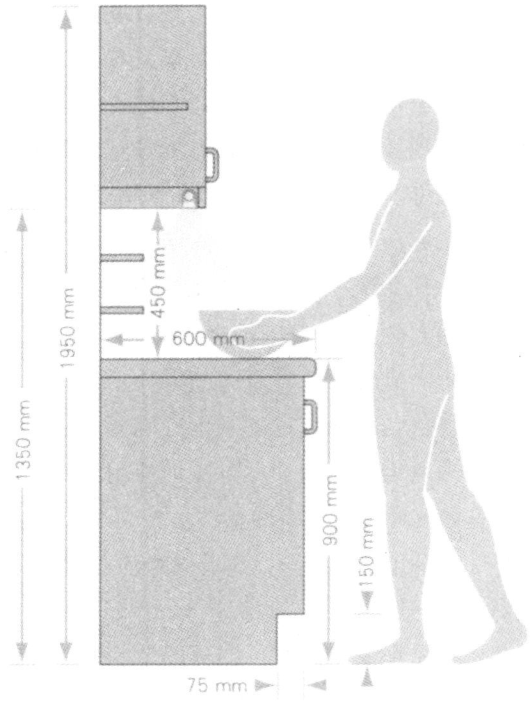

图11—5 厨房操作台面尺度

调整或可折叠的面板，以备不时之需。(图11−6)

②L型。将清洗、配膳与烹调三大工作中心，依次配置于相互连接的L型墙壁空间，使水槽、冰箱和炊具连成一个正三角形。最好不要将L型的一面设计过长，以免降低工作效率。这种空间运用比较普遍、经济。(图11−7)

③U型。工作区共有两处转角，和L型的功用大致相同，空间要求较大。水槽最好放在U型底部，并将配膳区和烹饪区分设两旁，U型之间的距离以120cm～150cm为宜，使三角形总长、总和在有效范围内，此设计可增加更多的收藏空间。(图11−8)

④走廊型。较宽敞的厨房，则可沿两面墙布置成走廊型，将工作区安排在两边平行线上，这种布局可容几个人同时操作。在工作中心分配上，常将清洁区和配膳区安排在一起，而烹调独居一处。如有足够空间，餐桌可安排在房间尾部。(图11−9)

⑤岛型。岛型的厨房设计，在西方国家非常普遍，即在厨房中间摆置一个独立的料理台或工作台，家人和朋友可在料理台上共同准备餐点或闲话家常，由于厨房多了一个料理台，所以岛型的厨房需要较大的空间。(图11−10)

⑥变化型。由四种基本形态演变而成，可依空间及个人喜好有所创新。将厨台独立为岛型，是一款新颖而别致的设计；在适当的地方增加台面设计，灵活运用于早餐、烫衣服、插花、调酒等。

厨房的照明灯光可分成两个层次：一个是对整个厨房的照明，一个是对洗涤、准备、操作的照明。光源必须是显色性较好的白色，否则影响颜色判断。

厨房装饰材料的选择，应本着色彩素雅、表面光洁、易于清洗的原则。地面宜用防滑、易于清洗的陶瓷块材；顶面、墙面宜选用防火、抗热、易于清洗的材料，如釉面瓷砖、拉丝不锈钢墙面、铝板吊顶等。

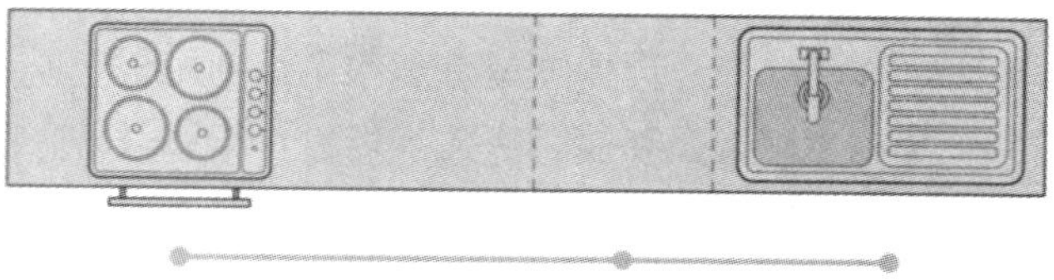

图11−6 一字型厨房

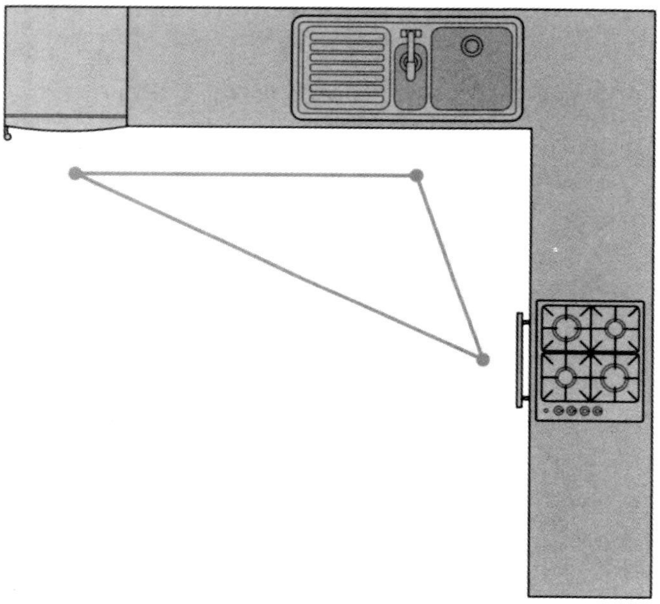

图11−7 L型厨房

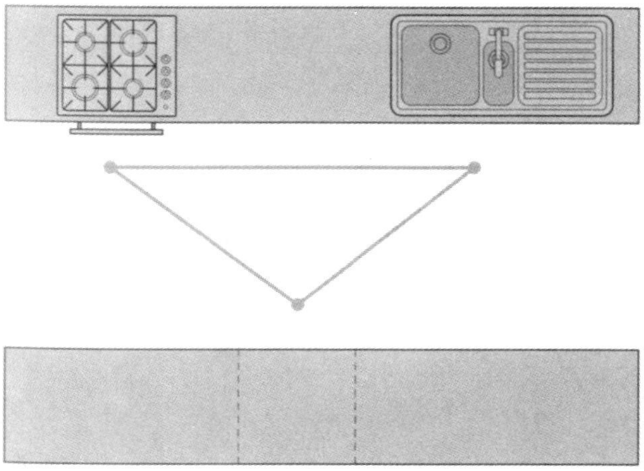

图11−8 U型厨房

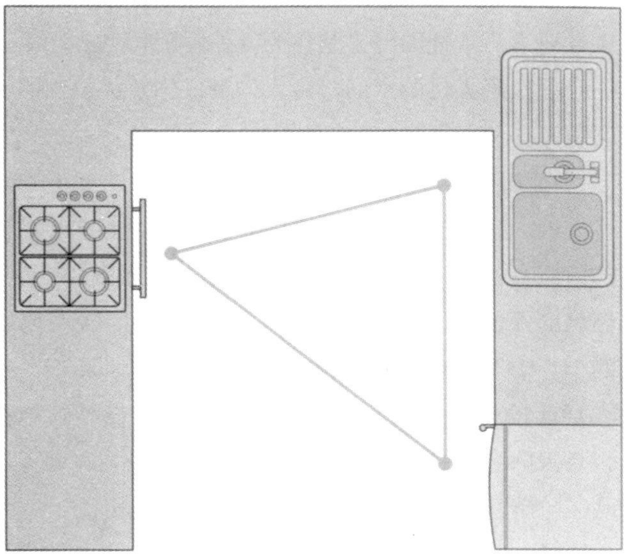

图11−9 走廊型厨房

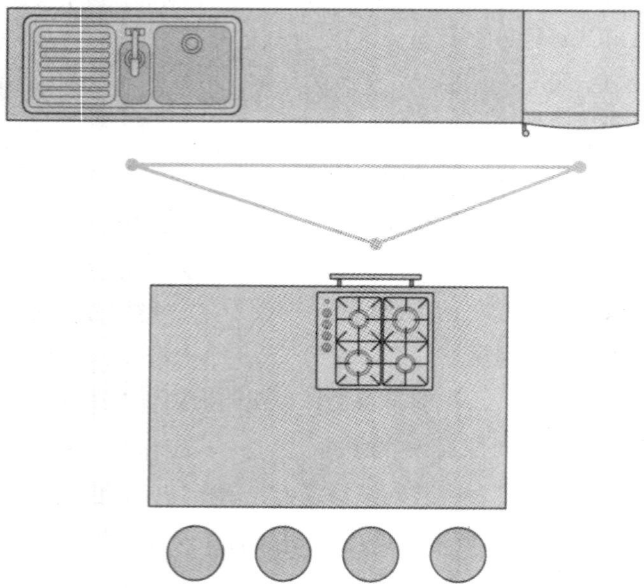

图11—10 岛型厨房设计

二、私密性空间的设计

这里所说的私密性空间是指家庭成员独自进行私密行为的空间类型。它充分考虑人的个人行为和活动需要，是家庭成员之间既能保持独立、互相尊重，又能融洽共处的基础。私密性空间的特点是具有大多数人普遍的需要，同时又凸显出个体感受的差异性。它是针对个人的特殊需要，根据性别、年龄、性格、喜好等个别因素而设计的空间，主要包括卧室、书房和卫生间等。

1．卧室的设计

卧室是住宅空间中最具私密性的房间，有着极强的自主性要求。单纯的卧室是作为人们睡眠休息的场所，是一个完全私人化的空间，是人们彻底休息、放松的自在之地，有时也是个人思考的地方。

（1）卧室的特点及设计要求

人的一生大约有1/3的时间是在睡眠中度过的，良好的睡眠是人们工作、学习、生活的基本前提，也是身心健康的保证。卧室的设计应满足睡眠功能，充分考虑人的个性需要，营造一个温馨、舒适、和谐、亲切、含蓄、恬静的空间氛围。随着住宅空间的内涵不断地扩大，今天的卧室也往往兼有多种功能，可分为睡眠区、储藏区、学习区和休闲区等功能区。

通常，卧室因居住对象的不同，每个卧室的从属性也明确而固定，可分为主卧室和次卧室两大类。而次卧室又分为子女卧室、老人卧室和客人卧室等。

①主卧室是房屋主人的私人领地，有着高度的私密性和排他性要求，它既要满足夫妻双方的共同需要又要顾及双方的个性需求。在使用上，要满足睡眠、休息、更衣、梳妆、盥洗、储藏等多种综合功能。

②子女卧室是子女成长过程中最私密的空间。子女卧室与主卧室最大的区别就在于设计上要保持相当程度的灵活性，要充分考虑和照顾到子女的性别、性格、年龄阶段和心理等特定的个性因素。

③“中老年时期”是对睡眠要求最多的时期，这一阶段的人最重视睡眠质量，老人卧室设计主要满足睡眠和贮物功能，设计以实用为主。

④客人卧室是给客人临时居住的私密空间，需要有较强的独立性。

卧室设计最基本的原则是要满足使用者的休息与睡眠功能，确保睡眠空间的私密性和完整性，使人们获得较高的睡眠质量。因此，一定要保证卧室拥有良好的采光，防止噪音，使用淡雅的色彩搭配，在触觉上使用手感温暖、易清洗的材料。同时，确保室内的空气流通，使室内拥有良好的空气质量。

卧室在空间布局上围绕以床位为视觉中心，其他区域合理展开规划。色彩设计上，必须要有一个主色调，以淡雅、温馨的暖色系列为好，辅以灯光和材料来协调。同时，根据使用者不同的年龄、个性和爱好等，营造出或温馨柔和，或优雅独特，或简洁明快，或典雅又不失浪漫的卧室情调。一般地，卧室地面宜用木地板、地毯等软性材料铺装；墙面可用乳胶漆、墙纸、墙布或软包装饰，这些材料具有较好的舒适性能，给人一种亲切、温暖的感受；卧室顶棚照明多用暖暖的黄色光为基调，光线宜自然、柔和，顶部造型应简洁。卧室面积较

图11—11 简约、明快的卧室风格

小时，不宜放置过多家具。（图11—11）

（2）不同类型的卧室设计要点

①主卧室。在主卧室风格表现上，整体风格要庄重典雅又不乏轻松浪漫，既能体现主人的个性和喜好、品位和生活情趣，又能在某种程度上与其他居室空间保持一致性，取得相互呼应的效果。主卧室的布局设计，可分为睡眠区、储藏区、梳妆更衣区等。睡眠区从床位和卧具的设置上又可分为“共享型”和“独立型”两种模式。设计时要根据卧室主人的生活习惯和生活需要，合理地选择“共享型”双人床，或保持适当距离、避免相互干扰的“独立型”单人对床。储藏区多指衣柜和衣橱等，如果主卧室内有专门储藏区，可设计成步入式储藏间或衣帽间，内部用嵌入式壁柜或敞开式隔架即可。在空间条件允许的情况下，可以把更衣与储藏功能相结合，这样既有效利用了空间又方便了使用。梳妆更衣区一般设置在临窗或自然采光良好的位置，照明要在两侧设置辅助光，以便让脸部清晰可见。更衣要求匀质的光从人的上前方照亮，以便在镜子中得到一个清晰的图像。主卧室内的休闲区，在临窗角隅，利用一两张座椅便构成一个可以读书学习和品茶放松的区域，一来突出了它的实用性，二来也反映出主人的生活情趣。有的主卧室洗漱卫生区是专用的，设计时注意保持卫生间使用的便利性和卫生清洁，可以相对独立隐蔽为一间，也可以结合气候特点，利用开敞通透的隔断围合，增加卧室的空间感和开敞性。主卧室整体的色彩搭配要轻松、单纯、沉稳而不浮躁，利用色彩的心理效应，创造出宁静、舒适、和谐、愉悦的氛围。主卧室的墙面材料以选用带有图案或肌理的壁纸或壁布较为理想，图案的色彩和肌理不宜复杂，宜表现宁静、祥和的气氛；浅淡的彩色涂料也可。照明设计在灯光处理上光线要朦胧而柔和，以期给卧室增添温和、静谧的气氛。除顶部的整体照明外，在床头和墙壁上，可以安装造型风格与整体环境相协调的台灯、壁灯或落地灯等做辅助照明，增加室内的氛围，营造优美的格调。（图11—12）

图11—12 典雅的卧室情调

②儿童卧室。儿童是特殊的群体，富有幻想和好奇心，好动、贪玩，心智和行为上还处于稚气阶段。儿童卧室在家具与陈设设计上，首先家具尺度要合理，布局上要少而精，家具应尽量设计圆角，功能齐全的组合家具是理想的选择。根据人体工程学原理，要选择适合孩子年龄阶段和形体特征的家什，如书桌和椅子的高低、柜子的高矮等。家具的摆放注意安全、合理，另外，除家具外还应留有供儿童玩耍的活动空间。其次，陈设品是儿童卧室必不可少的物品，如壁挂装饰等。适当的装饰不仅可以启发儿童的想象，增加他们的动手能力，还能丰富卧室空间的效果，更添许多生气。由于儿童的心理特征，对颜色的感受也非常敏感，所以儿童房间地面、墙面和家具的色调应做到统一中有变化，窗帘也宜选择色彩亮丽、富有生机的图案面料。儿童卧室照明必须有一定的高度，使儿童无法直接接触为宜。开关、插座应注意安全防护。儿童房间的地板及墙壁的材料必须柔软、牢固和易于清洗。地面一般采用木地板或耐磨的复合地板，也可铺上柔软的地毯或具弹性的橡胶地面。墙面可以采用儿童墙纸或墙布以体现童趣，还可用耐清洗的彩色涂料。儿童卧室的睡眠区也可设计成日式，塌塌米加席梦思床垫，既安全又舒适。（图11—13）

③青少年卧室。青少年是人一生当中成长最迅速的时期，在身体和心理上已近成熟，有自己独立的思想，最大的特点是精力充沛、善于思考。在这一时期，学习知识、接受教育是他们最大的任务，此时，卧室成为其学习、休息、睡眠、思考和独自处理一些事务的“秘密空间”。青少年卧室设计要突出个性，可根据年龄、性别、性格的不同，在满足房间基本功能的基础上，留下更多、更大的自主空间，使他们可将自己喜爱的物件，随自我喜好任意地摆放或取消。（图11—14）

④老年人卧室。老年人最大的特点是健康状况开始下降，心态归于平和而宽容，喜欢安静，偏重纯净和沉稳的色彩，多睡眠。这也是和他们的生理和心理需要随着年龄的变化分不开的。在家具造型和尺度设计上要充分考虑老年人使用的特点，卧具和座椅要舒适、合理、

图11—13 安全舒适的儿童卧室

图11—14 更多自主空间的青年卧室

图11—15 兼顾型书房

简洁、大方。卧室所用材料既要能保温、隔音、美观，又要追求触觉的舒适感。老人卧室与走廊的连接处应避免地面高差，卧室尽可能地争取充足、良好的日照以保证卫生条件。室内照明应以明亮为主，稍亮一些可以驱除老人易产生的孤独感。在空间较为宽松的情况下，适当地布置一些富有生机的绿色植物，可以调节室内的温度、湿度，使室内空气清新自然，同时也可以修身养性。老人室内色彩宜选用庄重、简洁的色调，装饰不宜过多，力求室内设计风格的统一，为老人创造一个益于身心健康、亲切、舒适的室内环境。

⑤客人卧室。客人卧室设计不宜复杂，应具备基本的生活条件，即有床、衣柜及小型陈列台等，但都应小型化，而且家具造型要简单，室内色彩应清爽。

2. 书房的设计

书房是供家庭成员读书、学习、工作、私谈的场所，也是收藏书籍的地方，属于住宅空间中精神层次的需求，对空间的私密性要求较高。

(1) 书房的功能及特点

书房作为以读书、学习和工作为主的活动空间，有时也兼具会客、私谈和休息的功能，对采光、防止噪音、通风等环境要求较高。在空间布局上，要相对独立地划分出书写、电脑操作、藏书以及谈话、小憩的区域，同时注意营造书香与艺术氛围，以适合于书房平静、雅致的学习环境。

书房在住宅空间里，大致分成三种类型：封闭型、开敞型和兼顾型。它可以是独立完整的房间，也可以是与其他空间紧密相连的半围合的空间类型，或是完全开敞的区域。处理好书房与其他空间的关系十分重要，需要设计时做出适当的调整和布置。(图11—15)

(2) 书房的具体设计方法

书房在空间布置上以家具来做划分，主要的家具有写字台、书架、书柜、座椅或沙发等。书架或书柜的放置并没有一定的准则，一般都是选择靠整面墙的空间放置。入墙式或吊柜式书架，对于空间的利用较好；半身的书架，靠墙放置时，空出的上半部分墙壁可以配合壁画等饰品；落地式的大书架摆满书后的隔音性能较好。书房设计对于照明和采光的要求很高，写字台最好放在自然光线充足的窗边。台灯和书柜用射灯必不可少，一来方便夜间阅读和遇到阴雨天时，能得到较好的光线补充；二来书柜射灯便于查找书籍。书房的家具在选择时，除了重视它的造型、质量和色彩外，必须考虑到家具要适合人的活动范围，符合人体工程学的基本要求。

按照我国正常人体生理测算，写字台高度应为72cm左右，考虑到腿部在桌子下面的活动区域，要求桌下净高不少于58cm。座椅应与写字台配套，高度适中，柔软舒适，最好是转椅，以方便人的活动需求。若将书房作为工作室，工作台尺寸大小要考虑到职业需要选择适合的。兼做会客室使用时，家具还需增加休息椅或沙发，沙发宜软宜低些，使双腿可以自由伸展，以求高度舒适，消除久坐后的疲劳感。

书房的色彩应当取柔和色调的色彩装饰。在书房内养殖具有观赏性和净化空气的植物，则更赏心悦目，增加书房的雅致情趣。

“静”对于书房来讲是十分必要的，因为人在安静环境中工作效率要高得多。所以在书房设计时要选用那些隔音、吸音效果好的装饰材料，以阻隔窗外的噪音，创造出一个供人们阅读时所需要的安静、宁谧的环境。（图11－16）

图11－16 雅致书房

3. 卫生间的设计

卫生间是家庭成员进行洗浴、处理个人卫生的场所，具有较强的私密性要求，设计时不仅要适合盥洗、方便、沐浴等基本活动，还要兼顾洗衣等家务活动的进行。现代住宅中通常家庭至少有一个公用卫生间，住宅空间面积较大的还会有主卫乃至客卫。

（1）卫生间的功能及特点

卫生间是一个集多样设备和多种功能于一体的空间类型，主要包含盥洗室和卫生区，设计时应坚持以方便实用为原则，把使用频率最高的放在最方便的位置。卫生间的平面布局应紧凑合理，色调依每个人的喜好而定。为保证室内环境的整洁，室内各界面材质应选用具有较好的防潮、防水性能的材料：地面要防滑，易于清洁，常用材料有陶瓷类地砖等；墙面为防水涂料或瓷质面砖；顶棚应选用以防潮、遮掩功能为主的铝合金板或硬质塑胶材料；洁具尺寸选择上，追求合理、合适；电路安全第一；采光需要明亮、均匀的光线，创造一个洁净、舒适的空间。（图11－17）

图11－17 多种功能卫生间设计

（2）卫生间设计的具体原则

①盥洗室。通常，盥洗室的空间较小，设计应侧重简单和实用。设计内容主要有化妆镜、面池、小吊柜和地柜等。洗漱台前需有侧射光对脸部的照明，主光源宜安装于镜面上方。

②卫生区。首先，卫生区在平面布置上，应根据空间大小，购置相应的洁具以及其他卫生设备；其次，应该考虑到坐厕一般与洗浴处相连，要尽量避免使用过程中有冲突发生；家有老人的卫生间，坐厕还应考虑老人的使用特点。

③浴室。浴室的设计基本上以方便、安全、易于清洗及美观得体为主。由于卫生间水汽很重，防水是一个关键问题，内部装饰材料必须以良好的防水性能为宜，在空间条件许可的情况下应做适当的干湿分离。

在传统观念中，浴室只是洗浴的地方，而今天随着人们生活质量的改善，它已经成为享受生活的重要内容。新概念的卫浴设计从狭窄、局促的卫生空间中游离出来，发展成为公共空间或私密空间的一个组成部分，与起居室或卧室形成有机的一体，强调一种时尚的人文

卫浴理念，探索卫浴生活的灵性空间。洗浴时追求精神的体验与卫浴生活的人文尊崇，是新型卫浴文化的内涵。（图11－18）

图11－18 个性化卫生间

三、过渡空间的设计

住宅室内往往由门厅、走道和楼梯等构成空间的过渡或以之将室内空间联系为一个有机的整体。

1．门厅的设计

住宅空间的门厅，通常是联系室外与室内空间的中介，是"场"与"场"之间转换的节点，是进入室内空间的铺陈，是含蓄的转折而非直接"登堂入室"。

（1）门厅的功能及特点

门厅的说法源自日本，又称斗室、过厅、玄关，通常门厅在住宅中所占的面积不大，但使用频率却较高。它是进出居室的必经之路，是人在进入居室之后的一个心理缓冲区域，也是人们进出家门时更衣、换鞋，以及整理装束的过渡空间。作为一个家所呈现给人的第一印象空间，门厅的设计直接反映出主人的审美与品位，同时具有展示、实用和过渡的特点。

（2）门厅的具体设计方法

门厅作为居室的门户，是一个"家"给人的缩影。在现代住宅门厅设计中，其功能大致可分为三点：一是收纳性，二是隔挡作用，三是凸显主人生活格调。

门厅空间一般较为狭窄，远离自然采光窗口，通常在此摆设的家具有鞋柜和衣帽架等，其家具造型受空间的制约，以简洁、庄重、大方的形态为宜。常规的隔断有：通透式的玻璃隔断，既能分隔大空间又能保持大空间的完整性和良好的采光；格栅围屏式的木作屏，能借助屏风分隔区域和划分区域，产生通透与隐隔的互补作用；半敞半隐式，功能性与含蓄的性格并具，能起到很好的穿透和划分空间的作用；利用组合家具的半隔断式，既有较好的使用性又能起到隔断的作用。通过采用通透设计往往可以减少空间的压抑感与昏暗的采光状况。

门厅地面，常用方便清洁、颜色较深的石材或陶瓷地砖铺设。地面装饰，多以几何形图案出现，有引申和暗示的含义。如果空间较小，光线不强，地面材料最好选用清淡明亮的色彩；如果门厅够宽敞，也可以选用相对丰富而深暗的颜色，但切忌在这个局促的空间堆砌过多的色彩和图案。

门厅的照明要创造出明亮、温馨、恬然、静谧而热情的气氛，使人一踏进家门，便觉得投入了家庭的怀抱而精神焕然。灯具的造型要与整体室内风格协调，位置要考虑安置在进门处和深入室内的交界处，这样可避免进门时人脸上出现阴影。（图11－19）

2．走道及楼梯的设计

走道和楼梯是建筑为满足室内空间之间的穿行需

图11－19 门厅

要而设置的特殊区域，它是联系平面与平面空间及平面与立面空间交通的公共区域，是组织空间秩序的有效手段，具有实用与艺术欣赏的双重意义。

（1）走道及楼梯的功能及特点

走道在住宅室内空间中功能相对比较单一，是联系房间、门厅的通道，作为通过、穿越的交通空间，具有引导和暗示的作用。从房间的联系考虑，走道的宽度应满足人的通行和搬运家具的需要。

楼梯在室内空间，其功能是作为垂直交通来用，通常宽度应不小于750mm，踏步的高度一般在150mm～180mm之间，栏杆的高度在900mm以上，在空间的处理方式上有着特殊的造型和装饰作用，室内设计的重点在于依室内空间的尺度来选择楼梯的类型。（图11—20）

（2）走道及楼梯的类型及设计

走道形式上大致分为一字形、L形和T字形，性质上大致分为外廊、单侧廊和中间廊。一字形的走廊方向感强，简洁、直接；L形走廊含蓄、迂回，富于变化；T形走廊具有空间通透、视觉变化大的特点。具体设计时应从走廊的几个界面如顶棚、地面、墙面上进行装饰。顶棚照明由于没有特殊的照度要求，常采用顶灯或墙体壁灯仅做排列布置，充分考虑光影形成的韵律变化，消除走道的单调和沉闷的气氛，创造生动的视觉效果，不做过多的形式变化以避免累赘。走道地面由于几乎完全裸露的特点，在材质选用上应兼顾到其他空间（如起居室、卧室、卫生间等）的地面材料变化，注意地面的视觉效果，防止噪音，以保持空间的独立性。作为走道空间主角的墙面，其装饰应符合人的视觉观赏上的生理需要，一方面可以从界面上进行包装装饰；另一方面从艺术形式上进行装点美化，如装饰挂画等。一方面它反映设计者的艺术修养和专业素质，另一方面应与其他空间的设计协调。

楼梯的样式在住宅中大致有几种：楼梯从形式上分直梯、弧型梯、旋梯等，从材质上分全木楼梯、全钢楼梯、钢木楼梯、铁木楼梯、钢玻楼梯、大理石楼梯等。直梯最常见也最为简单，几何线条，方向感强，中间均有平台。“一字形”直梯行走最方便、通畅，但占空间面积也最大；弧型梯以曲线来实现上下楼的连接，可依空间变化出多种形状，款式美观，没有直梯生硬的拐角，行走起来比较舒服，但占用面积较大；旋梯对空间的占用最小，盘旋而上的曲线优美、动人，但不方便老人、小孩和上下搬运物品使用。木制楼梯具有舒适、亲切的特点，全钢、钢木和钢玻楼梯时尚、另类，大理石楼梯冷峻、有距离感。在住宅室内设计中楼梯的形式是由空间的尺度、层高来决定的，无论选择哪一种类型的楼梯，都应考虑方便行走，节约空间。

图11—20 走道及楼梯空间

四、其他设计

1．储藏空间的设计

生活离不开庞杂的细节，在住宅空间中留有一定的储藏空间是非常必要和不可缺少的，它是容纳琐碎生活的一个容器，是保证室内整洁、避免杂乱无章的关键所在。在现代室内设计中，对储藏空间进行合理的设计，提高空间的使用效率，注意挖掘现有空间的潜力，充分利用易被忽视的空间，如墙角处、楼梯下面、走廊顶端等显得尤为重要。

对储藏间的设计应分析、归纳其条理性与合理性，注意储存的时间、地点、位置的安排，从使用上应方便存取，形式上应根据储存空间类型的特点，如封闭型和敞开型，讲究形式和材质的选用，配合照明灯光的布置，创造一个实用美观的储藏空间。

2．绿化的设计

居室内的绿化包括室内绿化和阳台绿化，它是基于人自身生命活力的需要，也是构成现代文明和家庭良好气氛的一个显著特征，反映了人们对大自然充满向往、渴望亲近自然、期望重归大自然绿色怀抱的美好愿望，也是快节奏下现代人的心理和生理的需求。居室绿化能够营造出居室空间的美感，又能将外界的自然生机移入室内环境，从而弥补了住宅居室远离大自然的缺陷与不足，起到了丰富空间效果、安慰心理、调整景观的作用，具有很强的装饰性和观赏性。

一般来说，设计居室绿化时应考虑花卉的色彩、植物的形态、气味等对室内的影响，在不同的空间有不同的要求，如在起居室中可以依墙、沙发等处放置大型的植物或色彩浓烈的插花，但绿化布置不宜过多，要有重点。餐厅绿化设计应着重考虑视线的位置。对于可欣赏性的角度选择，一般最佳的视觉效果是距离地面约2m的视线位置放置植物，餐厅插花以鲜花为宜。书房应选配清香淡雅、颜色明亮的花卉，注意绿化不要分散注意力。卧室的绿化应体现房间的空间感和舒适感，注意绿化与整体的协调，把握其与人的动静关系，把它置于人的视域的合适位置。门厅和走廊的绿化，适宜用小型的植物或悬吊植物作装饰。阳台的绿化不宜栽种体形较大的花木，可以栽种一些观果植物、观花植物和小观叶植物等，可根据自己的喜好来选择，一方面，为生活增加了趣味性；另一方面，可以调节居室的小气候，获得优美的空间环境。

总之，住宅空间的室内设计是一个系统的工程，同时要妥善考虑多个方面的因素，最终才能营造一个理想的居室环境。

第12章

办公空间室内设计

第一节　办公空间的历史沿革与发展趋势

一、办公空间的历史沿革

自从人类社会形成固定居住点以来，就有了原始的办公空间。从原始社会到封建社会，再到现代社会，随着经济技术的持续进步，办公方式由简单到复杂，由单一到多元，不断地变化，而办公空间作为其载体，也在随之不断地调整、进步。

1．农业经济时代的办公空间

中国古代的衙署是统治者办公的专用建筑，上至皇宫，下至衙门，都有其处理公共事务的场所，而这些办公场所往往是同居住紧密结合在一起的。帝王官僚们在厅堂议事，在书房处理文件，在寝室休息，这些房间的功能基本等同于现代办公的会议室、办公室和休息室。早期的欧洲，贵族们在起居室甚至卧室里举行会议，讨论政事。随着工商业行会的兴起，出现了专供行会、集会的办公空间，但其仍具有居住的功能，内部空间也基本上是对起居室的模仿，外部为三到四层的砖木形式，没有自己的特色。简言之，无论中外，农业经济时期的办公空间都是基于对起居室和书房的模仿，并且表现出一种封闭的状态。（图12−1）

图12−1　家庭风格的会议室

2．工业经济时代的办公空间

18世纪60年代，发生了以蒸汽技术为标志的工业革命，这场革命开发了新的能源和机器，并且带动了交通运输、商业金融和管理方面的迅速发展。此时，封闭的格间办公空间已不能适应社会的需要，逐渐被通廊式办公空间替代，其内部装饰也符合工业时代的精神，家具的造型、色彩及构造大为精简。接踵而至的池座式办公使“办公室成为生产的机器”变为了现实，并且成为办公室走向自动化的第一步。它将办公室分为两种：高级职员单独的工作室和普通员工所在的大厅。大厅里的工作就像工厂里的流水线，体现着工业化的集约和高效。在这里，办公空间同居住空间已经完全分离。（图12−2）

图12−2　池座式办公

3．后工业时代的办公空间

第二次世界大战后，办公建筑随着经济膨胀而迅速发展，20世纪50年代出现了一种崭新的办公形式——玻璃幕墙的高层建筑。之后，空调和日光灯的引入，使得这些玻璃盒子式的建筑不再受到通风和采光的限制，从而创造出具有大进深和大空间的办公环境。员工在开放的平面空间办公，只有少数人才能利用建筑周边的房间看到外面的景致。然而，这种低成本高产出的办公建筑却符合这一时期社会的需求，因而得以广泛应用，逐渐形成了“国际式”风格。随着“国际式”风格风靡全球，办公空间也变得千篇一律，令人乏味，人们逐渐厌倦了这种令人窒息、工厂化的空间形式，希望得到尊重和放松。于是，“景观办公”的概念应运而生，这种新型的办公空间完全不同于原来呆板冷漠的办公环境，而是有着自由的布局、柔和的色彩和茂盛的植物。景观办公中用家具及绿化来划分空间，注重美学效果，满足了人们的审美要求，体现了对人的关怀与尊重。(图12—3)

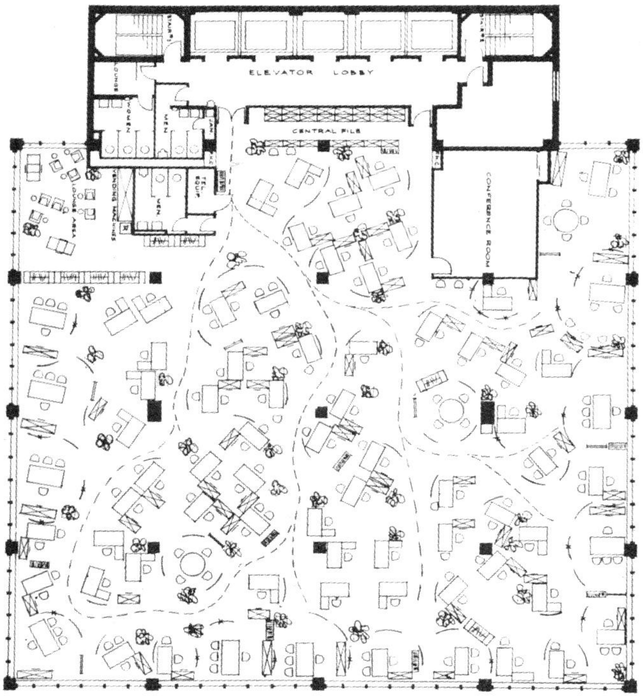

图12—3 景观式办公平面布置

4．现代办公空间

20世纪90年代以来，随着通信技术、信息技术，尤其是网络技术在办公中的广泛应用，大大推动了办公形态的自动化和系统化，动态、弹性、流动的办公空间逐渐显示出其强大的优势，一些反映时代特征的办公空间形式层出不穷。一方面，现代企业将办公环境清晰化、专业化，办公空间的设计被视为一个完整的工作环境系统。这个系统糅合新的美学观念和造型艺术，依托新的结构技术，体现出公司的经营理念、公司形象，它不但能够促进工作效率，展示企业文化，而且显示了对员工社会性生活的尊重（图12—4）。另一方面，发达的信息系统使得办公之间的联系突破了空间的限制，单元化、家庭化办公逐渐增多，工作人员享受到了时间和空间上的自由。办公空间及家具可根据个人爱好及特点自由布置，充满了“家庭”气氛。在办公环境中享受“家”的温馨宜人，这是办公空间在现代科学技术基础上向历史的高层次回归。

图12—4 现代办公空间

二、办公空间的发展趋势

经过几百年的发展，办公建筑的内部空间已经日趋成熟和完善，然而在提倡可持续发展、以人为本的21世纪，办公空间又有了新的发展趋势。

1．生态化趋势

1987年，联合国世界环境发展委员会提出了“可持续发展”的概念，其定义为“既满足当代人的要求，又不损害后代人，满足他们需求能力的发展”。“生态设计”正是可持续发展的概念在设计领域内的应用，也是现代办公环境中应采取的措施与必然趋势。注重生态的办公室内空间设计，目的是创造符合生态标准的环境设计，达到室内生态系统的良性循环，为使用者提供高质量的生存活动的小环境，并且减少能耗，保护环境，在设计中主要体现在以下两个方面。

（1）将自然环境引入室内

尽可能地增加自然采光系数，建立高质量的室内采光系统；创造良好的通风对流环境，形成自然空气对流系统；设置多层次的立体绿化系统，改善室内小气候；创造开敞的空间环境，使工作人员能更直接方便地亲近自然环境。（图12-5）

（2）使用绿色材料，节约能源

尽可能地利用当地的技术、材料，以降低建造成本；尽可能地使用无污染、易降解可再生的环境材料；在设计中尽量考虑利用可再生资源，如太阳能等；采用新技术、新材料，减少建筑能耗。位于巴黎的“阿拉伯世界研究中心”采用了高科技镜头快门式的窗口，可以有效地控制射入室内太阳光的强度。（图12-6）

图12-5 室内绿化

图12-6 可调节窗口

2. 人性化趋势

与不断高速发展的经济技术相适应，人们对工作环境舒适度要求逐渐提高，办公空间的人性化设计将成为主流。人性化设计从本质上来讲是“以人为本”，是以人的生活、心理、行为和文化需求为出发点的设计。

办公空间的人性化设计首先要关注健康问题。办公室内大量自动化设备造成的空气质量下降、电脑产生的辐射对人的身体都会产生负面影响，因此在设计中应尽量改善自然采光与通风条件，减少人工照明及机械调温的使用，尽可能采用环保材料，追求简约的装修风格以减少卫生死角等，创造更利于健康的办公空间。

其次，应当从员工的心理精神需求出发对传统空间模式进行调整。例如，将原有大空间办公划分为相对私密的小隔间，一方面，可以保持安静的工作环境，提高工作效率；另一方面，也是对员工个人的尊重。传统办公空间中的大会议空间已逐步退化，取而代之的是构成灵活、分布于各个区域的小洽谈空间。这是因为以传达为主要手段的全体会议已不能适应现代管理节奏，小型洽谈空间却可以随时提供给各部门小范围商讨。另外，传统办公空间只为外来客户提供休息接待区，而忽略公司内部员工需求的状况普遍存在；而如今，越来越多的公司专门为员工开设了咖啡吧、茶座，甚至娱乐活动空间。以上这些都是办公空间人性化的具体表现。（图12-7）

3. 家庭化趋势

家庭化办公是将家庭的氛围同办公行为相结合，最大限度地消除紧张工作给人带来的消极影响，从而创造出和谐、温馨的工作环境。

（1）营造家庭氛围

在空间设置上借鉴家庭空间构成模式，采用小尺度的单元式或公寓式布局，每一工作组团构成一个单元，单元内部可划分出会客区、工作区及休息区。在室内装饰设计上，突出个性化，色彩、质感富于变化，利用隔断、绿色植物及灯光分隔空间，营造亲切、舒适的气氛；在使用方式上，将家庭化的生活方式融入其中，增设了厨房、小餐厅等辅助功能空间。这种空间能使办公人员有“家庭成员”的感觉，有利于团队精神的形成。（图12-8）

图12—7 人性化的休息空间

图12—8 家庭化工作空间

（2）SOHO办公模式

SOHO是集工作、生活为一体的模式。首先，计算机网络技术是它赖以生存的基础，所以设计要充分考虑这些数字化设备的合理安排；其次，多种功能的综合对使用面积有了更高的要求，作为SOHO的住宅应考虑商务接待、工作室等空间设置。居住区同工作区应保持相对独立，既联系紧密又不相互干扰。几年前，人们所说的SOHO一族还大多指那些专门的自由职业者，如自由撰稿人、设计师、艺术家等；如今，随着互联网在各个领域的广泛运用及电脑、传真机、打印机等办公设备在家庭中的普及，SOHO成为越来越多的人可以尝试的一种工作方式，在今后办公模式中所占的比例还会不断增加。

4. 新办公文化趋势

随着企业品牌意识的不断增强，办公空间将与CIS系统紧密地结合起来。CIS（Corporate Identity System——企业形象识别系统）是企业对自身的理念文化、行为方式及视觉识别进行系统地革新，统一地传播，以塑造出富有个性的企业形象，以获得内外公众认可的经营战略。CI是由MI（理念识别）、VI（视觉识别）和BI（行为识别）共同构成的，而体现在办公空间的CI主要是视觉识别，它要求设计上从标示、照明、装饰等都要服从企业经营理念，形式上符合CI手册注明的造型及色彩要求，营造出和谐统一，具有鲜明个性的办公环境。经过CI设计的办公空间能够体现出企业新颖独特的文化内涵，增强员工的归属感和自豪感，激励员工的积极性。（图12—9）

现代办公类型有多种多样，从工作内容上看，有传统的企事业办公，也有前卫的广告传媒、网络通信；从办公地点上看，有大型写字楼办公，也有小型家庭化办公。这些办公空间都有其独特的功能形式要求，表现出不同的文化特质，这就使得办公文化具有了多元化的特点。随着新技术的涌现、社会分工的细化，办公文化也会持续地得到扩充。

图12—9 体现企业形象的休息室

第二节 现代办公空间的尺度设计

一、现代办公空间的家具尺度

1．办公桌椅

办公桌是工作人员处理事务及存放相关物品的主要平台，其设计上，要求能高效、便捷、舒适地完成各种办公行为。办公桌应有适宜的长、宽、高尺寸来配合相应的工作。桌面的大小按实际工作时肢体的活动范围、规律及所摆放的物品来确定，桌面的高度应让人在操作时方便而舒适，办公桌以下的空间需要考虑人体下肢的自如活动（图12−10）。此外，办公桌还需要协调同其他办公家具如座椅、柜子之间的关系，以保证办公的高效进行。

人坐下工作时，脊椎只有保持正确的姿势才会有舒适的感觉，好的座椅可以为背部、腰部、脊椎提供这种正确的支撑。因此，首先应当处理好人体与座椅的关系，根据人体工程学的研究，合理安排坐面和靠背的四度，即高度、深度、弧度和倾斜角度，以满足不同的需要，同时减少因长期使用而产生的疲劳（图12−11）。工作期间扶手对于上肢及背部的放松也有着积极的作用，它的高度及宽度也应予以重视。

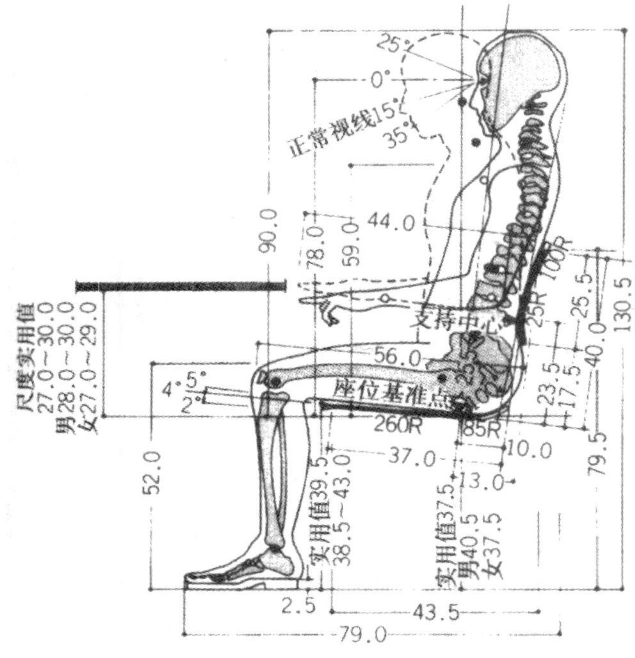

图12−10 办公桌尺寸设计

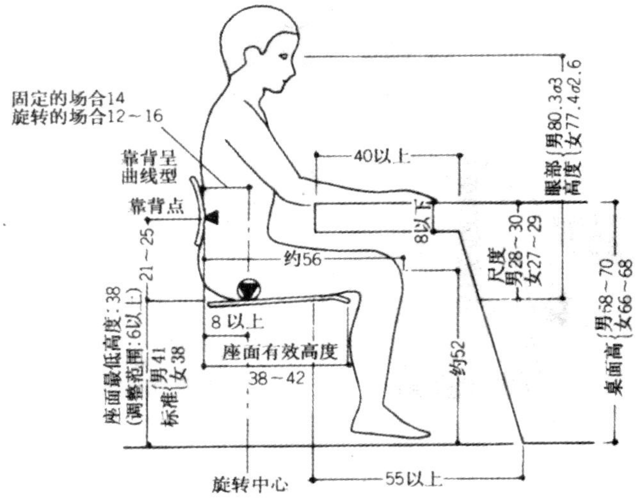

图12−11 办公椅支持面标准

2．大班台（椅）

大班台即经理办公桌，由于其服务对象的地位要求，它除了要满足一般办公桌椅的基本尺度要求外，还需要体现出尊贵和典雅的气质。大班台有较大的台面，台面造型多变，追求个性化。大班椅椅身宽大，靠背较高，一方面同大尺度的桌子呼应，以突出使用者的地位；另一方面也便于身体的休息放松。桌椅从材料上多采用实木和真皮，色彩较深，质感厚重，稳重大方。（图12−12）

3．会议家具

会议家具的尺寸和形式往往同会议室空间的大小有着密切的联系。小型会议室多采用矩形、圆形会议桌，尺寸较小，以营造轻松平等的氛围；中型会议室多采用长方形、椭圆形会议桌，有明显的长短边，方向感很强，以此区分与会者的身份；大型会议室为了保证良好的视线，家具摆放为排座式。图12−13为常用会议桌的尺度参考。

图12—12 大班台

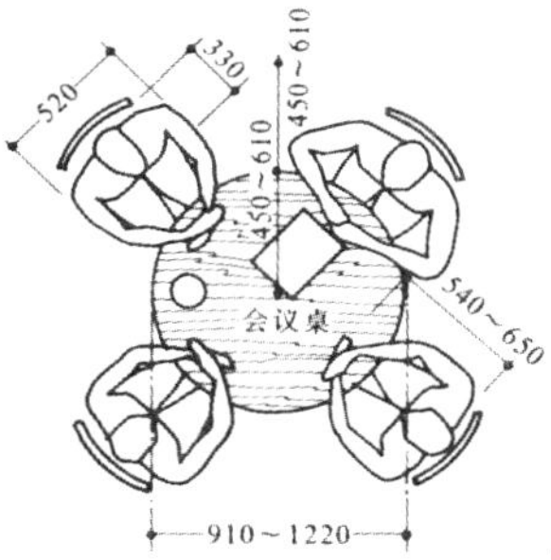

(a) 圆形会议桌平面

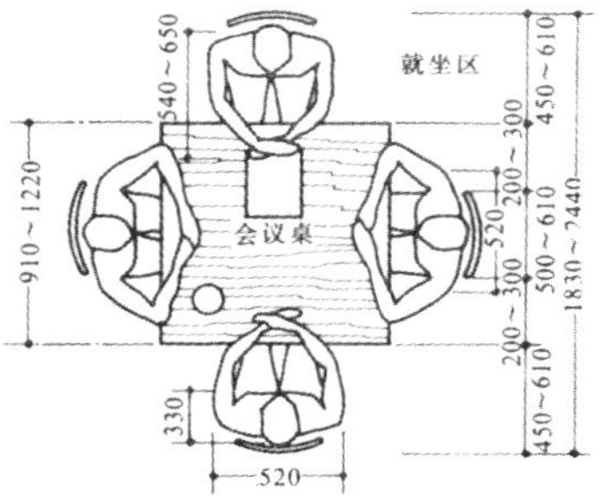

(b) 方形会议桌平面

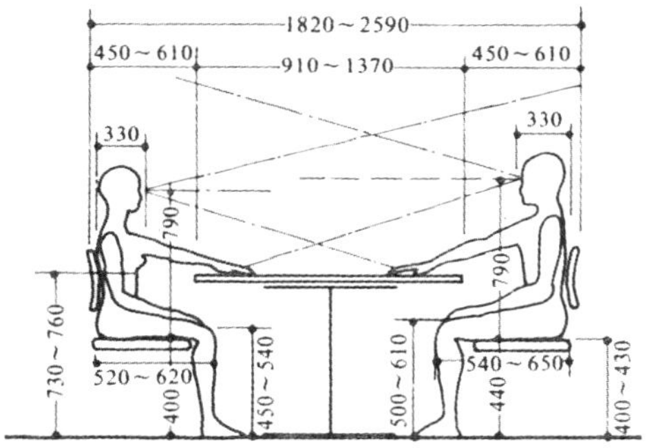

(c) 会议桌剖面

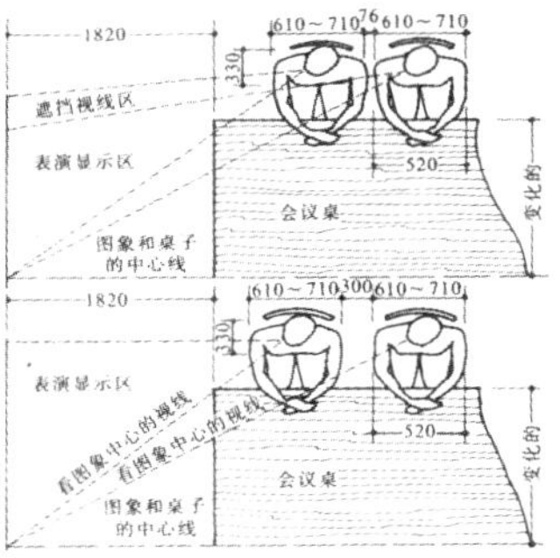

(d) 视听会议桌视线与平面布置

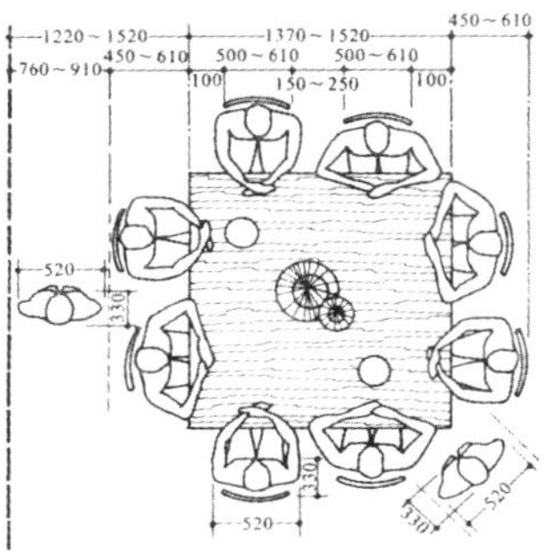

(e) 会议周边尺度要求

图12—13 常用会议桌尺度（单位：mm）

4. 文件柜

办公空间所需的存储资料的家具会因存储对象不同而有很大的区别。设计选用时，主要考虑空间的充分合理利用以及人体的尺度、活动特点。现在大部分的存储家具大都有成品可供选择。

5. 接待台、休息椅

接待区是展示办公机构形象的窗口，该区域内的家具主要有接待台和休息椅。接待台的尺度应主要考虑服务人员、台面、客人三者之间的关系，设置高低不同的台面，以满足站和坐两种姿态的要求（图12—14）。休息椅应根据空间大小、接待人数来设定，需要注意的是，不同的摆放方式、间距会产生不同的空间氛围。

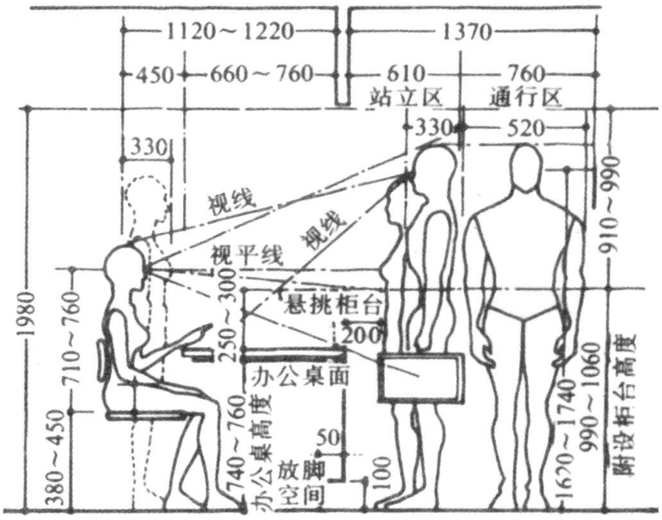

图12—14 接待台尺度（单位：mm）

6.隔断

现代建筑内部的大空间为办公空间的灵活分隔提供了可能性，可以利用能够移动、拆装的隔断划分空间，根据需要创造出封闭或开敞的空间单元，以满足办公行为多样化的要求（图12—15）。不同的隔断高度对空间的限定效果是不同的，隔断越低，空间越开阔；隔断越高，空间界限越明确。结合不同的材质、形式，还可以组成丰富多样的空间形式。一些具有摆放功能的隔断，还要考虑人在各种姿态下取放物品的方便，在合适的位置设计搁板或柜体。

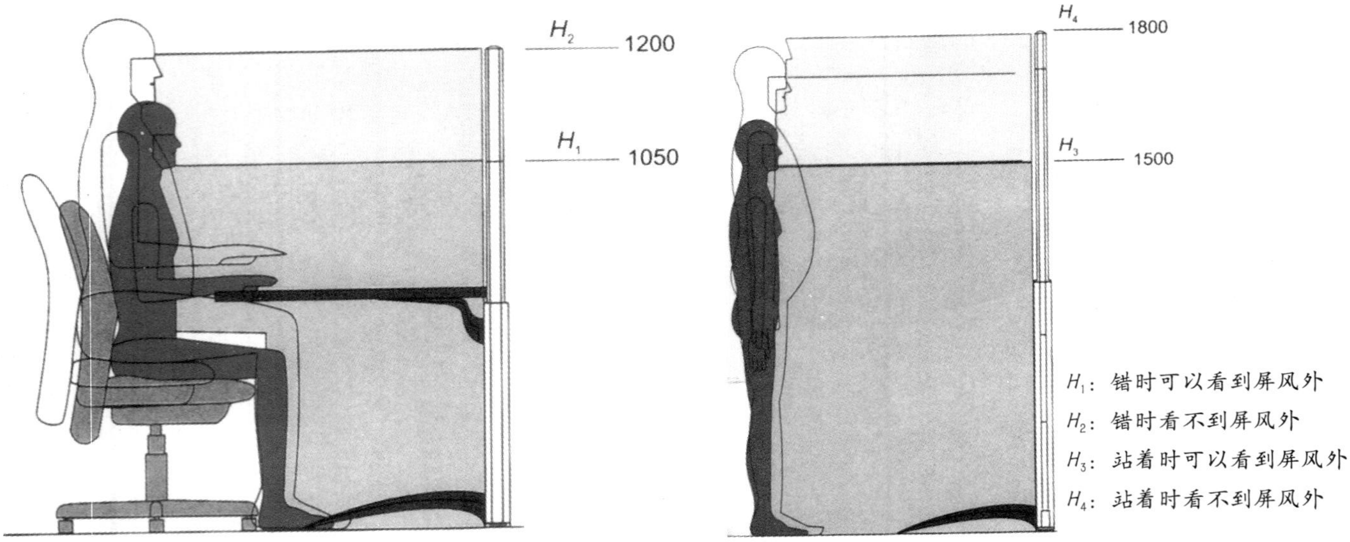

(a) 坐姿时同屏风的关系

(b) 站姿时同屏风的关系

图12—15 屏风高度与人的视觉关系（单位：mm）

二、现代办公空间的空间尺度

办公空间尺度包含两方面的内容，一是各功能空间的基本面积要求，二是在此面积中空间与人所产生的尺度关系。

1. 办公空间标准

在进行办公室设计时常常需要确定建筑空间的密度，在我国这一面积指标常常为5～10m^2/人，但单凭这一简单的数据是完全不够的，还必须同时考虑空间效果、人的行为、心理、声音、光线和经济等复杂的因素。综合这些因素，国内外制定了办公空间的标准，作为设计者控制各种工作面积的依据。（表12—1和表12—2）

表12—1 办公室面积指标（美国）

	功　能	面积指标（m^2/人）	备　注
高级办公室	总裁办公室	35～55	套间
	董事长办公室	28～35	套间
	副董事长办公室	21～38	
	经理	14～21	
	经理助理	9～14	
一般办公室	分析员、计算机员、工程师	9～12	也可用工作单元，用1.5m隔断，除通道外使实用面积为7～10m^2
	总裁秘书	9	
	经理秘书	7	
	会计	7	
	打字员	6	
	绘图员	8	
中小型会议室	<8人	2.7	有会议桌
	8～20人	1.8	
	20～40人	1.6	
	<8人	1.6	无会议桌
	8～20人	1.3	
	20～40人	1.2	

表12—2 办公室面积指标（中国）

功能	面积指标（m²/人）	备注
一般办公室	3.5	不包括过道
	7	包括过道
高级办公室	24～36	大
	20	中
	9	小
打字室	6.5	按每台计算机算
档案室	9.5	包括储藏柜
设计绘图室	4～4.5	
会议室	0.5	无会议桌
	2.3	有会议桌

2. 办公空间尺度

办公空间的尺度是建筑内部空间的整体或局部与人体之间的关系，大致可分为大、中、小三个层次：大尺度让人对空间产生宏观的印象；中尺度为近人尺度，是指空间内的家具陈设给人的感觉；小尺度则为亲人尺度，主要表现为空间的细部设计。

空间尺度对办公人员的心理影响非常明显，一个空间如果太窄（H/W为5：1～6：1），心理就会有压迫感，行动速度会加快；宽度适中（H/W为1：1～1：2），人的心理空间放松，行动速度就会放慢；宽度再大（H/W大于1：20），心理空间再度紧张，行动速度加快，并有靠边的趋势。现代办公空间往往是多种功能的复合体，对尺度的要求也各不相同，如接待空间应当亲切宜人，便于洽谈；会议空间则应适当开阔，以利于相互交流，并能保证多媒体演示的进行。这些空间的尺度都应做到恰到好处，过大的尺度会使人感到空旷和不安；相反，过小的尺度会使人感到局促和压抑。

人的行为对办公空间尺度有很大的制约。人们在进行诸如谈话这样面对面的行为时，需要保持一定的距离，这个距离在开敞的空间里大约为60cm～70cm，它随着人的关系疏密、环境状况会有一定的调整。办公人员与桌椅柜子的关系也决定了局部的空间尺度关系，一般情况下，基本工作活动区的进深不小于76.2cm，最小通行距离为91.4cm。人们活动时不会把所有的空间全部占满，因此，办公室的平面布置应充分考虑家具、设备尺寸、办公人员在使用它们时所需要的活动空间、各类办公组合方式所要求的尺寸，以及联系各工作位置的交通空间，并预留一定的余地。图12—16为办公室基本家具尺寸及办公人员活动、通行时所必需的基本尺度。

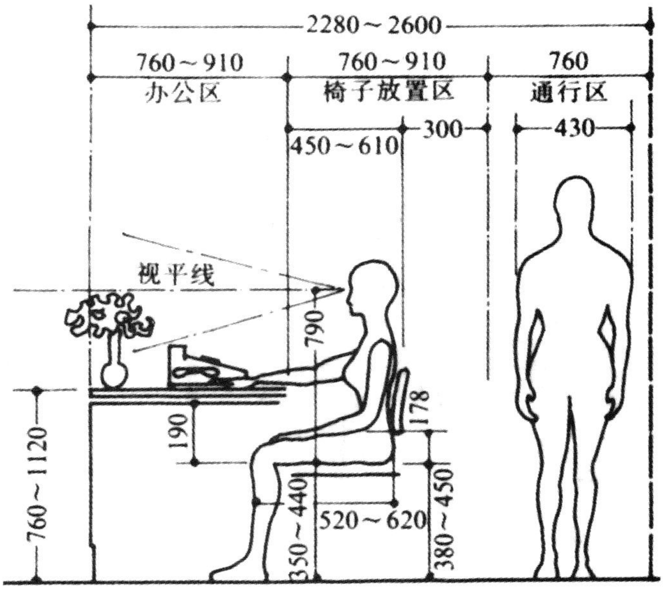

图12—16 可通行的基本工作单元（单位：mm）

第三节 现代办公空间的环境设计

现代办公空间的设计内容不仅仅是室内装饰设计，而是属于“环境艺术设计”的范畴，它是以人为中心，综合考虑心理、生理、物质、精神等多方面因素，处理好人与周围环境各方面关系的复杂工作。现代办公空间环境包括三个不同层面的内容，即心理环境、物理环境和生理环境。

一、现代办公空间的心理环境

根据环境行为学的观点，生命不是静止的，而是通过与空间环境相互作用而存在，空间环境会对人产生根本的影响，能够激发人的心理活动，继而深刻影响人的行为。通过了解办公空间所产生的心理功能，可以使它在最大程度上满足人的心理需求。

1．领域感

领域感是个人或群体为满足某种需要而拥有或占有一个场所或区域，并对其加以人格化和防卫的心理模式。办公空间领域的主要功能是为个人或群体提供对空间的控制，它不仅能使人感到安全，同时也表明了占有者的身份。领域感体现了人对环境的主观控制要求，是人们以某种方式将环境进行处理使其具有人格化的特征，在办公空间中，通常是利用不同的空间限定方式和空间氛围营造手段来达到限定空间领域性的目的（图12—17）。我们可以从以下三个空间层次来考虑领域行为。

（1）微观环境（个人空间）

微观环境是人们所占有的围绕自己身体周围的空间，如果受到别人干扰，就会立即引起下意识的防范。个人空间可以延伸为一个领域单元，如一个工作单元、一间私密的办公室。

（2）中观环境

中观环境是比个人空间范围更大的空间，属于半永久性的。办公桌旁边的走道、一个工作组的小型会议室都属于此类空间。

（3）宏观环境

宏观环境指的是个人活动的最大范围，属于公共空间。例如，公共休息室，它对于个人来讲几乎不具备领域感。

从个人空间到公共空间，有一系列的领域性等级，在进行设计时也应基于此提供空间环境的多样性。

2．方位感

判断自身在环境中的位置，即方位感，是人们最基本的需求之一。一个混乱的空间环境往往会让人失去方向感，从而产生一定的精神压力。在办公空间中，人的

图12—17 利用不同材质划分领域

图12—18 有明显方位感的空间

注意力除了集中于工作之外，还会不自觉地搜寻周围的环境信息，如所处的位置、空间的形式及周围装饰的特征等，并借此判定自己的方位，因此，办公空间需要较强的可识别性（图12—18）。易识别的室内空间应具备以下特征：

①内部空间有明确的中心或者标志物。

②水平通道和垂直交通处有标示系统。

③针对特定的功能空间有醒目的标示设计。

3．私密感

私密感是指人心理上的一种自由的境界，当处于这种心境时，人们对于自己与外界在视觉上、语言上、精神上等方面的联系，都能够随心所欲地开放或关闭。即便是在公共空间中，人对私密性也有一定的要求。在办公空间设计当中，私密性与空间的大小及围合程度有着密切的关系，空间尺度越小，界面越封闭，私密感越强；反之，空间尺度越大，界面越开敞，公共性越强。图12—19中的工作室由弧形的张拉膜明确了空间边界，将它从周围开敞的空间划分开来，半透明的薄膜阻隔了外界的视线，增强了空间的私密感。

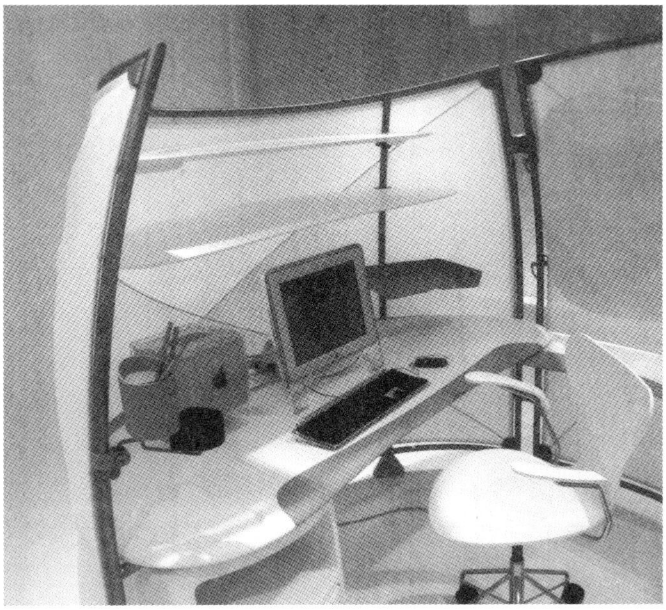

图12—19 私密的工作空间

4．交往需求

多样的交往空间有利于提升办公空间的整体质量，现代办公持续的脑力劳动，需要短时间的松弛和改变，使身心放松以利于更高效地工作。同时在交往的过程中，可以激发彼此的灵感，尤其对一些需要创意的工作更是如此，因此，轻松活跃的交往空间成为当前办公室内设计的重要组成部分（图12—20）。交往空间的设置有多种形式，可以同餐饮、阅读等空间相结合，也可分区域设置或集中统一设置。

图12—20 不同形式的交往空间

在交往的过程中，不同的距离可以调整相互关系的强度。

①亲密距离（0m～0.45m），是一种表达亲密、温柔、舒适等强烈感情的距离。

②个人距离（0.45m～1.30m），是亲近的同事、朋友或家庭成员之间谈话的距离，它会形成保护性的区域，是最重要的距离。

③社会距离（1.30m～3.75m），是同事、朋友之间日常交谈的距离，在此距离之内，人们可以互不干扰。由沙发和茶几构成的休息空间布局就表现了这种距离。

④公共距离（大于3.75m），是用于单向交流的集会、演讲，或者只是旁观而不用参加的一种距离。

5．归属感

归属感是通过传递所在领域的特征信息来实现的。归属感的产生，一方面需要强化办公空间体现的企业文化或特征，使办公人员认识到自己是其中一员；另一个重要的方面是允许办公空间的个性体现，以满足个体不同的需求和心理感受。个人或小组可以根据爱好随意地布置自己的空间，如从家里带来或购置个人专用的书籍、饰品等，这在很大程度上减弱了工作所带来的精神紧张和思维局限（图12—21）。这种个性化的办公空间往往比较小，有较高的封闭性，它可以缓解工作压力，同时为员工灵感的产生创造条件。

图12—21 个性化办公空间

图12—22 垂直窗户布置隔断、天花

二、现代办公空间的物理环境

1．办公空间的光环境

现代办公空间光环境设计的内容在深度和广度上是多层次、多方位的，它集实用性、装饰性、文化性于一体，成为实现特定构思、获得特定意境的重要手段。

（1）自然光环境设计

充足的自然光线能在一定程度上满足室内的照度要求，这样就可以减少人工照明，节约能源。此外，从人性化的角度出发，办公空间中应尽可能地利用自然光线，以满足人们从生理到心理层次的需求。

自然光线主要通过建筑的窗洞和中庭引入办公空间，洞口的大小和透明度是影响采光量的主要因素，但这些因素往往是不可变的，设计师的任务是在有限的条件下进行最优化的设计。通常情况下，自然光可以渗透到室内空间5m左右，但会随着房间的深度不断衰减，使得室内亮度不够均匀，将隔断、较高的家具摆成与窗所在墙体垂直，能够最小限度地遮挡光线（图12—22）。自然光线还能通过顶棚、墙面、地面等反射到室内空间中，这些表面的色彩和质地在很大程度上决定了室内光线的强弱。对于一些采光受限制的大空间办公，尤其应该采用浅色的表面，以加强光线的反射。

自然光环境的设计还应考虑它的不利因素，如过于强烈的光线、眩光会对人的眼睛造成伤害，灼热的日光会提升室温，增加空调能耗。在这种情况下，要利用遮阳板或百叶窗帘等进行遮蔽。

（2）人工光环境设计

人工光环境作为自然光环境的必要补充，其设计首先要满足最基本的视觉要求，即要有适当的照度标准（表12—3）、合理的照度分布、正确的投射方向、适宜的光色，同时又要避免各种眩光的出现。

但是，办公空间的人工照明不能简单地理解为提供足够的照度。一般情况下，当照度达到100～150LX时，再增加照度并不能有效地提高对象的可见度和视觉的舒

表12—3 办公空间照度标准

房间或场所	参考平面及高度	照度标准值（lx）	UGR	Ra
普通办公室	0.75m水平面	300	19	80
高档办公室	0.75m水平面	500	19	80
会议室	0.75m水平面	300	19	80
接待室	0.75m水平面	300	—	80
营业厅	0.75m水平面	300	22	80
设计室	实际工作面	500	19	80
文件整理、复印、发行室	0.75m水平面	300	—	80
资料档案室	0.75m水平面	200	—	80

适度。在这种情况下，需要将原有照度成倍地提高才会有较为明显的效果，然而亮度过高可能会导致眩光和注意力分散，反而降低了可见度和舒适度。光环境设计除了满足人的作业要求外，还必须综合考虑光线的性质和质量，根据设计师者的总体构思，采用灵活的照明模式。

①一般照明同局部照明相结合。以往的办公建筑照明更多地从满足使用者视觉功能的角度出发，采用全部或区域的均齐照明，即照明灯具均匀对称地排列在天花板上，以提供一个照度均好的工作界面。这种照明模式缺乏针对性，造成能源浪费，对此，现代办公空间的人工光环境设计提倡采用一般照明同局部照明相结合的方式。

这种照明模式的主要设计思想就是保持一个不必很高的背景照度水平，同时根据工作种类决定区域与个人的局部照度。一般照明为整个环境提供柔和、均匀的背景灯光，以保证办公空间尤其是走廊、楼梯等公共区域的最低照度水平。局部照明则在工作区域根据需要安置相应的照明灯具，并可以通过区域或个人加以调节，具有很大的灵活性，也可以有效地避免因为过亮的环境造成的眩光问题。这种照明方式不仅节约能源，而且在局部亮度、光色的变化中创造出独特的效果，使照明同办公空间结合得更加紧密。(图12—23)

图12—23 一般照明同局部照明相结合

②间接照明。传统照明方式多采用灯具直接照明的方式，效果单一。间接照明则是将90%的灯光照射在反射物体上，再由反射物体形成照明的方式。常见的间接照明多用灯具照射墙壁、顶棚或是反射板，以形成漫反射光照效果，其特点是光线柔和、视野中不会有直接眩光的出现，多用于营造宁静柔和的环境气氛。随着办公空间的开放化，间接照明得到了广泛的运用，它既解决了直接照明在计算机上形成的眩光，又改变了传统照明亮度过于均匀、呆板的照明效果。

间接照明主要是依靠灯具的反射作为二次光源，进行设计时，要注意以下三个要素：一是光源同受光面的距离，它决定了二次光源的大小和强弱；二是受光面的条件，它的颜色和材料直接影响二次光源的光色及方向；三是光源的遮光，间接照明必须很好地隐蔽直接光源，以免造成眩光，破坏整体光环境效果。(图12—24)

图12—24 间接照明

(3) 灯具布置的艺术效果

目前，照明装置主要分为三类：固定灯具、独立灯具和家具灯具。其中，前者主要为固定在天花、墙面上的灯具，负责环境照明；后两者用于局部照明，通常具有一定的灵活性，可以根据工作需要自由加减或是调节方向、角度，能够充分满足现代办公对空间灵活布局的要求。针对不同的照明装置进行灯具的合理布置，不仅会取得照度合理、避免眩光、散热良好等实用效果，而且具有突出空间造型元素与渲染环境气氛的艺术效果，主要表现在以下两方面。

①表现空间。表现空间主要是通过灯具的选择与布置控制光线的隐现、虚实、动静等，建立光的构图，以展示建筑的空间特征，并利用灯光的方向、色彩、对比等改善空间的比例，限定空间领域，强调视觉中心，丰富空间层次。图12—25是某事务所等待空间的灯光设计，在较暗的环境背景下采用不同的光色、投射方向，划分出不同的空间领域。

②装饰空间。照明对空间的装饰作用，一方面，体现在通过灯具自身的造型、质感及排布方式等，对空间进行点缀或强化某种艺术效果，如办公桌上的艺术台

图12—25 丰富空间层次的灯光

图12—26 具有装饰效果的灯具

灯、会议室的吊灯，都属于这一类装饰（图12—26）；另一方面，将灯光投射在室内的特定部分形成一定的形状和韵律感（图12—27），或是将办公空间的某些部件做成发光体，如光墙、光梁，借助光影、材质的变化创造别致的空间气氛。

图12—27 光的韵律

2. 办公空间的声环境

办公人员的工作质量，在很大程度上受办公环境的声学质量的影响。研究表明，超过70%的工作人员认为，假如工作环境内的噪音降低，他们的工作效率将会提高。

（1）噪声与背景噪声

凡是干扰人们休息、学习、工作的声音，即不需要的声音，统称为噪声。这说明，噪声不仅与声音的分贝等级有关，还与它所干扰的人的行为及个人对声音、声源的感应有关。已有的研究表明，噪声能引起人体血压、心率等方面的变化，从而导致疲劳、头痛、烦躁、失眠、交流障碍等不适甚至疾病。在几组关于噪声对人的智力、能力影响的实验结果中显示：在53～57dB的低噪声背景中，受测试者的记忆力、注意力、领会能力呈恶化的趋势。而这类噪声在许多现代办公建筑中大量存在，并且随着越来越多的诸如个人计算机、扫描仪、打印机等现代化办公设备的出现呈上升趋势。表12—4所列是对办公空间内各功能用房的允许噪声值。

某一区域中来自各个方向的各种各样的声音的总和称为环境噪声；而将环境噪声中除去所需要的信号声以外的总噪声称为背景噪声，也称本底噪声。办公空间的

表12—4 办公空间噪声指标

房间名称	理想噪声值（dB）	最大噪声值（dB）
大办公空间、大型会议室	30	40
个人办公室、接待室	40	50
中小型会议室	45	50
打字复印室、计算机房	50	60
制图室	60	65
其他辅助用房	65	

背景噪声控制水平有一定范围限制，既不能过高，也不能过低。背景噪声过低会造成环境过于安静，不仅使人精神紧张，而且每个职员都可以清楚地听到别人的低声谈话，影响集中精力工作；背景噪声过高就会演变为噪声，使人感到环境嘈杂，从而烦躁不安导致发生差错。因此，适当的背景噪声应是由各种各样的噪声合成，且没有任何干扰作用的噪声。要达到良好的声环境效果，必须严格控制背景噪声的声压级。一般来讲，办公室内的本底噪声应保持在45～50dB之间，在会议室等有特殊安静需要的房间中，分贝值应相对低一些。

（2）现代办公空间的声环境设计

现代办公空间的声环境设计重点在于加强常音，控制噪音，要以各种方式将噪声抑制在规定的标准以下，减少或消除噪声所带来的危害。控制噪声的方法主要有三种：一种是减少噪声源，二是限制噪声传播，三是采取噪声接收者的个人防护措施。办公室的噪声控制主要采取前两种方法。

①减少噪声源。办公空间中主要的噪声来源包括室外传入的噪声（交通、行人等）、室内空调系统及办公设备的噪声、室内办公人员活动交谈所产生的噪声。声环境设计应对这三种噪声来源进行控制。首先，对于室内来讲，建筑物的门窗洞口是隔绝室外噪声的薄弱环节，也可看做是噪声的来源；因此在设计时应合理安排它们的位置、数量及大小，也可采用双层构造，并在缝隙处做密封处理。其次，共用办公设备如打印机、传真机的放置应尽量集中，家具的接触面采用柔软的吸声材料，空调系统的出、进风口应远离工作区域，布置均匀。再次，在进行室内设计时要考虑员工的休息活动区，一些非工作性质的活动和交谈都可以在这里进行。

②控制噪声传播。然而减少噪声源对于改善声环境的效果非常有限，因为大部分噪声的产生是不可避免的。因此被动的噪声控制方法，即限制已有噪声的传播，在声环境设计中占有相当的比例。

声音的传播方式分为直接传播和反射传播两种。针对直接传播，可以采取隔声处理，在产生噪音声源的周围设置隔声屏障，工作单元的布置应将开口错开，以避免声音互相穿越，也不要将开口正对着有反射噪音的硬表面构件；对于声音的反射传播，调整反射面的角度及材料是最好的方法，多孔柔软的表面可以较好地吸收噪音，凸凹不平的表面可以消解噪音。在办公空间中，天花常采用吸声材料作为装饰面层（如穿孔石膏板），并设计一定的造型，对声音进行吸收和不规则反射；采用浮式隔声地面（图12－28），可以吸收走路所产生的噪声，在一些对声音条件要求高的办公场所和会议室等采用效果很好。

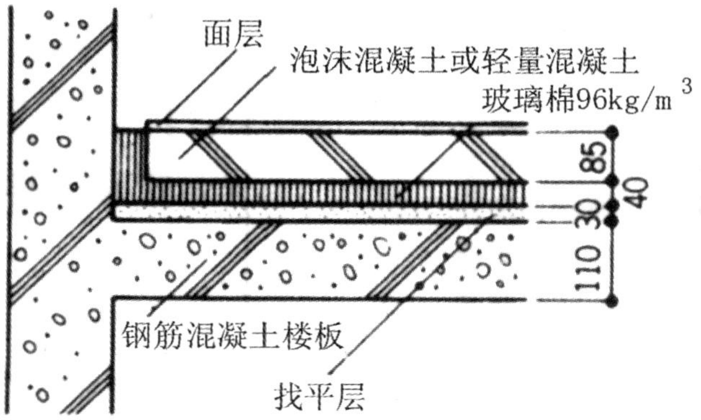

图12－28 浮式隔声地面构造

3. 空气、热环境

（1）空气品质

空气品质的好坏直接影响人的身心健康和精神状态，现代办公空间需要的是舒适的室内空气环境，使人的身体调节机能处于最低活动状态，从而更好地集中精力工作。根据人体公学的研究，最适于人体的相对湿度为40%～65%，最大空气流速为0.15m/s。传统的自然空气受外界影响很难满足办公环境长期稳定的要求，因此，现代办公空间大都设置了空气调节系统。

影响办公空间空气质量的主要源头为复印机、传真机以及家具饰物所散发出的气体，而由于挡板屏风、文件柜的阻碍，使这些气味难以散出，传统空调风机盘管的送风也难以到达每个角落，从而造成室内空气质量分布不均。针对这种情况，设计中可以采用地下送风或桌面送风的空调方式，通过下送上排的方式进行空气流通，在进行空气调节的时候，使清洁的空气先经过人体，将污染的空气置换掉，从而提高换气效果。使用桌面送风方式，还有利于平面的灵活布局，易于实现集中空调的个别化。在背景空调的基础上，办公人员可以通过桌面空调调节风量，使个人工作区域的局部风量、风向达到自己满意的程度。

（2）热环境

办公空间热环境是指与人的“热舒适”有关的室内温度、湿度及气流速度等。“热舒适”在研究人体对热环境的主观热反应时已被广泛应用。在美国供暖制冷空调工程师学会的标准中，热舒适被定义为“对热环境表示满意的意识状态”。人体同周围环境之间达到热平衡时，既不感到冷，也不感到热，这种状态就是达到了“热舒适”状态。人与周围环境之间的热传递方式主要有以下三种：对流传热、辐射传热和汗的蒸发传热。这三种热传递方式的环境要素包括室温、气流、湿度等，因此可以通过对它们的控制来调整室内热环境，实现热平衡，达到舒适的要求。（表12—5）

表12—5　空调办公室内空气参数

季节	空调方式	室温（℃）	相对湿度（%）	空气流速（m/s）
夏季	制冷	26～28	40～65	<0.3
冬季	供热	18～22	40～60	<0.2

对室内热环境的控制也主要是通过空调系统来实现的，常见的有分体式空调和中央空调两种形式。无论采用何种空调方式，都应将室内外温差控制在一定的范围内。夏季，办公室的温度不能太低，温度太低，室内外温差太大，进出空调房间，人需要较长的时间才能适应；对于体质较弱的人群，由于自身调节能力太弱，很容易伤风感冒，感染疾病。冬季，室内空气干燥，如果温度过高，相对湿度将更为减小，人会感到口干舌燥，甚至憋闷。合理地控制室内空气的温度、湿度，可以改变人们对室内空气品质的感觉。

三、现代办公空间的生理环境

1．办公空间中影响健康的因素

人们如果长期呆在办公室里，有时会感到身体不适，这主要是由以下两个方面的因素引起的。

（1）办公方式

随着现代生活节奏的加快，工作强度的增加，很多人经常长时间坐在办公桌前，很少起来活动，再加上作息制度所规定的午餐、午休的时间也很短，办公人员得不到充分有效的休息。

（2）办公条件

这里所说的办公条件主要是指前文所述的光、声、热和空气等物理条件，这些条件如果达不到要求，将会严重影响人的心理健康。特别对于一些特殊的工作，如电脑设计、打字复印等，办公人员时刻受到电子设备的辐射和噪声的干扰，这对办公生理环境的设计提出了更高的要求。

2．办公空间生理环境设计

进行办公空间的设计时，在考虑空间、视觉效果的同时，还要想方设法保证办公人员的身体健康。这里介绍几种常见的方法：

（1）机动设计

研究表明，人们在工作时身体的全部或局部会处于不自然的姿态，这种姿态导致了肌肉与骨骼的非正常负荷，即使在正常的姿态下，长时间固定不动也会使人疲劳，为了获得舒服的感觉，人每隔8～10分钟就会改变坐姿。这就要求座椅不但要符合人体工学，而且要具有一定的灵活性，能够满足人的不同坐姿，既能工作也能进行简单的休息（图12—29）。图12—30为目前常用的办公座椅形式，它的高度可在380mm～450mm范围内进行调节；椅背的倾斜角度可调节，调节范围相对座面为100°～124°；扶手可在180mm～250mm范围内调节。

（2）简约设计

适用、经济、美观是建筑设计的方针，也是室内

图12—29　工作形态

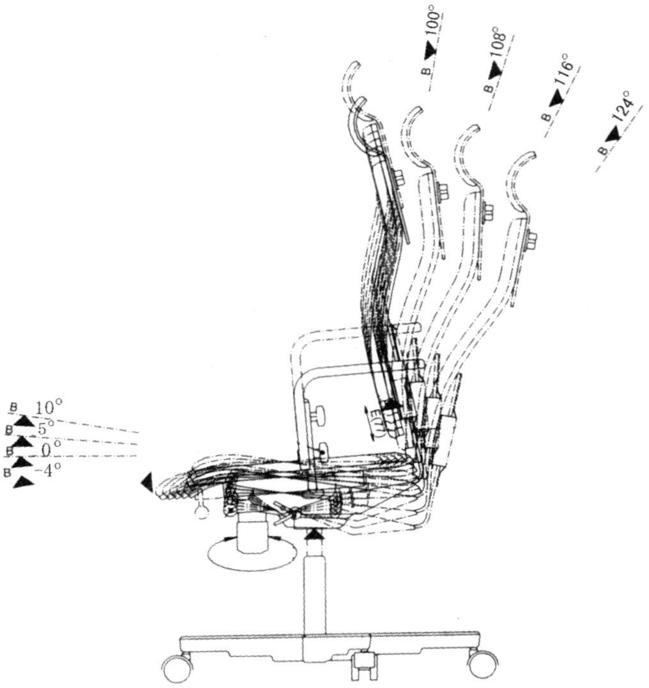

图12—30　可调节座椅

设计应该遵循的原则。过多的装饰不仅会显得繁琐，让人产生视觉疲劳，而且会留下很多隐患（材料所释放的有害气体，在装修死角滋生的细菌等），直接影响人的身体健康。现在有的办公空间不做吊顶，只是施以简单的色彩，直接将建筑的结构形式、设备的各种管线暴露出来，也取得了很好的视觉效果。极少主义流派更是摒弃装饰量的堆砌，强调细部的精心设计及材料色彩的对比，达到视觉的冲击效果（图12—31）。简约的空间设计不仅有利于创造健康的生理环境，也符合办公简洁高效的特点。需要注意的是，“简约”不是“简陋”，简约设计并不等同于不加思考的简单设计。

（3）绿色设计

办公空间生理环境设计中的绿色设计主要考虑装饰材料的选用、人工环境的制造以及绿色植物的搭配等几个方面。装饰材料的选择提倡绿色环保，尽可能地接近自然，砖、木材、自然织物等都是不错的选择。进行设计时家具陈设最好不要遮挡自然光线和通风，在采用人工方式照明或空气调节进行补充时，也要适度适量。室内摆放绿色植物，在美化环境的同时可以适当改善室内小环境，并可增加空气湿度，很多蕨类植物还有去除甲醛的作用。

图12—31 极少主义流派工作空间

第四节 现代办公空间的形态设计

一、办公空间的形态

在进行办公设计之前，首先要了解对象的性质、要求，然后在此基础上进行构思、深入设计，这样才能保证设计的正确性、完整性。

1．办公空间的分类

根据办公空间的服务对象可将其划分为：

①行政机关——主要指各级党政机关、政府职能部门等。

②企业单位——主要指以营利为目的，从事商业经营活动或某些目的而成立的组织，如工厂、公司、商业机构等。

③事业单位——主要指为了社会公益目的，从事教育、科技、文化、卫生等活动的社会服务组织。

④个体事务所——主要指由个人创办的小型办公机构，如设计事务所、法律事务所等。

根据办公空间的功能可将其划分为：

①办公空间——办公人员的工作场所，是办公空间设计的核心内容。

②会议空间——为办公人员群体项目讨论、决策商议、信息传达和反馈的场所。

③服务空间——包括为办公提供生活服务和后勤管理的空间，以及资料交流、收集和存放的空间。

④交通空间——室内用于交通联系的空间，包括水平和垂直交通。

⑤辅助空间——办公所需要的配电、空调等设备用房。

2．办公空间形态构思

意在笔先，进行办公空间设计时，必须要有一个好的构思来指导设计。构思的过程大致分为三个阶段：准备阶段、深入阶段和完善阶段。

（1）准备阶段

准备阶段的工作内容的显著特点就是对外部信息的分析与处理，归纳起来讲就是三个“W”和一个“H”。三个“W”即Who（业主是谁，属于何种性质）、Where（设计对象在整个空间处于何种位置）、What（设计具体包括哪些内容），一个“H”即How（采用什么样的手段来实现设计）。在这个阶段，收集资料时可以采取多种方式，尽可能做到详细、全面。比如对设计的具体要求，一方面可以从任务书中获取，另一方面可同甲方直接交流，以记录的方式收集整理；对同类设计的借鉴与学习，则要依靠实例调研，对现场进行速写和拍照，或从书面资料中获取。

（2）深入阶段

深入阶段是在准备阶段的基础上，对设计所应解决的各个问题综合地考虑。在这个阶段，对室内空间的构想逐渐形成，并进行初步的表达。该阶段需要完成下列工作：对空间的主要内容的安排有大致的布局设想；合理布置各功能部分，组织好相互之间的交通联系；确定所要采取的风格，明确空间的视觉艺术效果以及给人带来的心理感受；材料的选择、各种设备系统的选择、工程的经济概算等。总之，在这个阶段需要综合考虑几乎所有的问题，并提出相应的解决办法。

（3）完善阶段

完善阶段是整个构思过程的最后阶段，它是指方案构思基本确定后，对其细部及各种技术问题的最后调整。该阶段的主要任务是确定局部的具体做法、各个部分确切的尺寸、构造节点的处理等，完成设计意向的最终表达。

二、办公空间

1．办公空间布置类型

根据办公空间的布置方式大致可分为以下几种类型：小型独立式、单元式、中大型开敞式、酒店式以及公寓式。

小型独立式办公面积一般较小，空间相对封闭，办公环境安静，抗外界干扰能力强，但是同其他的办公空间联系不够直接和方便（图12—32）。独立式办公布置的典型方式是由走道将大小近似的空间串联起来。

单元式办公具有相对独立的形式，其空间按办公的需要可分隔为接待区、办公区、会议室、盥洗室等（图12—33）。单元式办公不但能够在较小的空间内满足办公大部分的功能要求，而且能在使用要求发生变化时，

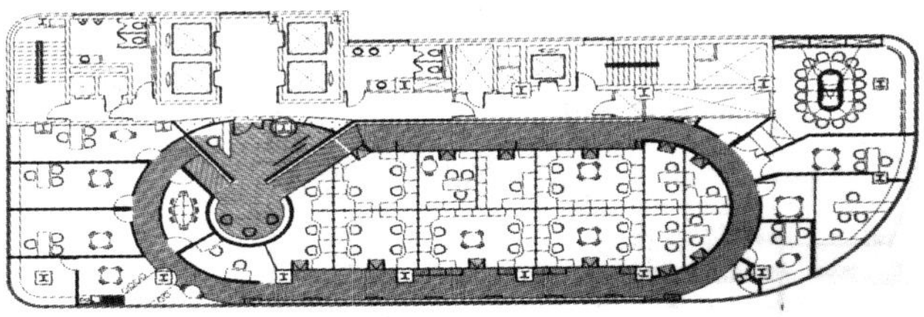

图12—32 小型独立式办公

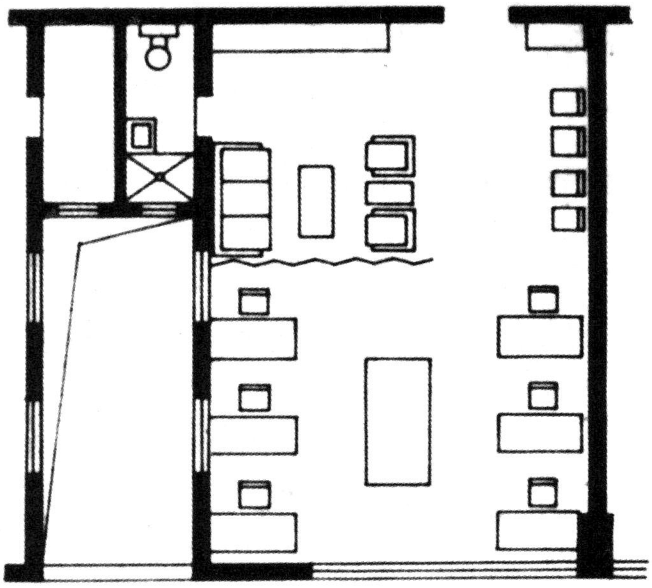

图12—33 单元式办公

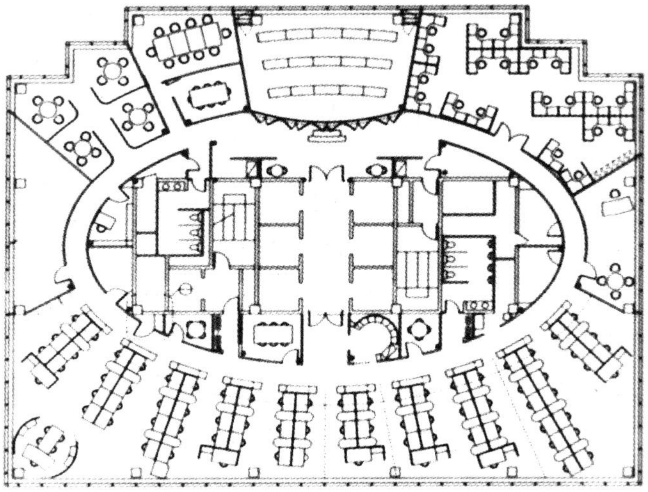

图12—34 中大型开敞式办公

进行及时、灵活的调整。

中大型开敞式办公空间面积较大，空间分隔较少或不做分隔，各员工的办公位置根据工作流程组合在一起，各工作单元及办公组团内联系密切，有利于统一管理。相对于小型独立式办公而言，开敞式办公设施完备且能共享，交通面积和结构面积得以缩减，提高了办公空间的使用效率，但是也带来了工作人员相互干扰、噪声不易控制等问题。(图12—34)

酒店式办公空间是一种具有多重功能的服务型办公空间，将办公、居住、娱乐等融为一体。它面积较小，多在50m²～70m²之间，房间多是精装修的，其设备和酒店使用的配置一样，并且和普通的酒店一样，设有专业的管理服务部门，为入驻写字楼的企业提供酒店化的服务。比起普通办公方式，酒店式办公的成本更低，更舒适、更便捷，主要适用于规模不大，但流动性很高，对办公空间的档次有着较高要求的公司。

公寓式办公也具有居住、工作的双重功能，同酒店式办公不同的是，它是将办公、接待、生活服务设施安排在同一个独立的单元之中，因此其内部空间尤其注重私密性与公共性相互关系的处理。公寓式办公代表了自由、开放、弹性的工作方式，空间的表达也充满了个性。

2. 普通办公空间设计

普通办公空间设计的总体原则是：突出现代、高效、简洁与人文化的特点，在此原则的指导下综合考虑平面分区、界面处理、灯光照明、材质色彩、氛围营造等各个方面。

平面的布置首先应掌握工作流程关系以及功能空间的需求，据此确定各个部分的大致布局和面积分配比例，确定出入口和主次通道的大致位置和关系。根据设备、家具、人之间的关系，确定最优的组合方式。(图12—35)

办公空间界面的处理宜简洁，应考虑管线铺设、连接与维修的方便。办公室的天花、墙面处于室内较为显要的位置，其造型和色彩等方面的处理以淡雅为主，以有利于营造宁静的办公氛围；地面选用易于清洁、能防止静电、降低噪声的材料。

办公空间的总体环境色调宜清新淡雅，如略偏暖的淡米色或略偏冷的淡蓝色等，为使室内色彩不宜过于单调，可在挡板、家具的面料选材时适当考虑色彩明度与彩度的配置。在装饰处理上不宜过多堆砌材料，而是运用材质的搭配起到画龙点睛的效果。

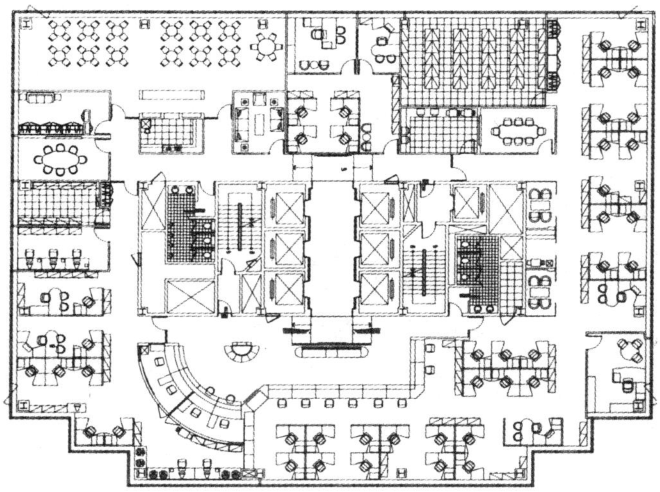

图12—35 办公室平面布置

图12—36 普通办公室

充分利用各种处理手法进行设计，如空间的限定与围合、渗透与开敞、组合与分割等，使空间具有丰富的层次感。(图12—36)

3. 高层人员办公空间设计

高层人员是行政单位、企业或公司的领导核心，因此他们的办公室通常设在重要的位置，其空间大小及装饰的级别也远远高于其他办公空间。高级职员的办公室在平面上多为套间布局，即在办公室前设置秘书室、接

图12-37 经理办公室

待室，条件允许的话还可以设计休息室。根据办公行为流程规律，单位的核心部门均紧靠高参人员办公区域，如财务室、主管室等。

高层人员的办公空间在界面材料的选择、色彩的配置、家具的造型、装饰及陈设的布置上，都要营造出一种高雅、庄重的气氛。地面可以实铺木地板或覆以优质地毯，墙面可软包，天花用轻钢龙骨做造型处理。家具一般配置有专用经理办公桌椅、信息设备、书柜、资料柜、接待椅或沙发等。一方面，由于高层人员在公司或企业的特殊地位，使其办公室成为对外展示的良好场所，设计时应充分考虑企业精神和文化的表达；另一方面，高层人员办公室在某种意义上属于自有空间，更利于其个人喜好、个性的表达。(图12-37)

三、会议空间

1. 会议空间分类

在进行会议空间设计之前，必须了解它的种类、大小和使用性质。根据参加人数的规模，可将会议空间分为以下四类，它们有各自的空间特点。

（1）小型讨论空间

小型讨论空间多设在工作空间内部，进行一些小型的、非正规的讨论，时间短，参加人数也很少。由于对视听环境没有特殊的要求，不用单独处理成封闭的空间，可根据场地条件灵活布置。常见的形式为紧邻办公的四人桌，或者只是在办公桌前增加几把椅子。(图12-38)

（2）小型会谈室

在分工明确的办公室里，每个专业小组都需要有一个专用会议室，进行小范围的讨论。小会议室对视听有一定的要求，需要一定的围合感，其位置多在工作空间附近，既联系方便，又互不干扰；工作小组规模一般在10人左右，布局多为面对面或围聚的方式，便于人员之间的交流（图12-39）。各界面处理较为简单，主要通过天花造型和灯光来突出会谈区域，烘托气氛。

（3）中型会议室

人数规模一般在10～50人之间，供大部门使用，空间形态比较完整，有一定的严肃性，对视听环境要求较高。由于中型会议室是最为常见的会议空间形式，我们将在下面对它的设计进行专门的讨论。

（4）大型报告厅

人数规模在50人以上，一般供全体员工使用，空间开阔，形态规整、严谨。大型报告厅除了有会议功能，

图12-38 小型讨论空间

图12-39 小型会谈室

图12—40 大型报告厅

通常还配有多媒体设备，为了保证理想的视听效果，需要对顶棚、墙面进行吸声、反射等处理，因此，它是艺术同技术结合最为紧密的空间（图12—40）。大型报告厅还应设置相应的辅助空间，如贵宾室、休息室、设备控制室等。

2．中型会议空间设计

中型会议室因私密性的要求，使用时常常封闭，此时空间的比例对空间的感受有直接的影响，一般其长、宽、高的比越接近黄金分割比例越好（1.618：1：0.618），这样也自然在空间的长方向上形成了一条轴线，可体现出会议主持者的身份及地位。会议室内部可细分为会议空间和辅助空间两部分，会议空间由会议桌、椅构成，辅助空间由走道和沙发、茶几等构成，两个空间相辅相成，相互衬托。

中型会议室的各个界面有着不同的作用。主席位通常设在轴线上，垂直轴线方向的两个墙面需要重点地设计，尤其主席位背对的墙面，是整个会议空间的视觉焦点，也能反映出公司的形象与品味；平行轴线方向的两个墙面作为会议空间的背景，在色调和形式上烘托主立面；天花应通过高度和形式的变化同家具、地面取得一定的呼应关系，从而进一步限定空间。（图12—41）

中型会议室多采用人工照明同自然采光相结合的方式。在对光线没有特殊要求的情况下，以自然照明为主；在自然采光不足或进行多媒体放映时，可切换到人工照明。照明一方面要满足空间的基本照度，保证与会人员的读写、交通要求；另一方面则应突出重点，在能够表现空间性质、特点的地方，从光的照度、光色、方向等方面进行强化。

四、服务空间

1．休憩空间

办公空间设计中，为了解决员工长时间工作所产生的精神上和生理上的疲劳，需要提供休息、娱乐的空间，这是办公空间人性化的重要体现。休憩空间的主要形式有休息室、咖啡厅和一些散布的休息座椅，其位置应远离工作区，并尽可能地靠近建筑物外墙，以取得良好的视觉环境，将阳光引入室内（图12—42）。空间造型亲切、活泼，选择自然的材质进行装饰，内部设置丰富的绿化，并提供适合不同人数休息的座椅和简单的娱乐设施，使员工身心得到彻底的放松。

一些办公楼根据需要还设置一定面积的餐厅，由于它只是为员工提供自助餐等简单的饭菜，是非商业性的，设计风格应尽量清爽、简洁。如果就餐员工不是很多，还可以在工作空间附近设置简易厨房，由员工根据

图12—41 中型会议室

图12—42 休憩空间

自己喜好制作食品。

2．展示空间

办公空间中的展示区主要是用来陈设公司的历史资料、产品及发展规划等。在设计中，展示环境要同周围的环境、气氛相统一，并表现出个性及独特的构思。展示方式以开放式为主，注重声、光、电脑的综合运用，以加深观众印象。在色彩方面，展示空间应有主题色、企业的标志色、商标标准色，能够使展示内容更加突出；此外运用色彩之间的对比，能够优化展品的视觉效果。在照明方面，需考虑大空间的一般照明以及适用于展品位置、观众活动区域的局部照明，将光线按气氛光、形象光、导向光等进行组织，同时避免眩光的出现。展示的设置也并不局限于一定的区域，巧妙的设计能够让人不经意地、随时地感受到产品的存在，它融合在办公、交通、休息等各个空间当中，既是空间中的装饰，又是形象的展示，图12−43中的小型会客室便是很好的实例。

图12−43 等待空间中的展示

3．图书、档案室

人们在传统的图书室主要是阅读，很少交流，现代办公空间中的图书室已经成了信息中心，因此常与小型讨论空间结合起来设计（图12−44）。图书室的内容不仅仅是图书，还应考虑现代化的信息检索方式，如幻灯、计算机网络等。档案室的设计要从功能出发，面积和位置除了要使用方便外，还应符合安全、保养维护的要求，墙、地面一般采用不起尘、易清洁的材料。

图12−44 开放的资料室

五、交通空间

1．门厅

门厅是连接办公内外空间的枢纽，是展示公司形象的窗口。作为单纯交通空间的门厅，一般来讲满足疏散的要求即可；兼有休息和接待功能的门厅，必须划分出不受交通干扰和穿越的空间，并创造出开敞、明亮的空间效果。门厅作为进入办公空间的起点，设计时需要注意以下几个方面。

（1）完整性

为了使人形成完整的第一印象，门厅需要比较明确的空间界定。尤其对于没有完整界面的入口空间，需要利用装饰构件进行围合，或者将地板天花设置成不同的高度以限定空间（图12−45）。在保证门厅完整性的同时，还要注意内外空间的相互渗透，形成自然的过渡关系。

（2）导向性

为了更好地疏导各类人员，门厅必须有明确的导向性，具有明显方向性的地面铺装、天花造型以及空间形式等都能够很好地起到引导人流的作用。（图12−46）

（3）艺术性

门厅的艺术性主要表现在其空间的形状、大小、界

图12—45 某数据公司门厅

图12—46 有明确导向性的大厅

图12—47 COMPAQ韩国公司入口

面的色彩、材质及装饰设计上。位于门厅的接待空间除了满足其基本功能外，更要对其进行重点的艺术处理，如采用公司的标志牌、标准颜色等，结合局部照明，突出自身形象。(图12—47)

2. 走廊

作为连接各功能区的水平交通空间，走廊的设计日益得到重视。传统的走廊多为方正封闭、静态单一的空间，色彩朴素淡雅，灯光均匀柔和。现代办公走廊的空

图12—48 弧形界面增强了走廊的流动感

图12—49 趣味性很强的通道

间形态多样，引入了弧形墙、不规则几何形体等界面，配以丰富的装饰、鲜明的色彩，呈现出很强的动态性、导向性和趣味性（图12－48和图12－49）。一些办公空间还将室内走廊室外化，通过局部的透空处理，设置相应的绿化、小品以及灯光照明等，使人在行走过程中得以放松。走廊还可以同其他空间（如办公、休息等）共同构成复合空间，大大丰富了空间的层次。

图12－50 造型丰富的楼梯

3．楼梯、电梯厅

楼梯、电梯属于垂直交通空间。楼梯的位置、大小由建筑设计确定，一般不能改动，这里所涉及的主要是在室内设计中所增加的开敞式楼梯。增设的楼梯由于受规范约束较小，有着宽裕的变化余地。它常以特殊的尺度、体量、变化的空间方位、多样的结构形式和可塑的装饰手段，在办公空间的内部处理中起着极其重要的作用，有时甚至是整个空间的视觉焦点（图12－50）。开敞式的楼梯可以在不同高度创造出多层次的空间；一个位置适当的楼梯不但能够联系上下空间，还能起到划分水平空间的作用。

图12－51 电梯厅

电梯厅的风格应该从属于办公空间的整体构思，其设计主要围绕功能展开。不同于通过性的走廊和楼梯，人们在这里需要短暂的等待，因此，电梯厅的地板、天花、墙面应共同构成一个相对封闭、完整的空间，其性质是静态的。由于电梯厅的空间较小，一方面要利用色彩、灯光及装饰物等形成的方向性扩大空间感；另一方面则要加强细部的设计，形成视觉落点，减缓人们等待电梯时产生的焦虑情绪。（图12－51）

第 13 章

旅馆室内设计

第一节 旅馆的性质种类、等级和室内设计特点

一、旅馆的性质种类、等级

旅馆也称宾馆、酒店、饭店，其用途为接待贵宾、商务、会议、旅游、短暂停留和观光探亲等。旅馆的种类一般根据所处的地理位置可分为城市旅馆(饭店)和度假村。

旅馆的本意是给旅行者提供吃、住的场所。在西方，早在古希腊、罗马时期就已经出现了供人们食宿的客栈和供国外使节住宿的迎宾馆；在东方，随着城市的形成，交通贸易的发展，也出现了早期的宾馆、驿站等建筑。

旅馆经过长期的历史演进已经进入现代旅馆业发展时期并向多功能方面发展，形成了许多大型跨国经营的酒店集团。随着经济全球化、各国交往的频繁以及旅游业给世界各国带来的巨大经济效益，旅馆业进入了快速发展时期。人们对旅馆建筑的室内设计投入了更多的关注，经营者往往希望通过室内设计在酒店装修中反映不同国家的民族特色、地域风格，结合现代化的旅馆设施、周到的服务，给客人留下良好和深刻的印象，以保持源源不断的客源。

为了充分发挥投资效益，适应不同消费层次的旅客对旅馆服务的需求，许多旅游业发达的国家参照国际标准，把旅馆按等级划分，作为经营定位和管理的重要手段，这有利于旅馆设施的标准化和服务的规范化。我国根据国际标准按旅馆的环境、规模、建筑、设备、装修、管理水平、服务项目质量、舒适程度等将旅馆分为五个星级，最高级为五星，以此类推。我国旅游涉外饭店划分条件详见本章附录。

二、旅馆室内设计的特点

旅馆建筑具有建筑的基本特征，包含物质和精神双重属性，既要满足旅馆的各种使用功能，又要包含丰富的文化内涵和艺术感染力。室内设计是建筑设计的深化和发展，是对建筑内部环境的再创造。旅馆建筑室内设计要使商业性功能与文化艺术相结合，在旅客享受到方便、舒适服务的同时，又为客人营造出高格调的艺术气氛，这对于提升旅馆的档次，表现旅馆的风格、品位起到很重要的作用。

在进行旅馆室内设计之前，除了要充分理解原建筑基本条件、解决好旅馆各种功能和技术问题之外，还要对旅馆所在地区、城市的自然条件、环境资源、地域文化做深入的了解，这样有助于创造出既有时代感，又有地方特色和鲜明个性的旅馆室内设计风格。

旅馆承担着客人住宿、商务活动、餐饮、娱乐、健身等功能，室内设计应建立以人为本的观念，以处处给旅客提供方便服务为宗旨，创造一个安全、健康、舒适的室内环境，使客人虽身处异乡，但如同在家一般，“宾至如归”是我们在旅馆室内设计中应追求的重要内容。当前利用假期家庭旅游已成为极具发展潜力的市场，旅馆室内应研究和体现人们外出旅游的共性需求，在设计风格和设施配备上予以精心考虑。国外有些旅馆专门有为三口之家或为带婴儿的母亲设计的客房，还考虑到方便老年人或残疾人使用的设施；有些旅馆按家庭的起居、卧室形式来布置客房，使客人有回到家的亲切感。人性化的设计，将会给旅馆带来长远的收益。

第二节　旅馆大堂室内设计

一、旅馆大堂的构成和功能分析

大堂是旅馆公共空间的重点部位，常与入口门厅相连，有的大堂与中庭相结合，共同形成旅馆的景观中心。大堂主要由总服务台、大堂经理室、行李寄存处、休息区、咖啡厅或饮料服务区等几部分组成。大型的旅馆还设有邮电、银行、商务中心、花店、书店、美容室等。大堂的功能是综合性的，主要可分为以下几个区域。(图13—1)

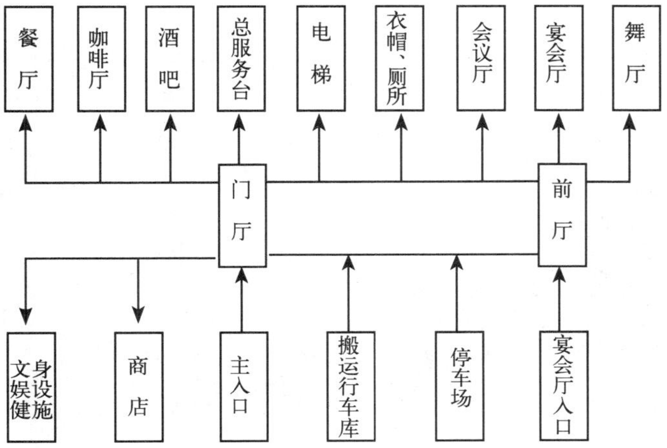

图13—1 门厅的功能关系

①入口门厅区：是通向大堂的过渡性空间，主要迎送客人进入旅馆并接送客人的行李。

②总服务台：一般设在大堂较醒目的位置，离入口门厅处较近，并与办公室相连，既方便旅客，又便于管理。总服务台的主要业务为预订客房、登记住宿、钥匙管理、问讯、出纳结账等。涉外饭店一般设置显示世界各主要地区时间的石英钟。

根据《旅馆建筑设计规范》，总服务台的长度一般按0.03～0.04m/每间房间参考设置。

③大堂休息区：作为客人登记、结账、接待、等候休息之用，常选择偏离主要人流路线、相对安静、视线开阔、环境良好的位置。

④大堂咖啡厅、饮料服务区：大型旅馆的咖啡厅往往在大堂划分出较大单独区域，不对总服务台形成干扰，设有钢琴台和小型轻音乐演奏，通过装饰、灯光照明设计营造出较强的艺术气氛，给住宿的客人提供一个晚间娱乐消遣的场所，成为旅馆的收益区域。较小的旅馆常常将饮料服务与休息区结合布置。

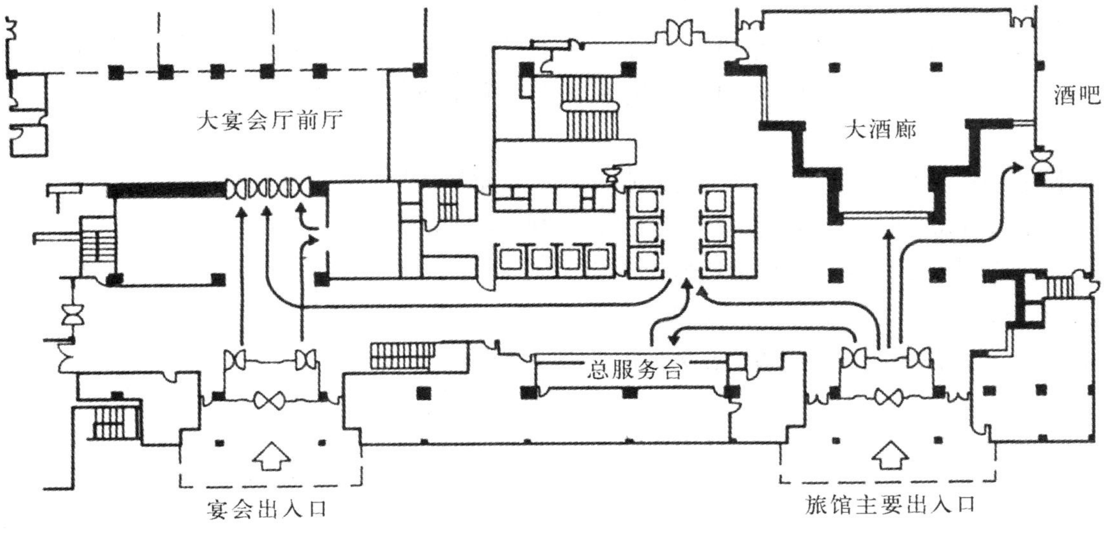

图13—2 门厅人流示意图（北京香格里拉饭店）

⑤商务中心：给住店客人提供商务服务、传真、复印、订机票等。

⑥公用电话：位置应明显，可以几部电话连排设计成通长的台面和隔音板，也可以独立设置。在确定形式和材料做法时应与墙面装饰和立面构图结合考虑。

门厅和大堂必须合理组织各种人流路线，缩短主要人流路线，避免人流互相交叉和干扰。(图13−2)

二、大堂的空间和界面处理

1．空间处理

每个旅馆的空间形态是多样化的，这些基本条件是建设设计时确定的，室内设计的空间处理是对大堂建筑空间的细化和再创造。大堂是旅馆公共空间的中心，空间宜高大、开敞、流动，人的视线应不受阻隔，对各个部分能一目了然。根据大堂的使用功能，可将其分为交通、接待、休息三个区域，具体空间的处理可通过天花标高和造型的调节、家具围合、台阶、栏杆、室内绿化、地面材料等手法对空间进行限定和导向，形成大堂内丰富的空间效果。比如对大堂休息空间的划分可通过定制的地毯、家具、台灯、立灯等形成一个又围又透的小休息区，既保持大堂空间的完整形象，又有相对的安定感。(图13−3)

图13−3 旅馆大堂休息和接待空间

2．界面处理

大堂的界面处理可以强化空间形象和性格，通过表现材料的质地及工艺美感，提升大堂的品位。

大堂地面常用磨光花岗岩或大理石，色泽纹理美观、耐磨、易清洁，可用局部拼花的手法强调大堂的中心区域或作视觉引导。在休息区和大堂咖啡厅处可选用装饰性强的地毯。

墙面做法比较灵活，在大堂的主要墙面或总服务台的背景墙可用艺术品(如绘画、浮雕、壁龛、工艺品)或其他手法重点装饰。大部分墙面的做法可选用较高级的天然材料，如石材、木材等。石材效果比较华贵、厚重，高级的细木装修令人感到高贵、亲切、温暖。新型的玻璃作为界面材料也开始在一些酒店使用。玻璃有不透明的品种，一般色彩淡雅，配合内藏灯光可以取得轻松、新颖的现代风格。

图13−4 现代风格的旅馆大堂空间

天花是室内界面中视觉最远的面，一般选用石膏板、铝板等耐火材料，表面饰白色乳胶漆做简洁造型处理，还要结合灯具、送风口、回风口、扬声器、烟感的位置统一设计，保证天花有较强的整体效果，可以通过天花造型配合灯具照明强调大堂的重点区域。(图13−4)

第三节 旅馆客房室内设计

旅馆客房是旅馆建筑的重要组成部分，是旅馆的主要功能所在，并且是主要的营利单元。其面积和设备指标、室内环境和服务质量成为评价旅馆等级水平的综合因素。客房室内设计应该在有限的空间内创造出舒适、方便、安全，适合旅客休息、居住的环境。（图13—5）

一、客房的类型和面积标准

①标准客房：放两张单人床，在旅游旅馆中标准客房占大多数。

②单人客房和双人客房：放一张单人床或双人大床的客房。（图13—6至图13—8）

③套间客房：套间客房按等级一般分为二套间和三套间。二套间是旅馆中普通的套间，常将两个标准间打通而成，除卧室外，起居室作办公、客厅之用；三套间除卧室外，一般设办公、客厅、餐室、酒吧。三套间一般配备两个卫生间，也有带厨房的公寓式客房。（图13—11和图13—12）

④总统套房：一般有两个主卧室和随从人员卧室，设豪华卫生间， 配有书房、客厅、餐室、酒吧、厨房、会议室。（图13—13和图13—14）

客房面积标准：

五星级客房一般为26m²，卫生间为10m²，浴厕分设。

四星级客房一般为20m²，卫生间为6m²。

三星级客房一般为18m²，卫生间为4.5m²。（图13—9和图13—10）

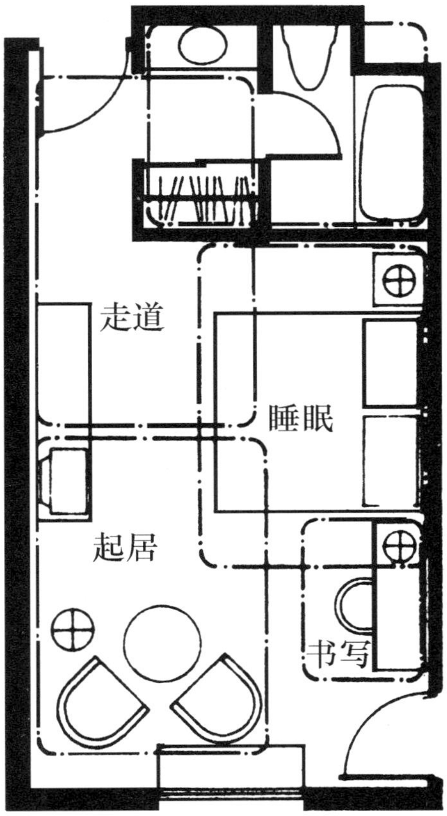

图13—5 客房活动区域分析

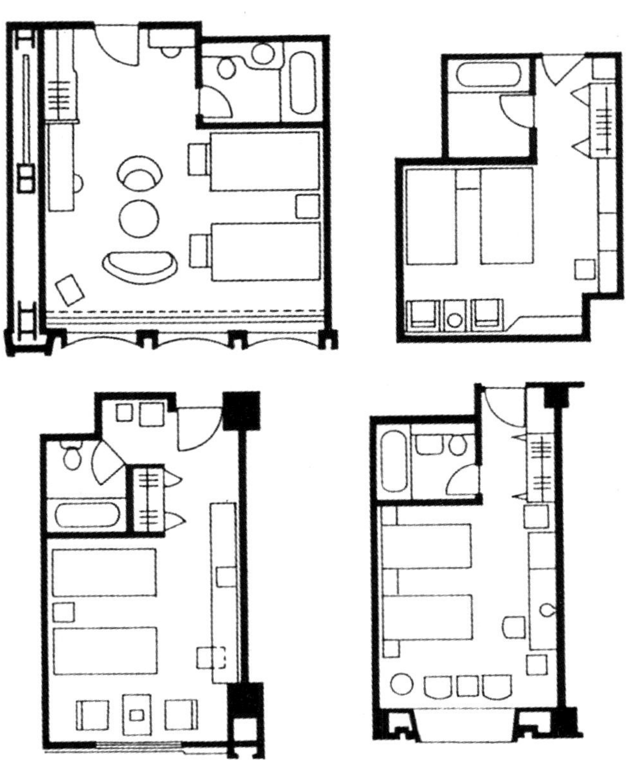

图13—6 标准双床间客房平面

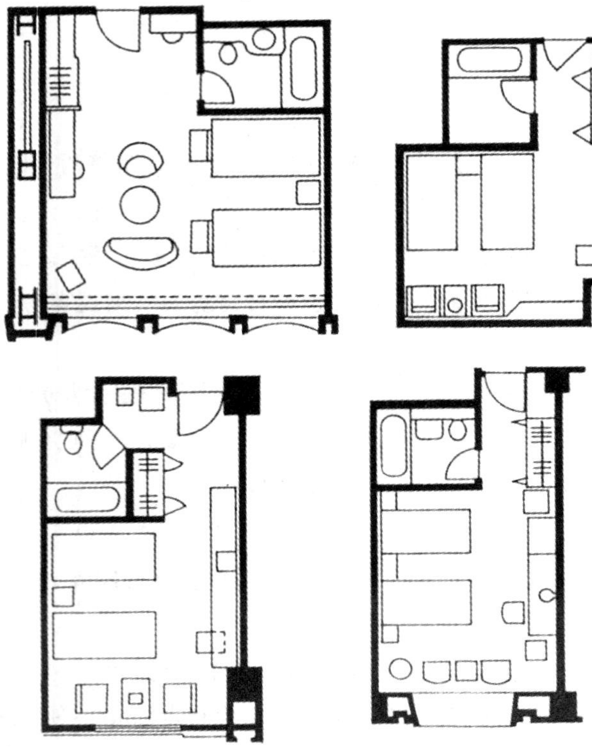

图13—7 双人床间客房平面

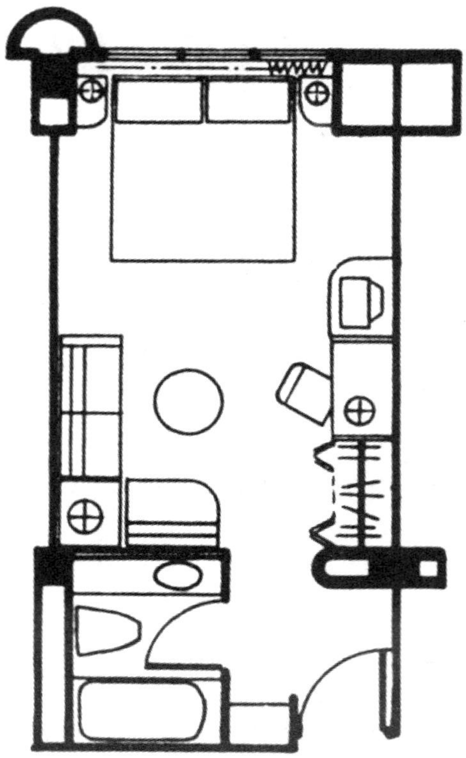

图13—8 美国谢拉顿某饭店客房

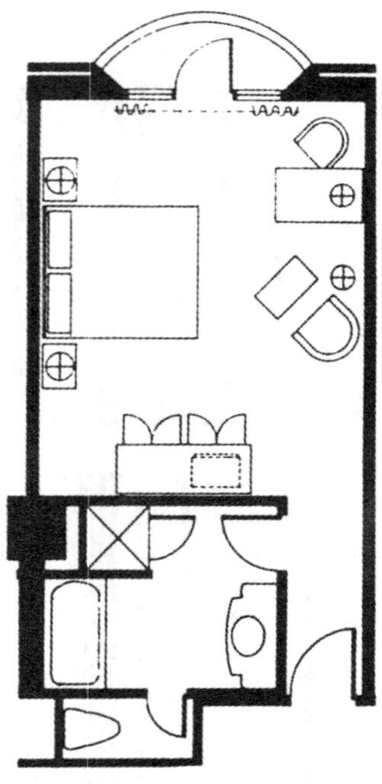

图13—9 某地四季饭店带有特大卫生间的客房

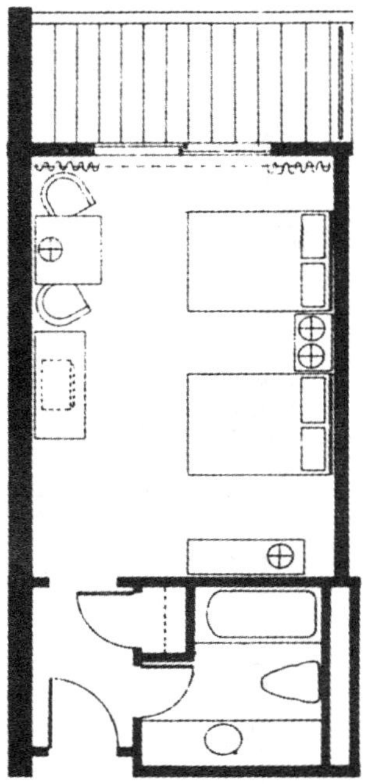

图13—10 美国伊格尔旅店带有阳台的客房

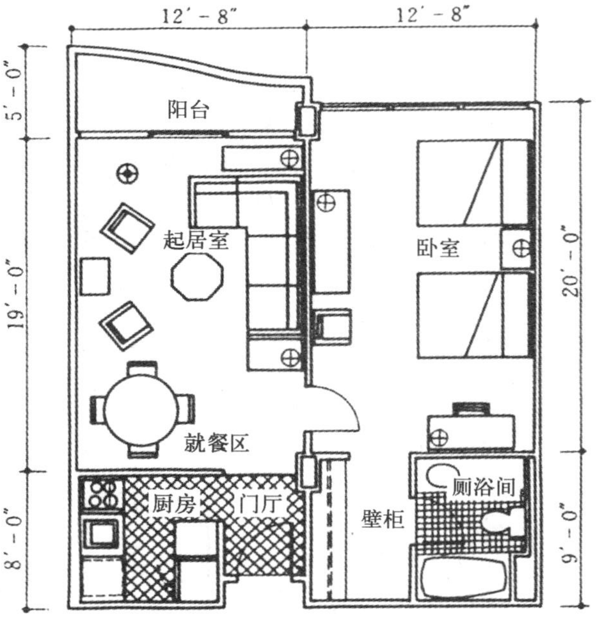

图13—11 带有厨房的公寓式客房套间

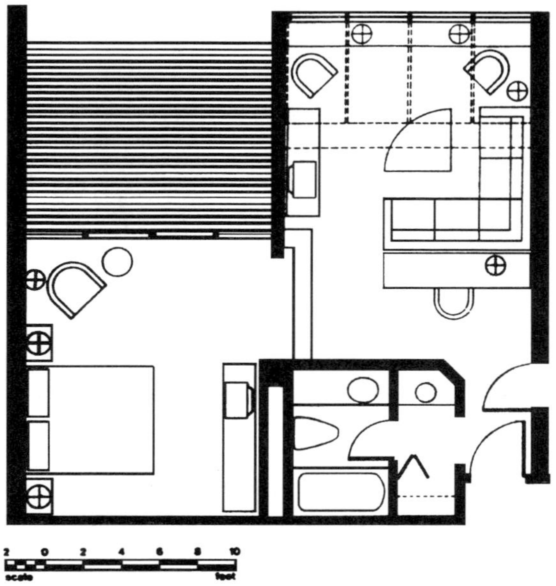

图13-12 美国斯堪的康某饭店套间

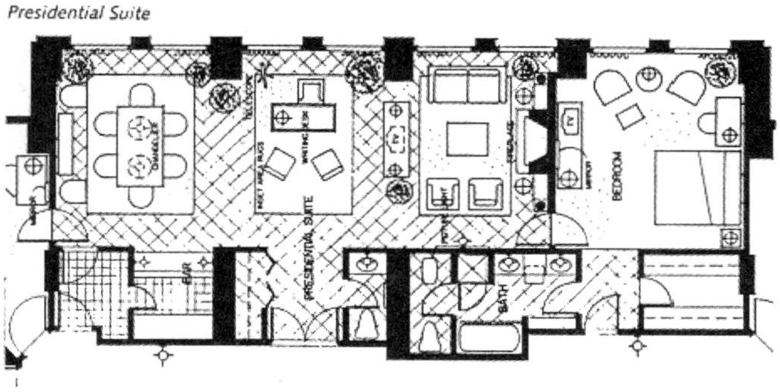

图13-13 某饭店总统套房

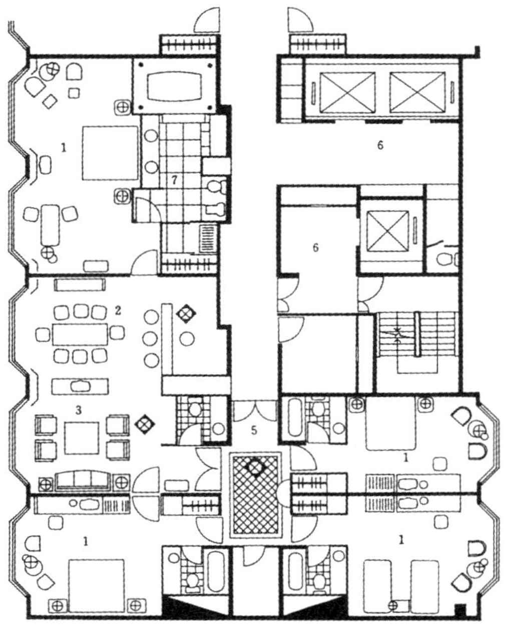

图13-14 总统豪华套间客房平面

二、客房家具设备

①床的尺寸：

单人床：1100mm×2000mm。

双人床：1350mm×2000mm，1500mm×2100mm。

国王床：宽1900mm～2000mm×长2100mm。

②床头柜：装有控制电视、床头灯、落地灯、脚灯、音响等设备开关。

③装有玻璃镜的写字台兼化妆台及椅凳，宽度450mm～500mm，高度700mm～750mm，凳高430mm～450mm。

④行李架：可与写字台统一，等宽，长750mm～900mm，高450mm。

⑤客房入口一侧设有挂衣壁柜和微型酒吧，配有小型冰箱。

⑥休息座椅一对和咖啡桌一张。

⑦照明：床头灯、落地灯、台灯、夜灯(装于卫生间一侧墙脚上)。

⑧电话、电视、插座。

⑨浴缸：有冷热水龙头、淋浴喷头，侧墙装安全拉手、入墙式皂盒、毛巾架、淋浴帘、晾衣绳。

⑩装有洗脸盆的大理石台面，洗脸盆配有冷热水，临墙装大镜面。上方装有格栅或有机片灯盒，侧边墙装电器插头。

⑪坐便器及卫生纸盒。

⑫套房卫生间可将舆洗和坐便器、淋浴分设。

浴缸尺寸一般为：

大号：长1680mm×宽800mm×深450mm。

中号：长1500mm×宽750mm×深450mm。

小号：长1200mm×宽700mm×深550mm。

三、客房的装饰设计

客房根据不同使用功能可分为睡眠区、休息区、书写阅读区、盥洗区(图13-15)。根据旅客在客房中的行为特点，这几种区域应既区分又有联系。以标准客房看，客房开间、进深的尺寸与家具尺寸的关系，对于空间区域形成的灵活和适应性有关。一般旅馆的标准客房开间为3.6m～3.8m，不小于3.3m，进深一般不小于4.5m(不包括卫生间进深)，在此尺度范围内，可以满足客房家具的基本摆放。家具设计的尺度形式要符合人体工程学和客房功能的要求，还要便于服务员清洁卫生。

客房家具占客房面积的40%左右，有很高的视觉占有率，客房家具的造型、尺度、材质、色彩、风格对于影响客房空间质量起决定性的作用。由于客房面积有限，家具尺度应小型化，体重轻便。旅馆客房家具总的设计要求是功能合理、尺度适宜、结构单纯、清洁方便、风格明确，能达到较高的舒适度。与家具相配合的灯具也应适合多样组合，与家具风格相协调。客房家具应注意配套使用，风格统一，以及与客房门、窗套、踢脚板在材质色彩方面的协调。也有些旅馆的高级套房将不同形式、材质、面料的沙发和家具成组布置，追求对比中的统一，显得丰富而有生气。客房的窗帘有遮光、吸音、隔音的作用，一般用较厚重的织物外层为遮光布，最外层为纱帘。同一客房内的织物品种、花色不宜过多，或相同，或弱对比，主要是能控制大的色调和装饰效果，创造出一种宁静、温馨的客房环境。对于按不同楼层和不同套间的客房，可采用色彩的互换办法，家具样式不变，地毯和织物面料调整，可以取得整个旅馆统一中有变化的效果。目前，客房的设计趋于标准化，设备设施也较雷同。设计师可从创造有地方化传统特点和乡土情调等方面下功夫，以求给客人留下深刻的印象。（图13－16）

图13－15 旅馆标准客房

图13－16 套房起居室

第四节 餐厅、宴会厅室内设计

一、餐厅的种类

旅馆餐厅可分为中餐厅、西餐厅、特色餐厅、雅间包房，有些餐厅服务项目还增设有自助餐。宴会厅一般服务于商务活动或向社会开放，设有主宾台，多为对称格局，气氛也较其他餐厅华丽、隆重。也有旅馆多功能厅与宴会厅合为一体，在天花上设置活动或推拉隔断，可开可闭，比较灵活，适合举办各种规模的国际会议、宴会、商务聚会、冷餐会、舞会等，设计时应考虑调音室及相应的服务用房。

餐厅是旅馆中重要的用餐和交际场所，旅馆餐厅与社会餐厅相比，更注重显示高雅的环境气氛。设计时应研究处理不同餐厅用餐的形式和空间形态，着重构思一种主题风格，或浓郁的中国传统文化气氛，或温情的欧洲庭院风格，通过各种形式的装饰构件、界面的装修、家具陈设、灯具照明得到体现。（图13－17至图13－20）

二、餐厅的设计要点

餐厅的设计要点：

①餐厅面积指标：一般较高档大餐厅为1.5～1.9m^2/座，小餐厅为2m^2/座。

②尽可能区分客人进餐厅流线与送菜路线。餐座排列应保证客人流线和服务流线的通畅，避免送菜路线过长。配置足够的备餐柜。

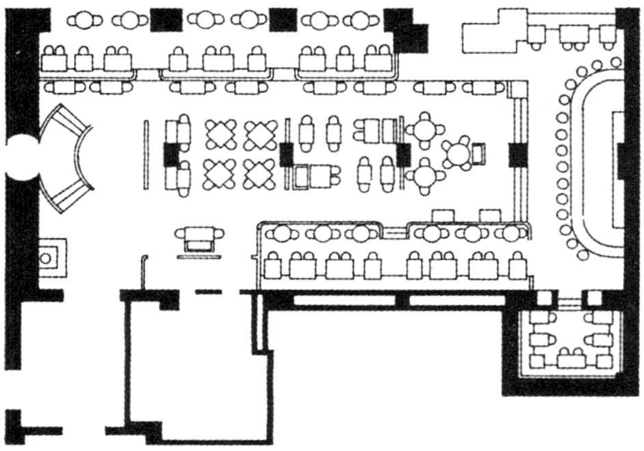

图13—17 美国纽约皮尔塔摩旅馆咖啡厅

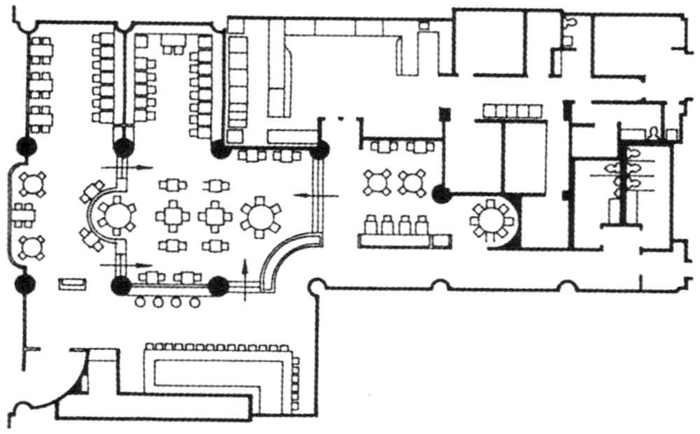

图13—18 国外某餐厅

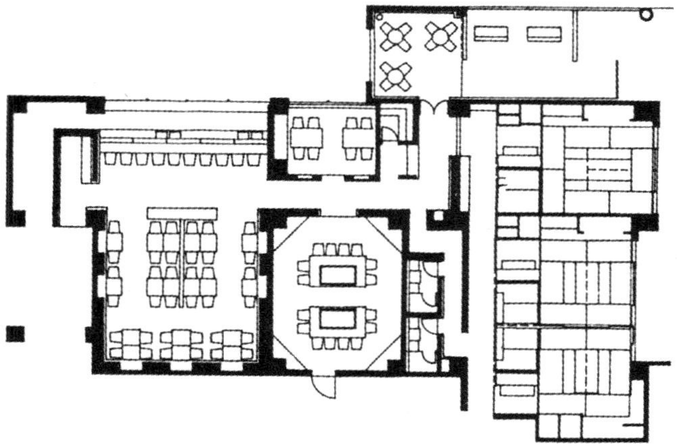

图13—19 上海日航龙柏饭店日本餐厅

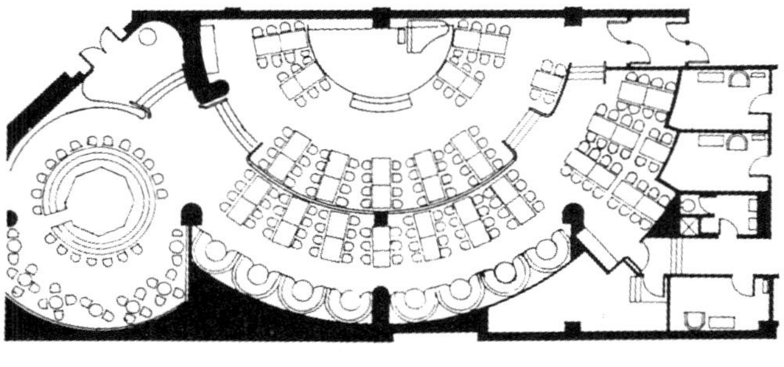

图13—20 北京长城饭店夜总会

③备餐间出入口宜隐蔽，避免客人视线看到厨房内部，厨房与餐厅间应设门，避免厨房的油烟味及噪音进入餐厅。

④不同的餐厅从入口到内部应有鲜明的装饰特征，并配置适当绿化，来调节餐厅环境。

⑤卫生间不应离餐厅太远，大小应与餐厅规模相适应。

⑥应重视不同餐位的私密性和不受干扰。

⑦餐厅厨房的设计应由专业厨具设备公司与室内设计师配合完成。

三、餐厅的家具布置

中餐厅以圆桌为主，餐桌的布置比较灵活，根据不同建筑空间和设计需要，可有不同摆法。在一个餐厅内摆放不同大小餐桌，可提高对顾客的适应性。餐桌间距应大一些，利于服务小推车穿行。西餐厅以方桌为主，靠墙和隔断处可布置卡座(火车座)，私密感较强。方桌

图13—21 旅馆宴会厅

图13—22 旅馆中餐厅

可根据需要拼成长桌，也可方桌、圆桌并存。有些西餐厅提供自助餐服务，自助餐台的摆法分为岛型、线型布置等。(图13–21和图13–22)

特色餐厅包括日本餐厅、韩国餐厅等，从菜系品种到空间布局和家具陈设均体现各国的民族文化和风格特点。

①常用餐桌尺寸（图13–23）：

圆桌直径：4人桌1050mm，6人桌1200mm，8人桌1500mm，12人桌1800mm。

方桌最小宽700mm。

4人用方桌最小为900mm × 900mm，4人用长方桌1200mm × 750mm；6人用长方桌1500mm × 750mm，1800mm × 750mm；8人用长方桌2400mm × 750mm。

②酒吧台尺寸（图13–24至图13–26）：

吧台高1050mm～1100mm。

吧凳高750mm，阁脚高　250mm。

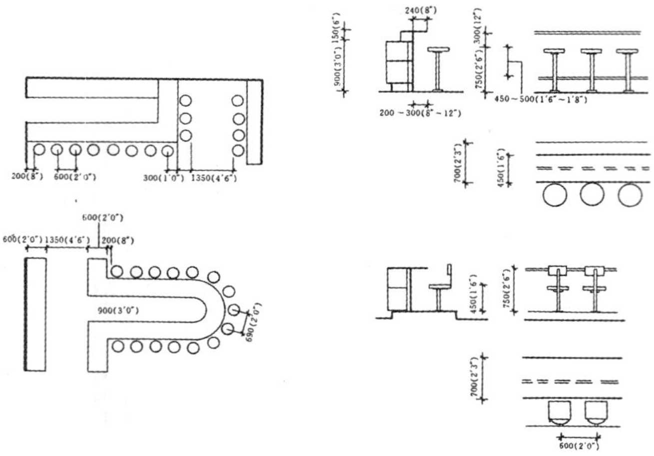

图13–24 酒吧台尺寸

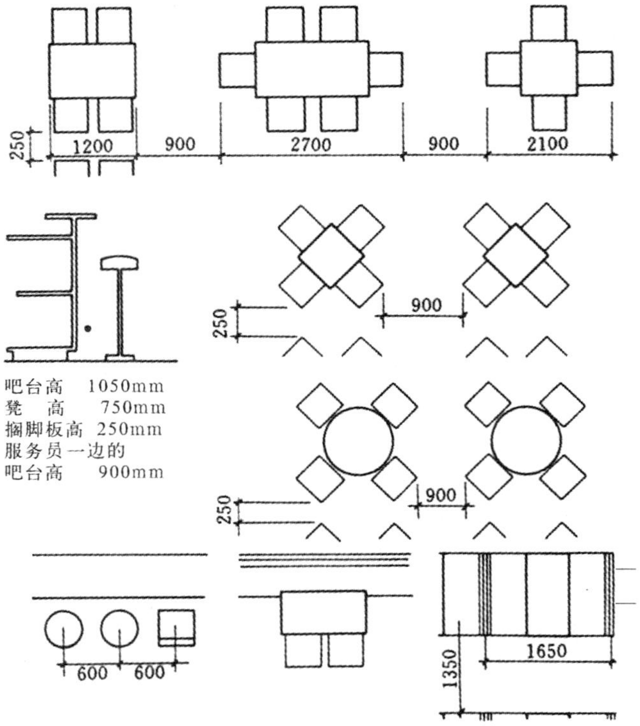

图13–23 各种类型的餐桌布置和尺寸

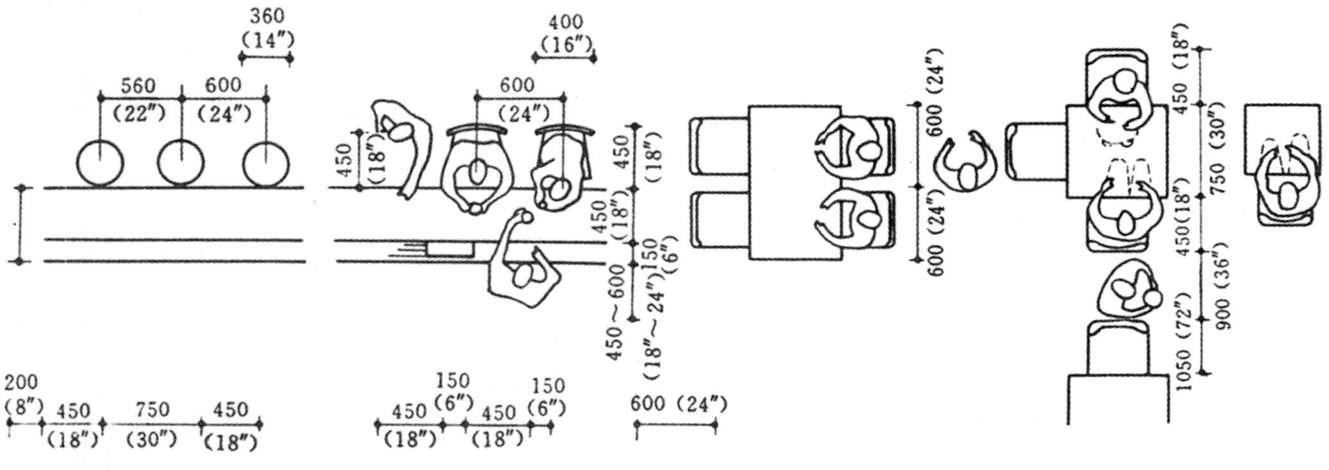

图13–25 餐饮活动尺寸（一）

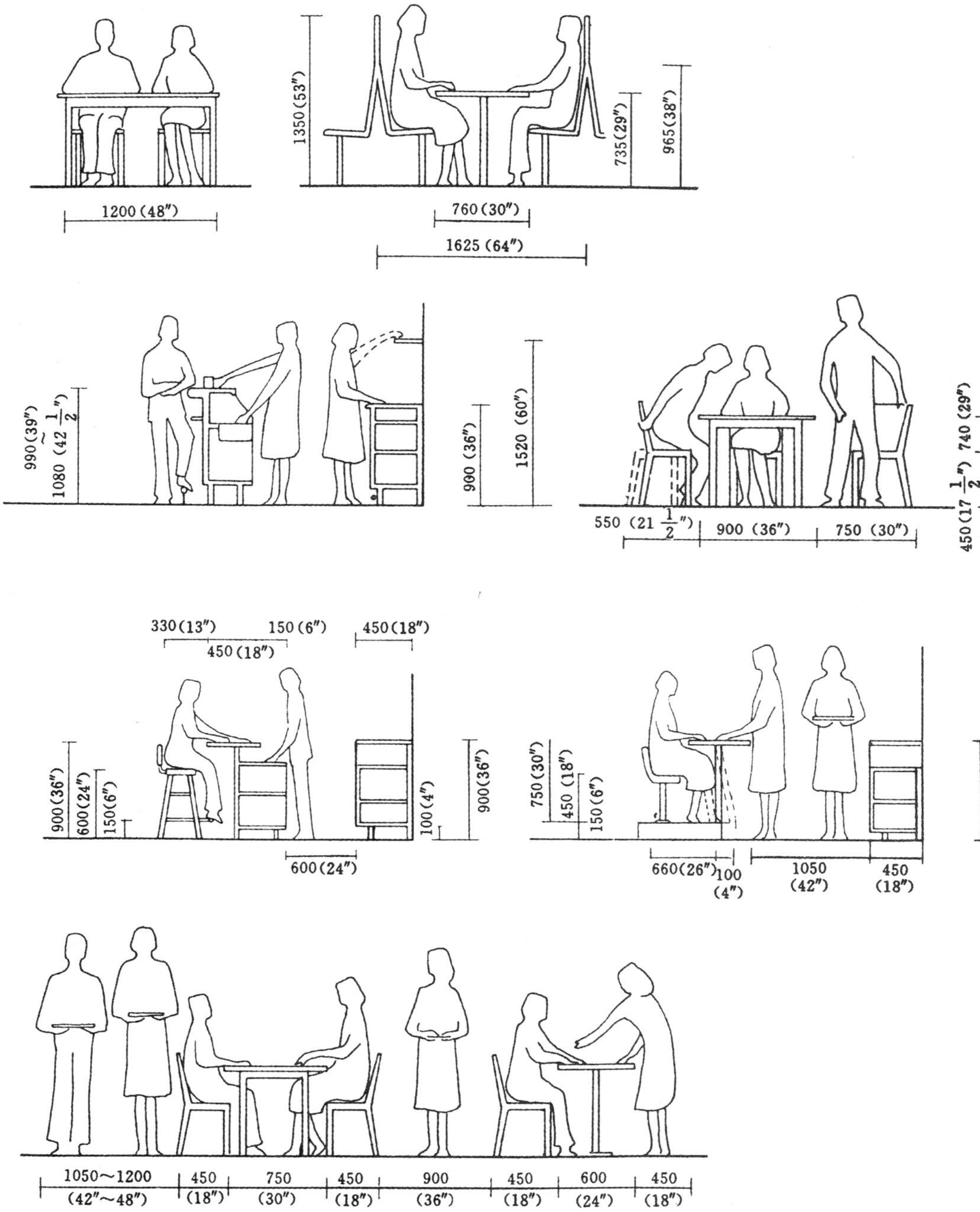

图13—26 餐饮活动尺寸（二）

第五节　娱乐和健身部分的室内设计

一、舞厅、KTV包房

旅馆舞厅主要由舞池、演奏用小舞台、声光控制室、休息座、吧台、衣帽间、卫生间等组成。有些舞厅还设有电动伸缩舞台、化妆间，供时装表演或文艺演出之用。舞厅的特色在于灯光设计，由于舞厅灯具设备类型较多，专业化程度强，一般聘请专门做灯光音响的机构与室内设计师配合设计。旅馆舞厅的格局一般为中间设舞池，周围为休息散座，临墙或临窗设卡座，也有将周围环形休息座区抬高，形成明确界限，同时也便于观赏舞池。舞池地面材料常用磨光花岗岩、硬木地板、镭射玻璃，亦有用钢化玻璃下设彩灯的，休息座区一般铺耐磨的化纤图案地毯。为避免舞厅音响对客房的公共部分的干扰，常将舞厅设于顶层或地下室，墙面做法多用吸音材料，如吸音毯、软包、拉毛喷漆等。舞厅的舞池外光线幽暗、照度较低，墙面装饰不必过细，以求扩大效果和舞厅的整体气氛。

先进的音响控制系统对于舞厅室内设计达到理想效果非常重要，利用计算机可对整个大厅各种灯光实现自动控制，根据舞厅场面的变换自动实现预先记忆下来的照明程序，还可以根据音乐的节奏自动控制灯光的闪烁、色彩的变化。舞厅可以根据不同的经营思想和时代潮流，产生多种形式和风格。

KTV包房设有视听设备、电脑点歌以及沙发、茶几、茶具柜等，较大型的KTV包房也有划出一部分作小舞池，墙面多使用软色织物为主的吸音材料。

二、保龄球场

保龄球又称地滚球，是在木板道上用球撞击木瓶柱的一项室内运动，由于其不受年龄、性别的限制，并且集娱乐、竞技、健身于一体，所以日趋普及，星级旅馆大都配备有此项目。（图13—27）

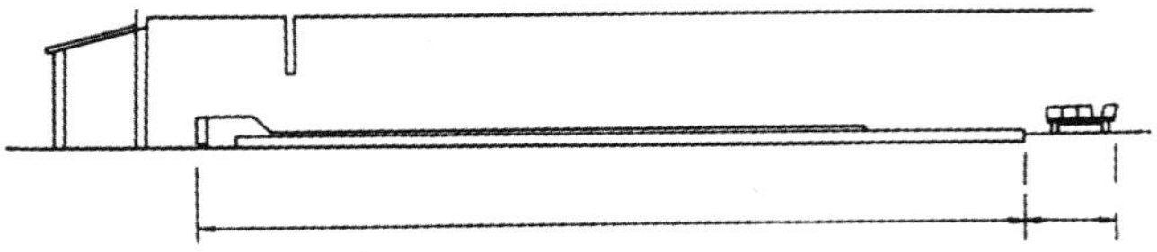

图13—27 保龄球装置长度

保龄球设备由以下几个部分组成：

①自动化机械系统。此系统是由程序控制箱控制的扫瓶、送瓶、竖瓶、夹瓶、升球、回球设施等组成。

②球道长1915.63cm，宽104.2cm～106.6cm；助路道长457.2cm，宽152.2cm～152.9cm。

③记分台。记分台由电脑记分系统、双人座位、投影装置、球员座位等组成。

保龄球场很少采用自然采光通风，球道两侧墙一般不开窗，这样可以避免室外噪声的干扰和灰尘侵袭污染。墙面应经防潮和隔热处理，可用木装修或喷涂，色彩以明亮、柔和为宜。

旅馆的保龄球场常设4～8股道，场地条件许可时，也有增至12～24股道。标准保龄球道用上等枫木和松木地板镶嵌而成，在助跑道、球道开端、放置球瓶部位，即易受撞击地带可用枫木板条拼接，其余可用松木。入口前厅和休息、服务区域的地面装修，可用花岗岩、地毯、瓷砖等材料，应注意与墙面的相互衬托与协调。旅馆中的保龄球房一般面积较大，有前厅过渡，内设厕所、更衣间、换鞋间、饮料室等设施，也有些旅馆将保龄球场设在地下一层。

保龄球场的顶棚形式，最理想的是纵跨屋架顺着球道长向布置，因为这样可以使将来继续发展时较易处理。纵向柱子愈少愈好，柱子离犯规线至少应有60.96cm，并应保持491.01cm的空地。顶棚塑造应有助于控制声音和能隐蔽光源，使运动员在发球方向上不受光源影响。（图13—28）

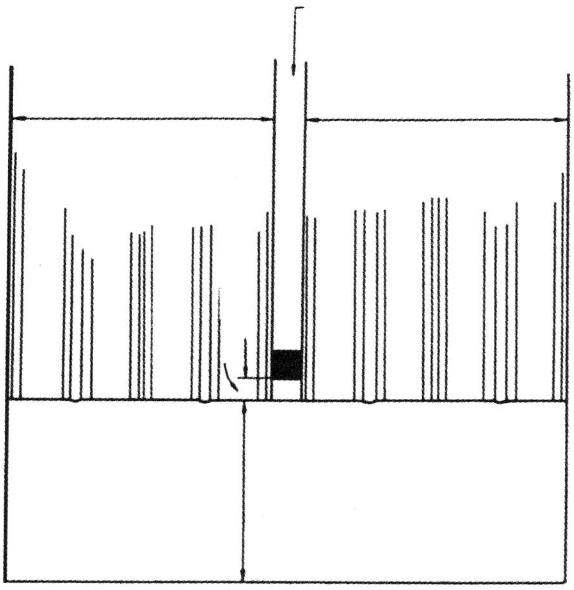

图13-28 柱子和球道、犯规线关系示意图

三、蒸汽浴室、健身房

蒸气浴分为低温高湿度的土耳其式蒸气浴和高温低湿度的芬兰式桑拿浴。桑拿房有定型产品，也有装配式成套设备出售。

浴室装有防雾灯，室内表面不能用金属、塑料，一般用松木板，门把手应用木制，门不要安装锁，地面材料应防滑，应尽量将蒸汽浴室排在靠近淋浴室的位置。

图13-29为不同体积和布置方式的蒸汽浴室。

健身房和蒸汽浴室一般集中布置，便于管理，室内空间安排应考虑以下内容：接待、更衣、厕所、桑拿蒸汽浴室、淋浴室、健身练习室、按摩室、美发室。健身房需要面积宽敞、光线明亮，层高应在2.6m以上；墙面需装整片镜面，地面可铺地毯或弹性地板，设音响和空调。提供的健身器材由专业厂方配套供应，占用空间面

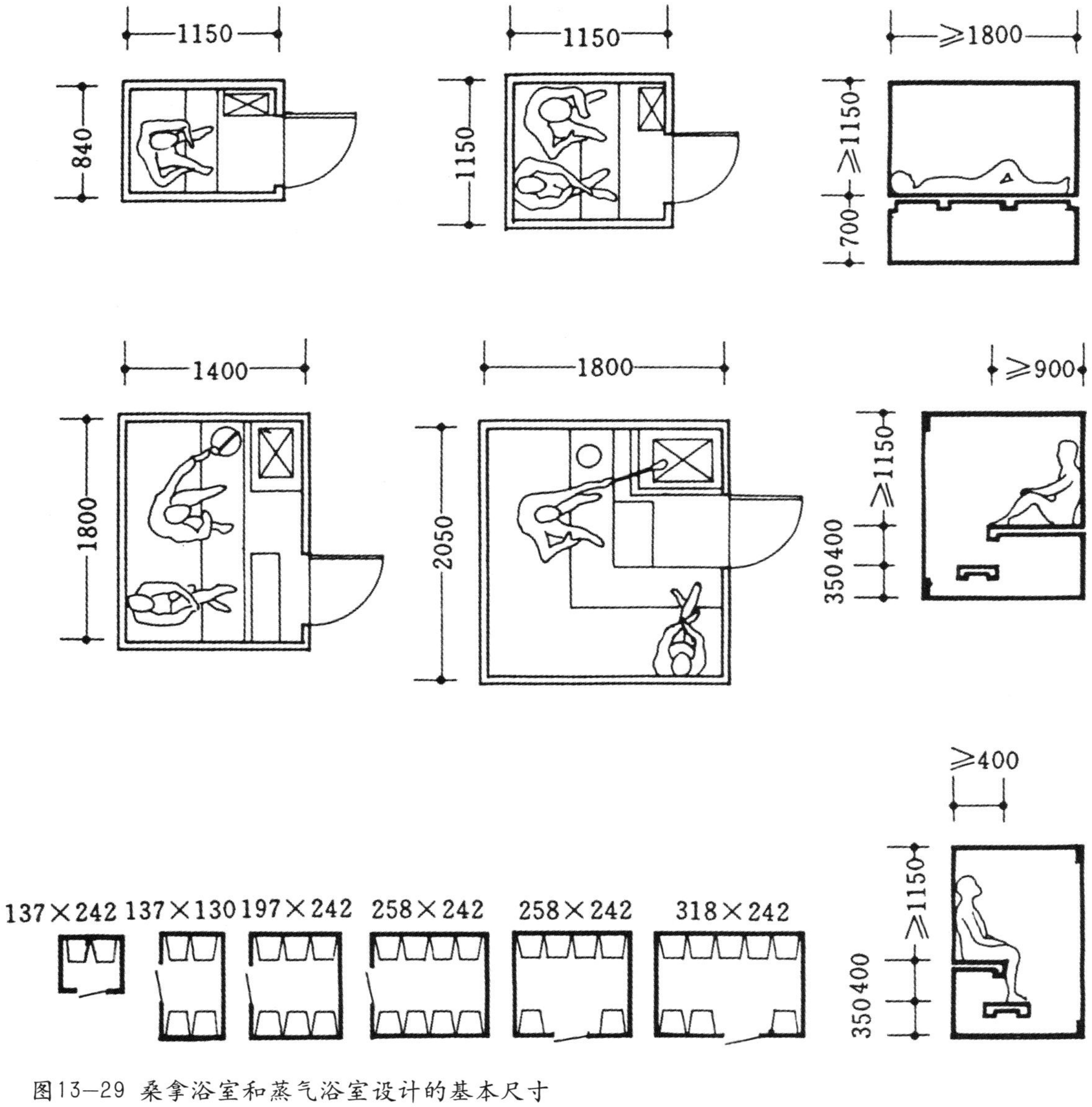

图13-29 桑拿浴室和蒸气浴室设计的基本尺寸

积一般在$60m^2 \sim 90m^2$。健身康乐部分的整个规模应根据旅馆的等级要求和对外营业需要而定，装饰设计应满足防火规范的要求。

第六节　旅馆的照明和色彩

一、旅馆的照明

旅馆、酒店的照明，除了满足一定功能上的照度要求外，还要通过照明灯具与室内装修及构造等的有机结合，通过光的构图与光在空间多层次的分布，营造和渲染旅馆、酒店气氛，使客人产生愉悦的心境。

旅馆照明方式大体上可分为三种类型：以功能为主的实用性照明，以艺术气氛为主的装饰性照明，功能性和艺术性相结合的效果照明。

1．入口门厅与大堂的照明

入口门厅是客人进入旅馆的过渡性空间，照明灯具的设计宜简洁，可设置调光器以调节门厅的照度，使客人通过门厅适应室外与室内昼夜阴晴光线的变化。

大堂是整个旅馆的核心，具有多种功能，在选择照明方式上应能满足各个空间的功能要求，以不同的照度和照明方式，提高使用和服务效率。在整体上还要使不同的照明形式得到统一，显示一种旅馆、酒店特有的优雅、亲切的气氛。

（1）大堂的总体照明

大堂总体照明起装饰和控制尺度及气氛的作用，在设计时要根据建筑的条件、天花的高低，选择不同的灯具和照明方式，如建筑化照明、装饰性的发光顶篷、反射灯槽，以及华丽的水晶吊灯等。大堂照度不必过大，但要提高垂直照度；当大堂天花较高时，应增加补充照明，如壁灯、地灯等。

（2）总服务台的照明

客人要办理入住、咨询、结账等手续，总服务台是进入门厅首先寻找的地方。这种功能决定了此区域应有较高的照度，成为整个大堂内的视觉焦点。它常用的照明方法是暗藏式照明、悬挂式照明和台灯照明等。

（3）休息区的照明

旅馆休息区是客人休息和会客的地方，环境气氛应有轻松、亲切感。简单的方法是设立装饰性台灯或落地灯限定休息空间，并可补充一般照明的不足，丰富整个光环境的层次感。

2．走廊的照明

旅馆的客房走廊一般是双面设客房，无论白天和夜晚都要靠人工照明，常用的照明方式如发光灯槽、筒灯、壁灯等。旅馆客房层应与公共部分区别，照度不要太强，意在创造优雅、宁静的气氛。设计走廊灯具时，应与客房门的位置对应，以便旅客看清房间号和门锁。通往公共场所的走廊，照明要明亮些。走廊和疏散楼梯间应按规范设置应急照明，以满足特殊情况下的要求。

3．客房的照明

客房照明应以创造安静舒适的休息环境和满足一定使用功能为准。

客房入口小过道的天花一般装筒灯或下射式灯具，使入口处和壁柜有一定的照度，较高级的旅馆壁柜内装有照明灯，设限位开关，灯可随柜门自动开启和关闭。小过道天花灯位置的确定要和空调专业相配合，以免风管和灯位重叠，影响天花标高。

单间客房内一般不设顶灯，根据不同区域分别设床头照明、台面照明、休息区照明。这种照明组合使客房气氛更利于休息。套间客房由于有会客、洽谈多种功能，可设反射照明形式的一般照明与其他桌子、沙发处的局部照明相结合，通过选择组合来调节起居室的照度和气氛。

床头灯的位置应便于客人躺在床上阅读，灯的照射角度尽可能不影响同房其他客人休息，并通过调光装置调节光的强弱。为满足客人在桌上书写或化妆，多采用台灯和镜前灯，落地灯和结合窗帘盒的暗藏灯则为窗前的休息区提供照明。

卫生间镜子上方通常设置装有荧光灯或白炽灯的乳

白玻璃灯盒，或在镜子两侧设壁灯，应注意选择显色性能较好的灯具，光色不要太冷，另需加设天花照明。

4. 餐厅和宴会厅照明

餐厅照明设计选用何种照明方式和选用何种灯具要视餐厅的装饰风格、气氛需要而定。中西餐厅对照度的要求略有不同，中餐厅照度偏高，常使背景照明有较高的亮度，形成较开放热烈的气氛；西餐厅照度略低，突出餐桌照度与环境照度的对比，私密性较强，也有的在餐桌上加蜡烛灯，创造出一种古典西式餐厅的情调或节日氛围。餐厅照明应有与餐桌食品相协调的光色，并保证餐桌达到一定亮度看清菜单。我国旅游宾馆的照度标准见表13−1。

多功能宴会厅是举行大型宴会和表演、舞会、展示和会议多种功能的，应有多种照明方式和组合，以适应不同活动照明和气氛的需要。由于多功能厅多装有分隔空间的推拉屏风，在照明布置时应考虑每个空间的单元独立性和整体性。多功能厅的照度和光源显色性都较高，常选用大型装饰性强的灯具或多层次的色光烘托华丽的气氛。

表13−1　　我国旅游宾馆的照度标准

房间名称	推荐照度　lx
大门厅、大宴会厅、厨房	150～300
多功能大厅、总服务台	300～750
电影院、小舞厅、旋转舞台	50～100
餐厅、小卖部、休息厅、会议厅、外币兑换处、网球室、美容室	100～200
酒吧、咖啡厅、茶室、游艺室、四季厅、游泳厅	50～100
健身室	30～75
客房、电梯间、台球房、地滚球房	30～75
客房、卫生间、洗衣间、邮电厅	75～150
储藏间、楼梯间、公共卫生间	10～20
衣帽间、库房、冷冻间、客房走道	15～30

二、旅馆色彩环境

色彩是影响旅馆室内设计风格和环境气氛的重要因素，不同的色彩组合和色彩环境能使客人产生不同的联想和生理、心理效应。在旅馆的不同部位，由于环境和使用功能不同，分别需要用不同的色调营造出或华丽庄重，或淡雅宁静，或活泼热烈等气氛，以吸引和适应各方客人的需要。同时，整个旅馆还应有一个主导的色调和体系，以形成完整的设计风格，给客人留下深刻的印象。

在做室内设计的色彩计划时，需要考虑室内环境中的基本构成要素：灯光照明与自然光、空间类型和界面、材料质感、家具陈设和绿化等。这些都是直接与室内色彩设计效果有紧密联系的因素，理想的色彩效果是通过以上的综合运用和调整才得以实现的。应重视色彩与光的关系，色彩是通过光反射到眼睛而产生的，没有光就没有色彩，就没有办法感知环境。同样的色彩组合，在自然光和人工光源下显现的色彩效果有较大的差别，通过运用冷与暖不同光色的光源，对室内物体的固有色会产生较大的影响。现代旅馆室内设计更注重运用光和色彩的综合因素，从整体色彩环境的构思出发追求色彩意境。通过各空间界面色彩的运用，达到提示、调整、完善、统一和限定空间的作用，并创造良好的环境氛围，实现设计师对旅馆特定的构思，满足客人的心理和精神需求。

确定旅馆室内色彩，还应重视分析旅馆建筑所处的地理环境和气候因素，旅馆处于不同位置，如城市旅馆、风景区的度假旅馆，对色彩的考虑应有所区别。前者可能强调都市气氛和在旅馆中融入自然因素，后者可能淡化色彩而追求与自然环境的协调。寒带、热带不同纬度地区对色彩的运用也应有所区别，比如北方寒冷地区的旅馆室内色彩，可用温和的暖色调为主，以求达到心理的平衡。

作为商业建筑的旅馆室内用色不是一成不变的，同时也受到当代审美和流行观念的影响，除了掌握好用色的规律和技巧以外，还应关注色彩心理学和生理学，研究各种建筑思潮和艺术流派对室内设计领域的影响，从而创造出有特色的室内外色彩环境。

附录　我国旅游涉外饭店划分条件

一星级

1. 饭店布局基本合理，方便宾客在饭店内的正常活动。

2. 设有与饭店规模、星级相适应的前厅和总服务台。

3. 客房至少应具备下列设施设备：

（1）至少有20间可供出租的房间。

（2）装修良好，有软垫床、桌、椅、床头柜等配套家具。

（3）75%的客房有卫生间，装有抽水马桶、面盆、淋浴或浴缸，均配有浴帘，采取有效的防滑措施。12小时供应冷热水。客房中没有卫生间的楼层设有间隔式男女公用卫生间各一个，饭店有专供宾客使用的男女公共浴室。

（4）根据当地气候，客房有采暖或制冷设备，通风良好。

（5）50%客房有电话。

（6）客房内有遮光窗帘。

（7）客房有电视。

4. 有与客房接待能力相适应的餐厅。

5. 厨房设施至少应具备下列设施设备：

（1）墙面瓷砖不应低于2m，用防滑材料铺设地面。

（2）冷菜间与热菜间分开，并有充足的冷库。洗碗间位置合理。厨房有专门放置临时垃圾的设施。厨房温度适宜，有充足的排风设施。厨房与餐厅之间有起隔声、隔热和隔气味作用的进出分开的弹簧门。

6. 公共区域设施设备：

（1）提供停车线或停车场。

（2）四层以上的楼房设客用电梯。

（3）根据当地气候条件，公共区域有采暖或制冷设备。

（4）每个楼面设通过总机可接通市内的公用电话，配备市内电话簿。

（5）在公共场所分设供男、女宾客使用的卫生间。

（6）备有应急照明灯。

（7）设小商场。

（8）设公共休息处。

（9）设符合规范的公共信息图形符号和指示标志。

7. 服务项目：

（1）有供客人使用的行李推车，必要时服务员送行李到房间。有小行李存放服务。

（2）总服务台有中英文标志，24小时有工作人员在岗，提供接待、问询和结账服务，提供留言服务。可分次结账。定时提供外币兑换服务。有贵重物品保存服务。

（3）饭店设值班经理，16小时接待客人。

（4）能用英语提供服务。各种指示、服务用文字至少用中英文同时表示。

（5）总服务台提供饭店服务项目宣传品、饭店价目表、本市交通图、各种交通工具时刻表。

（6）客房、卫生间每天全面整理一次，隔日更换床单和枕套。24小时保证冷热饮水供应。客房备有饭店服务指南、价目表、住宿规章。

（7）餐厅主管、领班能用英语服务。

（8）代售邮票、代发信件。

8. 安全、卫生、环境要求。（具体内容见评分标准）

9. 服务质量要求。（具体内容略）

二星级

1. 饭店布局基本合理，方便宾客在饭店内的正常活动。

2．有与接待能力相适应的前厅，有饭店气氛。设有与饭店规模、星级相适应的总服务台。

3．客房至少应具备下列设施设备：

（1）至少有20间可供出租的房间。

（2）装修良好，有软床垫、桌、椅、床头柜等配套家具。灯光照明充足。

（3）有卫生间，装有抽水马桶、面盆、梳妆镜、淋浴或浴缸，配有浴帘，采取有效的防滑措施。16小时供应冷热水。

（4）根据当地气候，客房有采暖或制冷设备，通风良好。

（5）有电话，通过总机可接通国内和国际长途电话。

（6）有彩色电视。

（7）有防噪声和隔声措施。

（8）有遮光窗帘。

（9）有与饭店本身星级相适应的文具用品。

4．有与客房接待能力相适应的餐厅和咖啡厅。

5．有能够提供酒吧服务的设施。

6．厨房设施至少应具备下列设施设备：

（1）墙面瓷砖不应低于2m，用防滑材料铺设地面。

（2）冷菜间与热菜间分开，并有充足的冷库。洗碗间位置合理。厨房有专门放置临时垃圾的设施。厨房温度适宜，有充足的排风设施。厨房与餐厅之间有起隔声、隔热和隔气味作用的进出分开的弹簧门。

7．公共区域设施设备：

（1）提供停车线或停车场。

（2）四层以上的楼房设客用电梯。

（3）根据当地气候条件，公共区域有采暖或制冷设备。

（4）公共场所设通过总机可接通市内的公用电话，配备市内电话簿。

（5）在公共场所分设供男、女宾客使用的卫生间。

（6）备有应急照明灯。

（7）设小商场。

（8）设公共休息处。

（9）设符合规范的公共信息图形符号和指示标志。

8．服务项目：

（1）有供客人使用的行李推车，必要时服务员送行李到房间。有小件行李存放服务。

（2）总服务台有中英文标志，24小时有工作人员在岗，提供接待、问询和结账服务，提供留言服务。可分次结账。定时提供外币兑换服务。可接受国内客房、餐饮预订。

（3）设可由客人自行开启的物品保管箱。

（4）饭店设值班经理，16小时接待客人。

（5）能用英语提供服务。各种标志、服务用文字至少用中英文同时表示。

（6）总服务台提供饭店服务项目宣传品、饭店价目表、本市交通图、本市旅游风光名胜点介绍、各种交通工具时刻表、与住店宾客相适应的报刊。

（7）客房、卫生间每天全面整理一次，每日更换床单和枕套。24小时冷热饮水供应。电话服务能用英语为客人接通长途电话。提供一般洗衣服务。应客人要求提供送餐服务。客户备有饭店服务指南、价目表、住宿规章、本市交通图及旅游风景点介绍。

（8）提供中餐和西式早餐。晚餐营业时间最后叫菜不早于20时。咖啡厅营业时间不少于12小时。餐厅主管、领班能用英语服务。

（9）商场出售旅行日常用品。

（10）代售邮票，代发信件，代办国内行李托运。

9．安全、卫生、环境要求。（具体内容见评分标准）

10．服务质量要求。（具体内容略）

三星级

1．饭店布局合理，外观具有一定的特色或民族风格。

2．有与接待能力相适应的前厅，内装修美观别致。设有与饭店规模、星级相适应的总服务台。

3．客房至少应具备下列设施设备：

（1）至少有50间可供出租的房间。

（2）装修良好、美观，有梳妆台或写字台、衣橱及软床垫、座椅或简易沙发、床头控制柜等配套家具。室内铺满地毯，或为木板地。室内采用区域照明且目的物照明度良好。室内面积宽敞。

（3）每间客房有卫生间，装有抽水马桶、梳妆台（配备面盆、梳妆镜）。浴缸带淋浴喷头，配有浴帘，采取有效的防滑措施。卫生间采用较高级建筑材料装修地面、墙面，色调柔和，目的物照明度良好。有良好的排风系统或排风器、110／220V电源插座。24小时供应冷热水。

（4）有能够保证室温适宜的分离式空调或中央空调，通风良好。

（5）每间房有电话并可通过总机接通国内和国际长途电话。电话机旁备有使用说明及市内电话簿。

（6）有彩色电视机、音响设备。

（7）具备有效的防噪声和隔声措施。

（8）有遮光窗帘。

（9）有套房。

（10）有单人间。

（11）有与饭店本身星级相适应的文具用品。

4．有与客房接待能力相适应的中餐厅、西餐厅、咖啡厅（可与西餐厅合用）和宴会厅（或多功能厅兼用的宴会厅）。

5．有独立封闭式酒吧。

6．厨房设施至少应具备下列设施设备：

（1）墙面满铺瓷砖，用防滑材料满铺地面。

（2）冷菜间与热菜间分开，并有充足的冷库。洗碗间位置合理。厨房有专门放置临时垃圾的设施。厨房温度适宜，有充足的排风设施。厨房与餐厅之间有起隔声、隔热和隔气味作用的进出分开的弹簧门。

7．公共区域设施设备：

（1）提供停车线或停车场。

（2）三层以上的楼房设充足的客用电梯。

（3）有空调设施。

（4）设可拨通市内的公用电话，配备市内电话簿。

（5）在公共场所分设供男、女宾客使用的卫生间。

（6）有应急供应电专用线，并备有应急照明灯。

（7）门厅有残疾人出入坡道，有专为残疾人服务的客房，该房间内设备能满足残疾人生活起居的一般要求。

（8）有舞厅。

（9）有按摩室。

（10）设小商场，内设售书柜台。

（11）设理发（美容）室。

（12）设公共休息处。

（13）设符合规范的公共信息图形符号和标志。

（14）设有适量的会议场所。

8．有多功能厅。

9．服务项目：

（1）设门卫应接员，16小时迎送客人。

（2）有专职行李员、专用行李车，24小时为客人搬运行李到房间。有小件行李存放服务。

（3）总服务台有中英文标志，分区段设置接待、问询、预订、结账，24小时有工作人员在岗，提供留言服务，提供简便快速的结账服务。12小时提供外币兑换服务。有完整的预订系统，可接受国内、国际客房和国内餐饮预订。

（4）设由服务人员和客人同时开启的贵重物品保险箱。

（5）饭店设值班经理，24小时接待客人。

（6）设大堂经理，18小时在前厅服务。

（7）提供店内范围寻人服务。

（8）提供代客预订和安排出租汽车服务。

（9）为残疾人提供特殊服务。

（10）能用一种以上外语（英语为必备语种）服务。各种标志、服务用文字至少用中英文同时表示。

（11）总服务台提供饭店服务项目宣传品、饭店价目表、中英文本市交通图、全国旅游交通图、本市和全国旅游风景点介绍、各种交通工具时刻表、与住店宾客相适应的报刊。

（12）有信用卡服务。

（13）客房、卫生间每天全面整理一次，每日更换床单和枕套。客用品和消耗品补充齐全。提供开夜床服务，放置晚安卡。24小时供应冷热饮用水并免费提供茶叶。客房内一般要设微型酒吧（包括小冰箱），提供充足饮料，并在适当位置放置烈性酒，备有饮酒器具及酒单。客人在房间会客，可应要求提供加椅和茶水服务。

（14）能用两种外语（其中一种是英语）为客人接通国内、国际长途电话。

（15）提供衣装干洗、湿洗、熨烫服务。

（16）提供叫醒服务。

（17）备有送餐菜单、饮料单，18小时提供中式、西式早餐或便餐送餐服务，并有可挂置门外的送餐牌。

（18）有闭路电视演播，并备节目单，播放内容符合中国政府规定。有两个闭路频道，每日不少于两次播放，晚间结束播放时间不早于24时。

（19）提供擦鞋服务。

（20）有饭店服务指南、价目表、住宿规章、本市旅游风景点介绍、本市旅游交通图、与住店宾客相适应的报刊。

（21）提供中餐和西式正餐。晚餐营业时间最后叫菜不早于20时30分。有酒吧服务，晚间营业时间一般至24时。咖啡厅营业时间不少于16小时。能提供自助早餐。提供风味餐和中西式宴会服务。餐厅主管、领班及主要服务员能用英语服务。餐厅能提供不少于2种外文的服务。

（22）必要时为客人提供就医方便。

（23）商场出售旅行日常用品、旅游纪念品、工艺品等商品。

（24）代售邮票，代发信件，办理电报、电传、传真、复印、国内行李托运、冲洗胶卷、日常用品修理。

10．安全、卫生、环境要求。（具体内容见评分标准）

11．服务质量要求。（具体内容略）

四星级

1．饭店内外装修采用高档建筑材料，布局合理，外观独具风格或有鲜明的民族特色。

2．有与接待能力相适应的前厅。内装修风格显著、气氛高雅。设有与饭店规模、星极相适应的总服务台。

3．客房至少应具备下列设施设备：

（1）至少有50间可供出租的房间。

（2）客房装修豪华，有豪华的软垫床、梳妆台、衣橱及衣架、茶几、座椅或沙发、床头多功能控制柜、台灯、床头灯、落地灯等配套家具，室内满铺高级地毯，或为优质木地板。室内采用区域照明且目的物照明度良好。室内面积宽敞。

（3）有卫生间，装有低噪声抽水马桶、梳妆台（配备面盆、梳妆镜）、浴缸并带淋浴喷头，均配有浴帘、晾衣绳。采取有效的防滑措施。卫生间采用高级建筑材料装修地面、墙面，色调高雅柔和，目的物照明度良好。有良好的排风系统或排风器、110／220V电源插座、电话副机。24小时供应冷热水。

（4）有中央空调，客人可自行调节室温，通风良好。

（5）装有可直拨国内和国际长途电话，并有拨号说明。电话机旁备有说明及市内电话簿。

（6）有彩色电视机，有闭路电视系统和可供选择的调控音响系统。

（7）具备十分有效的防噪声和隔声措施。

（8）有内窗帘及外层遮光窗帘。

（9）有适量的套房及有特色的豪华套房。

（10）有适量的单人间。

（11）有与饭店本身星级相适应的文具用品。

4．有与客房接待能力相适应的布局合理、装饰高级的中餐厅、西餐厅、咖啡厅和大宴会厅。

5．有布局合理、装饰高雅、具有特色的酒吧。

6．厨房设施至少应具备下列设施设备：

（1）墙面满铺瓷砖，用防滑材料满铺地面。

（2）冷菜间与热菜间分开，并有充足的冷库。洗碗间位置合理。厨房有专门放置临时垃圾的设施。厨房温度适宜，有充足的排风设施。厨房与餐厅之间有起隔声、隔热和隔气味作用的进出分开的弹簧门。

7．公共区域设施设备：

（1）有停车场。

（2）有与接待能力相适应的高质量客用电梯，轿箱装修高雅，并有服务电梯。

（3）有空调。

（4）有背景音乐系统。

（5）在适当位置设店内直通电话及可拨通市内的公用电话，配备市内电话簿。

（6）设有存衣处。

（7）在公共场所分设供男、女宾客使用的卫生间。

（8）有应急供电专用线和自备发电系统。

（9）门厅有残疾人出入坡道，有专为残疾人服务的客房，该房间内设备能满足残疾人生活起居的一般要求。

（10）有舞厅。

（11）有健身房。

（12）有按摩室。

（13）有桑拿浴室或蒸汽浴室。

（14）一般要有游泳池。

（15）设小商场。

（16）设装饰高级的理发室和美容室（两者可兼用）。

（17）设商务中心。

（18）设公共休息处。

（19）设小书亭或书店。

（20）一般要设小型鲜花亭或鲜花店。

（21）设有适量的会议场所。

（22）有多功能厅。

（23）设符合规范的公共信息图形符号和标志。

8．服务项目：

（1）设门卫应接员，24小时迎送客人。

（2）有专职行李员、专用行李车，24小时为客人搬运行李到房间。有小件行李存放服务。

（3）总服务台有中英文标志，分区段设置接待、问询、预订、结账，24小时有工作人员候命提供服务，提供留言服务。提供一次性总账单结账服务（商品除外）。16小时提供外币兑换服务。有预订系统，可通过传真等设备，24小时直接接受国内和国际客房、宴会预订，并能代订国内其他饭店客房。

（4）设由服务人员和客人同时开启的贵重物品保险箱。

（5）饭店设值班经理，24小时接待客人。

（6）设大堂经理，24小时在前厅服务。

（7）提供店内范围寻人服务。

（8）提供代客预订和安排出租汽车服务。

（9）为残疾人提供特殊服务。

（10）能用两种以上外语（英语为必备语种）服务。

（11）总服务台提供饭店服务项目宣传品、饭店价目表、中英文本市交通图、全国旅游交通图、本市和全国旅游风景点介绍、各种交通工具时刻表、与住店宾客相适应的报刊。

（12）有信用卡服务。

（13）客房、卫生间每天全面整理一次，每日更换床单和枕套。客用品和消耗品补充齐全，并应客人要求随时进房清扫整理，补充客用品和消耗品。提供开夜床服务，放置晚安卡。应客人要求提供吹风用具，并说明使用方法。24小时保证冷热饮用水及冰块供应，并免费提供茶叶。客房内设微型酒吧（包括小冰箱），提供充足饮料，并在适当位置放置烈性酒，备有饮酒器具及酒单。客人在房间会客，可应要求提供加椅和茶水服务。

（14）能用三种或三种以上外语（其中一种是英语）为客人接通国内、国际长途电话及电话服务。

（15）提供衣装干洗、湿洗、熨烫、修补服务，并24小时内交还客人。

（16）提供叫醒服务。

（17）备有送餐菜单、饮料单，24小时提供房内中西式早餐、正餐服务，菜式品种不少于10种，饮料品种不少于8种，并有可挂置门外的送餐牌。

（18）有闭路电视演播，并备节目单，播放内容符合中国政府规定。有两个闭路频道，每日不少于两次播放，晚间结束播放时间不早于24时。

（19）提供擦鞋服务。

（20）有饭店服务指南、价目表、住宿规章、本市旅游风景点介绍、本市旅游交通图、与住店宾客相适应的报刊。

（21）提供两种以上风味中餐和高级西式正餐。晚餐营业时间最后叫菜不早于21时。有酒吧服务，晚间营业时间一般至凌晨1时。咖啡厅（或有一餐厅）24小时营业。能提供自助早餐和自助正餐。提供不少于两种风味餐和中式宴会服务、西式鸡尾酒会、冷餐会及宴会服务。餐厅主管、领班及服务员能用英语服务。餐厅能提供不少于三种外文的服务。

（22）设小型医务室。

（23）出售旅行日常用品、旅游纪念品、工艺品等商品。

（24）除有三星级饭店所述服务项目外，城市旅游商业型饭店提供打字、翻译、秘书等服务。

（25）提供代购交通、影剧、参观等票务服务。

（26）提供市内观光服务、代客照顾儿童服务。

9．安全、卫生、环境要求。(具体内容见评分标准)

10．服务质量要求。(具体内容略)

五星级

1．饭店布局合理，内外装修采用高档、豪华建筑材料，布局合理，外观风格特异，或有突出的风格。

2．有与接待能力相适应的前厅。内装修具有独特风格和豪华气氛。设有与饭店规模、星极相适应的总服务台。

3.客房至少应具备下列设施设备：

（1）至少50间可供出租的房间。

（2）客房装修豪华，有豪华的软垫床、梳妆台、衣橱及衣架、茶几、座椅或沙发、床头多功能控制柜、台灯、床头灯、落地灯等高级配套家具，室内满铺高级地毯，或为优质木板地。采用区域照明且目的物照明度良好。室内面积宽敞。

（3）有卫生间，装有低噪声抽水马桶、梳妆台（配备面盆、梳妆镜）、浴缸并带淋浴喷头，均配有浴帘、晾衣绳。采取有效的防滑措施。卫生间采用豪华建筑材料装修地面、墙面，色调高雅柔和，目的物照明度良好。有良好的排风系统或排风器、110／220V电源插座、电话副机。配有吹风机和体重秤。24小时供应冷热水。

（4）有中央空调，客人可自行调节室温，通风良好。

（5）装有可直拨国内和国际长途电话，并有拨号说明。电话机旁备有说明及市内电话簿。

（6）有彩色电视机，有闭路电视系统和可供选择的调控音响系统。

（7）具备十分有效的防噪声和隔声措施。

（8）有内窗帘及外层遮光窗帘。

（9）有适量的套房及有特色的豪华套房。

（10）有适量的单人间。

（11）有与饭店本身星级相适应的文具用品。

4．有与客房接待能力相适应的布局合理、装饰独具风格的中餐厅、西餐厅、咖啡厅和大宴会厅。

5．有布局合理、装饰高雅、具有特色的酒吧。

6．厨房设施至少应具备下列设施设备：

（1）墙面满铺瓷砖，用防滑材料满铺地面。

（2）冷菜间与热菜间分开，并有充足的冷库。洗碗间位置合理。厨房有专门放置临时垃圾的设施。厨房温度适宜，有充足的排风设施。厨房与餐厅之间有起隔声、隔热和隔气味作用的进出分开的弹簧门。

7．公共区域设施设备：

（1）有停车场。

（2）有与接待能力相适应的高质量客用电梯，轿箱装修高雅，并有服务电梯。

（3）有空调。

（4）有背景音乐系统。

（5）在适当位置设店内直通电话及可拨通市内的公用电话，备有市内电话簿。

（6）设有存衣处。

（7）在公共场所分设供男、女宾客使用的卫生间。

（8）有应急供电专用线和自备发电系统。

（9）门厅有残疾人出入坡道，有专为残疾人服务的客房，该房间内设备能满足残疾人生活起居的一般要求。

（10）有舞厅。

（11）有健身房。

（12）有按摩室。

（13）有桑拿浴室或蒸汽浴室。

（14）有游泳池。

（15）一般要有网球场。

（16）设商场。

（17）设装饰高级的理发室和美容室（两者可兼用）。

（18）设商务中心。

（19）设公共休息处。

（20）设小书亭或书店。

（21）一般要设小型鲜花亭或鲜花店。

（22）设有适量的会议场所。

（23）有多功能厅。

（24）设符合规范的公共信息图形符号和标志。

8．服务项目：

（1）设门卫应接员，24小时迎送客人。

（2）有专职行李员、专用行李车，24小时为客人搬运行李到房间。有小件行李存放服务。

（3）总服务台有中英文标志，分区段设置接待、问询、预订、结账，24小时有工作人员候命提供服务，提供留言服务。提供一次性总账单结账服务（商品除外）。18小时提供外币兑换服务。有高级全套预订系统，可通过传真等设备24小时直接接受国内和国际客房、宴会预订，并能代订国内其他饭店客房。

（4）设由服务人员和客人同时开启的贵重物品保险箱。

（5）饭店设值班经理，24小时接待客人。

（6）设大堂经理，24小时在前厅服务。

（7）提供店内范围寻人服务。

（8）提供代客预订和安排出租汽车服务。

（9）为残疾人提供特殊服务。

（10）能用两种以上外语（英语为必备语种）服务。各种指标、服务用文字至少用中英文同时表示。

（11）总服务台提供饭店服务项目宣传品、饭店价目表、中英文本市交通图、全国旅游交通图、本市和全国旅游风景点介绍、各种交通工具时刻表、与住店宾客相适应的报刊。

（12）有信用卡服务。

（13）客房、卫生间每天全面整理一次，每日更换床单和枕套。客用品和消耗品补充齐全，并应客人要求随时进房清扫整理，补充客用品和消耗品。提供开夜床服务，放置晚安卡。24小时提供冷热饮用水及冰块供应，并免费提供茶叶。客房内设微型酒吧（包括小冰箱），提供充足饮料，并在适当位置放置烈性酒，备有饮酒器具及酒单。客人在房间会客，可应要求提供加椅和茶水服务。

（14）能用三种或三种以上外语（其中一种是英语）为客人接通国内、国际长途电话及电话服务。

（15）提供衣装干洗、湿洗、熨烫、修补服务，并可24小时内交还客人。

（16）提供叫醒服务。

（17）备有送餐菜单、饮料单，24小时提供房内中西式早餐、正餐服务，菜式品种不少于10种，饮料品种不少于8种，甜食不少于6种，并有可挂置门外的送餐牌。

（18）有闭路电视演播，并备节目单，播放内容符合中国政府规定。有两个闭路频道，每日不少于两次播放，晚间结束播放时间不早于24时。

（19）提供擦鞋服务。

（20）有饭店服务指南、价目表、住宿规章、本市旅游风景点介绍、本市旅游交通图、与住店宾客相适应的报刊。

（21）提供三种以上风味中餐和高级西式正餐。晚餐营业时间最后叫菜不早于22时。有酒吧服务，晚间营业时间一般至凌晨2时。咖啡厅（或有一餐厅）24小时营业。能提供自助早餐和自助正餐。提供不少于两种风味餐和中式宴会服务、西式鸡尾酒会、冷餐会及宴会服务。餐厅主管、领班及服务员能用流利的英语服务。餐厅能提供不少于3种外文的服务。

（22）设小型医务室。

（23）出售旅行日常用品、旅游纪念品、工艺品等商品。

（24）除有三星级饭店所述服务项目外，城市旅游商业型饭店提供打字、翻译、秘书等服务。

（25）能提供代购交通、影剧、参观等票务服务。

（26）提供市内观光服务、代客照顾儿童服务。

9．安全、卫生、环境要求。（具体内容见评分标准）

10．服务质量要求。（具体内容略）

第 14 章

餐饮空间室内设计

第一节　餐饮文化与经营创意

一、餐饮空间的文化内涵

中国饮食文化具有悠久的历史，被世人称为“烹调王国”，我国的烹调技艺和饮食美学丰富了世界文化宝库，是人类文明的瑰宝。中华饮食被称之为“食文化”，历来重视餐饮环境和氛围。在两宋时期，市井饮食文化发展到高峰，在著名的《清明上河图》中可以看到，京城大道旁茶坊、酒楼、餐馆都十分重视装饰门面，精心布置厅堂雅室，给人以舒适之感。

当今，随着人们生活水平的提高，中国城市餐饮的消费观念已从充饥型逐步转向享受型、休闲型。餐饮空间已不仅仅是吃饭的场所，在某种程度上，它已经成为人们进行社会交往的场所，它体现了人的身份、地位及品味。目前，各类餐饮空间的数量众多，如何能体现出自己的特点而不湮没于其中，这就要求餐饮空间环境与氛围应具有相应的文化和文明的内涵、优雅、温馨、舒适，让顾客能受情调的感染，心情放松，享受生活，体现人们更高层次的精神文化需求。这样能够引起顾客的兴趣并与之产生情感上的呼应，空间造型设计围绕文化主题，加入设计特点，使餐饮空间风格化、个性化。

餐饮空间的使用和设计也受全球化的影响，餐饮空间设计文化已成为世界性共享的一种时尚文化，也成了餐饮空间的灵魂和支柱。在餐饮空间的装饰中运用某种文化特有的元素符号，突出其文化特质，给消费者留下更深刻的印象以及想象的空间，如类似麦当劳、肯德基等国际连锁店。所以，每一个成功的餐饮空间都具备有反映自己特色、个性和精神面貌的文化理念。

餐饮空间的文化性可以体现多角度、多视点，挖掘不同文化、风格的内涵，寻求更多的设计灵感。它可以是一种感觉、一种风格，可以使人产生丰富的创意和联想，把人拉入某种特定的情境中。民族的、地域的、文学主题的、怀旧复古的、高科技的、自然主题的、农家生活的、健康保健的等，都可以通过设计师的独具匠心，深层挖掘主题背后的人文背景，通过巧妙的艺术造型设计手法，选择合适的空间形式、创意陈设和灯光布局表现出来，创造出与众不同的餐饮空间艺术效果。

文化元素的运用并不是简单的模仿，尤其是古典文化风格，往往应该对其要素进行简化、提炼，并运用当今材料，使其既有古典韵味，又具现代感。所以，好的空间设计应该具有时间感和空间感，首先就要理解文化中蕴藏的精髓，造型、色彩、尺度等设计符号的运用，应该体现这个空间所表达的文化环境。就拿北京的中餐厅来说，无论是明清宫廷式（如“仿膳餐厅”）、苏州园林式、唐风，还是各种地方风格，它们的设计都汲取了中华民族几千年文化积淀的养分，它们没有简单地模仿某个年代，而是将文化风格化整为零，通过一个个元素的积累，达到融会贯通的境地，表达了符合中国传统文化的凝重大气或者轻灵飘逸的意境，创造了一个能使现代文明与传统文化共存的环境（图14−1和图14−2）。另外，茶是中国特有的一种文化，茶楼的设计表达的也是一种文化氛围，古色古香，清新雅致，熏人心境。同

图14−1　北京嘉里中心饭店海天阁

图14—2 上海帝龙海鲜坊

图14—3 帕兰朵意大利餐厅

时，它的文化功能和社会经济功能是相辅相成的，茶馆里洽谈的商界人士，朋友相聚，还有各国的老外们，在这里促进了经济、人性和中外文化的交流。

国外餐饮空间设计也是如此，西方欧陆风情餐厅，日本和风、伊斯兰风格及其他各民族的传统特色；还有现代风格设计，各种流派亦繁多，如后现代主义、解构主义、光洁派、高技派等。它们在设计中抓住某种风格流派的特征，从外形到室内空间、装修、陈设、家具，都能连贯体现这一风格流派，该餐饮建筑便有了明显的个性特征，具有了特定的文化氛围，令人耳目一新。（图14—3）

采用何种文化、风格应与其餐饮店的经营内容相吻合，饮食与环境相互烘托，方能相得益彰，如伊斯兰风格的餐厅应经营清真风味，和风餐厅应是经营日本料理的餐饮，“马克西姆餐厅”经营正宗法式西餐，等等。如果建筑形式、风格与餐馆风味大相径庭，环境氛围与餐饮不配套，将是失败的，就好比在中国传统建筑风格的餐馆里吃西餐，肯定让人感到此处西餐不正宗。

因此，在餐饮空间飞速发展的过程中，对文化的需求越来越强烈，没有主题思想和文化基础的就餐环境空间，就失去了精神和灵魂。目前，文化已被商家们作为一种赢利的手段，在社会经济中广泛运用，所以，经营者们需要对其环境空间不断地创新，寻找独特的文化理念，为消费者提供独具个性的文化滋养，从而创造自己的品牌，在社会上长久立足。

二、餐饮空间设计的构思和创意

1.“主题餐厅”设计

伴随着日益复杂的顾客群体需求的不断变化，空间的设计表达必然要加入餐饮主题风格，突出其个性化和多样化的特点，进而满足多种人群的需要，达到艺术饮食与饮食艺术的一种完美结合。

餐饮空间的主题性设计就是用就餐空间环境表达其中心思想和经营理念，这也是其市场定位和服务定位的一种表现。该设计要善于观察和分析各种社会需求及人的社会文化心理。由此出发，确定一个能为人喜爱和欣赏的文化主题，围绕既定的设计理念来营造整个餐饮环境的经营气氛，从餐饮空间内的装饰材料、装饰色彩、陈设、空间造型到服务和菜品等都为该主题服务，使主题成为顾客容易识别其他餐饮空间的特征。那么，这一餐饮店一定富有特色，独具魅力。

上海有家沪江特快餐厅，它的主题是上海故事。在这个不大的空间里，浓缩了上海各个时期的风土人情。置身其中，就好像时空逆转，墙上的壁画是半厅里最主要的装饰物，它以时间为线索，把上海的发展历程展示在每一位客人的眼前，从渔村的崛起到上海开埠，从十里洋场的繁华到新时代的振兴。通过这一组组壁画，你就可以欣赏到上海的段段历史。（图14—4）

图14—4 沪江特快餐厅

餐饮空间主题性营造的表现意念十分丰富，社会风俗、风土人情、传统文化、自然环境、人性化空间设计等各方面的题材都是设计的源泉，只要充分发挥想象力，与业主共同策划，以“奇”制胜，以特色制胜，好的主题餐厅让人产生惊喜感、陌生感和新鲜感，从而达到吸引顾客的目的。

2．餐饮与娱乐结合

餐饮文化本身包含了物质文化和精神文化两大类，“餐饮+娱乐”自然就应运而生了。今天，人们对餐饮已从单纯的生理需求，转变为将餐饮作为一种休闲、消遣和享受。它满足人们的不同需求，把餐饮与游玩、娱乐结合，让人们在娱乐中体验餐饮的乐趣，也方便了人们的游玩，突出了人性化、个性化和多样化的经营理念。

在北京龙潭湖公园西侧，有家“京华食苑”，门前有高高竖起的一根仿古大旗杆，一座仿宋的大牌楼，一只高3.18m、长4.58m的硕大的铜雕大茶汤壶，烘托出老北京喜闻乐见的民俗风情，成为京华食苑环境特色的鲜明标志。食苑里有三座仿古亭台，亭下是三个老北京的大型烤肉的炙子台，客人围着炙子台，脚蹬长条板凳，一手把酒，一手舞动二尺长的粗筷子自已烤肉吃，炉内红火熊熊，食客汗发酒酣，为已经失传多年的老北京人这种“武吃”烤肉的方式提供场所，别有一番情趣。在食苑里，人们可享受到在大枫树下、龙船上或四面环水的水榭中就餐的乐趣，食苑还将餐饮与垂钓结合，客人垂钓所获，餐厅当即给予烹制，令客人其乐融融。

其实，“餐饮+娱乐”这一观念早在20多年前已在欧美产生，当时在加拿大出现了世界上第一家“运动休闲式餐厅”，将餐饮与运动、休闲结合。人们喜欢多元化，希望生活丰富多彩。因此，把餐饮这一享乐方式与其他娱乐方式综合到一起，正好迎合了人们喜欢多样化，追求新颖、方便、舒适的美好生活的愿望。

3．经营的创意

餐饮空间具有一定的商业属性，在餐饮经营上搞创意，都是业主试图别出心裁，用各种花样来取悦顾客的方法，达到吸引顾客的目的。在这方面，由于与经营有关，首先要靠经营者策划，但设计者对这一策划要加以充实和发挥，通过设计为业主的特色经营提供充分施展的环境和场所，并烘托出相应的情调和氛围。

俗话说，不怕千招会，只怕一招鲜。一招鲜，吃遍天。根据不同的受众群体，也可以运用高科技手段，使餐饮空间和餐饮过程新奇、刺激，满足年轻人喜欢猎奇和追求刺激的欲望。只要能够给人以某种新鲜感，就能对消费者产生巨大的吸引力。洛杉矶有家麦当劳快餐店，坐席被设计得像宇宙飞船一样，只要对正前方，就能看到一幅一米见方的屏幕；一旦客满，室内就会变暗，接着就会传来播音员的声音，“宇宙飞船就要发射了”；同时，椅子自动向后倾，屏幕上映现出宇宙中的种种景色，共持续8分钟，顾客可以一边吃汉堡包，一边体验宇宙旅行。据报道，这家麦当劳快餐店做了这样的设计后，使自己的营业额增加了35%。此外，还有诸如动物服务餐厅、机器人服务餐厅、矮人餐厅、海盗餐厅、绿林好汉餐厅、恐怖餐厅、倒立餐厅等形式的餐厅，所有这些，目的都是利用人们的好奇心来吸引客人。

韩国的冰吧，别出心裁，在炎炎夏日给人们带来清凉，冰吧内外是两个截然不同的世界，一个38℃高温，一个却是保持在−10℃以下，更奇特的是冰吧中的餐具居然是用冰雕刻而成的！这种给人们带来新奇的感受，这样充满奇特而又是避暑的好地方，人们怎能不争先恐后地去呢？

最近几年，在伦敦、巴黎、旧金山、香港、新加坡、曼谷等许多地方，不断涌现的电脑酒吧，正在成为新潮一族感受时代脉搏和引导生活方式的新场所。电脑酒吧的餐桌上都装备有电脑，餐台也是经过特制的，一张餐台由高低两张桌面组成，一张桌面用来放食物和饮料，另一桌面用来放电脑、键盘及鼠标等。酒吧中的电脑是内部联网的，因此，顾客可以坐在餐桌前，通过电脑与邻座进行“无声”的交流。而更让顾客心驰神往的是，这里的电脑还联结着四通八达的国际互联网，顾客们可以一面畅饮，一面在网络中进行足不出户的世界之游。

另外，人们对信息的需求日益强烈，因此，有些餐饮企业为适应这种需求，开办了各种各样的信息餐厅，提供各具特色的信息服务，以此来招揽顾客，促进餐饮产品的销售。例如，福建泉州建福大厦推出了新颖的“新闻早茶”服务，颇受广大消费者的青睐。在这里，每位顾客仅需花上十多块钱，就可悠闲自得地品茶、看报、吃自助餐。自助餐品种繁多，任你选择，还有近十种报纸随你翻阅。此外，大厅的显眼处还设有大屏幕彩电，连续播送早间新闻和股市行情等。

凡此种种，都是餐饮业经营者从人性化出发，为满足人们多元化的需求做出的经营上的创意，给人们创造更好的环境氛围，提供更周到的服务、更形式化的场所和更丰富的饮食选择。

第二节 餐饮空间室内设计

一个成功的餐饮空间室内设计，能给顾客以良好的心理感受，同时，也体现了其档次和品位。餐饮空间室内设计主要由四方面组成：①空间设计；②界面设计；③家具与陈设设计；④光与色的设计。在这四方面中，空间设计是整个室内设计的基础，它强调的是先进行空间的划分与组织；界面设计是指对围合和划分空间的实体进行具体设计，即根据空间的不同限定要求和对围合、渗透的不同需要，来设计实体的形式和通透程度，并根据构思的需要来设定实体表面的材质、质感与色彩；在空间设计和界面设计的基础上，进行家具和陈设设计，界面、家具和陈设都是营造环境气氛的重要手段；至于光与色的设计，则贯穿于室内设计的全过程，设计自始至终与界面设计、家具与陈设设计、色光设计等同步进行。这四部分设计的关系紧密，相互影响，往往在相互穿插、不断调整中方能使室内设计逐步趋于完善。当然，统领这四部分设计的灵魂是构思与创意，由于构思和创意的不同，上述四方面的设计会迥然不同。只有有了好的构思与创意，并始终贯穿于设计中，方能创造出良好的室内餐饮环境，营造独特的氛围和情调。

以上四方面是餐饮空间室内设计的基础，在本课程的学习中要结合实例进行学习。另外，餐饮空间的划分有多种形式，我们从使用功能上可以分为中西餐厅、多功能宴会厅、特色餐厅、情调餐厅、风味餐厅、快餐馆等，在设计时要根据不同的餐饮空间性质把握设计要点。

一、餐饮空间设计的原则

1.空间设计必须满足功能要求

餐饮空间设计必须具有实用性。这是设计的基本原理，只有符合人的根本需求，才能运用于实际。因此，划分的餐饮空间的大小、形式及空间之间的组合，必须注重空间设计的合理性，尤其要注意满足各类餐桌椅的布置和各种通道的尺寸，以及送餐流程的便捷合理，才能满足餐饮活动的需求。如图14-5标明了餐厅每座的最小使用面积。

餐厅与饮食厅每座最小使用面积

等级	类别		等级	类别	
	餐饮餐厅（m^2/座）	饮食店饮食厅（m^2/座）		餐饮餐厅（m^2/座）	饮食店饮食厅（m^2/座）
一	1.30	1.30	三	1.00	1.00
二	1.10	1.10			

《建筑设计资料集》第5集“饮食建筑”中确定了餐馆的每座的面积指标为：

一级餐馆：4.5m^2/座。

二级餐馆：3.6 m^2/座。

三级餐馆：2.8 m^2/座。

图14-5 餐厅每座最小使用面积

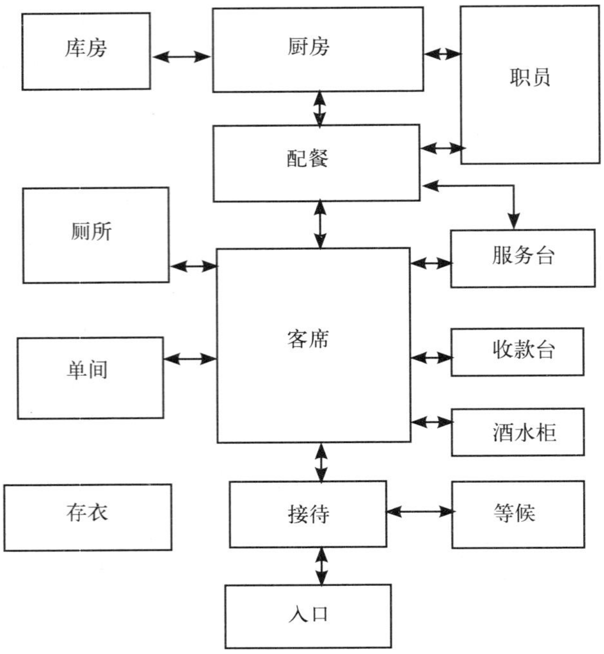

图14—6 餐饮空间功能分析

同时，要从消费者的饮食角度出发，按照视觉舒适性要求进行空间形态的设计、空间界面装修、景观与陈设设计；按照环境氛围选择背景音乐；按照人的嗅觉和触觉，组织排气通风和空调的设计；按照人心理和生理的安全界限，选择护栏设计和消防设计等。这样的设计才是符合其功能需要的空间设计。

从餐饮空间的组成及功能分析图中可以看到，图14—6中餐饮营业区仅仅是餐饮空间面积中的主要部分，其他设施如厨房也是不可忽视的重要环节。在《饮食建筑设计规范》中详细规定了不同规模的餐馆面积分配指数，附下表（表14—1）给予参考。

另外，在餐饮空间设计中，要针对不同性质的空间运用不同的设计方法，塑造合适的环境气氛，我们以两个不同餐饮功能空间为例来了解设计要素的特点。例如，酒吧的设计，它是以休闲功能为主要目的的餐饮空间，所以其行为特点是轻松的、随意的。整体设计中注重光和色的设计要素，大多采用低照度暖色体系，主要营造一种亲切而不失欢乐的设计风格。风味餐饮空间的

表14—1　　不同规模的餐饮面积分配参考表

级　别	分　项	每座面积 m^2	比　例 %	规　模（座） 100	200	400	600	800～1000
一级餐馆	总建筑面积	4.50	100	450	900	1800	2700	3600
	餐　厅	1.30	29	130	260	520	780	1040
	厨　房	0.95	21	95	190	380	570	760
	辅　助	0.50	11	50	100	200	300	400
	公　用	0.45	10	45	90	180	270	360
	交通结构	1.30	29	130	260	520	780	1040
二级餐馆	总建筑面积	3.60	100	360	720	1440	2160	2880
	餐　厅	1.10	30	110	220	440	660	880
	厨　房	0.79	22	79	158	316	474	632
	辅　助	0.43	12	43	86	172	258	344
	公　用	0.36	10	36	72	144	216	288
	交通结构	0.92	26	92	184	368	552	736
三级餐馆	总建筑面积	2.80	100	280	560	1120	1680	2240
	餐　厅	1.00	36	100	200	400	600	800
	厨　房	0.76	27	76	152	304	456	608
	辅　助	0.34	12	34	68	136	204	272
	公　用	0.14	5	14	28	56	84	112
	交通结构	0.56	20	56	112	224	336	448

设计，主要把握风味的特色特点，如中式(包括川湘菜、粤菜、杨菜、京津菜)、日式、韩式、西餐等，这此功能空间不仅要求饮食口味上有特色，更重在体现空间环境设计上，空间要求通道流畅、幽雅，具有私密性，服务空间大，设计风格要突出其特色。

2．空间设计必须满足工程技术要求

工程技术是整个空间设计的基础。材料和结构是围隔空间的必要的物质技术手段，空间设计必须符合这两者的特性。而声、光、热及空调等技术，又是为空间营造某种氛围和创造舒适的物理环境的手段，因此，在空间设计中，必须为上述各工种设备留出必要的空间并满足其技术要求。

3．餐饮空间形态组合形式丰富

一个良好的就餐空间应该具有丰富的层次感。很难想象，我们在一个未经任何处理、只有均布的餐桌的大厅，即单一空间(如食堂餐厅)里就餐就饮，该是何等单调乏味。如果将这个单一空间重新组织，用一些实体来围合或分隔，将其划分为若干个形态各异、相互流通、互为因错的空间，将会有趣得多。可见，人们厌倦空间形态的单一表现，喜欢空间形态的多样组合，希望获得多彩的空间。因此，餐饮建筑室内设计的第一步是设计或划分出多种形态的餐饮空间，并加以巧妙组合，使其大中有小、小中见大、层次丰富、相互交融，使人置身其中感到有趣和舒适。(图14－7)

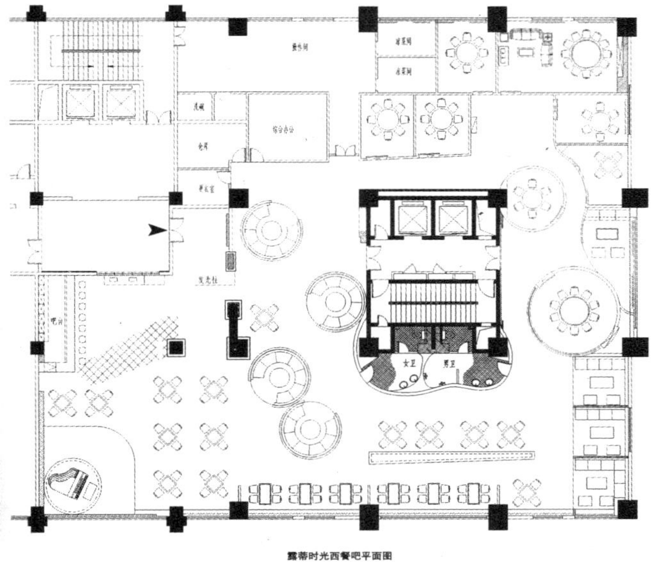

图14－7 郑州露蒂时光西餐吧平面图

二、餐饮空间设计的手法

餐饮空间与其他空间一样，空间的限定是其设计手法中重要的组成部分，对空间也起着一定的视觉引导作用。空间由实体(墙、地面、顶棚、柱、隔断、家具、绿化等)围合而成，这些实体限定了空间的形状与大小，没有实体的限定，空间便不复存在。因此，有必要从实体开始，研究其如何限定空间，有什么规律性。围合空间的实体，其形态可千变万化，式样繁多，但实际上都可归纳为两类，即水平实体(如地面、顶棚)和垂直实体(如墙、列柱、隔断、家具等)，对这两类实体的不同处理和变化，可以造就出形态各异、精彩纷呈的餐饮空间。下面分述这两类实体是如何限定各种空间类型的。

1．水平实体的空间限定

（1）底面对空间限定的方法

要用一个底面从周围地面中限定出一个空间来，这个底面必须在图形上比较特殊，如以一种特别的图案显

图14－8 底面抬起限定空间 上海国际美食百汇餐厅

示出与周围地面的不同，或者在色彩上、质感上有别于四周地面，这个底面便从周围地面中限定出一个特定的空间范围。

如果将一个底面从周围地面中抬起，便从视觉上将该范围从周围地面中分离出来。这种手法常用来在一个大空间里将局部地面抬高以划分不同的餐饮空间，它们在视觉上是流通的，但又增加了空间的层次感（图14—8）。如果将地面的一部分下沉，所下沉的底面如果在材质、色彩、形状等方面与周围地面差别大，则强化这一下沉空间在大空间里的独立性。

将底面抬高或下沉这两种手法，是划分空间的重要手段，在餐饮空间设计中应用十分广泛。它可以将一个大而平淡的餐厅，划分为几个大小不同、形态各异、高低错落的空间组合，这些空间既流通又有变化，富有趣味性。

（2）顶面对空间限定的方法

限定空间的顶面有屋顶、楼板、吊顶、构架、织物软吊顶、光带等。一个顶面限定出它与地面之间的空间范围，该范围的大小由顶面的外边缘所界定。因此，该空间的形式是由顶面的形状、大小及地面以上的高度所决定的。

顶面可以是结构构件本身(屋顶、楼板)（图14—9），也可以从餐饮空间设计的需要出发，在结构以下另加各类顶面，重新限定不同的餐饮空间。在餐饮空间中，常用下降部分顶面的方法，在大空间里营造出小尺度的、温馨的餐饮环境。顶面抬起还可引入自然光，使室内生机盎然。如果将顶面的造型、图案、色彩及质感做不同处理，可以强调餐厅中的某个重点空间，也可以用来导引方向。

2. 垂直实体的空间限定

垂直实体限定空间的形式是多种多样的，常见的有墙、柱、隔断、构架、帷幕、家具、灯具、绿化等。与水平实体相比，垂直实体所限定的空间，其围合感更强些，因为水平实体(底面和顶面)所限定的空间范围，其垂直边缘只是暗示性的，而垂直实体就给空间以明确的垂直界限。垂直实体的形式不同，这个限定产生的围合感强弱亦不同。有的只从心理上划分了空间，如餐厅里的一排柱子，所划分的柱子两侧的空间相互是流通的，人的行为亦不受阻隔；有的在划分空间的同时能阻隔人的行为，如博古架、矮隔断，但空间仍是流通的，视觉是连续的；有的则不仅限制人的行为，还中断了视觉及空间的连续性，如以实墙围隔的雅座间。因此，设计者可按不同的构思需要，设计相应的垂直实体形式，以产生丰富而有层次的空间效果。

垂直实体对餐饮空间围合有着不同的影响，其中包括以下几个方面。

（1）垂直线性实体

垂直线性实体主要是用柱子对空间进行划分，它所限定空间的特点是，与周围空间的关系相互流通，形成一个连续的视觉空间，人的行为亦不受阻隔。(图14—10)

图14—9 利用顶面原结构构件 欧洲餐厅

图14—10 柱子划分空间 Les Cols餐厅

（2）单个垂直面实体

隔断是设置垂直面实体的一种表现手法，其高度不同，对空间产生的围合感亦不同。例如，当垂直面只有60cm左右的高度时，虽然对空间进行了一定的限制，但围护感弱，与周围空间仍保持视觉上的连续性；当垂直面达到齐腰高时，开始产生围护感，但空间在视觉上仍然是流通的（图14－11）；当垂直面达到视线高度时，空间流通感减弱，使顾客获得某种安定感；当垂直面高度超过身高以后，便打断了视觉上的连续性，产生强烈的围护感。

（3）L形布置的两个垂直面实体

两个成L形布置的垂直面实体，便限定出一个空间范围，该范围的两个边缘被这两个面明确界定。在餐厅和饮食店中，常用L形的矮隔断围合各式小餐饮空间，在L形的转角处有强烈的围护感，并有一定私密性。

图14－11 上海某餐厅

图14－12 郑州露蒂时光西餐吧

（4）平行布置的两个垂直面实体

将两个垂直面实体平行布置，便限定了它们之间的空间范围，其两端是开放的，空间具有方向性。（图14－12）

（5）三个垂直面实体成U形布置

U形布置是餐饮空间处理中常用的组织手法。这种布置所限定的空间范围，由于它的三个边缘被明确界定，其后部是封闭的，围合感强，随着这三个垂直面高矮的不同，产生的围合感不同。例如，在餐桌四周的其中三个方向用隔断围合，剩余一侧作为开放端与其余空间流通联系，该餐桌便有了明确的围合感，就餐者心理上具有私密性和安全感，但又能感受到餐厅的整体空间氛围。（图14－13）

图14－13 华神川菜火锅城南山分店

（6）用四个垂直面实体围合空间

这是空间限定方式中最典型、限定度最强的一种形式，空间被垂直实体四面围合，私密感强。由于与相邻空间中断了视觉联系，封闭感强。在四个面中，为使其中一个面在视觉上占主导地位，设计上应使它在尺寸、形式、质感、开洞等方面有别于其余三个面。餐厅中的雅座间、娱乐建筑中的KTV包间等都是四个垂直面实体围合空间的实例。

3．空间的围合与渗透

不同程度的围合感，是由于实体的大小、高低、宽窄、形状以及有无洞口等方面的不同，使人的视线或是被遮挡，或能连续所产生的。如果实体遮挡了人的视线(如隔墙)，无法看到相邻空间，此时的空间特征侧重于围合；但如果视线能越过或透过围合空间的实体(如矮隔断、有洞口的隔断、博古架、列柱)看到相邻空间，空间之间既有分隔，又相互流通，这种空间特征称之为渗透，这种空间富有层次感，趣味性强，私密性减弱。因此，空间的围合和渗透，关键在于垂直实体对视线的连续或遮挡的影响程度。(图14—14)

图14—14 盛华瑄粤菜餐厅

另外，水平实体对围合及渗透也会产生影响，如许多餐厅中运用的植物凉亭，其顶面是透空的构架，上下空间便多了些流通渗透，无论在亭下仰视还是从二层俯视凉亭，视线通透感强，空间层次丰富。

从哲学的角度来看，空间的围合与渗透只是相对而言，渗透是在围合的前提下设法打破封闭感，获得空间的流通，没有围合就衬托不出空间的渗透。两种手法各有特点，如果结合起来，灵活运用，既在围合中获得亲切感，又可避免过于封闭单调。

餐饮空间由于要适应众多客人的不同心理习惯及文化层次，并要适应不同的就餐人群，空间形态必须多样化。合理运用围合与渗透的设计手法，可以使餐饮空间避免单调，力求空间层次丰富，并有趣味性。

三、餐饮空间的平面组合形式

餐厅的平面布置是室内设计的基础，能反映功能的合理性及对空间组合形式的初步构想，需要花费较多的精力对不同方案进行分析比较。如果其空间形式过于单调，那么它给人的感觉将是非常呆板和了无生趣的，所以它应该是多种空间形式的组合变化，这样才能产生层次丰富的视觉效果，引起顾客对它的兴趣。在餐饮空间设计中，比较常见的空间组合形式是集中式、组团式及线式，或是它们的综合与演变。

但是，在运用这几种空间组合形式时，设计师要根据它们各自特点及适应条件、使用要求、场地形状等多种因素综合考虑，在理性分析的基础上进行空间组合设计。有时根据空间需要，也可以综合以上几种组合形式进行设计。

下面结合实例来介绍以上三种常用的空间组合形式。

1．集中式空间组合

集中式空间组合是一种稳定的向心式的餐饮空间组合方式，它由一定数量的次要空间围绕一个大的占主导地位的中心空间构成。这个中心空间一般为规则形式，如圆、方、三角形、正多边形等，而且其大小要大到足以将次要空间集结在其周围。(图14—15)

在餐饮空间中，周围的次要空间一般都将其做成形式不同、大小各异的。设计师可根据场地形状、环境需要及次要空间各自的功能特点进行调整，使空间效果富有变化。入口的设置，由于集中式组合本身没有方向性，一般根据地段及环境需要，选择其中次要空间作为入口，入口设计要有可识别性，其交通流线可为辐射形、环形或螺旋形，但流线都在中心空间内终止。(图

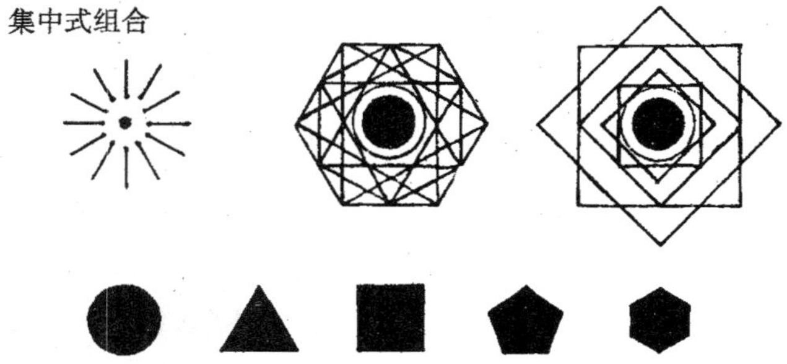

集中式组合，是一种稳定的向心式的构图，它由一定数量的次要空间围绕一个大的占主导地位的中心空间构成。

组合中心的统一空间，一般是规则的形式，在尺寸上要大到足以将次要空间集结在其周围。

图14—15 集中式空间组合

14—16）

在餐饮空间设计中，集中式组合是一种较常运用的空间组合形式。一般将中心空间做成主题空间，作为构思的重点，这样，整个餐馆从饮食文化的角度看，主题明确，个性突出，气氛易于形成。这种空间组合方式是以一定数量的次要空间环绕主导空间向心布置的格局，主导空间一般又是规则的几何形，因此，场地一般要求偏方形，若是狭长地段，往往不易形成向心的效果。

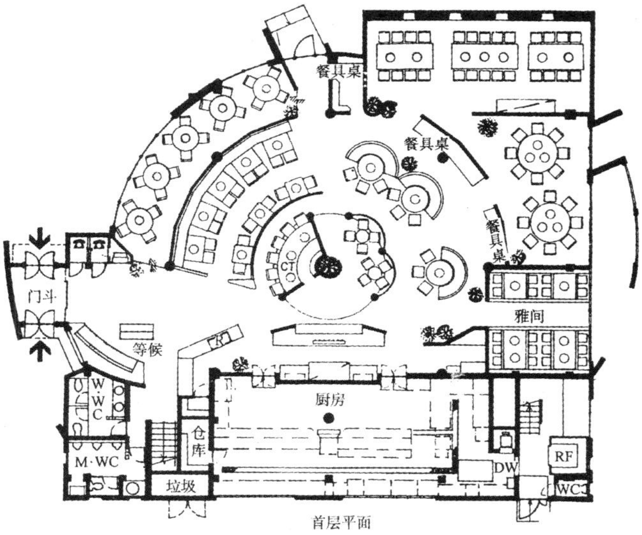

图14—16 集中式空间组合实例

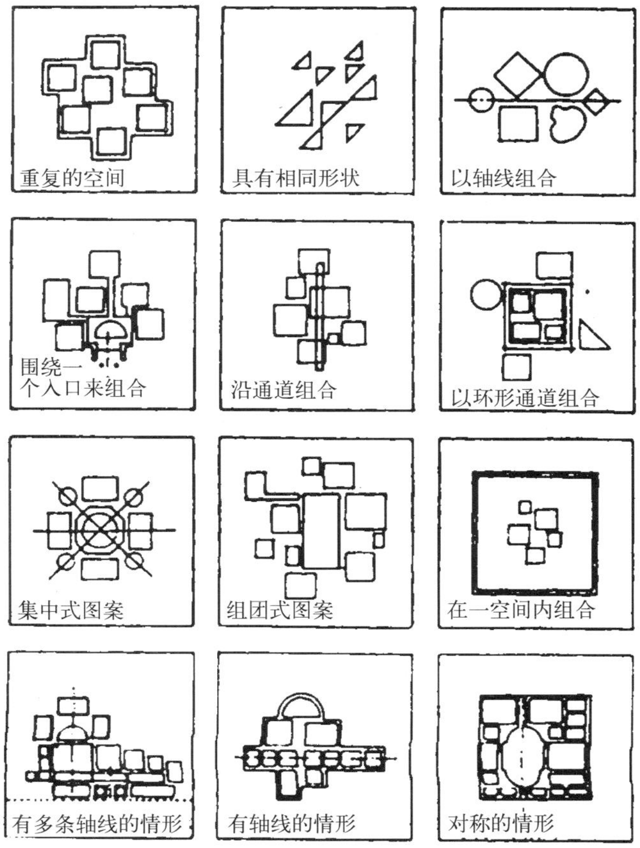

图14—17 组团式空间组合

2. 组团式空间组合

在餐饮空间设计中，组团式组合也是较常用的空间组合形式。它是将若干空间通过紧密连接使它们之间互相联系，或以某空间为轴线使几个空间建立紧密联系的空间组合形式。有时以入口或门厅为中心来组合各餐饮空间，这时入口和门厅成了联系若干餐饮空间的交通枢纽，而餐饮空间之间既可以是互相流通的，又可以是相对独立的。（图14—17）

比较多见的是几个餐饮空间彼此紧密连接成组团式组合，分隔空间的实体大多通透性好，使各空间之间彼此流通，建立联系；也可以沿着一条穿过组团的通道来组合几个餐饮空间，通道可以是直线型、折线型、环形等。

组团式空间组合平面布局灵活，空间组合自由活泼，所组合的各个空间可以有主有次，也可以主次不分，在重要性上大致均衡。其形状大小及功能可以各异，可以随场地、地形变化而进行空间组合。（图14—18）

组团式组合通过紧密连接来使各个空间之间互相联系，通常由重复出现的格式空间。

组团式组合可以将建筑物的入口作为一个点，或者沿着穿过它的一条通道来组合其他空间。这些空间还可成组团式地布置在一个划定的范围内或者空间体积的周围。

由于组团式图形中没有固定的重要位置，因此必须通过图形中的尺寸、形式、朝向，才能显示出某个空间所具有的特别意义。

在对称及有轴线的情况下，可用于加强和统一组团式组合的各个局部，有助于表达某一空间或空间群的重要意义。

3. 线式空间组合

线式空间组合实质上是一个空间序列，可以将参与组合的空间直接逐个串联，也可同时通过一个线性空间来建立联系。线式空间组合易于适应场地及地形条件，“线”既可以是直线、折线，也可以是弧线；可以是水平的，也可以沿地形变幻高低。(图14−19)

当序列中的某个空间需要强调其重要性时，该空间的尺寸及形式要加以变化。也可以通过所处的位置来强调某个空间，往往将一个主导空间置于线式组合的终

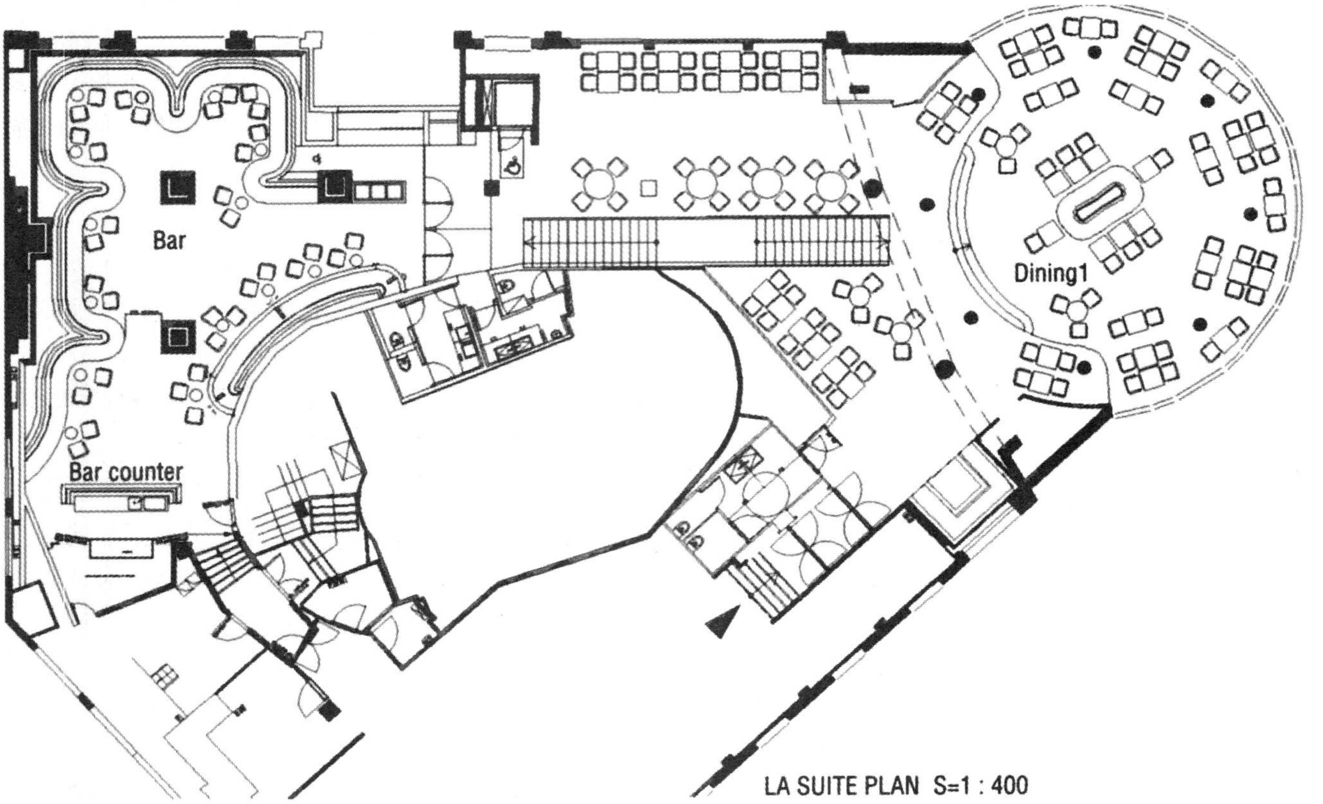

图14−18 组团式空间组合实例

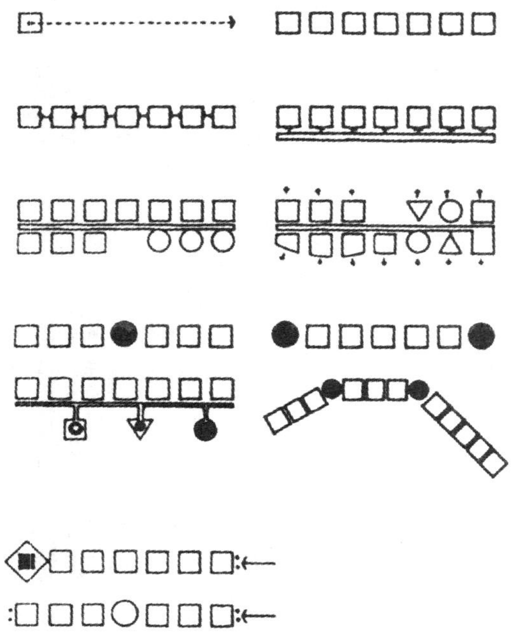

图14−19 线式空间组合

线式空间组合实质上就是一个空间序列。

这些空间既可相互之间逐个连接，也可由一个单独的不同的线式空间来联系。

线式空间组合通常由尺寸、形式和功能都相同（或不相同）的空间重复出现而构成。序列的每个空间都有一个室外开口。

在线式空间组合中，功能方面或者象征方面具有重要性的空间，可以出现在序列的任何一处，以尺寸和形式来表明它们的重要性。

线式空间组合的特征是“长”，因此它表达一种方向性，具有运动、延伸、增长的意味。

图14—20 美国费城的Morimoto餐厅

点。

线式空间组合的特征是空间序列长，有方向性，序列感强。人在连续行进中，从一个空间到另一空间，逐一领略空间的变化，从而形成整体印象。在这里，时间因素对空间序列的影响尤为突出。在餐饮空间中，这种空间组合形式大多用在狭长的地段。（图14—20）

由于餐饮空间是供人们就餐的休闲与社交的公共场所，再加上对餐饮环境欣赏品位的提高，餐饮空间形态应该多样化，层次丰富。设计时要灵活运用上述几种空间组合方法，巧妙组织不同餐饮空间，创造出有个性特色、富有情趣的餐饮环境。

四、餐饮空间家具与陈设设计

1. 餐饮空间家具设计

家具是餐饮空间环境的重要组成部分，对塑造餐饮空间环境起着重要的作用。在各式餐饮空间中，人们借助餐桌、餐椅、吧台等来就餐或展开各种活动。同时，餐饮空间中的家具占地面积要比较大，有时甚至整个厅堂为桌椅所覆盖，因此，家具的造型、色彩和质地在一定程度上左右着餐饮空间的气氛、面貌。

家具的功能体现在物质和精神两个方面。前者，除满足人们就餐就饮及相关后勤操作活动的功能外，还具有分隔空间、组织空间的功能。家具的精神功能在餐厅设计中也很突出，由于家具在餐厅空间中占据很大的分量，客人就餐时，家具又往往成为眼前最直接的视觉感受物，所以餐厅家具成为人们感受环境气氛的首要部位。设计精美、具有艺术性的餐饮家具能陶冶人的审美情趣，体现民族文化，营造特定的环境气氛，还具有调节餐厅室内环境色彩等作用。（图14—21和图14—22）

餐饮空间的家具主要包括餐桌、餐椅、餐柜、咨客台及部分放置装饰品的家具，还有酒柜、收银台、吧台等。它们与餐厅内部环境的各界面和陈设物一起共同作

图14—21 家具调节餐厅环境色彩 上海圆顶餐厅

图14—22 家具体现民族化、风格化 bon餐厅

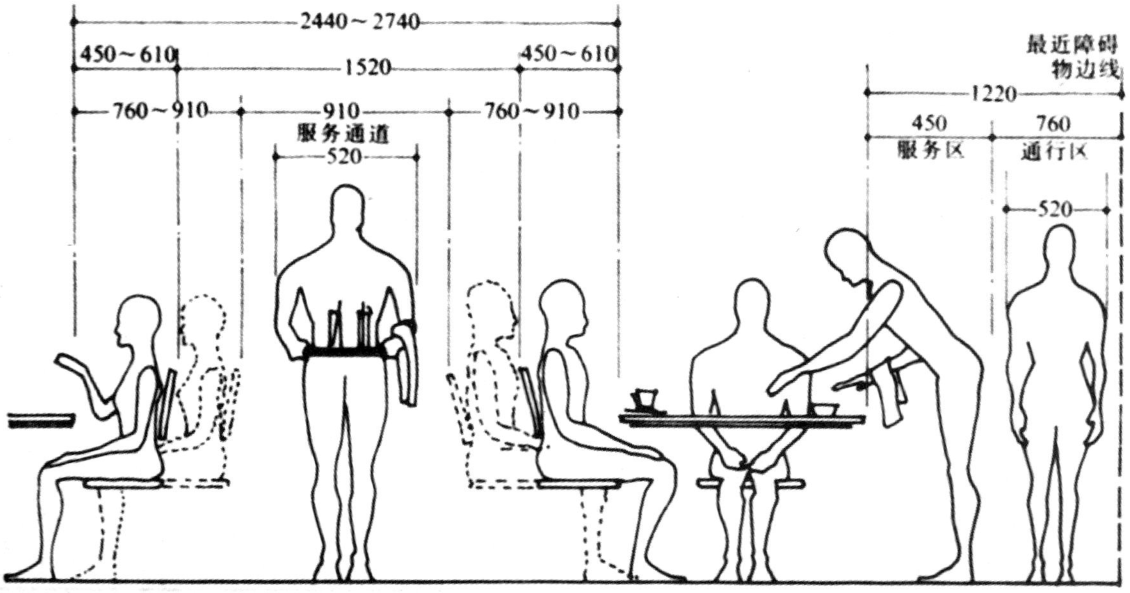

图14—23 服务通道与椅子之间距离

用，相辅相成，构成餐饮空间的整体环境。在具体设计中，首先要考虑人们的饮食需求以及空间的整体环境和特定氛围，来布置家具以及确定家具的式样和风格，让人们在使用它时感到方便、舒适、合理，有利于摆放、组合和便于清洗；同时，要满足人的审美要求，为就餐环境增添艺术美的感受。

中餐厅以圆桌为主，餐桌的布置比较灵活，根据不同建筑空间和设计需要，可有不同摆法。西餐厅以方桌为主，靠墙和隔断处可布置卡座(火车座)，私密感较强。方桌可根据需要拼成长桌，也可方桌、圆桌并存。有些西餐厅提供自助餐服务，自助餐台的摆法分为岛型、线型布置等。

2. 餐座布置要点

餐座的布局要从整体上考虑人的使用要求、人体尺度及行为心理需求。在具体布局中，可根据立意进行多样化的布置方式，但应遵循一定的规律。

（1）秩序感

理性的、有规律的平面布局能产生井然的秩序美，但条理性太强就会单调乏味。所以，设计时要适度把握秩序感，使平面布局既有整体感，又有趣味和变化。

（2）营造边界

这是从人的心理需要出发，给顾客营造可依托的边界，有意识创造个人领域，使个人空间受到庇护。(在本章第四节中将详细说明)

（3）布局灵活

不同性质的餐厅顾客组成不同，餐座的布局要针对主要顾客组成来设计。例如，以商务宴请为主的客源，餐桌多布置为正餐宴请方式，8～10人桌为主，部分为4～6人桌，并应配以雅座间（1～2桌），以示宴请人对宾客的尊重，并使饮宴气氛不受干扰。而快餐店的餐桌布置应为2～4人桌为主，还要设些单人桌，使每组顾客都有自己的个人空间，避免与陌生人同桌共餐。

（4）把握餐座的布置与人体尺度

餐座的设置除考虑人的行为心理外，还必须要符合舒适性，因此，具体布置时要根据人体尺度，考虑客流通行和服务通道的宽度、餐桌周围空间的大小等（图14—23）。不同性质的餐厅要求不一样。例如，酒吧座主要考虑吧台与酒柜之间的工作空间、吧凳间距、高度与搁脚的关系以及与吧台面高度的关系等（图14—24）；

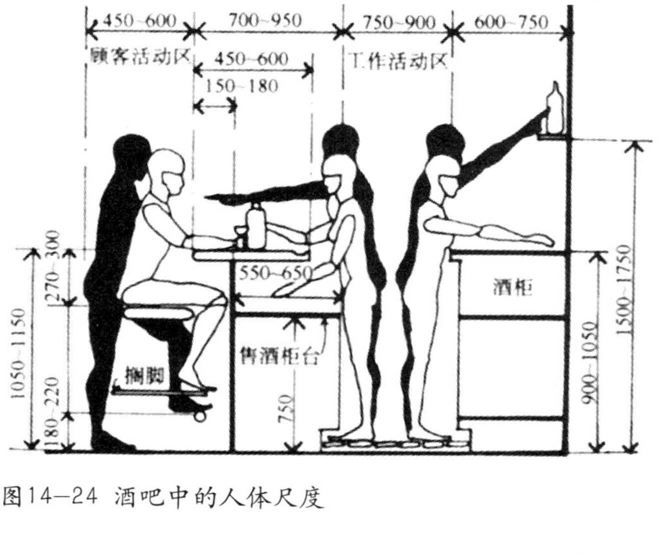

图14—24 酒吧中的人体尺度

自助餐厅还要考虑就餐区与自助菜台之间的距离；特色餐厅包括日本餐厅、韩国餐厅等，空间布局和家具陈设尺度均要按照各国的民族文化和风格特点布置（图14–25）。常用餐厅家具相关尺寸见图14–26和图14–27。

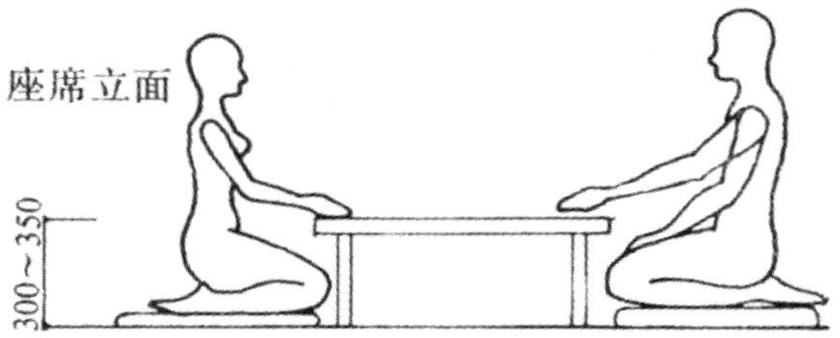

图14–25 日本餐厅餐桌尺度

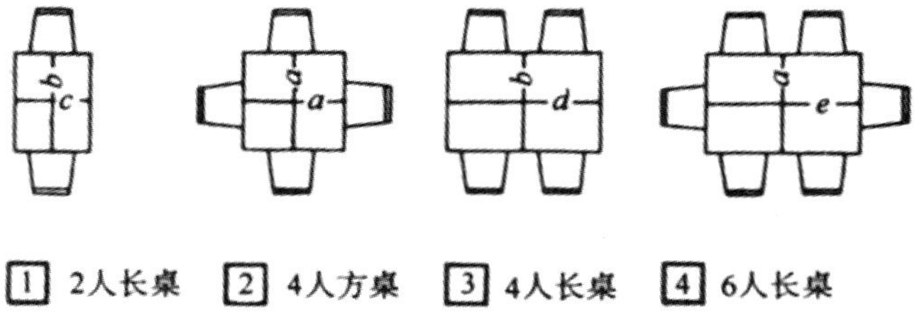

常用餐桌尺寸（单位：mm）

类 型	a	b	c	d	e
进餐	850～1000	800～850	650	≥1300	1400～1500
小吃	750～800	700	600	1000～1200	——

图14–26 常用餐桌尺寸

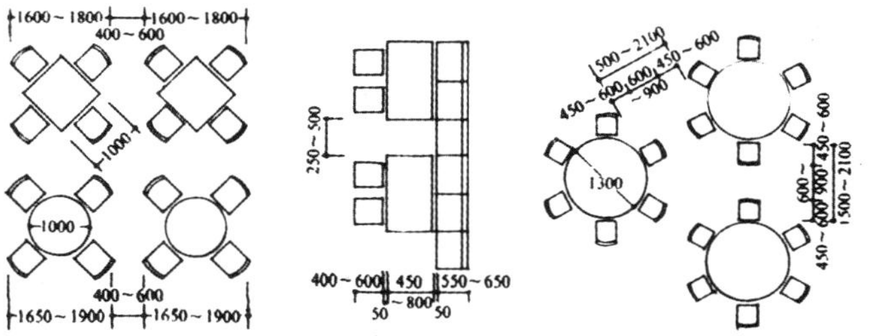

图14–27 座位的布置与尺度

3. 餐饮空间的陈设设计

（1）陈设品的作用与选取原则

餐饮空间内部陈设品的作用，除良好的观赏效果外，其最大作用应在于塑造室内环境的性格品质，烘托出某种特定的文化氛围。从家具的选择、室内色彩、织物、景观等的和谐搭配，到主题装饰物的排列、放置，到绿化的选择与配置，都是在整体构思的指导下，强化主题并营造空间气氛的。例如，有些中式餐厅中装饰有传统的国画或书法，这样大大突出了该空间的个性风

图14–28 龙苑中餐厅

格。（图14–28）

餐饮空间室内陈设用品的范围极其广泛，一般可分为装饰性陈设品和功能性陈设品。装饰性陈设品包括工艺品、书法、绘画、雕刻物、陶瓷、玉器、纪念品和观赏植物等，通常都具有浓郁的艺术情调和装饰效果，在选择上应做到精练，把陈设作为空间设计的一部分考虑，保持空间的整体简约感。功能性陈设品包括餐具、桌布、餐巾、容器、花瓶、烟具、窗帘、灯具等，在满足功能的情况下，强调造型和色彩，兼有观赏性。

陈设品的设计与选取，应着重注意以下原则。

①主题明确，应与餐厅风格相匹配，与餐厅整体构思立意相呼应，尤其是字画和工艺品类陈设物的设置。

②选择陈设品的类型，应注意与墙面、台面及各类室内构件的组合和搭配，刚中有柔、虚中有实，与室内环境相互烘托。

③注重陈设物的造型和色彩，使其与室内色彩协调，又成为室内的点缀。

④注重陈设物的尺度和大小。

⑤注重多种陈设物的构图和相互之间的关系，尽力做到主次分明、轻重有序。

（2）陈设的应用手法

①以陈设强化餐饮空间的品质。餐饮空间的设计主要是营造舒适、优雅的饮食环境，理想的餐饮空间室内

空间环境要靠“实体”的设计加以实现，可以折射出人们某种心灵世界，引起情感上的共鸣。如设计时用装饰物、图案、文字、景物、各种艺术品和纪念物等诱发人们去联想，使人通过知觉去体会、把握其深刻的内涵，产生认识与情感的统一，给人以启示、诱导，增强室内环境的感染力。

用装饰陈设来强化主题，营造氛围，在中国传统风格的餐饮空间设计中表现得尤为突出。例如，使用丰富洗练、朴实高雅的图腾形象和各式图案来体现人们对美好、富庶、吉祥的向往与追求。现代风格的餐厅，也有悬挂风筝、大折扇和民间工艺品的，这种设计流露出潇洒飘逸的气韵，让人感到亲切温馨。灵活运用传统装饰手段，可以使餐厅具有一定的文化内涵。

②以装饰陈设品作为餐厅的主题。随着人们生活品味与格调的提高，餐饮文化备受关注，因为餐厅不仅提供给人们美食，同时更以餐饮空间的整体环境给顾客以视觉、听觉等感觉上的愉悦享受。餐饮空间的装饰品的陈设，要根据各地方的饮食环境风俗、各种餐饮环境不同的功能特点，充分发挥想象力，做到既能够引起食欲，又能反映出该餐厅的主题。一般的设计方法，常常把餐饮的种类与装饰的风格相互配合，关键在于主题的选取与设计手法的巧妙运用。如图14−29所示，获奖作品“郑州一尊皇牛餐厅”在入口前厅利用一对相顾的铜牛作为重点陈设，很好地表现了火锅餐厅的主题。

③不同类型餐饮空间的陈设艺术设计。陈设艺术设计要根据不同类型环境的功能要求，充分发挥想象力，创造富有明显特色的餐饮环境。餐饮环境的类型有宴会厅、中餐厅、西餐厅、风味餐厅、快餐店、家庭酒吧等。

宴会厅环境陈设设计，一定要讲究气势、富丽、华贵、明亮、热烈的氛围，多数在顶棚上采用多种风格、多种空间造型层次与豪华的吸顶灯作为重点陈设。

图14−29 陈设品突出主题 郑州一尊皇牛餐厅

中餐厅环境陈设设计有多种手法，有些以中国传统风格为基调，结合中国传统建筑结构符号，经过提炼塑造出庄严、典雅、敦厚方正的陈设效果；有些可通过应用装饰元素的摆放，呈现出现代与传统交融的境界。

西餐厅环境陈设设计可根据室内设计的风格，或现代，或传统。如古老的柱饰和门窗、优美的铸铁工艺、漂亮的彩绘玻璃及现代派绘画、现代雕塑等作为“西餐厅”的主要陈设内容，并常常配置钢琴、烛台、好看的桌布、豪华餐具等，呈现出宁静、舒适、幽雅的环境气氛，体现西方人的餐饮文明与文化档次。

快餐厅要反映一个“快”字，用餐者不会多停留，更不会对周围景致用心细细品味，所以陈设艺术的手段，也以粗线条、快节奏、明快色彩做简洁的色块装饰为佳。如果用餐人流动较多，一定要在区域划分、矮隔断、墙壁的装饰、家具样式上多下功夫。

风味餐厅比较复杂，要根据地方特点、配餐需求合理设置。而在陈设艺术方面的构思更为重要，要熟悉风味餐厅的独特点，抓住地方风土人情，配合当地绘画、图案、雕塑、陶瓷器皿等特色物件进行巧妙的安排，给就餐者留下深刻美好的回忆。

五、餐饮空间光与色的设计

1．餐饮空间的光环境设计

室内设计师越来越体会到餐饮空间的光环境设计是营造良好空间氛围的重要手段，许多设计公司都配有专职的灯光设计师配合室内设计工作，以加强光在环境中的表现力。恰当的照明方式可以更好地展现空间，表现界面的不同质感和色彩；特别是光具有神奇的艺术魅力，可以营造出独特的氛围和情调，所以光是创造有个性的餐饮空间的有效途径。例如，在设计中，如果能从顶部引入自然光，将具有戏剧性的效果。天然光随着太阳高度角的变化，可在室内产生变幻丰富的光影效果，极具感染力，这是天然光的一种艺术魅力。（图14−30）

空间的设计在充分利用自然光源的基础上，又依赖多层次的人工照明。餐饮空间的灯光设计应注重餐桌上方的照度以及色温的控制，要能还原食物的真实颜色，使顾客用餐时保持愉悦的心情和用餐气氛，设计师应在

图14—30 自然光 四季屋顶花园餐厅

设计实践中多总结经验。

人工光除了实用价值之外，还具有多种艺术价值。例如，光的装饰性，用人工光可以形成光图案、光画、光棚，具有特殊的装饰效果。灯具本身又有很强的装饰性，往往是室内环境的精美点缀（图14—31）。通过控制光的色彩明暗来烘托环境气氛，营造某种情调和氛围，这是人工光环境的最大特色和最有魅力之处。

当然，对于塑造不同餐饮空间的气氛，根据餐饮空间的不同区域，照明度的要求是不同的，可以在某些部位加强或降低灯光照度。例如，酒吧要求室内环境照明度低，这样可以利用局部照明形成趣味以创造不同个性；酒吧后面的工作区和陈列部分则要求有高的局部照明，以吸引人们的注意力并便于操作；还可以在餐桌的上方、吧台以及重点装饰区域加以重点照明，把环境照明和重点照明结合起来，使酒吧产生层次丰富的光影效果。（图14—32）

不同类型的餐饮环境，照明度的要求也不相同，如西餐厅的照明度要低于中餐厅，中餐厅的照明度要低于宴会厅，设计时要充分地注意。以下几种不同类型餐饮空间的灯光设计供大家参考。

（1）多功能宴会厅

多功能宴会厅为宴会和其他功能使用的大型可变化空间，所以在照明选择上应采用二方连续或四方连续的具有装饰性的照明方式。装饰风格要与整体风格协调，为了适应各种功能要求，可安装调光器。

图14—31 灯作装饰 长城饭店

图14—32 酒吧照明 美丽岛葡国餐厅

（2）风味餐厅

风味餐厅是为顾客提供具有地方特色菜肴的餐厅，相应的室内环境也应具有地方特色。在照明设计上可采用以下几种方法：采用具有民族特色的灯具；利用当地材料进行灯具设计；利用当地特殊的照明方法；照明与建筑结合起来，以突出室内的特色装饰。

（3）特色餐厅、情调餐厅

这类餐厅的室内环境不受菜肴特点所限，环境设计应考虑给人何种感觉和气氛。为达到这种目的，照明可采用多种形式。

（4）快餐厅

快餐厅的照明可以多种多样。建筑化照明的各种照明灯具、装饰照明及广告照明等，都可运用，但在设计时要考虑与环境及顾客心理相协调。一般快餐厅照明应采用简练而现代化的形式。

2．餐饮空间的色彩设计

众所周知，色彩在情感表达方面给人非常鲜明而直观的视觉印象，它不仅影响着人的心理和生理感受，同时左右着整个餐厅的环境气氛。关于色彩原理在这里就不再做过多解释。

色彩环境作为室内环境气氛创造的重要因素之一，在设计中要注意色彩的统一与变化，应注意统一而不单调，丰富而不零乱，讲究整体色彩设计，同时处理好对比与协调的相对关系。室内色彩一般多遵循上浅下深的原则来处理，自上而下，顶棚最浅，墙面稍深，护墙更深，踢脚板与地面最深，这样上轻下重，稳定感好。例如，餐厅、酒吧的室内空间有大小之分，小型餐厅及酒吧的室内色彩应沉着，给人一种私密性气氛，照明也不宜太亮，色调应以中性色和暖色为主。大型的餐厅、宴会厅色彩应明朗、欢快，与照明采光相配合，使其既金碧辉煌又舒心悦目。

另外，色彩拥有情感特征，它能够引起人们的联想与回忆，从而达到唤起人们情感的目的。图14-33是一个以材料及色彩为主题的餐厅设计，整个设计充分注意到人在环境中的心理特征，整个空间流畅简练，显得洁净而富有生气，有活力的色彩让人感觉到一种童年般的梦幻。

3．材质对空间环境的影响

餐饮空间的内部形象给人的感觉如何，在很大程度上取决于装饰材料的选用。每种材料都具有特殊的潜能，若能够准确地把握材料的特性，并加以巧妙运用，就能创造出完美的室内空间。

任何一种材料都具有与众不同的色彩与质感。自然的材料给人的感觉接近大自然，纹理优美，色泽宜人。有的朴实无华，有的高贵典雅，如果运用得当、构思巧妙，将会产生无穷的意味。人工材料简洁明快、精致细腻，能创造出机械美、几何美，也往往很有秩序感。材料的质感可以归纳为粗犷与细腻、粗糙与光滑、温暖与寒冷、华丽与朴素、沉重与轻巧、坚硬与柔软、刚劲与柔和等基本感觉形态。

一个餐厅设计的成功与否，不在于单纯追求昂贵的材料，而在于依据构思合理选用、组织和搭配材料。昂贵的材料固然能以显示其价值的方法表达富丽豪华的特色，而平凡的材料同样可以创造出幽雅、独特的意境。天然材料中的木、竹、藤、麻、棉等材料给人们以亲切感，餐厅室内采用显示纹理的木材、藤竹家具、草编铺地以及粗略加工的墙体面材，粗犷自然，富有情趣，使人有回归自然之感（图14-34），可以表达朴素无华的传统气息和自然情调，表现出浓浓的乡村风情，营造温馨、宜人的就餐环境。如茶馆的设计，通常情况下都会

图14-33 色彩营造餐厅气氛

图14-34 自然材质的运用 韩国SABOY宾馆餐厅

运用大量的木材，来表现其宁静自然、清新宜人的深远意境。

室内装修材料一般都比较细腻、光洁，但它们的细腻程度、坚实程度、纹理粗细和分块的大小等是各不相同的。它们有的适合于做顶棚，有的适合于做墙面，有的适合于做地面，有的适合于做装饰。如何把具有不同质感的材料结合在一起，并利用其粗细、坚柔及纹理等各方面的对比和变化，是空间设计的关键。

第三节 餐饮空间室内界面设计

餐饮空间室内界面设计是指对围合和划分空间的实体进行具体设计，即根据对空间的限定要求和对围合与渗透的不同需求，来设计实体的形式和通透程度，并根据整体构思所需，来设计界面的造型、色彩、质感、界面的艺术气质及装饰性。界面设计对室内环境气氛的创造有直接影响，是整体环境设计的最主要部分。这里的“界面”指空间中的一切以“面”的形式出现的形体，包括实面和虚面。除了隔墙、隔断、天花、地面之外，屏风、帐幔、镜面、绿化、水体、栏杆等都是空间界面的重要组成部分。（图14—35）

图14—35 绿化和水体组成空间界面 一品鱼翅餐厅

界面是表达构思的载体，不同的构思产生不同的界面艺术形式，进而形成不同的餐饮空间氛围。界面之间需要相互呼应，以某一个界面为主体，结合空间划分，灯光、陈设为相同的设计构思服务，不能各自为主，主次不分。界面设计要注意界面本身的形状、比例、图案、边缘处理以及界面交界处的细部处理，同时要考虑界面的色彩处理，做到统一而不单调，丰富而不凌乱，讲究整体色彩设计并处理好对比与协调的关系。另外，界面材料的质地和纹理有助于空间风格的形成。而且不同民族和不同地域都有各自的文化特征，设计师通过界面设计可以创造出某种构想的环境和体现某种风格，可以营造特定的氛围，使客人在享用美食的同时，感受独特的餐饮文化氛围。

一、界面设计的内容

界面设计主要由三部分组成：界面造型设计、界面色彩设计、界面材料与质感设计。界面的设计要服从空间设计，在具体设计中，因为室内空间环境气氛的要求不同，构思立意不同，材料、设备、施工工艺等技术条件不同，界面设计的表现内容和手法也多种多样。例如，表现结构体系与构件构成的技术美，表现界面材料的质地与纹理，利用界面凹凸漏空变化的造型特点与光影变化形成独特效果，表现界面色彩和色彩构成，强调界面图案设计与重点装饰等。界面设计对室内环境气氛的创造有直接影响，是整体环境设计的最主要部分。总之，界面的设计不仅仅是一般室内装修所指的表面处理，更重要的是如何同整体环境气氛设计有机地结合起来，使空间设计更富深层次的意味。

二、顶棚、地面、墙面的设计

空间是顶棚、地面、墙面等界面围合而成的，在餐饮空间中还常有隔断、屏风、悬挂物等，处理好这些要素，不仅可以表现空间的特性，而且还能加强空间的意境和气氛。

在空间中，顶棚和地面是形成空间的两个水平面，顶棚是顶界面，地面是底界面。地面因其涉及的工程技

图14—36 顶棚的主次关系 龙苑中餐厅

术方面的因素比较少，处理相对来说比较简单，应多考虑其具体的形式、材质以及表面的图案等。顶棚的处理则比较复杂，这是由于顶棚和结构的关系比较密切，在处理顶棚时不能不考虑到结构形式的影响。另外，顶棚又是各种灯具所依附的地方，在一些设备较完善的餐馆中，还要设置各种空调系统的送、回风孔，消防系统的烟感器、喷淋头，背景音响的喇叭口等，这些在顶棚的设计中都应给予妥善的处理。墙面、柱子用来承重，一般情况下形式比较固定，但有时因功能或造型需要也往往设计成斜墙、弧形墙、断裂墙和变形柱等。隔断的处理在餐饮建筑中最为灵活，且形式变化多样。界面的处理虽然不可避免地要涉及很多具体的细节问题，但首先应从建筑空间整体效果的完整统一出发，才不至于杂乱无章。

1. 顶棚设计

顶棚给人以强烈的视觉冲击力，最能反映空间的形态及关系。有些建筑空间单纯依靠墙或柱，很难明确地界定出空间的形状、范围以及各部分空间之间的关系，但通过顶棚的处理则可以使这些关系明确起来。另外，通过顶棚处理还可以达到建立秩序，克服凌乱、散漫，分清主从，突出重点和中心等多种目的。

通过顶棚处理可以建立主从关系（图14—36）。在一些设置柱子的大厅中，空间往往被分隔成若干部分，这些部分本身可能因为大小不同而呈现出一定的主从关系。若在顶棚处理上再做相应的处理，这种关系则可以得到进一步加强。利用空间的透视感可以加强空间的博大感和深远感（图14—37），还可以把人的注意力引导至某个确定的方向，或加强空间的序列感（图14—38）。

在条件允许的情况下，顶棚的处理应当和结构巧妙地相结合。例如，在一些传统的建筑形式中，顶棚处理多是在梁板结构的基础上进行加工，并充分利用结构构件起装饰作用。近现代建筑所运用的新型结构，有的很轻巧美观，有的其构件所组成的图案具有强烈的韵律感，这样的结构形式即使不加任何处理，也可以成为很美的顶棚。

图14—37 深远感 上海餐厅昆仑饭店

图14—38 序列感 北京东方君悦大酒

图14—39 强调顶棚的造型 Las Vegas餐厅

对于餐厅顶棚设计，设计者应根据餐厅空间的构思立意综合考虑建筑的结构形式、设备要求、技术条件等，来确定相应的顶棚形式和处理手法，通过对顶棚的深入设计，为空间环境增色。顶棚的处理随餐厅空间特点的不同，有各式各样的处理手法，一般可归纳为显露结构式、掩盖结构式、图案装饰式、天窗式等。从具体处理手法上，大体可分为以下几种顶棚的类型。

①具有自然采光功能的顶棚。这种类型的顶棚一般采用在钢结构或铝合金结构上做玻璃顶光。由于有大面积的顶光，餐饮空间明亮、开朗，同时还能节约能源。设计多注重结构形式。

②模仿自然的顶棚。

③利用灯具造型的顶棚。这种顶棚本身一般比较简洁，而以灯具造型作为顶棚的重点点缀，装饰效果好，既有重点又解决了照明问题。

④结合灯槽、光棚、光带的顶棚。顶棚的分格、分区处理结合光带、光棚是顶棚处理较常见的手法，不仅使顶棚富有变化和层次，同时也解决了照明问题。

⑤强调造型和图案。这种顶棚采用一定的母题或几何形在顶棚上进行处理，其中造型和图案在其他界面一般都有所呼应或重复，使餐饮环境具有统一整体感。（图14—39）

⑥采用织物构成顶棚。此类顶棚用得最多的是大块织物，既取得了效果又经济节约。

⑦利用高架装饰构件。这种装饰构件既丰富了顶棚造型，又有围合餐座小空间的作用。

2．地面设计

地面是以水平面的形式出现的底界面。由于地面需要用来承托家具、设备和人的活动，因而其显露的程度有限。因此，地面给人的影响要比顶棚小一些。但从另一角度看，地面又最先被人的视觉所感知，所以它的色彩、质地和图案也能直接影响室内的气氛。

（1）地面图案处理

地面图案设计大体上可以分为三种类型：地面图案自身独立完整；地面图案连续，具韵律感；地面图案抽象。第一种类型的图案不仅具有明确的几何形状和边框，而且还具有独立完整的构图形式，这种类型很像地毯的图案；近现代建筑的平面布局较自由、灵活，一般比较适合采用第二种类型的图案，这种图案较简洁活泼，可以无限地延伸扩展，又没有固定的边框和轮廓，因而其适应性较强，可以与各种形状的平面相协调；第三种类型采用抽象图案来做地面装饰，这种形式的图案虽然要比地毯式图案的构图自由、活泼一些，但要想取得良好的效果，则必须根据建筑平面形状的特点来考虑其构图与色彩，只有使之与特定的平面形状相协调一致，才能求得整体的完整统一。（图14—40）

图14—40 地面图案处理 Kabaret's Prophecy

（2）地面材质处理

餐厅的地面一般选用比较耐久、结实、便于清洗的材料，如石材(花岗石)、水磨石、毛石、地砖等。较高级的餐厅常选用石材、木地板或地毯。花岗石地面因其材质均匀和色差小，能形成统一的整体效果，再经过巧妙的构思，往往能取得理想的效果；毛石地面经过拼贴组合，再加上其本身的自然特性，对营造餐厅的特色气氛能起到很大的作用；地砖铺地变化较少，但通过图案设计和色彩搭配，也能取得很好的效果；木地板因其特有的自然纹理和表面的光洁处理，不仅视觉效果好，而且显得雅致、有情调。地面处理除采用同种材料变化之外，也可用两种或多种材料构成，走道采用石材，就餐区采用地毯，既有了变化，又具有很好的导向性。

（3）地面的光艺术处理

在地面设计中，有时可利用光的处理手法来取得独特的效果。如在地面下方设置灯光，既丰富了视觉感受，又在入口处起到了引导作用。有时也可用配置地灯的方式取得类似的效果。地面的光设置除了导向作用之外(图14—41)，还能作为地面的装饰图案。总之，若能巧妙运用光的手段，在地面设计中就能取得别具一格的效果。

3. 墙面设计

墙面是围合空间的重要要素之一，它是以垂直面的形式出现的，对人的视觉影响至关重要。在墙面处理中，门窗、灯具、通风孔洞、线脚、细部装饰等，要作为整体来处理，才能获得完整统一的视觉效果。

墙面处理，最关键的问题是如何组织好门窗、墙面开洞、漏空、凹凸面等之间的关系，门窗为虚，墙面为实，门窗开口的组织实质上就是虚实关系的处理，虚实的对比与变化则往往是决定墙面处理成败的关键。墙面的处理应根据每一面墙的特点，虚实结合，应尽量避免虚实各半、平均分布的处理方法。同时，还应当避免把门、窗等孔洞当做一种孤立的要素对待，而要作为一个整体，把它们纳入到竖向分割或横向分割的体系中去，这样，一方面可以削弱其独立性，同时也有助于建立起一种秩序。在一般情况下，低矮的墙面多适合于采用竖向分割的处理方法，高耸的墙面多适合于采用横向分割的处理方法。横向分割的墙面常具有安定感，竖向分割的墙面则可以使人产生兴奋感、高耸感。

餐厅墙面设计应综合考虑多种因素，墙面处理还应当正确地显示空间的尺度，过大或过小的装饰处理、墙面图案和墙面分格，都会造成错觉，并歪曲空间的尺度感。还有墙体的结构、造型和墙面上所依附的设备等，同时应自始至终地把整体空间构思、立意贯穿其中。然后动用一切造型因素，如点、线、面、色彩、材质，选择适当的手法，使墙面设计合理、美观，同时呼应主

图14—41 地灯视觉引导 上海醉美餐厅

题。

下面是几种典型的餐厅墙面处理手法：

①设置玻璃窗，与室外空间在视觉上流通，把室外景观引入室内，增加室内空间活力。（图14−42）

图14−42 玻璃窗的设置 北京贵宾餐厅

图14−43 美国纽约的BlueFin饭店

②通过几何形体或不规则形体在墙面上的组合构图、凹凸变化，构成具有立体效果的墙面装饰。利用纹理突出墙面的变化，使餐厅独具特点。（图14−43）

③合理使用和搭配装饰材料，使墙面富有特点，富有变化。如采用植物干枝或毛石装饰墙面，可以取得很

图14−44 植物干枝装饰墙面 EMPORLO餐厅

图14−45 毛石装饰墙面 FLEUR DELYS餐厅

图14−46 绘画墙 上海百草传奇餐厅

好的效果。（图14—44和图14—45）

④运用绘画手段装饰墙面。内容合适和内涵丰富的装饰绘画，既丰富了视觉感受，又能在一定程度上强化主题思想。（图14—46）

⑤墙面和酒柜或其他家具综合起来考虑。如利用陈设架来装饰墙面，效果奇特。（图14—47）

⑥利用光作为墙面的装饰要素，将独具魅力。

三、其他界面设计

1．隔断

隔断在餐饮空间设计中是不可缺少的元素，它主要用来分隔和围合空间，它比用地面高差变化或顶棚顶部造型变化来限定空间更实用和灵活，因为它可以脱离建筑结构而自由变动、组合。隔断除具有划分空间的作用之外，还能增加空间的层次感，组织人流路线，增加就餐依托的边界等。隔断从形式上来分，可分为活动隔断和固定隔断。活动隔断，如屏风、兼有使用功能的家具，以及可搬动的绿化等。固定隔断又可分为实心固定隔断和漏空式固定隔断。从材料运用来分，可分为玻璃隔断、木装饰隔断、竹子编排组合隔断、石材砌筑隔断等。（图14—48）

2．柱子

柱子是空间划分中的重要元素，它可分为承重柱和装饰柱。承重柱的形状处理通常依据原柱子的形状，一般有方柱、圆柱、八角柱等。装饰柱因其不承重，形式比较自由灵活，且位置、大小可以多变，所以，有的时候可以把排列有序的装饰柱作为界面处理的重点。在空间设计中，如果柱子处理得当，往往既能表现主题又可以取得独特的视觉效果。一般在餐厅设计中，精彩的柱子设计是尤为引人注目的。（图14—49）

图14—48 隔断 北京长富宫饭店

图14—47 酒柜做墙面 FLEUR DELYS酒柜

图14—49 柱子划分空间 Carlo Lv Hotel餐厅

第四节　人性化的餐饮空间设计

在日常生活中，只要我们留心就会发现一些有趣的现象。在广场里休憩的人们，喜欢选择广场周边建筑物的墙根、立面的凹处停留，或是倚靠柱子、街灯、树木之类等依托物而驻足，只有当边界区域人满为患时，人们才不得已在中间区域停留，这是人在使用室外空间时的行为心理。再看看室内，人进入餐厅或咖啡馆选择座位时，首先选择靠窗的座位；其次选择靠墙的座位；如果这两种座位都满了，便退而选择靠柱的座位；再晚来的人只好坐在中间区域四面都临空的座次，这是谁也不愿先选的座位。即使在电梯里，先入内者也总是先挑靠角或贴边的位置站。这些现象说明什么呢？这就是人们的心理指导他们的行为，任何空间设计都应该以人为本，只有在分析人的行为心理需求基础上进行的空间设计，才能为人所喜爱。那么，人在使用空间时，都有些什么心理需求呢?在下面的分析中我们将举例说明。

一、边界与个人空间

在餐饮空间设计中，根据人们的就餐心理，有一种颇有特色的“边界效应”理论。如在街边的咖啡馆或小餐厅，室内的座椅少有人坐，而临街的餐桌则常被抢占一空，人们边吃喝，边欣赏过往的行人，既说明喜欢交往是人的天性，也说明位于餐厅边缘临街的餐桌是人喜爱的逗留处。

边界区域之所以受到青睐，是因为处于空间的边缘，为观察空间提供了最佳条件，人选择边界逗留，比站在外面的空间中暴露要少一些。这样，既可以看清一切，自己又暴露得不多，个人领域减少至面前一个半圆。当人的后背受到保护时，他人只能从面前走过，观察和反应就容易多了，处于边界有助于个人或团体与他人保持距离。

关于这个问题，心理学家萨姆(R · Sommer)通过研究提出了“个人空间”的概念。他指出每个人的身体周围都存在着一个既不可见又不可分的空间范围，当这一范围受侵犯与干扰时会引起人的焦虑与不安。在人的前、后、左、右四个方位中，背部是防卫力最弱的部位，是最需要庇护的部位。而边界之所以受逗留者的欢迎，就是从背部明确围合出属于个人的空间领域，限制了他人的侵犯与干扰，使人有庇护感和安全感，却又不影响人在前部展开交往，纵观全局，观察空间里人的活动及各种场景，满足人对交往的心理需求。

由此可以看出，人喜爱逗留的空间是有边界的区域，如果边界不复存在，那么空间就决不会富有生机。因为边界给个人空间划定出专有领域，使个人空间受到庇护。由于人有交往需求，这个空间同时应该是利于人对外交往的，是适当流通而不是封闭的空间，但又必须能与他人保持一定的人际距离。

二、餐座布置与人的行为心理

餐馆和饮食店的座位布局不仅要全盘考虑空间设计、使用要求、人体尺度，还要符合人的行为心理需求。

1．私密性与尽端心理

就餐人对于餐厅中餐桌座位的挑选，最不愿选择的是近门处、人流频繁通过处的座位。这些位置，对其私密性有着一定的干扰，私密性涉及相应空间范围，包括视线、声音等方面的隔绝要求。例如，有时涉及隐私问题，有些人和朋友约会时不希望被其他人看到，因此就会找尽端的位置。而坐在门处由于人流频繁通过，噪声的影响就会比较大，和朋友或家人的谈话就可能被多次打断，或者对方听不清彼此的谈话，或者谈话内容不希望被别人听到等情况，这时对个人的私密性就造成了一定的影响。因此，在餐饮空间设计中通常会设靠墙卡座，由于在室内空间中形成更多的“尽端”，也就更符合顾客就餐时“尽端趋向”的心理要求。在那里，边界实体明确围合出属于本桌人的空间领域，不被他人穿越干扰和侵犯，个人空间受到庇护，有安定感，避免了坐在中间四面临空的座位受众目睽睽和背侧被人穿越的不适，却又有纵观室内场景的良好视野，同时还能与他人保持适当的距离，因此这些座位倍受欢迎。

2. 依托的安全心理

无论何时何地人都需要有一个能受到保护的空间，因此在餐厅、酒吧和图书馆等地方，只要存在着一个与人共有的大空间，几乎所有的人都会先选择靠墙、靠窗，或是有隔断的地方，原因就在于人的心理上需要这样的安全感，需要被保护的空间氛围（图14－50）。当空间过于空旷巨大时，人们往往会有一种易于迷失的不安全感，而更愿意找寻有所“依托”的物体，所以现在的室内越来越多地融入了穿插空间和子母空间的设计，目的就是为人提供一个稳定安全的空间。

可见，在餐饮空间设计划分空间时，应以垂直实体尽量围合出各种有边界的餐饮空间，使每个餐桌至少有一侧能依托于某个垂直实体，如窗、墙、隔断、靠背、花池、绿化、水体、栏杆、灯柱等，应尽量减少四面临空的餐桌，这是高质量的餐饮空间所共有的特征。关于这方面，宴会厅是个例外，宴会厅是以全体参宴者的交往为目的的，餐桌布置要利于人的交往应酬，形成热烈氛围，不要私密性，不必以边界来明确个人空间领域，因此餐桌可四面临空，均匀布置。

3. 人际距离

餐桌布置既要利于人的交往，又需与他人保持适当的人际距离。交往是人的一种固有的精神需要，餐饮

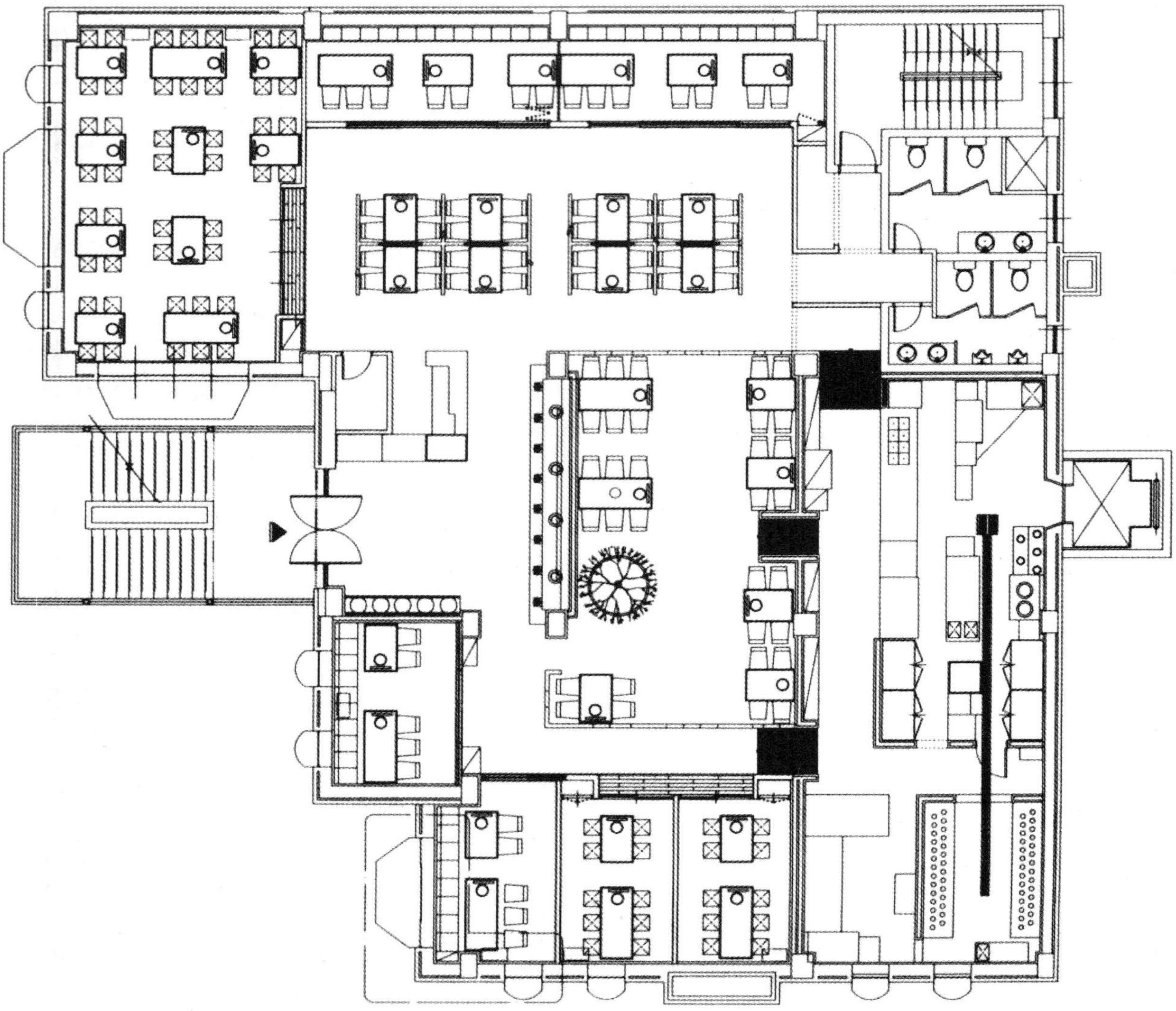

图14—50 韩国海鲜料理餐厅平面图

空间是公共空间，在那里，人更有喜欢交往的需求，希望有适宜的空间和机会与他人接触，看热闹，欣赏各种人的情态。设想一下，如果把每个餐桌都放在一个个封闭的六面体空间里，这种就餐环境是不受欢迎的，因为它只满足了人对个人空间的领域感和私密性的需求，忽略了人对交往的渴望。这种需求在餐饮空间中主要体现在两个层次，一是本桌人之间促膝谈心般有语言及动作行为的交往，同桌者相互认识；二是看热闹，人看人，人希望在就餐的同时能感受到在多层次的空间环境中，有各种人活动的多姿多彩的就餐氛围，客人彼此并不认识，没有语言及动作的交流，只是彼此欣赏人的活动及情态，感受一种生机盎然的场景和氛围，这是人不可或缺的心理需求。

对这两类交往在不同人及人群中会有不同侧重，餐桌的布置要满足多种多样的需求。如果是一群人的聚会，如商务宴请、亲友喜宴，其交往需求主要集中在第一类，即只顾及本桌或本人群的谈天说地，杯盏交错，对第二类交往一般无暇顾及，反倒需要较多的私密性，需要只属于这群人的空间领域，这类餐桌应布置为雅座间。但即使雅座间，其封闭程度也有二种处理，一种是六面封闭，只以门对外相通；另一种是用轻隔断围合，入口处只以挂落等做象征性的分隔。后一种处理与其余就餐空间的交往就多些。

至于雅座外的大量餐桌，上述两类交往需求都应满足，既要利于本桌人之间的交往，还要便于环顾四周，观赏其他人的活动和空间场景，感受餐厅整体气氛。而不同的交往需求又有不同的人际距离，如在酒吧间，如果吧座间距小，密度大，则利于人的交往；密度过稀，人与人间隔大，变得疏远，不利于交往，让人感到冷清，缺乏生气。但如果过密，个人空间受侵犯，使人处于高度交往中，亦会让人不自在，因此餐桌的布置要有意识地安排不同的人际距离，使餐桌的布局形成多种不同的交往氛围。有的空间宽敞舒适，让人能充分感受整体场景和氛围；有的大中有小，在大空间中划分出三、五桌的小领域，既能感受大空间的气氛，又有小尺度环境的温馨；有的用矮隔断或火车座式靠背使一个个餐桌有自己明确的领域感、私密性，适于约会、恳谈，但又能领略大空间的环境氛围；有的做成雅座间，与主空间基本没有流通，营造明确的领域感、私密性，适于团体聚会、私人饮宴、商务宴请，小环境雅致静谧。根据不同交往形式的习惯，人际距离划分为四种：亲密距离(0m～0.45m)、个人距离(0.45m～1.30m)、社交距离(1.30m～3.75m)和公共距离(大于3.75m)。

总之，人与人之间尺度与环境、民族、性别等有关，空间尺度的设计要因时、因地、因人来设计。餐桌布局应从空间设计人手，需满足不同顾客的不同文化层次的心理需求，提供多种选择的可能性，这才是餐饮空间人性化设计的体现。

第五节　餐饮空间卫生间设计

从餐饮店卫生间的设计是否合理、洁净、空气是否流通，就可以看出一个餐饮店的档次。在西方国家，餐饮店的卫生间设计十分受重视，如今它已是餐饮店等级划分的重要判断依据。而在我国，它的重要性还未被广泛认可。餐馆在装修和设计时把主要心思放在营业面积上，导致一般餐馆卫生间面积狭小，甚至一些餐馆不设卫生间，给人们的生活带来极大的不便。因此，作为设计师，有责任改变这种落后的现状，在卫生间的设计上投入更多的思想和精力。

一、卫生间的平面布局

一般来说，无论是大型餐厅还是小型酒吧都应该设置卫生间。但当餐饮店位于大商场、大饭店或综合写字楼中，餐饮店所在的楼层设有公用卫生间并相距不远时，也可以不另设卫生间。

卫生间在餐厅中的位置有一些特殊要求，首先是卫生间的门要隐蔽，不能直接对着餐厅或厨房开；其次要有一条通畅的公共走道与之相连，既能引导顾客方便找到，又不暴露。卫生间的位置不能与备餐出入口离得太近，以免与主要服务路线形成交叉。总体布局上，卫生间要设在餐厅的边角部位和隐蔽部位。大餐厅中要考虑顾客的用厕距离和经由路线，二层楼或多层楼的餐厅可考虑分层设置卫生间。另外，顾客和工作人员的卫生间一定要分开设置。

另外，只要面积上有可能，卫生间最好男女分设，因为男女使用卫生间的形式和要求不一样，共用卫生间常在心理上产生抵触感。还有，男、女卫生间的门设置尽可能相距远一点，以免出门对视引起尴尬。要避免共用一个门再分设男、女厕所门。

在我国《饮食建筑设计规范》中，可以看到对卫生间中卫生器具的最低数量的规定：≤100座时，设男大便器1个、小便器1个，女大便器1个；＞100座时，每100座应增设男大便器1个或小便器一个，女大便器1个。对洗手间中洗手盆数量的规定是：＜50座时，设1个；＞50座时，每100座增设1个。如今，一些中、高档餐厅的卫生间设施配备都大于规范中的数量规定。

餐饮店中洗手盆的使用频率比便器高，洗手盆单独设立在厕所的外边有更多的优点，顾客饭前饭后洗手很方便。洗手盆前要留有足够的空间，不要与厕所的出入口靠得太近，以免在此造成拥挤现象。

餐饮店的卫生清扫十分重要，一定要单独设计清扫餐厅用的清洁池，最好把清洁池独立设置在厕所之外，使清洁工随时可用。以往有些清洁池设计在厕所中，这样清洁工作与上厕所的顾客挤在一起，功能不清。清扫用具应用隔断遮蔽或者设置储物仓库，这点我国目前还未受到重视。一些卫生间用了很高级的装饰材料，但拖布、抹布等都明放在外面，与装修等级不相匹配。餐厅卫生间的基本布局的最小尺寸参考图14-51。

二、卫生间的设计要点

卫生间的设计要点：

①卫生间必须设计前室，通过墙或隔断将外面人的视线遮挡。

②卫生间中设置的镜子应注意其折射角度与入口的关系，以免外面的人通过镜子折射能看到里面。

③卫生间必须注重卫生保洁。因为餐饮空间的卫生间共用性比较强，一般餐饮店应采用蹲坑；高级餐饮店采用坐便器时，需配备清扫人员及坐圈垫纸、手纸等卫生用品。设计成蹲坑时，由于蹲便器的造型要求，地面须抬高15cm左右，要注意解决好高差问题。

④卫生间的通风很重要，最好是设置明窗，但在餐饮空间中往往受到很多限制，多数采用机械通风。另外，照明不宜太亮，光线要柔和。

⑤卫生间必须设地漏，墙、地面、洗面台等都要用防水材料，特别是像酒吧、啤酒屋等男性顾客出入多的场所，厕所更应该及时清扫。

⑥如果条件允许，最好设置残疾人卫生间。

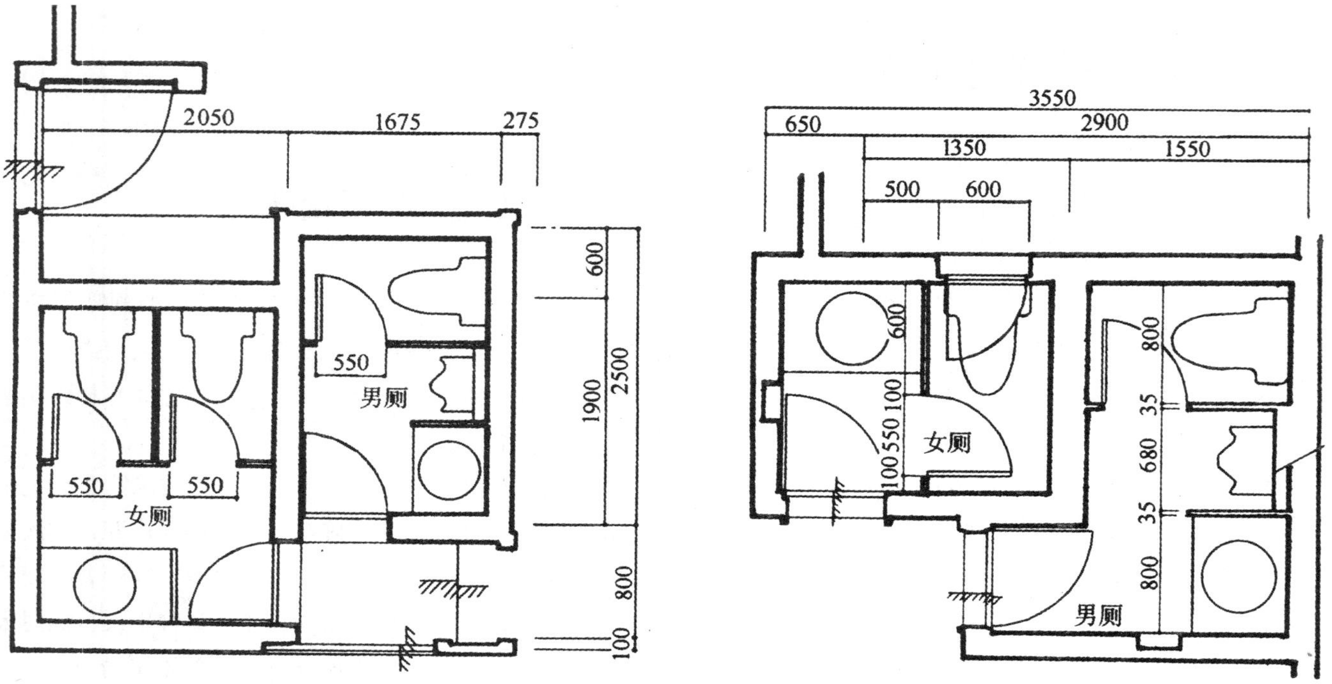

图14—51 卫生间的最小尺寸

三、卫生间的设计手法

前面我们已提到，如今卫生间设计水平的高低已是餐饮店等级划分的重要判断依据。这就是说，卫生间的装修等级要与餐饮店的等级相匹配；另外，设计风格也要和餐厅保持一种空间的延续感和整体感，如果餐厅是中式风格的，那么卫生间的装修风格、使用材料也要和其保持统一。

在卫生间的设计中，洗面台和镜子是最容易出效果的部分，也是最容易激发设计师灵感的部分，可以从多个角度进行设计，如洗手池的造型、五金以及镜子的大小、形式等。不同的材料和搭配会呈现出不同的效果与风格。现在常用的设计是洗手池上加设台面，以便放置化妆包等物品，台面一般为石材，进深在500mm～600mm之间。高级的卫生间可用石材铺设墙、地面，中低档的也应该满铺瓷砖。

卫生间在照明方面不必有过多的装饰，主要在于实用，一般在洗手池上方要求设置镜前灯或壁灯。顶棚多数用筒灯，在厕位和前室部分均匀设置。餐饮空间卫生间设计实例见图14-52至图14-54。

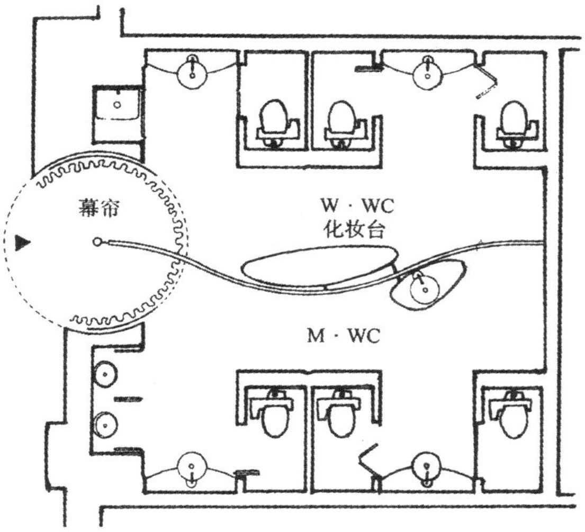

图14-52 卫生间设计实例1

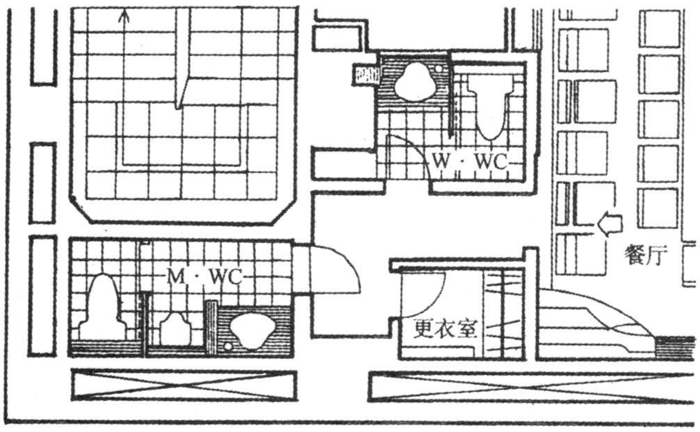

图14-53 卫生间设计实例2

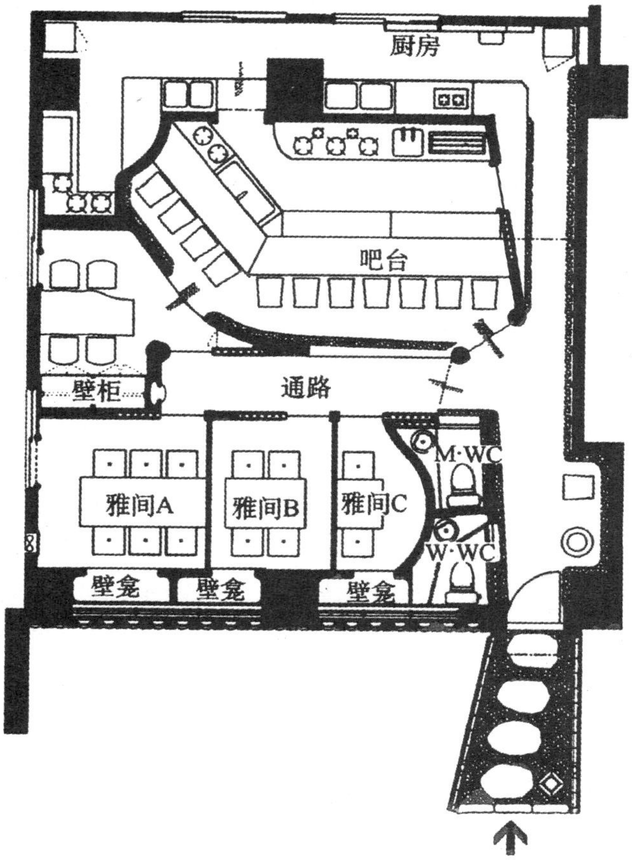

图14-54 卫生间设计实例3

参考文献

1．张绮曼，郑曙阳．室内设计资料集．北京：中国建筑工业出版社．1991．

2．来增祥，陆震纬．室内设计原理．北京：中国建筑工业出版社．1996．

3．袁保安等．世界商店装饰设计全集．天津：天津科技出版社．1992．

4．王建柱．室内设计学．台湾：艺风堂出版社．1988．

5．蔡镇钰．建筑设计资料集．北京：中国建筑工业出版社．2006．

6．清华大学建筑系制图组．建筑制图．北京：中国建筑工业出版社．1995．

7．唐玉恩，张皆正．旅馆建筑设计．北京：中国建筑工业出版社．1993．

8．葛勇． 建筑装饰材料．北京：中国建材出版社．1998．

9．曹文达．建筑装饰材料．北京：北京工业大学出版社．1999．

10．薛聪贤．景观植物造园应用实例．杭州：浙江科学技术出版社．1999．

11．苏雪痕． 植物造景．北京：中国林业出版社．1998．

12．建筑设计资料集编委会．建筑设计资料集（第二版）．北京：中国建筑工业出版社．1999．

13．田学哲．建筑初步（第二版）．北京：中国建筑工业出版社．1999．

14．顾馥葆．中国现代建筑100年．北京：中国计划出版社．1999．

15．[美]余人道（Rendow Yee）著．建筑绘画——绘图类型与方法图解．陆卫东等译．北京：中国建筑工业出版社．1999．

16．Janes C．Snyder《Architectural Research》.1984．

17．张斌，杨北帆．城市设计与环境艺术．天津：天津大学出版社．2000．

18．王向荣，林箐．西方现代景观设计的理论与实践．北京：中国建筑工业出版社．2002．

19．沈渝德，刘冬．现代景观设计．重庆：西南师范大学出版社．2009．

20．曹瑞林．室内设计基础．郑州：河南科技出版社．2007．

后　记

本教材由郑州轻工业学院曹瑞林教授主编并负责各章节内容的策划、统稿、审阅和修改，参编作者大都是从事本专业教学工作多年，有丰富的工程设计实践经验的教授、讲师。

编写人员依次为：

第一章的编写者为曹瑞林、任留柱、郭平平；

第二章的编写者为王远；

第三章的编写者为曹瑞林、殷宪玲；

第四章的编写者为张彧辉、张晶；

第五章的编写者为李天工；

第六章的编写者为张颖宁；

第七章的编写者为秦方、陈虎；

第八章的编写者为皇甫妍汝、刘谊；

第九章的编写者为曹瑞林、张晶、朱丽博、陈虎；

第十章的编写者为段欣；

第十一章的编写者为王子涵、付强、曹瑞林；

第十二章的编写者为赵凯；

第十三章的编写者为曹瑞林；

第十四章的编写者为王远。

研究生郭平平在文字校对、图片编排中做了许多工作，在此致谢。

打造学术精品　服务教育事业

河南大学出版社
读者信息反馈表

尊敬的读者：

感谢您购买、阅读和使用河南大学出版社的＿＿＿＿＿＿一书，我们希望通过这张小小的反馈表来获得您更多的建议和意见，以改进我们的工作，加强我们双方的沟通和联系。我们期待着能为您和更多的读者提供更多的好书。

请您填妥下表后，寄回或发E-mail给我们，对您的支持我们不胜感激！

1．您是从何种途径得知本书的：

□书店　□网上　□报刊　□图书馆　□朋友推荐

2．您为什么决定购买本书：

□工作需要　□学习参考　□对本书感兴趣　□随便翻翻

3．您对本书内容的评价是：

□很好　□好　□一般　□差　□很差

4．您在阅读本书的过程中有没有发现明显的错误，如果有，它们是：

＿＿＿＿＿＿＿＿＿＿＿＿＿＿＿＿＿＿＿＿＿＿＿＿＿＿＿＿

＿＿＿＿＿＿＿＿＿＿＿＿＿＿＿＿＿＿＿＿＿＿＿＿＿＿＿＿

＿＿＿＿＿＿＿＿＿＿＿＿＿＿＿＿＿＿＿＿＿＿＿＿＿＿＿＿

5．您对哪一类的图书信息比较感兴趣：

＿＿＿＿＿＿＿＿＿＿＿＿＿＿＿＿＿＿＿＿＿＿＿＿＿＿＿＿

＿＿＿＿＿＿＿＿＿＿＿＿＿＿＿＿＿＿＿＿＿＿＿＿＿＿＿＿

6．如果方便，请提供您的个人信息，以便于我们和您联系（您的个人资料我们将严格保密）：

您供职的单位：＿＿＿＿＿＿＿＿＿＿＿＿＿＿＿＿＿＿＿＿＿＿

您教授的课程（老师填写）：＿＿＿＿＿＿＿＿＿＿＿＿＿＿＿＿

您的通信地址：＿＿＿＿＿＿＿＿＿＿＿＿＿＿＿＿＿＿＿＿＿＿

您的电子邮箱：＿＿＿＿＿＿＿＿＿＿＿＿＿＿＿＿＿＿＿＿＿＿

请联系我们：

电话：0371-86059712　　0371-86059713

0371-86059715

传真：0371-86059713

E-mail：hdgdjyfs@163.com

通讯地址：450046　河南省郑州市郑东新区CBD商务外环路商务西七街中华大厦2304室

河南大学出版社高等教育出版分社